Deutsche Hochschullehrer als Elite 1815–1945

Büdinger Forschungen zur Sozialgeschichte 1983

herausgegeben von

KLAUS SCHWABE

Harald Boldt Verlag · Boppard am Rhein

CIP-Titelaufnahme der Deutschen Bibliothek

Deutsche Hochschullehrer als Elite: 1815–1945 / Büdinger Forschungen zur Sozialgeschichte 1983. Hrsg. von Klaus Schwabe. – Boppard am Rhein: Boldt, 1988
(Deutsche Führungsschichten in der Neuzeit; Bd. 17)
ISBN 3-7646-1873-6
NE: Schwabe, Klaus [Hrsg.]; Büdinger Forschungen zur Sozialgeschichte <21, 1983 >; GT

Gedruckt mit Unterstützung
des Förderungs- und Beihilfefonds Wissenschaft
der VG Wort GmbH,
Goethestraße 49,
8000 München 2

ISBN: 3 7646 1873 6

1988

Herstellung: boldt druck boppard

INHALTSVERZEICHNIS

NAME UND ANSCHRIFT DER REFERENTEN

Prof. Dr. Bernhard vom Brocke
Zeppelinstr. 10, 3550 Marburg

Prof. Dr. Rüdiger vom Bruch
Historisches Seminar, Universität München

Prof. Dr. Lothar Burchardt
Historisches Institut, Universität Konstanz

Dr. Bernd Faulenbach
Biermannsweg 22, 4630 Bochum 1

Prof. Dr. Charles E. McClelland
Department of History, University of New Mexico,
Albuquerque, N.M., USA

Prof. Dr. Fritz Ringer
Department of History, University of Pittsburgh,
Pittsburgh, Pennsylvania, USA

Prof. Dr. Klaus Schwabe
Historisches Institut, Technische Hochschule Aachen

Prof. Dr. Hellmut Seier
Historisches Seminar, Universität Marburg

Prof. Dr. Kurt Sontheimer
Geschwister-Scholl-Institut für Politische Wissenschaft,
Universität München

Dr. Wolfgang Stump
Meindlstr. 18, 8000 München 70

Einführende Bemerkungen: Rahmenbedingungen und Selbstdeutung des beruflichen Wirkens deutscher Gelehrter

VON KLAUS SCHWABE

Das Gelehrtentum als Verkörperung einer Elite ist im Rahmen der Büdinger Forschungen schon einmal untersucht worden, freilich nur für die frühe Neuzeit bis zum Ende des 18. Jahrhunderts[1]. Der hier vorgelegte, aus den 21. „Büdinger Gesprächen" (1983) hervorgegangene Band wendet sich demgegenüber ganz dem deutschen Hochschullehrer im 19. und 20. Jahrhundert zu und zeichnet damit den Weg nach, der, auf eine kurze Formel gebracht, vom „Gelehrtenstand" des 18. Jahrhunderts zur „Hochschullehrerschaft" im modernen Sinne geführt hat. Es ist dies zugleich der Weg einer immer stärker sich spezialisierenden Professionalisierung der Wissenschaft in Deutschland gewesen.

Den entscheidenden Anstoß erhielt diese Entwicklung im Verständnis der Wissenschaft als Disziplin, der Universität als Institution und der Hochschullehrerschaft als Mitglieder einer Elite durch die preußischen Reformen der Jahre nach 1806, die bekanntlich auch den Bereich des Hochschulwesens des von Napoleon besiegten Königreichs erfaßten. Ja, man darf sagen, daß zu keinem Zeitpunkt zuvor und danach der innere Aufbau der Universitäten eines deutschen Staates und ihre Funktion dermaßen tiefgreifend umgestaltet worden sind wie gerade im Preußen der Reformära – ein Wandel, wenn nicht Neuanfang, der in der Folgezeit beispielgebend für das Universitätswesen des ganzen übrigen deutschen Sprachraums (und darüber hinaus) wurde[2].

Wilhelm von Humboldt entwickelte für die reformierte preußische Universität jene öffentlich-rechtliche Mischform, die für die deutsche Univer-

---

1 Hellmuth Rößler, Günther Franz (Hg.), Universität und Gelehrtenstand 1400–1800 (= Deutsche Führungsschichten in der Neuzeit, Bd. 4). Limburg 1970.

2 Thomas Nipperdey, Deutsche Geschichte 1800–1866. Bürgerwelt und starker Staat. München 1983, S. 470 f.

sität bis heute typisch geblieben ist: die Mischform zwischen „Staatsanstalt" und „Körperschaft", oder, funktional ausgedrückt, zwischen „Beamtenbildungsanstalt" und „Forschungsstätte"[3]. Die neue Universität unterstand einerseits zwar uneingeschränkt der staatlichen Oberaufsicht (vor allem der finanziellen); sie diente der Ausbildung der staatlichen Beamten. Sie genoß aber auf der anderen Seite in Fragen von Forschung und Lehre das Recht der Selbstverwaltung. Denn die Freiheit von Forschung und Lehre bildeten einen unverzichtbaren Bestandteil der akademischen Freiheit, die als „Lehrfreiheit" dann auch von der preußischen Verfassung des Jahres 1850 garantiert wurde.

Daß der akademischen Freiheit nicht nur von Staats wegen, sondern auch von seiten der Universitäten selbst Gefahren drohten, hatte das vielfach auswuchernde, Wissenschaftlichkeit erstickende Cliquenwesen an deutschen Universitäten des 18. Jahrhunderts zur Genüge dargetan. Humboldt und seine Berater waren sich dessen voll bewußt. In derartigen Fällen, so lautete ihre Überzeugung, oblag es dem Staate, durch sein Recht auf die Berufung von Professoren regulierend und korrigierend einzugreifen. Noch Friedrich Althoff, der scheinbar allgewaltige und vielfach gefürchtete Hochschulreferent im preußischen Kultusministerium um die Jahrhundertwende, ist dieser Richtschnur sehr bewußt gefolgt, indem er zum Beispiel auch an Universitäten damals oft wenig gelittenen Minderheiten – Katholiken, Juden und sogenannten „Kathedersozialisten" – zum Zuge zu kommen verhalf[4].

Charakteristisch für das deutsche Hochschulrecht war die Verschränkung und gegenseitige Kontrolle staatlicher und korporativer Kompetenzen im Berufungswesen, für das sich das bis heute geltende Nebeneinander des den Fakultäten eingeräumten Vorschlagsrechts und der dem Staate vorbehaltenen definitiven Schlußentscheidung einbürgerte, – eine Entscheidung, die in begründeten Ausnahmefällen auch von den Vorschlägen einer Fakultät abweichen konnte. Ein autonomes Selbstergänzungsrecht erhielten die reformierten Universitäten nur bei der Verleihung der Lehrbefugnis durch die Habilitation. Diese für das deutsche Universitätswesen so charakteristische Institution war bereits in den Statuten der neu ge-

---

[3] Ernst Rudolf Huber, Deutsche Verfassungsgeschichte seit 1789, Bd. 4, Stuttgart 1969, S. 929 f.

[4] Bernhard vom Brocke, Hochschul- und Wissenschaftspolitik in Preußen und im Deutschen Kaiserreich 1882–1907: das „System Althoff". In: Peter Baumgart (Hg.), Bildungspolitik zur Zeit des Kaiserreiches (= Preußen in der Geschichte, Bd. 1). Stuttgart 1980, S. 9–118.

gründeten Berliner Universität verankert worden[5]. Bis in die jüngste Zeit hinein ist die Verleihung der akademischen Lehrbefugnis das ausschließliche Recht der zuständigen deutschen Fakultäten geblieben. Eine Ausnahme hatte bis dahin lediglich das NS-Regime gemacht, das (seit 1934) wissenschaftlichen Leistungsnachweis und die Erteilung der Lehrbefugnis (für die jetzt der Staat zuständig war) juristisch voneinander trennte.

Eines der Hauptziele, das die preußischen Hochschulreformer anstrebten, bestand in dem Wunsch, aus der Hochschullehrerschaft ihres Staates eine Elite zu machen, deren Niveau sich allein nach der Qualität der wissenschaftlichen Leistungen ihrer Angehörigen bemaß. Deshalb erkannten sie den Hochschullehrern, Staatsdienern und Mitgliedern einer freien Körperschaft in einer Person, eine bisher einzigartige Unabhängigkeit von den gesellschaftlichen und politischen Kräften ihrer Zeit zu. Denn allein diese Unabhängigkeit lieferte die Voraussetzung für wissenschaftliche Höchstleistungen[6].

Daß dieses Ziel mit der Weltgeltung, welche die deutsche Wissenschaft im 19. Jahrhundert gewann, erreicht worden ist, kann ebenso wenig bestritten werden wie die Tatsache, daß die tatsächlichen Rahmenbedingungen, unter denen deutsche Hochschullehrer wirken mußten, von Fall zu Fall nicht der Konzeption akademischer Freiheit entsprachen, welche die preußischen Reformer entwickelt hatten. Das Prestige, das deutsche Gelehrte zunehmend auch in der weiteren Öffentlichkeit des wissenschafts- und fortschrittsfreundlichen 19. Jahrhunderts genossen, schützte sie, vor allem in der ersten Hälfte des 19. Jahrhunderts, durchaus nicht vor politisch motivierten Drangsalierungen und Einschränkungen ihrer Lehr- und Meinungsfreiheit. Das hatte schon Schleiermacher, einer der führenden Köpfe der Berliner Universität, erfahren müssen, als er nach 1815 zeitweilig in den Verdacht, „Jakobiner" geworden zu sein, geraten war. Schleiermacher wurde auch eines der prominentesten Opfer der „Demagogenverfolgung". Diese war durch die Karlsbader Beschlüsse vom August 1819 ausgelöst worden, die für den Deutschen Bund die Entlassung all der Professoren verfügten, die „durch Mißbrauch ihres rechtmäßigen Einflusses auf die Gemüter der Jugend, durch Verbreitung verderblicher, der öffentlichen Ordnung und Ruhe feindseliger oder die Grundlagen der bestehenden Staatsordnung untergrabender Lehren ihre Unfähigkeit zur Verwal-

[5] Max Lenz, Geschichte der Königlichen Friedrich-Wilhelms-Universität zu Berlin, 4 Bde., Halle 1910–18, Bd. 1, S. 443 ff., Bd. 4, S. 242 ff.

[6] Franz Schnabel, Deutsche Geschichte im 19. Jahrhundert, Bd. 1, Freiburg 1948, S. 449 f.; Bd. 2, S. 258 ff.

tung des ihnen anvertrauten wichtigen Amtes unverkennbar an den Tag gelegt haben". Diese Beschlüsse traten erst 1848 außer Kraft. Gewiß wagte es auch die Berliner Regierung nicht, den berühmten Theologen Schleiermacher aus dem Amt zu entfernen, und wurden die Beschlüsse selbst in einigen Bundesstaaten wie Württemberg und Bayern nicht in ihrer ganzen Schärfe angewandt; doch waren in ganz Deutschland der Äußerung politischer Meinungen auch auf den Universitäten enge Grenzen gesetzt. Wie eng diese waren, zeigten die Konflikte einiger badischer Gelehrter mit ihrer Regierung, – zeigte dann vor allem das berühmte Beispiel der „Göttinger Sieben" (1837): über Deutschland hinaus bekannter Wissenschaftler von der Universität Göttingen, die von ihrem Dienstherren, dem König von Hannover, entlassen wurden, weil sie aus Gewissensgründen gegen die Aufhebung der Verfassung ihres Landes protestiert hatten, die dieser in rechtswidriger Weise verfügt hatte[7].

Derartige eklatante Eingriffe in die Freiheit akademischer Meinungsäußerung und Verstöße gegen das Prinzip des unkündbaren Berufsbeamtentums konnten das Vordringen liberaler Ideen auf den deutschen Universitäten ebensowenig aufhalten wie die Herausbildung des für die Mitte des 19. Jahrhunderts charakteristischen Typus des politischen Professors, der dem Bildungsbürgertum entstammte (meist dem protestantischen) und sich als Sprecher des liberalen Fortschritts verstand. Daß politische Verfolgungsmaßnahmen gegen ihn vielfach nicht „griffen", lag nicht zuletzt an der politischen Zersplitterung des damaligen Deutschland, die – wie im Falle der „Göttinger Sieben" – die Aufnahme eines in einem Staate drangsalierten Professors in einem anderen ermöglichte.

Im Bismarckreich kamen dann Maßregelungen politisch mißliebiger Professoren in der Art, wie sie die „Göttinger Sieben" erlebt hatten, nicht mehr vor, wenn auch die politischen Instanzen – auch die Parteien – der Versuchung, etwa durch Einflußnahmen bei Berufungen auf das Universitätswesen einzuwirken, nicht immer zu widerstehen vermochten[8]. Weder ein Nachklang der Demagogenverfolgung der Restaurationszeit noch eine Vorwegnahme der späteren Gleichschaltung deutscher Univer-

---

[7] Wilhelm Dilthey, Schleiermacher. In: Allgemeine Deutsche Biographie, Bd. 31, S. 439 ff.; Schnabel, Bd. 2, S. 258 ff.; Hans Fenske, Gelehrtenpolitik im liberalen Südwesten. 1830–1880. In: Gustav Schmidt u. Jörn Rüsen (Hg.), Gelehrtenpolitik und politische Kultur in Deutschland 1830–1930. Bochum 1986, S. 44.

[8] Dazu neuerdings: Peter Mast, Künstlerische und wissenschaftliche Freiheit im Deutschen Reich 1890–1901. O. O. 1980; Christoph Weber, Der „Fall Spahn" (1901). Rom 1980.

sitäten war es, wohl aber das Anzeichen für ein politisch verhärtetes Klima, wenn um die Jahrhundertwende die Grenzen staatlichen Einflusses auf die Universitäten noch einmal Mittelpunkt einer leidenschaftlich geführten Grundsatzdebatte wurden. Den Anlaß bot der Fall des sozialdemokratischen Privatdozenten für Physik Leo Arons, der wegen seiner Vortragstätigkeit für die SPD vom preußischen Kultusministerium gegen den Willen der zuständigen Berliner Philosophischen Fakultät mit fragwürdiger rechtlicher Begründung durch die Entziehung seiner Lehrbefugnis im Jahre 1900 disziplinarisch gemaßregelt wurde. Die gesetzliche Grundlage dafür war vom preußischen Landtag erst 1898 verabschiedet worden — die sogenannte „Lex Arons", die auch Privatdozenten der staatlichen Disziplinargewalt unterwarf, während bislang die Fakultäten über diese Kompetenz verfügt hatten[9]. Das Argument, dessen sich die Befürworter dieser Regelung bedienten, stützte sich auf die Überzeugung, daß man Staatsfeinden die Ausbildung künftiger Beamter nicht überlassen dürfe. Der freien Meinungsäußerung von Hochschullehrern war damit eine unübersehbare Grenze gesetzt, und doch sollte man dieses Maulkorbgesetz mit der Beseitigung der Meinungsfreiheit im „Dritten Reich" nicht einfach gleichsetzen. Ist die Lex Arons tatsächlich doch nur gegen Arons selbst angewandt worden. Dieser selbst wurde im Jahre 1915 rehabilitiert (konnte sich dann allerdings aus Gesundheitsgründen nicht noch einmal habilitieren). Arons war auch nicht wegen der Äußerung sozialdemokratischer Ansichten während des akademischen Unterrichts, sondern an der Öffentlichkeit gemaßregelt worden; das Prinzip der Meinungsfreiheit innerhalb der Universität war also im Endeffekt bekräftigt worden. Schließlich hatte die Zurücksetzung Arons' eine leidenschaftliche öffentliche Diskussion ausgelöst, über die sich dann die Mehrheit des preußischen Landtags hinwegsetzte, und nicht zunächst die Regierung. Dennoch: Der Fall hatte ein Zeichen gesetzt, und die Habilitation sozialdemokratischer Wissenschaftler fand in der Regel nicht mehr die Zustimmung der zuständigen Fakultäten, wie Robert Michels erleben mußte[10]. Der Erste Weltkrieg brachte, wie bereits angedeutet, hier entscheidende Erleichterungen. Die Weimarer Republik wahrte dann das Prinzip der akademischen Lehr- und Meinungsfreiheit bis zur Selbstverleugnung.

Unter dem Hitlerregime wurden Universitäten und Hochschullehrer wie alle übrigen Bereiche der Öffentlichkeit Gegenstand der nationalsozialistischen Gleichschaltungspolitik. Zum ersten Male in der deutschen Univer-

---

9 Mast, S. 101 ff.; Huber, Verfassungsgeschichte, Bd. 4, S. 950 ff.

10 Huber, S. 957 f.

sitätsgeschichte wurde die Zugehörigkeit zu einer Rasse – die jüdische Herkunft – nicht nur tatsächlich, sondern auch formell-rechtlich Kriterium für den Ausschluß aus der akademischen Karriere. Gleichzeitig war das Hochschulwesen unmittelbar der Kontrolle des zuständigen Reichserziehungsministeriums und der Partei unterstellt worden. Hand in Hand damit ging die Degradierung der Professorenschaft, die endgültige Aberkennung ihrer Qualität einer Elite. Die Wurzeln dieses Prestigeverlustes gehen gewiß bis in die Mitte des 19. Jahrhunderts zurück, als moderne Massenparteien begannen, an die Stelle der alten Honoriatiorenparteien zu treten, in denen politische Professoren noch ein erheblich höheres Ansehen und Gewicht besessen hatten. Begleitet wurde dieses allmähliche Schwinden an öffentlicher Anerkennung, wie noch zu zeigen, durch eine wachsende Selbstkritik des politischen Professorentums aus den Reihen der Hochschullehrer selbst. In der Weimarer Republik setzte sich diese Entwicklung fort.

Das Maß an Verachtung, mit dem Hitler auf das „durchschnittliche Spatzengehirn einer deutschen, wissenschaftlich ... höchst gebildeten Schreiberseele“ herabblickte, war dennoch neu und läßt sich in seiner Radikalität nur aus den anti-bürgerlichen Ressentiments einer in der bürgerlichen Berufswelt gescheiterten Existenz erklären[11]. Gelehrte konnten im Hitlerreich dementsprechend den Anspruch, „Führer“ zu sein, nur in sehr eingeschränktem Sinne erheben, und zwar einerseits als „Führer“ – das heißt Rektoren oder Dekane – in ihrer jeweiligen Universität, oder aber andererseits, etwa als Historiker, als Sinnvermittler einer Weltanschauung, deren Rahmen durch die NS-Ideologie bereits vorgegeben war[12]. An der rein instrumentalen Einordnung der deutschen Hochschullehrer in das Hitlerreich vermochte auch der Kotau nichts zu ändern, zu dem sich rund tau-

[11] Hitler, Mein Kampf. München 1934, S. 243, 480, 533; ferner Henry Picker, Hitlers Tischgespräche im Führerhauptquartier. Stuttgart 1976, S. 107; vgl. auch das Urteil Julius Streichers in diesem Band, S. 287. Der NS-Publizist G. Rühle stellte fest: „Der Sieg der Hochschulrevolution ist mit wenigen Ausnahmen ohne Verdienst der Hochschullehrerschaft, mitunter sogar in schroffstem Gegensatz zu ihr, erfochten worden. Fühlten sich doch die berufenen Träger deutscher Wissenschaft einem Begriff von Wissenschaft verpflichtet, dessen Vorstellungen von absoluter Objektivität dem längst überwundenen Ungeist des Rationalismus entstammten ...“ (Gerd Rühle, Das Dritte Reich. Berlin 1935, S. 156).

[12] Dazu jetzt: Klaus Schreiner, Führertum, Rasse, Reich. Wissenschaft von der Geschichte nach der nationalsozialistischen Machtergreifung. In: Peter Lundgreen (Hg.), Wissenschaft im Dritten Reich. Frankfurt 1985, S. 164 ff.

send deutsche Professoren in einer im März 1933 veröffentlichten Ergebenheitsadresse gegenüber den neuen Machthabern hergaben[13].
Dies mußten früher oder später auch eingefleischte Anhänger des Hitlerregimes innerhalb der deutschen Professorenschaft erkennen – der Freiburger Philosoph Martin Heidegger, dessen Traum, ein Fichte des „neuen Deutschland" zu werden, innerhalb eines Jahres an den Realitäten der Wissenschaftspolitik des „Dritten Reiches" scheiterte, der junge Historiker Walter Frank, dessen Bemühungen, ein neuer Treitschke zu werden, schließlich fehlschlugen, und nicht zuletzt der fanatisch „linientreue" Erziehungswissenschaftler Ernst Krieck, der, statt der erhoffte Humboldt der NS-Universität zu werden, 1938 resignierte[14]. Angesichts des wissenschaftsfeindlichen Klimas im Hitlerreich tauchte der Wunsch nach Freiheit der Forschung sogar bei sonst regime-treuen Hochschullehrern auf, wie H. Seier in diesem Band nachweist.
Wenn die tatsächlich gegebenen politischen Rahmenbedingungen dem freien Wirken deutscher Hochschullehrer zeitweilig mehr oder weniger deutliche Grenzen setzten, wenn also Universitätsideal und akademische Wirklichkeit auseinanderklafften, so liegt die Vermutung nahe, daß Ähnliches für die Kriterien der Rekrutierung der deutschen Professoren gegolten hat. Das seit Humboldt grundsätzlich geltende Leistungsprinzip hätte in der Praxis jedem Tüchtigen freie Bahn eröffnen können. Ohne den in den Einzelbeiträgen dieses Bandes vorgelegten Untersuchungsergebnissen vorgreifen zu wollen, wird man generell feststellen können, daß dies in aller Regel nicht der Fall gewesen ist. Nicht nur, daß sich Gelehrtenfamilien auch noch im späten 19. Jahrhundert konstituiert und die folgenden Jahrzehnte überdauert haben – auch generell die gesellschaftliche Bindung der Hochschullehrerschaft an das Bildungsbürgertum als ihr hauptsächliches Rekrutierungsreservoir konnte als Tatsache nie bestritten werden. Die Herkunft blieb, gewiß *nach* der Leistung, weiterhin in der Regel eine Voraussetzung für den Zugang in den Kreis der Hochschullehrer, während freilich die Bewährung und das Prestige innerhalb dieser Funktions- und Leistungselite wesentlich von der wissenschaftlichen Qualität des jeweiligen Gelehrten abhingen.

---

[13] Zitiert bei Lundgreen, Wissenschaft im Dritten Reich, S. 17.

[14] Bernd Martin, Heidegger und die Reform der deutschen Universität 1933. In: Freiburger Universitätsblätter, H. 92 (Juni 1986), S. 59, 68 f., und vor allem Hugo Ott, Martin Heidegger als Rektor der Universität Freiburg 1933/34. In: Zeitschrift für die Geschichte des Oberrheins 132 (1984), S. 343–58. Ott bereitet eine Monographie zu diesem Thema vor.

Sowohl aus der Sicht der Zeitgenossen wie auch aus ihrem Selbstverständnis heraus waren die deutschen Hochschullehrer, vor allem im 19. Jahrhundert, mehr als lediglich Mitglieder einer *Leistungselite*. Sie verkörperten gleichzeitig eine *Wertelite*[15], indem sie als Wissenschaftler moralische und politische Normen verkündeten, ja vorzuleben versuchten, die der übrigen Bevölkerung, vor allem natürlich dem Bildungsbürgertum, als Maßstab dienen sollten. Unsere einführenden Bemerkungen wenden sich damit, nach einer Andeutung der objektiv gegebenen Rahmenbedingungen für die Konstituierung der deutschen Hochschullehrer-Elite, der subjektiven „Innenansicht" dieser Führungsschicht zu. Die Wurzeln dieses Eigenverständnisses der deutschen Gelehrten als einer sinnvermittelnden Wertelite sind wiederum in der preußischen Reformära zu suchen. In Fichtes Vorlesungen über die „Bestimmung des Gelehrten" von 1811 erscheint der Gelehrte besonders markant als Vermittler der Welt der Ideen an die Welt der Sinne; seine Aufgabe und die der von ihm ausgebildeten Beamten war es, die übersinnliche Weltordnung in die sinnliche Welt zu überführen, modern gesprochen: den Zeitgenossen ideelle Orientierungsmaßstäbe zu vermitteln[16]. Der Theologe Schleiermacher sah analog dazu die Aufgabe der Wissenschaft in dem Bemühen, die empirische Wirklichkeit – nicht zuletzt die politische – mit Vernunft zu durchdringen und das Bewußtsein für „gutes Herrschen" zu entwickeln[17]. Die Wissenschaft wurde damit höchste moralische Instanz zur Beurteilung politischer Entscheidungen. Auch der der nachfolgenden Generation angehörende Historiker Dahlmann hat, trotz seiner mehr zum Empirisch-Pragmatisch hin-

---

[15] Kurt Lenk, „Elite" – Begriff oder Phänomen? In: Aus Politik und Zeitgeschichte (= Beilage zu „Das Parlament"), Nr. B 42/82, 23. 10. 1982, S. 27 ff.; Hans-Gerd Schumann, Führungsschicht und Führungsgruppen heute. Anmerkungen zu Methodologieproblemen der deutschen „Elitologie". In: Hanns Hubert Hofmann, Günther Franz (Hg.), Deutsche Führungsschichten in der Neuzeit. Eine Zwischenbilanz (= Deutsche Führungsschichten in der Neuzeit, Bd. 12). Boppard 1980, S. 203–218.

[16] Johann Gottlieb Fichte, Fünf Vorlesungen über die Bestimmung des Gelehrten. In: ders., Nachgelassene Werke, Bd. 3. Leipzig 1835, S. 148–207.

[17] Friedrich Schleiermacher, Über den Begriff des höchsten Gutes. In: ders., Sämtliche Werke, 3. Abt., Bd. 2, Berlin 1838, S. 446 ff.; ders., Gelegentliche Gedanken über Universitäten im deutschen Sinne (1808), zit. nach Eduard Spranger (Hg.), Fichte, Schleiermacher, Steffens über das Wesen der Universität. Leipzig 1919, S. 117.

neigenden Denkweise, an diesem Postulat festgehalten[18]. Selbst das Zeitalter des Realismus hat mit ihm nicht gebrochen, und um die Jahrhundertwende konnte der liberale Historiker der deutschen Universitäten Paulsen die Forderung aufstellen, daß die Hochschulen „in ihrer Gesamtheit etwas wie das öffentliche Gewissen des Volkes in Absicht auf gut und böse in der Politik, der inneren und der äußeren", verkörpern müßten; seien sie doch berufen, jenseits aller „Verwirrung durch Parteisucht und Parteihaß" das „Handeln der Macht an der Idee zu messen". Als Paulsen dies schrieb, war er sich dessen bewußt, daß er damit einen hohen Anspruch erhob und nicht etwa die Wirklichkeit seiner Gegenwart wiedergab[19]. War diese Wirklichkeit doch von historischen Erfahrungen geprägt, in denen die deutschen Gelehrten erleben mußten, wie sich die politische Realität über ihre Hoffnungen auf mindestens moralische Einflußmöglichkeiten immer wieder hinwegsetzte: Dem Scheitern der 48er Revolution und ihres sogenannten „Professorenparlamentes" – der Paulskirche – folgte die nationale Einigung als Revolution von oben – ausgeführt nicht von einem Mann der Wissenschaft, sondern einem adeligen Berufsdiplomaten. Hermann Baumgartens „Selbstkritik" des Liberalismus von 1866 spiegelt denn auch die Enttäuschung des auf die Reformzeit zurückgehenden politischen Idealismus an einer Entwicklung wider, die dessen politisch-moralische Wunschvorstellungen vielfach außer Acht ließ[20].

Doch ist es erst der Erste Weltkrieg gewesen, der dem moralischen Führungsanspruch der deutschen Wissenschaft, ihrem Selbstverständnis, eine Wertelite zu sein, den entscheidenden Stoß versetzt hat. Verschiedene Umstände trugen zu dieser Diskreditierung der deutschen Professorenschaft bei: das schnelle Verblassen der gerade aus Professorenmund verkündeten „Ideen von 1914" über die „deutsche Sendung" in diesem ersten

---

18 Friedrich Christoph Dahlmann, Politik auf den Grund und das Maß der gegebenen Zustände zurückgeführt, hg. v. Manfred Riedel (= Theorie I). Frankfurt 1968, S. 274, auch S. 100, 131, 250, und ders., Kleine Schriften und Reden. Stuttgart 1886, S. 315 ff.

19 Friedrich Paulsen, Die deutschen Universitäten und das Universitätsstudium. Berlin 1902, S. 331 f. Weitere Belege bei: Klaus Schwabe, Wissenschaft und Kriegsmoral. Die deutschen Hochschullehrer und die politischen Grundfragen des Ersten Weltkrieges. Göttingen 1969, S. 192, Anm. 24; Herbert Döring, Thesen zum fortschreitenden Zerfall der sozialhistorischen Voraussetzungen von „Gelehrtenpolitik" am Beispiel des sozialliberalen Flügels deutscher Hochschullehrer. In: Schmidt u. a., Gelehrtenpolitik, S. 160.

20 Hermann Baumgarten, Der Liberalismus. Eine Selbstkritik. In: ders., Historische und politische Aufsätze, hg. v. Erich Marcks. Straßburg 1894, S. 97 ff.

Weltkonflikt und die enttäuschende Erfahrung, daß diese Ideen nicht nur nicht die Integrationskraft besaßen, die man sich von ihnen versprochen hatte, sondern daß sich gerade Vertreter der Professorenschaft hoffnungslos in die außen- und innenpolitischen Kontroversen verstrickten, die das Weltkriegsdeutschland seit 1915 mehr und mehr zerrissen. Hinzu kam die bedenkliche Erscheinung, daß sich einzelne Gelehrte, meist aus politischer Naivität, als Sprachrohr wirtschaftlicher Interessen mißbrauchen ließen[21]. All dies mußte die von den deutschen Gelehrten traditionell beanspruchte politisch-moralische Mentorenrolle zunehmend unglaubwürdig erscheinen lassen. Eine neue Welle professoraler Selbstkritik an dem Versagen deutscher Gelehrter in der Krise des Ersten Weltkrieges kam auf. Ihr entschiedenster und konsequentester Vertreter wurde Max Weber. Dieser hatte schon während des Krieges das „akademische Literatentum" – und damit meinte er in erster Linie seine Kollegen – und seine politischen Entgleisungen zur Zielscheibe einer beißenden Kritik gemacht. Waren diese Literaten in seinen Augen doch zum Inbegriff der von ihm so scharf kritisierten Beamtenherrschaft im Wilhelminischen Deutschland geworden[22]. Kurz nach Kriegsende vollzog er dann mit seinem berühmten Vortrag über den „inneren Beruf zur Wissenschaft" endgültig den Bruch mit dem Selbstverständnis des deutschen Gelehrtentums als einer sinnvermittelnden Wertelite: Für den Heidelberger Soziologen konnte die Wissenschaft auf Fragen des Sollens und der Wertung keine Antwort geben. Was allein man von einem Gelehrten verlangen durfte, war die „intellektuelle Rechtschaffenheit: einzusehen, daß Tatsachenfeststellung, Feststellung mathematischer oder logischer Sachverhalte oder der inneren Struktur von Kulturgütern einerseits, und andererseits die Beantwortung der Frage nach dem *Wert* der Kultur ... und danach: wie man innerhalb der Kulturgemeinschaft und der politischen Verbände handeln solle, – daß dies beides ganz und gar *heterogene* Probleme sind"[23]. Die Erörterung

---

21 Dazu das unter Anm. 16 genannte Buch des Herausgebers und: Klaus Schwabe, Ursprung und Verbreitung des alldeutschen Annexionismus in der deutschen Professorenschaft im Ersten Weltkrieg. In: Vierteljahrshefte für Zeitgeschichte 14 (1966), S. 105–138.

22 Max Weber, Zur Politik im Weltkrieg. Schriften und Reden 1914–1918 (= Max Weber Gesamtausgabe, hg. v. H. Baier, M. R. Lepsius, W. Mommsen, W. Schluchter, J. Winkelmann), hg. v. Wolfgang J. Mommsen u. a. Tübingen 1984, S. 440 f., auch S. 307, 461, 476.

23 Max Weber, Vom inneren Beruf zur Wissenschaft. In: J. Winckelmann, Max Weber. Soziologie. Weltgeschichtliche Analysen. Politik. Stuttgart 1964, S. 326 u. passim. Jetzt auch: Jürgen Kocka, Max Webers Bedeutung für die Geschichts-

von derartigen Wertfragen, so fuhr Weber fort, gehöre nicht in den akademischen Unterricht; Professoren seien Lehrer und nicht Führer oder gar Propheten einer Weltanschauung oder von Parteimeinungen, deren Diskussion ausschließlich in der Öffentlichkeit stattzufinden habe, nicht aber im Hörsaal. Für den Gelehrten als Vermittler von wertenden Sinninhalten gab es innerhalb der Universitäten nach Webers Wissenschaftsverständnis keinen Raum mehr.

Es sei sehr dahingestellt, wieviele deutsche Hochschullehrer in der Folgezeit sich das asketische Wissenschaftsideal Webers wirklich zueigen gemacht haben. Auch bei den ihm näherstehenden Kollegen überwog wohl eher die Kritik[24]. Die zahlreichen weiter rechts stehenden Hochschullehrer behielten ohnehin das traditionell-naive Selbstverständnis ihrer selbst als einer Werte-Elite bei, indem sie jetzt als Propheten eines autoritären Ordnungsstaates unter einem wie immer gearteten „Führer" auftraten, eines konservativen Regimes, das an die Stelle des verhaßten Weimarer „Systems" treten sollte. Theoretisch „entwaffnet" hatten sich die linksliberalen Gelehrten, die Webers Anathema gegen die Artikulierung moralischer Urteile im akademischen Unterricht ernst nahmen, damit ihre republikfreundliche Haltung im Hörsaal nicht artikulieren und so kein Gegengewicht gegen die republikfeindliche Stimmungsmache ihrer Kollegen bilden konnten[25].

Liberal gesonnene Professoren gerieten auch in der Öffentlichkeit angesichts der konservativen Grundstimmung der Mehrzahl ihrer Kollegen mit der Zeit mehr und mehr in die Defensive. Mit dem Anbruch des Hitlerregimes wurde aus dieser Defensive ein Existenzkampf, bei dem es in letzter Instanz nicht mehr um bestimmte politische Werte ging – hier war der Weg zu realisierbaren Alternativen ohnehin sehr rasch versperrt –, sondern um das ureigenste moralische und zugleich berufliche Anliegen jedes Wissenschaftlers: die Möglichkeit zur unbehinderten Äußerung wissenschaftlich begründeter Meinungen und Hypothesen. Sinndeutende Urteile konnten in der Öffentlichkeit nur abgegeben werden, wenn sie der Ideologie des Regimes nicht widersprachen; Vertreter entschieden oppositioneller Anschauungen wurden mundtot gemacht oder zogen sich in

---

wissenschaft. In: ders. (Hg.), Max Weber der Historiker (= Kritische Studien zur Geschichtswissenschaft, Bd. 73). Göttingen 1986, S. 14 ff.

[24] Vgl. z. B. Friedrich Meinecke, Drei Generationen deutscher Gelehrtenpolitik. Friedrich Theodor Vischer – Gustav Schmoller – Max Weber. In: ders., Staat und Persönlichkeit. Berlin 1933, S. 156 f., 163 f.

[25] Vgl. S. 219 in diesem Bande.

eine getarnte Kritik „zwischen den Zeilen" zurück[26]. Angesichts des übermächtigen Geschehens, das das NS-Regime über Deutschland hereinbrechen ließ, mochte der eine oder andere unter den deutschen Gelehrten bisweilen sogar ganz an seiner Fähigkeit zu orientierender Sinnvermittlung zu zweifeln beginnen[27]. Angesichts dieser Lage und der notorisch universitätsfeindlichen Haltung des Regimes kann es nicht verwundern, daß sich die deutsche Professorenschaft als Propagandistin der deutschen Sache im Zweiten Weltkrieg bei weitem nicht so hervortat wie im Ersten, obwohl diesesmal, anders als 1914, ein „Kriegseinsatz der Wissenschaften" amtlich angeordnet und organisiert wurde.

Unser Überblick über das Selbstverständnis der deutschen Hochschullehrerschaft als *Wert*elite hat bisher einen zentralen Aspekt ausgeklammert – die Frage nach dem Verhältnis zwischen Wissenschaft und politischer Praxis aus der Sicht der deutschen Gelehrten, eine Frage, die das Problem politischen Engagements und politischer Betätigung von Wissenschaftlern aus professoraler Sicht mit einschließt[28]. Eines ist unumstritten: Die politischen Wirkungen, die von der Tätigkeit deutscher Wissenschaftler ausgegangen sind, waren – ob gewollt oder nicht – denkbar weitreichend. E. R. Huber geht so weit festzustellen, daß „in keiner anderen Epoche der neueren deutschen Geschichte . . . Gesellschaft und Staat in einer entsprechenden Weise qualitativ und institutionell von einer akademisch konstituierten Führungsschicht" so sehr „bestimmt" gewesen seien wie zwischen 1871 und 1918[29]. Dies galt auch schon für die Mitte des 19. Jahrhunderts. Mehrere so nur im deutschen Sprachraum vorliegende Gründe erklären dies: das zensurbedingte Fehlen einer freien öffentlichen Diskussion über die politischen Grundfragen der Zeit, ein Mangel, der durch eine weniger behinderte Diskussion innerhalb der Universitäten mindestens teilweise wettgemacht werden konnte; ferner die Tatsache, daß das deutsche Volk als nach staatlicher Einheit strebende Nation sich am ehesten auf den Universitäten artikulieren konnte, die dank des Zustromes

---

[26] Dies das Verhalten Gerhard Ritters: Hans Rothfels, Gedenkworte für Gerhard Ritter. In: Orden pour le mérite für Wissenschaft und Künste. Reden und Gedenkworte, Bd. 9. Heidelberg 1968/69, S. 24. Vgl. auch Anm. 34. Allgemein jetzt: Manfred Funke, Universität und Zeitgeist im Dritten Reich. In: Aus Politik und Zeitgeschichte. Beilage zur Wochenzeitung Das Parlament. B 12/86, 22. 3. 1986, S. 3 ff.

[27] Klaus Schwabe, Hermann Oncken. In: Deutsche Historiker, Bd. 2, hg. von H.-U. Wehler. Göttingen 1971, S. 83.

[28] Schmidt, Gelehrtenpolitik, S. 10 ff.

[29] Huber, Verfassungsgeschichte, Bd. 4, S. 926.

von Studenten aus allen Teilen des deutschen Sprachraums ihre politischen Bindungen an den jeweiligen Landesherren mehr und mehr abwarfen und zu ersten gesamtdeutschen Institutionen wurden.

Ging also von den politischen Umständen, die im Deutschland vor Bismarck herrschten, aber auch für die Zeit danach geradezu ein Zwang zu politischem Engagement der Hochschullehrerschaft aus, so bleibt es dennoch die Frage, ob die deutschen Gelehrten aus ihrer Auffassung von Wissenschaft und Universität heraus sich zu einer solchen politischen Rolle drängen konnten. Auch an dieser Stelle sind schon in der Zeit der preußischen Reformen die grundlegenden Positionen entwickelt worden. Wilhelm von Humboldt hatte festgestellt, daß „die Wissenschaft . . . oft dann ihren wohltätigsten Segen auf das Leben“ „ausgieße“, „wenn sie dasselbe gewissermaßen zu vergessen scheint“[30]. Er hatte damit umschrieben, was später als die Autonomie und die Zweckfreiheit der Wissenschaft bezeichnet wurde – Zweckfreiheit in den Worten Joachim Ritters als „Abschirmung gegen Praxis und Ideologie“[31]. An dieser Wissenschaftsauffassung ist im 19. Jahrhundert nur von den – vor allem in Südwestdeutschland freilich noch recht zahlreichen – Gelehrten gerüttelt worden, die sich noch ganz der Aufklärung verpflichtet fühlten[32]. Tatsächlich scheuten schon Gelehrte im Umkreis von Humboldts wie zum Beispiel Schleiermacher vor einer praktisch-politischen Betätigung eher zurück, weil sie den mit politischen Geschäften einhergehenden Zwang zu praktischer Anpassung verabscheuten[33]. Wenn es dann zur Zeit der Revolution von 1848 doch zu einer Blütezeit des politisch engagierten Professorentums gekommen ist, dann nicht wegen, sondern trotz der gängigen Auffassung über das Verhältnis zwischen Wissenschaft und Politik. Ein sprechendes Beispiel liefert hier der Historiker Friedrich Christoph Dahlmann, einer der „Göttinger Sieben“ und 1848/49 Abgeordneter der Paulskirche. Auch Dahlmann war der Ansicht, daß seine Wissenschaft – die Ge-

---

30 Wilhelm von Humboldt, Antrittsrede in der Berliner Akademie der Wissenschaften. Zit. nach: A. Flitner, Humboldt. Anthropologie und Bildungslehre. Düsseldorf 1956, S. 69. Dazu Helmut Schelsky, Einsamkeit und Freiheit. Idee und Gestalt der deutschen Universität und ihrer Reformen. Hamburg 1963, S. 79 ff.

31 Zit. nach Theodor Ellwein, Die deutsche Universität. Königstein 1985, S. 127.

32 So z. B. Karl T. Rotteck und Karl Scheidler, Über die Idee der Universität und ihre Stellung zur Staatsgewalt – dem schützenden Genius der protestantischen Universitäten Deutschlands geweiht. Jena 1838. Jetzt auch Fenske, Gelehrtenpolitik im liberalen Südwesten. In: Schmidt, Gelehrtenpolitik, S. 42.

33 Schleiermacher, Gelegentliche Gedanken, S. 119, 133, 138.

schichte – sich unmittelbar für die Politik nicht nutzbar machen lassen könne, weil sie sich nicht wiederhole und damit keine Rezepte für politische Einzelentscheidungen liefere[34]. Das hinderte Dahlmann nicht daran, eine sittliche Verpflichtung des Wissenschaftlers zu politischem Handeln zu erkennen und sich selbst in den verschiedenen Stationen seines Lebens entsprechend zu verhalten[35].

Es war freilich nicht nur das Scheitern der Einigungsbewegung von 1848, das zahlreiche Gelehrte veranlaßte, gegenüber der Politik wieder auf Distanz zu gehen (es gab weiterhin gewichtige Ausnahmen, wie dieser Band im einzelnen zeigen wird): Was noch mehr einen Graben zwischen dem modernen politischen Betrieb, der wesentlich von der Existenz von Parteien abhängt, und vielen deutschen Gelehrten entstehen ließ, war auch das Verständnis ihrer eigenen politischen Funktion als der von uneigennützigen Vermittlern zwischen den (partei-)politischen Extremen zum höheren Nutzen des Staatsganzen. Dieser Gedanke läßt sich gleichfalls in die Reformzeit zurückverfolgen; er taucht auch bei Dahlmann wieder auf und läßt sich in unserm Jahrhundert zum Beispiel bei einem Friedrich Meinekke nachweisen. Vermittler wollten deutsche Gelehrte im wilhelminischen Reich auch zwischen den gesellschaftlichen Klassen sein und dabei vor allem die Integration der Arbeiterklasse in den nationalen Staat erleichtern[36] Ein parteipolitisches Engagement paßte nicht in dieses interessenübergreifende Selbstverständnis deutscher Gelehrter, insbesondere wenn diese der Rechten nahestanden, und so verwundert es nicht, daß sich „politische Professoren“ in der wilhelminischen Ära eher in vermeintlich überparteilichen „Bewegungen“ wie dem Alldeutschen Verband oder dem Flottenverband finden als in den Parteien selbst.

Für das Verhältnis zahlreicher Professoren zur Weimarer Republik wurde diese Einstellung verhängnisvoll. Galt diese ihnen doch als „Parteienstaat“ schlechthin und verlangte deshalb geradezu innere Abstandnahme. Dieselbe Haltung begründete freilich auch die Vorbehalte, die zahlreiche Hochschullehrer mindestens anfangs dem Hitlerregime entgegenbrachten; denn auch dieses galt aus konservativer Sicht als Parteienstaat bzw.

---

34 Dahlmann, Kleine Schriften, S. 189, 240, 314 ff.

35 Dahlmann, Kleine Schriften, S. 231, 317; ders., Politik, S. 131.

36 Dahlmann, Kleine Schriften, S. 317, und A. Springer, Friedrich Christoph Dahlmann. Leipzig 1872, Bd. 2, S. 105, 151. Gegen Parteien: ders., Politik, S. 140 f.; Friedrich Meinecke, Geschichtliche Ursachen der Revolution. In: ders., Nach der Revolution. Berlin 1919, S. 44. Dieter Krüger, Gerhart v. Schulze-Gävernitz als liberaler Gelehrtenpolitiker (1890–1918). In: Schmidt, Gelehrtenpolitik, S. 145.

Parteidiktatur und widersprach damit dem Gesamtwohl des Staates. In einzelnen Fällen – der Freiburger Historiker Gerhard Ritter wäre hier zu nennen – leitete sich aus derartigen Vorbehalten eine oppositionelle Einstellung gegenüber dem NS-Regime ab, an der die Betreffenden bis zum Zusammenbruch der Hitler-Diktatur festhielten. Nach dieser „deutschen Katastrophe" fühlten sich diese Hochschullehrer um so mehr legitimiert, die politisch sinnorientierende Funktion des akademischen Lehrers wieder aufzugreifen[37].

Die an dieser Stelle unvermeidlich knappe Skizze der wissenschaftlichen Arbeitsbedingungen, der Herkunft und des Rollenverständnisses deutscher Hochschullehrer im 19. und 20. Jahrhundert wirft eine Fülle von Fragen auf, die nun auch den Orientierungsrahmen für die in diesem Bande vereinten Beiträge geliefert haben. Wie bei allen aus den „Büdinger Vorträgen" hervorgegangenen Veröffentlichungen geht es auch in diesem Band sowohl um die Binnenstruktur einer Elite wie auch um ihre Selbstdeutung und ihr „Außenverständnis" (H. H. Hofmann), das heißt die Weise, in der sie von ihrer Umwelt gesehen wurde. Methodisch verbinden sich bei dieser Fragestellung, um noch einmal H. H. Hofmann zu zitieren, historische Soziologie mit Prosopographie und Genealogie[38].

Dementsprechend gliedern sich die Fragen, die den nachfolgenden Beiträgen zugrundliegen, in zwei Hauptgruppen – zum einen Fragen, die sich an die objektiven Kriterien richten, die über den Elitecharakter der deutschen Hochschullehrerschaft Auskunft geben, zum anderen Fragen, welche die subjektiven Kriterien dieser Elite zum Gegenstand haben, ihr Selbstverständnis also und das Ansehen, das sie in ihrer Umwelt genossen. Zur ersten Fragengruppe gehören die Fragen nach der gesellschaftlichen Herkunft, nach Karrierebedingungen und nach dem rechtlichen Status der deutschen Hochschullehrer, nach ihren Beziehungen zu anderen Eliten sodann, und zwar im Sinne der personell-verwandtschaftlichen Verflechtung oder der Chance zum Übergang in eine andere, ihrem Prestige nach u. U. höherstehende Elite (die Professur als „Sprungbrett" in eine andere Karriere).

---

[37] Rüdiger vom Bruch, Gelehrtenpolitik und politische Kultur im späten Kaiserreich. In: Schmidt, Gelehrtenpolitik, S. 91. – Friedrich Meinecke, Die deutsche Katastrophe. Berlin 1946; ders. Ausgewählter Briefwechsel, hg. von Peter Classen. Stuttgart 1962, S. 240, 495 f. Klaus Schwabe, Rolf Reichardt (Hg.), Gerhard Ritter. Ein politischer Historiker in seinen Briefen (= Schriften des Bundesarchivs, Bd. 33). Boppard 1984, S. 68, 92 f., 97 ff. Dazu jetzt: Jochen-Christoph Kaiser, Geschichtswissenschaft und Politik. Gerhard Ritter und die Deutsche Frage 1945–1949. Antrittsvorlesung 15. 12. 1986, Ms.

[38] Hanns Hubert Hofmann (Hg.), Das deutsche Offizierskorps 1860–1960 (= Deutsche Führungsschichten in der Neuzeit, Bd. 11). Boppard 1980, S. 11 f.

Die zweite Fragengruppe befaßt sich mit dem elitären Selbstverständnis deutscher Hochschullehrer in ihrer Eigenschaft als Vertreter wissenschaftlicher Disziplinen, mit ihrem Rollenverständnis als politisch-moralischem Sprachrohr der deutschen Nation und staatlicher oder gesellschaftlicher Gesamtinteressen, mit ihrer Selbstinterpretation als Sprecher bestimmter gesellschaftlicher oder politischer Einzelinteressen und schließlich mit ihrem von Fall zu Fall oppositionellen oder konformistischen Verhalten gegenüber den ihnen gegebenen politischen und gesellschaftlichen Rahmenbedingungen.

Daß die hier vorgelegten Beiträge diesen ambitionierten Fragenkatalog auch nicht annähernd erschöpfend zu beantworten vermögen, versteht sich von selbst. Den Referenten wurde denn auch von vornherein die Aufgabe gestellt, aus diesem Frageraster auszuwählen. Diese Auswahl hatte sich primär an der Forschungslage zu orientieren. Diese ist, gelinde gesagt, unterschiedlich[39]. Eine Prosopographie der deutschen Hochschullehrerschaft in ihrer Gesamtheit gibt es für den Berichtszeitraum jedenfalls noch nicht. Nur für die deutschen Historiker in der Nachfolge Rankes liegt seit kurzem ein entsprechender Versuch vor, wenn auch mit überspitzten Schlußfolgerungen[40]. Nicht unerwähnt bleiben darf, daß die zeitgeschichtliche Personenforschung neuerdings immer wieder durch die ebenso überzogenen wie wissenschaftsfremden Datenschutzauflagen behindert, wenn nicht unmöglich gemacht wird.

Doch nicht allein die Forschungslage, sondern auch von der Sache her gegebene Gesichtspunkte bestimmten die Auswahl, welche die einzelnen Referenten aus dem ihnen vorgegebenen Fragenkatalog getroffen haben. Hier kam vor allem die unterschiedliche Länge der von den Einzelbeiträgen behandelten Zeitabschnitte ins Spiel: Eine primär statistisch-sozialgeschichtliche Fragestellung bot sich – dies ist offenkundig – in erster Linie für die Referate an, die längere Zeitabschnitte behandelten. Umgekehrt konnte die Frage nach der gesellschaftlichen Herkunft deutscher Hochschullehrer für die jeweils nur rund zehn Jahre, die der Weimarer Republik und dem Hitlerregime beschieden gewesen sind, nur sehr begrenzte sozialgeschichtliche Aufschlüsse erbringen – dies um so mehr,

[39] Vgl. dazu den Bericht von Rüdiger vom Bruch, Die deutsche Hochschule in der historischen Forschung. In: Dietrich Goldschmidt u. a. (Hg.), Forschungsgegenstand Hochschule. Frankfurt 1984, S. 1–27.

[40] Wolfgang Weber, Priester der Klio. Historisch-sozialwissenschaftliche Studien zur Herkunft und Karriere deutscher Historiker und zur Geschichte der Geschichtswissenschaft 1800–1970 (= Europäische Hochschulschriften, Reihe 3, Bd. 216). Frankfurt 1984.

als beide Regime keine grundlegende gesellschaftliche Umschichtung der deutschen Hochschullehrerschaft anstrebten bzw. anstreben konnten, sondern lediglich ein gewisses Revirement nach politischen und, im „Dritten Reich" zusätzlich, nach rassischen Gesichtspunkten versucht haben, zudem noch, wie noch genauer gezeigt werden wird, mit höchst unterschiedlichem Erfolg!
Wenn die Forschungslage und Sachzwänge eine gewisse inhaltliche Ungleichmäßigkeit der Einzelbeiträge unvermeidlich gemacht haben und dieser Band auch nicht zuletzt aus Platzgründen manche Lücke aufweist, so sieht der Herausgeber darin aus der Sicht der „Büdinger Forschungen" und ihrer Intentionen heraus keinen ernsthaften Mangel. Betrachtet er es doch als eigentliche Aufgabe dieses alljährlichen wissenschaftlichen Meinungsaustausches und der aus ihnen hervorgehenden Veröffentlichungen, eine gewisse Zwischenbilanz der vorgegebenen Forschung zu dem jeweils behandelten Thema aus dem Bereich der historischen „Elitologie" zu ziehen und zu weiteren Untersuchungen anzuregen. Entspricht auch dieser Band diesem Maßstab, so haben sich die Mühen, denen sich Mitarbeiter und Herausgeber mit seiner Drucklegung unterzogen haben, gelohnt. Bleibt nur hinzuzufügen, daß auch im vorliegenden Fall der Herausgeber seine Funktion im wesentlichen als die eines Koordinators begriffen hat und daß die Verfasser für ihre Einzelbeiträge jeweils selbst verantwortlich sind.
Für die Vorbereitung und Durchführung der Tagung, aus der dieser Band hervorgegangen ist, ebenso wie für dessen Fertigstellung selbst war der Herausgeber wieder auf die Unterstützung vonseiten zahlreicher Kollegen und Helfer angewiesen. Besonders hervorheben möchte er seinen Dank an die Mitautoren dieses Bandes. Vielfältigen Dank schuldet er auch seinen Mitarbeitern am Historischen Institut der RWTH Aachen, an erster Stelle Herrn Guido Müller, der zusammen mit Herrn Leisten auch das Register erstellt hat, dann Frau Veronika Runte und den Herren Leisten und Pappert. Es ist ferner seine angenehme Pflicht, den beiden Geldgebern zu danken, die die Tagung bzw. die Drucklegung mit Zuschüssen ermöglicht haben, nämlich der Fritz Thyssen Stiftung, Köln, bzw. der Verwertungsgesellschaft Wort, München. Ein herzliches Dankeschön gebührt nicht zuletzt dem großzügigen Gastgeber auch dieses „Büdinger Gesprächs", S. D. dem Fürsten zu Ysenburg und Büdingen.

Mit diesem Band verabschiedet sich der Herausgeber von seinen Lesern in seiner Eigenschaft als Leiter der „Büdinger Forschungen" seit 1979. Interimistisch ist für die Tagung des Jahres 1984 die Leitung an Herrn Kollegen Harald Winkel übergegangen. Seit 1985 liegt sie in den Händen von Herrn Kollegen Karl Möckl.

Die deutschen Hochschullehrer als Elite 1815–1850

VON CHARLES E. McCLELLAND

Wir wissen recht viel über die ersten deutschen Professorengenerationen, die sich als „Wissenschaftler" verstanden haben, das heißt über diejenigen, die zwischen der großen französischen Revolution und der deutschen Revolution von 1848 im Amte waren. Die Nachwuchsgenerationen nach 1848 haben die Leistungen ihrer Vorgänger in vielen Biographien und Wissenschafts- und Hochschulgeschichten festgehalten. Auch wissenschaftlich unbedeutende Professoren haben oft ihren Platz in liebenswürdigen Universitätserinnerungsschriften gefunden, die sich im neunzehnten Jahrhundert fast zu einer Sondergattung der deutschen Literatur entwickelt haben. Was wir wissen, reicht alles in allem jedoch nur für die Wissenschaftsgeschichte älterer Prägung. Die Fragestellungen dieser Geschichtsschreibung konzentrieren sich auf die „Höhen", also auf große Entdecker, Erfinder und methodische Neuerer, kurzum auf eine Auswahl der wichtigeren Professoren. Für eine Sozialgeschichte neuerer Prägung oder für eine gezielte Elitenforschung wissen wir aber noch erbärmlich wenig über diese ersten Generationen deutscher „wissenschaftlicher" Professoren. Wer sie sozialhistorisch untersuchen will, trifft auf gewisse Unzulänglichkeiten: 1. auf den Mangel an prosopographischen und soziologischen Grundstudien wie die mustergültige Arbeit von Ferber über die Professorenschaft nach 1864, 2. den Mangel an zusammenhängenden sozialgeschichtlichen Untersuchungen, die aus Ministerial- und Universitätsarchiven schöpfen und erst in jüngster Zeit von historischen Forschern begonnen worden sind; 3. den Mangel an historischem Bewußtsein bei den damaligen Universitäten, Professoren und Ministerien, die, da sie unser heutiges Interesse an ihrem politisch-sozialem Gesamtbild nicht vorausahnten, es versäumt haben, uns vollständige Akten zu hinterlassen[1].

[1] Vgl. Christian von Ferber, Die Entwicklung des Lehrkörpers der deutschen Universitäten und Hochschulen, 1864–1954. In: Helmuth Plessner (Hg.), Untersu-

Trotzdem ist das Unterfangen einer sozial- und elitegeschichtlichen Untersuchung der deutschen Professorenschaft im Vormärz keineswegs aussichtslos. Was Ferber und andere Sozialhistoriker schon für das späte neunzehnte und das zwanzigste Jahrhundert geleistet haben, kann mit etwas mehr Mühe auch für die Vormärzprofessoren versucht werden. Nur werden die Ergebnisse notwendigerweise lückenhafter bleiben müssen. Gleichwohl können die Archive systematischer durchkämmt werden; denn trotz der Kriegsverluste gibt es immer noch verstaubende Archivbestände, die seit Jahrzehnten nicht mehr von menschlicher Hand berührt worden sind. Gegen den oben angeführten dritten Mangel können wir freilich nichts machen.

Dieser Beitrag beruht also auf einer noch nicht sehr soliden Grundlage. Er errichtet eher ein Gerüst als einen fertigen Bau.

1. DEUTSCHE HOCHSCHULLEHRER ALS ELITE

Es wird in dieser Aufsatzreihe vorausgesetzt, daß die deutschen Hochschullehrer — oder genauer, die Ordinarien, auf die die Vorträge sich beschränken sollen — in dem jeweiligen Zeitraum eine *Elite* gebildet haben. Das ist sicherlich auch für die Zeit von 1815 bis 1850 der Fall — freilich mit mancherlei nachher zu erörternden Einschränkungen und zeitgebundenen Abweichungen. Inwiefern sie auch eine *Führungsgruppe* im Sinne

chungen zur Lage der deutschen Hochschullehrer. 3 Bde. Göttingen 1956, Bd. 3. Aufschlußreich ist weiter: Alexander Busch, Die Geschichte des Privatdozenten. Stuttgart 1959, leider aber hauptsächlich über Nichtordinarien. Ältere Literatur über Professoren an einzelnen Universitäten pflegt oft eher hagiographisch zu sein und daher nur eine lückenhafte Auswahl der Hochschullehrerschaft, keine genaue Prosopographie, anzubieten. Als Beispiele vgl.: Ernst Conrad, Die Lehrstühle der Universität Tübingen und ihre Inhaber, 1477—1927. (Als Maschinenschrift vervielfältigt.) Tübingen 1960; Karl Friedrich, Heidelberger Professoren aus dem neunzehnten Jahrhundert. 2 Bde. Heidelberg 1903; Max Lenz, Geschichte der königlichen Friedrich-Wilhelms-Universität zu Berlin. 4 Bde. Halle 1910—18; Hans Prutz, Die königliche Albertus-Universität zu Königsberg in Preußen im neunzehnten Jahrhundert. Königsberg 1894; Wilhelm Schrader, Geschichte der Friedrichs-Universität zu Halle. 2 Bde. Berlin 1894; Georg von Selle, Die Georg-August-Universität zu Göttingen 1737—1937. Göttingen 1937; Johannes Vincke, Freiburger Professoren des neunzehnten Jahrhunderts. Freiburg/Br. 1957; Otto Wenig (Hg.), Verzeichnis der Professoren und Dozenten der rheinischen Friedrich-Wilhelms-Universität zu Bonn 1818—1968. Bonn 1968.

anderer Büdinger Vortragsreihen bildeten, ist weniger eindeutig. Ebenfalls schwer zu beantworten ist die Frage, inwieweit sie einer breiteren *Führungsschicht* angehörten[2].

Bei dieser Fragestellung müssen wir auch den Übergangscharakter der Normen, die in diesem Zeitraum innerhalb der Hochschullehrerschaft galten, und der Funktionen, die diese wahrnahm, bedenken. Wenn man die Lage am Ende des achtzehnten Jahrhunderts mit der um 1850 vergleicht, muß man die erste Hälfte des neunzehnten Jahrhunderts als eine der folgenschwersten Wendezeiten in der ganzen Geschichte des deutschen Hochschulwesens bezeichnen. Gewiß kann man den Wandel überbetonen, da manche Erscheinungen des achtzehnten Jahrhunderts an manch rückständiger Universität noch weitergelebt haben. Aber idealtypisch gesehen, ist er unbestreitbar.

Das Wirken des Professors nahm allmählich einen immer stärker wissenschaftlichen Charakter an. Anstatt aus einem veralteten, von einem Vorgänger verfaßten Lehrbuch Auszüge vorzulesen, bemühten sich die Vormärzprofessoren, aus eigener Forschung stammende wissenschaftliche Beiträge zu liefern, ihre Studenten ebenfalls in selbständige Forschungsmethoden einzuführen, und in ihren Vorlesungen den letzten Stand der Wissenschaft zu vermitteln. Labor, Seminar und Institut schufen die neue Rolle des Professors als Leiters wissenschaftlicher Forschungsprojekte. Die kleinliche, oft von Zänkereien erfüllte Welt der nichtreformierten Universität hatte sich in Rangstreitigkeiten erschöpft. Dienstalter und Hofgunst spielten dabei entscheidende Rollen. Erst im frühen neuzehnten Jahrhundert haben sich die meisten Universitäten aus geschlossenen Lehrergilden allmählich in wissenschaftliche Anstalten verwandelt. Die Professoren mußten nicht mehr so sehr bemüht sein, durch allerlei Kniffe Hörer anzulocken, weil sie wirtschaftlich besser gestellt waren und zudem durch ihre erhöhte Verantwortung für die Examen und damit für die Karrierechancen der Studenten in gelehrten Berufen und im Staatsdienst entscheidenden Einfluß gewonnen hatten. Aus dem leicht lächerlichen schulmeisterlichen Pedanten des achtzehnten Jahrhunderts wurde bis 1850 manchmal geradezu ein Weltmann. Zu den alten Funktionen und Normen kamen neue, und damit war die Einheit von Forschung und Lehre zum ersten Mal in Europa fest an der Universität verankert.

---

[2] Der Verfasser bezieht sich auf die Elitediskussion bei Hans-Gerd Schumann, Führungsschicht und Führungsgruppen heute. Anmerkungen zu Methodologie-Problemen der deutschen Elitologie. In: Hanns Hubert Hofmann und Günther Franz (Hg.), Deutsche Führungsschichten in der Neuzeit: Eine Zwischenbilanz. (= Büdinger Vorträge 1978). Boppard 1980, S. 203–223.

Die Einführung wissenschaftlicher Maßstäbe hat zweifellos den gesellschaftlichen Status der Ordinarien gehoben. Zwar hatten sie dank ihrer Erzieherfunktion gegenüber anderen gesellschaftlichen Eliten immer schon eine Sonderstellung besessen. Kraft ihrer Ausbilderfunktion für die Berufe in der Staats- und Kirchenverwaltung und in anderen Spitzenstellungen zählten die Ordinarien ebenso wie später ihre Studenten, zu einer Elite, die sich aus ihrem akademischen Titel ableitete. Aber ihre geistige Führung war im Laufe der „scientific revolution" im europäischen Westen erloschen. Während Newton und Leibniz gleichzeitig um 1700 wichtige Neuerungen in der Mathematik entdeckten, verfielen deutsche Akademiker dem Scholastizismus. Die Hochschullehrer des achtzehnten Jahrhunderts gehörten nicht mehr selbstredend zur wissenschaftlichen Elite Deutschlands.

Ihr Elitestatus war weitaus mehr in einer gildeähnlichen, ständisch bedingten Gesellschaftsstellung als in wissenschaftlicher Leistung begründet. Wenige führende Naturwissenschaftler haben sich dazu herabgelassen, einen Lehrstuhl auf den immer noch stark einem kümmerlichen Schulbetrieb verhafteten Universitäten zu übernehmen[3]. Es gab einige Hochschulen, die Ausnahmen bildeten; aber die Durchsetzung allgemeingültiger wissenschaftlicher Leistungsnormen für die Erlangung eines Lehrstuhles war erst eine Errungenschaft der ersten Hälfte des neunzehnten Jahrhunderts[4].

Man könnte sogar von einer gewissen Professionalisierung des Hochschullehrerberufes in der Zeit zwischen 1815 und 1850 sprechen. Damit ist eine Gelehrtenlaufbahn ausschließlich auf der Grundlage eines hochspezialisierten Wissens gemeint. Es gab mehrere Meilensteine auf dem Wege dieser Professionalisierung seit dem achtzehnten Jahrhundert. Die Durchsetzung des Habilitationsverfahrens als Voraussetzung für eine Professur errichtete eine Hürde, die weniger Begabte entmutigen sollte. Zudem kam die Verschärfung der Maßstäbe, die als Beweis für die Berufbarkeit gefordert wurden, das heißt die Erwartung, daß wissenschaftliche Beiträge und nicht mehr belanglose Exerzitien als Beweis für die Hochschullehrerreife vorgelegt wurden. Das allmähliche Verschwinden der bisherigen beruflichen Fluktuation, die das Professorenamt oft als Übergangsstelle erschienen ließ, verdoppelte sich mit der zunehmenden Re-

[3] Charles E. McClelland, State, Society and University in Germany, 1700–1914. Cambridge 1980, S. 27–57, und R. Steven Turner, The Prussian University and the Research Imperative, 1806–1848. Diss. Princeton 1973, S. 158–220.

[4] McClelland, State, Society. S. 151–189.

krutierung von Professoren nach Kriterien der Fachkompetenz. Im achtzehnten Jahrhundert war dagegen das System des „Aufrückens“ in höherrangige Lehrfächer innerhalb einer Fakultät oder von einer Fakultät zu einer anderen immer noch weitverbreitet. Das bedeutete, daß vakant gewordene Lehrstühle ganz unterschiedlicher Ausrichtung nach dem Gesichtspunkt der Beförderung oder des Dienstalters besetzt wurden[5].

Die Gründe für diese Professionalisierung liegen meines Erachtens mehr in einer rigoroseren Übernahme der wachsenden Anforderungen der – wie auch immer definierten – Wissenschaft seitens der Hochschullehrer als in den Wünschen der politischen Kräfte jener Zeit, von einzelnen Kultusministern wie Altenstein einmal abgesehen. Wenn man nach der Ursache für die Entstehung wissenschaftlicher Maßstäbe in dieser Zeit gerade und nur an den deutschen Hochschulen fragt, muß man jenseits der allgemeinen Entwicklung der Natur- und Geisteswissenschaften den versteckten Zweikampf zwischen Professorenschaft und Staatsbehörden im damaligen Deutschland beachten. Denn die alte halbfeudale Universitätsautonomie, die sogar während des Zeitalters des Absolutismus nicht völlig beseitigt worden war, mußte endlich eine modernere Begründung finden oder aber, wie in anderen europäischen Ländern, vollständig untergehen.

Daß beide Seiten sich allmählich auf wissenschaftliche Kriterien bei der Lehrstuhlbesetzung einigten, zeigt eine Reihe von Entwicklungen während der ersten Jahrhunderthälfte. Das bei uns heute übliche und selbstverständliche System der wissenschaftlichen Ausgewiesenheit hatte für beide Parteien gewisse Vorzüge. Das Vorschlagsrecht der Fakultäten bei Lehrstuhlbesetzungen mußte mit wissenschaftlich begründeten Voten gegen die Skepsis und die Einmischungsfreude der Ministerien behauptet und erst richtig verankert werden (war es doch nur selten in den Universitätsstatuten expressis verbis anerkannt)[6]. Sollte die Regierung doch eingreifen oder die Vorschläge der Fakultäten ignorieren, konnte die Univer-

---

[5] Zum Professionalisierungsprozeß im neunzehnten Jahrhundert siehe Charles E. McClelland, Professionalization and Higher Education in Germany. In: Konrad H. Jarausch (Hg.), The Transition of Higher Learning 1860–1930. Stuttgart/Chicago 1983, S. 306–320; Hans Albrecht Hesse, Berufe im Wandel. Ein Beitrag zum Problem der Professionalisierung. Stuttgart 1968.

[6] Beispielsweise die vage Formulierung des Fakultätsvorschlagsrechtes der neuen Berliner und Bonner Statuten von 1838: Johann F. W. Koch, Die preußischen Universitäten: Eine Sammlung von Verordnungen, welche die Verfassung und Verwaltung dieser Anstalten betreffen, 3 Bde. Berlin 1839–40, Bd. 1, S. 62–168 und 219–91.

sität mit wissenschaftlichen Kriterien das Ministerium vor der öffentlichen Meinung des In- und Auslandes in Verlegenheit bringen – und selbst die konservativsten Regierungen erkannten an, daß ihnen ihre reformierten Universitäten viel Prestige einbrachten.

Die Form des Elitestatus der deutschen Hochschullehrer in der ersten Hälfte des neunzehnten Jahrhunderts begann sich grundlegend zu ändern, *weil* dieses sich zunehmend auf die Basis eines allgemeingültigen, von „Experten" überprüfbaren – wenn auch noch so verschwommenen und umstrittenen – Maßstabes der Wissenschaftlichkeit stellte[7]. Die Ehrfurcht der deutschen und ausländischen Welt vor den Hochschullehrern vor 1848 ist ohne diese Entwicklung kaum zu begreifen.

Bei der Analyse des neuen Elitestatus der Hochschullehrer muß eine weitere Entwicklung erwähnt werden, die mit den Professoren nur mittelbar zu tun hat. Nicht nur qualitativ, sondern auch quantitativ hatte sich das Verhältnis zwischen Hochschullehrern und Studenten seit dem späten achtzehnten Jahrhundert geändert. Die (weiter unten zu erörternden) Verschiebungen in den Studentenfrequenzen, die gehobenen Anforderungen an die (seit etwa 1835 kaum noch zunehmenden) Studenten, die fortan die Vorteile einer stabilen Klientele boten, schufen neue Umstände für die Hochschulen im frühen neunzehnten Jahrhundert[8]. Die Macht der Hoch-

---

[7] Nach etwas unvollständigen Berechnungen stellte Bornhak fest, daß die Berufungen der Rechtswissenschaftsordinarien an preußischen Universitäten 1817–40 gegen Fakultätswunsch in zehn Prozent der Fälle erfolgte; 1840–58 in achteinhalb Prozent der Fälle; 1862–95 in nur vier Prozent der Fälle. Carl Bornhak, Die Rechtsverhältnisse der Hochschullehrer in Preußen. Berlin 1901, S. 50.

[8] Studentenfrequenzen im Vormärz:

Jahr	Frequenz
1811	4900[a]
1819	7378[b]
1825	9876
1830	15838
1835	11899
1840	11518
1845	11892
1850	11169

a Geschätzter Durchschnitt der Jahre 1811–15.

b Geschätzter Durchschnitt der Jahre 1816–20 und 1821–25 unter Ausschluß von Berlin und Bonn. Jene hatte ca. 850 Studenten 1817 und ca. 1700 Studenten 1825; diese hatte über 900 bis 1825.

Quelle: Franz Eulenburg, Die Frequenz der deutschen Universitäten von ihrer Gründung bis zur Gegenwart. In: Abhandlungen der philologisch-historischen

schullehrer, wenn es um die Zulassung zu einer Karriere ging, wuchs wegen verschärfter Examen, wegen der Abiturpflicht, wegen der Ausdehnung der gymnasialen Basis des Universitätswesens und wegen des Einflusses der Universität auf das Gymnasialsystem ständig. Durch ihre rege Mitarbeit an der Gründung und Leitung vieler Berufsverbände für Ärzte, Naturwissenschaftler, Lehrer, Rechtsanwälte usw., gewannen die Professoren außerdem indirekten Einfluß auf die Karrierebedingungen für akademische Berufe.

Zusammenfassend kann man sagen: Professionalisierung, Verwissenschaftlichung und ein engerer Einbezug in den Staatsdienst bildeten die Hauptelemente in dem Prozeß der Verwandlung der Hochschullehrerschaft zu einer neuartigen Elite. Aber lassen wir zunächst einmal die Tatsache, daß die Ordinarien eine wissenschaftliche Elite – und zwar eine stärkere und einflußreichere als zuvor – bildeten, auf sich beruhen und fragen wir: Was kann man über sie als Führungsgruppe in wirtschaftlicher und gesellschaftlicher Hinsicht aussagen?

Als *wirtschaftliche* Führungsgruppe fielen sie durchaus nicht ins Gewicht. Die meisten Universitäten blieben nach den Reformen noch weniger in die landwirtschaftliche Produktion einbezogen als vorher. Vor den Reformen war es immer noch üblich gewesen, daß Universitäten Agrarland verpachteten und den Professoren statt Geldauszahlungen Naturalien oder Wirtschaftsvorteile zuwiesen. Dagegen gingen die Hochschulen mit wenigen Ausnahmen spätestens nach 1815 zur vollen Geldwirtschaft über. Damit verschwanden auch die wirtschaftlichen Privilegien der Ordinarien, die es ihnen früher erlaubt hatten, als Brennholzhändler oder Weinschankwirte den nichteximierten Bürgern Konkurrenz zu machen. Die meisten Universitäten befanden sich ohnehin in Kleinstädten, wo Handel und Gewerbe provinziell, heruntergekommen und verachtet waren. In einigen Orten gab es gewiß schon Kontakte zum lokalen Wirtschaftsleben, wie zum Verlagswesen in Leipzig oder zur Landwirtschaft (Liebig in Gießen). Aber selbst die Verkümmerung der *cameralia* als Disziplin im Vormärz bezeugt eine weitgehende – auch geistige – Abschottung der Hochschulen vom Wirtschaftsleben[9]. Erst viel später im neunzehnten Jahrhundert sollten neue Bande zwischen Hochschule und Wirtschaft geknüpft werden.

Klasse der Königlich Sächsischen Gesellschaft der Wissenschaften. 24 (1906), Abh. 2, S. 164–5 und 303–5.

[9] Vgl. Wilhelm Bleek, Von der Kameralausbildung zum Juristenprivileg. Berlin 1972, Kap. 3.

Gesellschaftlich war die deutsche Hochschullehrerschaft in dieser Zeit weder in andere Mittelstandsschichten (außer dem Bildungsbürgertum) besonders gut integriert noch sonderlich darauf erpicht, ihnen gegenüber eine soziale Führungsrolle wahrzunehmen. Das Verhalten der Ordinarien als Gruppe an fast jeder Universität bezeugt geradezu eine Abneigung, sich gesellschaftlich mit lokalen „Philistern" einzulassen, gerade weil sich die Ordinarien mit Recht als tonangebende Elite der vormärzlichen Behördengesellschaft ansahen. Es gab zwar gesellschaftliche Vereinigungen, an denen Professoren und Kleinbürger beteiligt waren (z. B. das „Museum" in Marburg). Aber es lag im Eigeninteresse der Ordinarien, trotz ihrer oft bescheidenen Herkunft ihren eximierten Status (z. B. Steuerfreiheit, eigene Gerichtsbarkeit) zu betonen und nur mit anderen Bildungsbürgern und Honoratioren der Stadt gesellschaftlich zu verkehren. Diese mangelnde soziale Integration konnte bei aller Ehrfurcht vor der Professorenschaft, die unter den kleinen Leuten herrschte, dazu führen, daß selbst berühmte Persönlichkeiten wie Dahlmann 1848 nicht von seinen Bonner Mitbürgern, sondern von einem fremden Wahlkreis in die Paulskirche gewählt wurde (trotz seines Wahlkampfspruches „Wahlmann wähle Dahlmann")[10]. Einige andere Professoren erlebten ähnliche Schwierigkeiten.

Das Verhältnis der Hochschulprofessoren zu anderen Eliten im Vormärz war wohl standesmäßig nah, ohne wirklich eng zu sein. Als Eximierte teilten sie ähnliche Privilegien wie die hohen Verwaltungsbeamten, Offiziere, Geistliche und Vertreter der freien Berufe, deren Nachwuchs (mit Ausnahme des Militärs) sie selbst ausbildeten. Die Verbindungen zu ehemaligen Studenten verschafften den Ordinarien oft gute Beziehungen, zumal wenn ihre ehemaligen Schüler politische oder wirtschaftliche Prominenz gewannen. Die Studenten rekrutierten sich hauptsächlich aus den Akademikerkreisen, weniger aus den wirtschaftlichen Führungsgruppen Deutschlands (abgesehen von einigen Mitgliedern des Landadels)[11].

Was den Begriff Führungs*schicht* anbelangt, so kann eine Gruppe von weniger als tausend Menschen nicht als Schicht betrachtet werden. Bestenfalls kann man die Vormärzordinarien als einen „Leuchtturm" des bürgerlichen Leistungsprinzips bezeichnen. Nur in dieser Hinsicht hatte diese Nicht-Schicht eine Führungsrolle. Funktional gesehen gehörten die deut-

---

[10] Max Braubach, Bonner Professoren und Studenten in den Revolutionsjahren 1848–49. Köln 1967, S. 21. Über Spannungen zwischen Stadt und Universität vgl. auch unter anderen Erich Sieber, Stadt und Universität Tübingen in der Revolution von 1848/49. Tübingen 1975, S. 10–40.

[11] Vgl. Konrad H. Jarausch, Die neuhumanistische Universität und die Bürgerliche Gesellschaft 1800–1860. In: Darstellungen und Quellen 11 (1981), S. 11–58.

schen Ordinarien kraft des Doktorgrades schon spätestens seit dem siebzehnten Jahrhundert einem quasi informellen Staatsadel oder – besser – einem Bildungspatentadel an. Die förmliche Nobilitierung der Professoren wurde zwar im Laufe des frühen neunzehnten Jahrhunderts seltener, aber Doktorgrad und Lehrstuhl verliehen den überwiegend aus dem Mittelstand entstammenden Professoren doch einen gewissen Glanz. Auch wenn dieser Glanz mit der Person dahinging, war seine Anziehungskraft in Professorenfamilien doch so groß, daß sich ein überproportionaler Prozentsatz des Professorentums aus sich selbst rekrutierte. Die „Gelehrtengeschlechter" der frühen Neuzeit[12] haben sich als Professorengeschlechter auch im neunzehnten Jahrhundert fortgepflanzt.

Nicht nur gehörten die Hochschullehrer dem Bildungsbürgertum an, sie waren auch die eigentliche Elite innerhalb dieser Schicht. Eine neue Studie des Wissenschaftshistorikers R. Steven Turner geht so weit, für den Zeitraum von 1770 bis 1830 das entstehende Bildungsbürgertum mit den Universitätsabsolventen schlechthin zu identifizieren[13]. Wenn diese Annahme stimmt, muß man die Hochschullehrer als die unmittelbaren Schöpfer des deutschen Bildungsbürgertums ansehen. In dieser Hinsicht spielte die Professorenschaft eine schichtenspezifische Führungsrolle, ohne selbst eine Gesellschaftschicht zu sein.

Um diese etwas abstrakten Bemerkungen näher zu begründen, wird es nun nötig sein, sich der Umbruchszeit der modernen deutschen Hochschulen und den tiefgreifenden Reformen der ersten Hälfte des neunzehnten Jahrhunderts zuzuwenden.

2. DER UMBRUCH DER DEUTSCHEN UNIVERSITÄT UND DIE ORDINARIEN

Die Jahre der Revolutionskriege, der napoleonischen Herrschaft und ihr Einfluß in Deutschland und nicht zuletzt die eigenständigen Reformbestrebungen der deutschen Staaten in dem Vierteljahrhundert nach 1789 haben auch das deutsche Hochschulsystem wesentlich verändert. Zwar

---

[12] Vgl. Friedrich Wilhelm Euler, Entstehung und Entwicklung deutscher Gelehrtengeschlechter. In: Hellmuth Rößler und Günther Franz (Hg.), Universität und Gelehrtenstand 1400–1800 (= Büdinger Vorträge 1966, Bd. 4). Limburg 1970, S. 183–232.

[13] R. Steven Turner, The Bildungsbürgertum and the Learned Professions in Prussia, 1770–1830: The Origins of a Class. In: Histoire Sociale – Social History 13 (1980), S. 106.

soll man die Tatsache nicht übersehen, daß sich die Rettung der deutschen Hochschulen aus der Krise des späten achtzehnten Jahrhunderts und ihre Neugestaltung schon vor Ausbruch der französischen Revolution angebahnt und daß Wilhelm von Humboldt und die neue Universität Berlin weder ein völliges Novum noch einen Abschluß dargestellt haben: Dies sind nur von der herkömmlichen Geschichtsschreibung überbetonte Momente in einer viel längeren und komplizierteren Entwicklung. Man kann im allgemeinen jedoch feststellen, daß der Umgestaltungsprozeß, der sich auch 1815 noch nicht vollendet hatte, in der Tat die Grundlage der modernen deutschen Universität gelegt und mithin neue Verhältnisse für die Hochschullehrerschaft geschaffen hat. Die Sanierung und Umgestaltung der Universitätslandschaft, die mit der Schließung mancher unwirtschaftlicher und sehr schwach besuchter Hochschulen in den Jahren seit 1790 begonnen hatte, erlebte einen vorläufigen Höhepunkt im zweiten Jahrzehnt des neunzehnten Jahrhunderts. Reformen mehr oder weniger augenfälliger Art erstreckten sich danach noch über weitere Jahrzehnte. Achtzehn Universitäten des Heiligen Römischen Reiches (in der Mehrheit katholische) überlebten die Revolutionskriege nicht. Zu den sechzehn überlebenden kamen drei neue preußische in den Jahren von 1810 bis 1818[14].

Nachdem sich mit den Jahren 1815 bis 20 die Lage beruhigt hatte, konnte die verbleibende geringe Zahl der deutschen Hochschulen endlich mit einer Wende der Studentenfrequenzen nach aufwärts rechnen und bei ver-

[14] Achtzehn Universitäten existierten nicht mehr nach den Stürmen der revolutionären und napoleonischen Zeit. Die Halbierung der Hochschulzahl traf unter den protestantischen Universitäten Wittenberg, Frankfurt/Oder, Erfurt, Helmstedt, Rinteln, Duisburg und Altdorf, unter den katholischen Köln, Mainz, Trier, Paderborn, Fulda, Bamberg, Ingolstadt und Dillingen. In Österreich fielen die Hochschulen in Linz, Salzburg und Olmütz fort. Die deutschsprachigen österreichischen Universitäten 1815–50, nämlich Prag, Wien, Graz und Innsbruck, werde ich weiter nicht berücksichtigen können, damit Vergleiche mit dem späteren Deutschen Reich dadurch nicht erschwert werden. Zu den sechzehn noch „überlebenden" Universitäten 1815 – Kiel, Rostock, Greifswald, Königsberg, Halle (mit Wittenberg zusammengelegt 1817), Göttingen, Marburg, Gießen, Jena, Leipzig, Heidelberg, Freiburg, Tübingen, Würzburg, Erlangen und Landshut (nach 1825 München) kamen die drei preußischen Neugründungen Berlin (1810), Bonn und Breslau (beide 1818). Diese neunzehn Hochschulen bildeten den Kern des tertiären Bildungssystems bis zur Wiedergründung der Universität Straßburg 1872, was einen ungewöhnlich langen Zeitraum der Stabilität darstellte, die auch ein wesentlicher neuer Faktor in der Entwicklungsgeschichte des Hochschulwesens war.

hältnismäßig kalkulierbarer – wenn auch noch sehr karger – staatlicher Finanzunterstützung die früheren Existenzängste vergessen. Auch wenn ursprünglich geweckte Hoffnungen auf eine nunmehr freigiebige staatliche Hochschulfinanzierung (wie im Fall Berlin) angesichts der schweren wirtschaftlichen Lage nach 1815 nicht in Erfüllung gingen, war die schlimmste Phase der Krise doch überwunden. Die Fortexistenz der noch bestehenden und neu gegründeten Hochschulen war auf einem materiellen Minimalniveau gesichert.

Die materielle Versorgung der Universitäten, die weitgehend noch mit der Versorgung der Ordinarien identisch war, hatte sich im Vergleich zum achtzehnten Jahrhundert merklich verbessert. Die Professorengehälter, wenn auch sehr bescheiden, lagen wesentlich höher als im achtzehnten Jahrhundert und zeichneten sich außerdem dadurch aus, daß sie regelmäßig und pünktlich ausgezahlt wurden[15]. Zudem stellte die größere Studentenschaft mit ihren Hörergebühren jetzt eine zuverlässigere Einnahmequelle dar als vor 1815. Bei einer fast gleichen Zahl von Ordinarien hatte sich die Studentenfrequenz zwischen den letzten Jahren des achtzehnten Jahrhunderts und ca. 1835 verdreifacht[16].

Trotzdem reichten Gehalt und Gebühren in den meisten Fällen nicht aus, um den Lebensunterhalt zu bestreiten, besonders bei dem Normalfall einer Familiengründung. Die starke literarische Tätigkeit der Vormärzprofessoren, ihr Nebenerwerb aus einer Praxis (als Arzt z. B.) oder anderen Tätigkeiten oder der Beherbergung von Studenten in Professorenhäusern bezeugen Geldmangel und Bescheidenheit der Lebenshaltung. Allerdings hatten die Vormärzprofessoren jetzt immerhin die Möglichkeit, einen Nebenberuf zu übernehmen, der irgendwie mit der Wissenschaft verbunden war.

Auch wenn man fortan um jeden Pfennig für Bücher, Institutseinrichtungen oder Laborgeräte kämpfen mußte, konnte man zunehmend damit rechnen, daß ein Ordinarius – wie jeder andere Staatsdiener auch –

---

[15] Ein Leipziger Ordinarius gegen Ende des achtzehnten Jahrhunderts dürfte ein Jahresgehalt von höchstens 225 Thaler erhalten haben; die ganze Professorenschaft, die um vierzig Mann zählte, mußte einen Gehaltsetat von 3000 Thaler aufteilen, wobei 2000 an die drei „älteren" Fakultäten (eine Hälfte der Lehrer) und nur 1000 an die restliche Hälfte in der philosophischen Fakultät gingen. Im Vormärz konnten aber Ordinarien erheblich mehr verdienen: 800 Thaler (Berlin, 1820), 700 Thaler (Tübingen, um 1830), zwischen 400 und 850 Thaler (Marburg, 1818), zwischen 1000 und 1400 (Rostock, 1837). Vgl. McClelland, State, Society, S. 88–91 und 206–8.

[16] Vgl. die Tabelle in Anmerkung 8.

nicht mehr dem finanziellen Ruin entgegensehen mußte, wenn er es ablehnte, einen Zweit- oder Drittberuf auszuüben. Um es etwas zugespitzt zu formulieren, durften die deutschen Ordinarien nach 1815 praktisch zum ersten Mal ihren wissenschaftlichen und Unterrichtsverpflichtungen als Vollzeitbeschäftigungen nachgehen. Diese relative Sicherheit hat in einer wirtschaftlich sonst unsicheren Zeit einen erhöhten Anreiz gegeben, die Universitätsprofessorenlaufbahn anzustreben.

Diese relative Sicherheit wurde durch zwei Entwicklungen weiter erhöht: Erstens stieg die Studentenfrequenz bei den fortbestehenden Hochschulen zunächst stark an, bis verschärfte Gegenmaßnahmen der Regierungen (z. B. die preußische Abiturordnung von 1834) die Studentenzahlen bis zur Reichsgründung auf einer gleichen Höhe hielten. Die erbärmliche Wirtschaftslage der Nachkriegsperiode lockte junge Menschen stark zu den akademischen Berufen und damit zum Studium. Das galt nicht nur für alte Berufe wie Medizin (die nichtuniversitäre Ausbildung als Wundarzt befand sich im Aussterben), sondern auch für neue wie Gymnasiallehrer. Zweitens begannen die Ordinarien um die gleiche Zeit, die Konkurrenz jüngerer Dozenten um die nunmehr stagnierenden Hörerzahlen dadurch zu bändigen, daß sie verschärfte Zulassungsbedingungen für die *venia legendi* und die Habilitation einführten. Das war sozusagen ein stillschweigender, auf dem Wissenschaftsanspruch beruhender Gegenschlag der Ordinarien gegen das Bestreben der Kultusministerien, das Wachstum der unbezahlten Nichtordinarienschaft, die den Staat so gut wie nichts kostete, zu fördern.

War die Zahl der Hochschulen konstant und die der Studentenschaft seit den Jahren nach 1835 verhältnismäßig stabil, kann es auch nicht Wunder nehmen, daß die Zahl der Ordinarien nur leicht geschwankt hat. Gab es 619 Ordinarien im Jahre 1796, so war die Zahl um 1850 nur um zehn Prozent bis auf 683 Ordinarien (ohne Honorarprofessoren) gestiegen. Schätzungen für das Jahr 1815 sind mir unbekannt und wären auch weder leicht zu ermitteln noch besonders aufschlußreich, und zwar sowohl wegen der vielen Schließungen vor 1815 als auch wegen der schwachen Besetzung der Lehrstühle an einigen neuen oder sich in der Umorganisation befindenden Hochschulen. Die Universität Berlin hatte 1811 nur 25 Ordinarien, dagegen 1843 schon 55. Nach einer vermutlich leichten Zuwachsrate zwischen 1820 und 1840 wuchs die Zahl der deutschen Ordinarien 1835 auf 642, 1840 auf 633, 1845 auf 669 und 1850 auf 683. Nach 1864 gab es schätzungsweise nur 723 Ordinarien[17]. Erst die Vermehrung der Stu-

[17] Diese Schätzungen beruhen auf den Ermittlungen von Johannes Conrad, Das Universitätsstudium in Deutschland während der letzten fünfzig Jahre. Jena

denten- und Dozentenzahl nach der Reichsgründung führte bis 1906 zu einer Verdoppelung der ordentlichen Lehrstühle[18].

Auch die Zahl der Nichtordinarien scheint in der Zeit vor 1850 nur sehr langsam angewachsen zu sein, auch wenn sie weitaus größer als im achtzehnten Jahrhundert gewesen ist. Im allgemeinen herrschten die Ordinarien nicht nur kraft ihrer Machtstellung als Träger der Universitätsselbstverwaltung, sondern dominierten auch zahlenmäßig gegenüber den Nichtordinarien[19]. Daß diese im Vormärz zu einem unentbehrlichen und nicht mehr wegzudenkenden Bestandteil der Hochschulen wurden, ändert nichts an dem Bild der ausgeprägten Ordinarienuniversität jener Jahre.

Selbstverständlich muß man bei den Ordinarien in einer so ausgesprochenen Umbruchsperiode erheblich nach Alter, wissenschaftlicher Qualifikation, Berufs- und Lebenseinstellung und Fakultät differenzieren. Professoren, die 1815 am Ende ihrer Laufbahnen standen, ähnelten in mancher Hinsicht ihren eigenen Vorgängern mehr als ihren Nachfolgern, für die sie wenig Verständnis gehabt hätten. Das gilt auch für den Unterschied zwischen der mittleren Generation und den jungen Gelehrten, die vor 1850 kurz vor einer Berufung standen oder auf Lehrstühle berufen wurden. Große Gestalten wie Leopold von Ranke oder Justus Liebig, die wir heute als Mitbegründer moderner wissenschaftlicher Disziplinen ansehen, wuchsen als junge Männer in einer Hochschulwelt auf, in der die Perücke ebenso wie die kleinliche Streitsucht einer früheren Zeit immer noch zu Hause waren. Der Unterschied zwischen einem Reil und einem Virchow ist wissenschaftlich enorm, obwohl die beiden die gleiche Hochschulwelt erlebt haben. Wissenschaftlich zweifelhafte Gestalten wurden auch in dieser Zeit noch durch Nepotismus, Protektionswesen oder politisch motivierte Regierungseingriffe gefördert, während führende Köpfe der keimenden modernen Wissenschaften manchmal entlassen, bedroht und in ihrer Wirksamkeit eingeschränkt wurden.

1884, S. 160–1; Franz Eulenburg, Der akademische Nachwuchs. Leipzig 1908; Lenz, Geschichte ... Berlin, Bd. 3, S. 595. Vgl. auch Busch, Geschichte des Privatdozenten, S. 46 und passim. Busch scheint irrtümlich anzunehmen, daß Conrads Schätzungen auch Österreich einschließen.

[18] Nach Busch stand das Verhältnis Ordinarien : Nichtordinarien im Jahre 1796 100 : 37, dagegen schon 1840 100 : 91. Busch, Geschichte des Privatdozenten, S. 46.

[19] Johannes Conrad, Einige Ergebnisse der deutschen Universitätsstatistik. In: Jahrbücher für Nationalökonomie und Statistik 3, Nr. 32 (1906), S. 474–5.

Das Zahlenverhältnis zwischen den Ordinarien der vier klassischen Fakultäten, das sich im Vergleich zum achtzehnten Jahrhundert schon bis 1815 stark zugunsten der philosophischen Fakultät verschoben hatte, schwankte nach der Neugründungswelle nicht mehr erheblich. 1835 stellten die theologischen Fakultäten 18% der Ordinarien (13% protestantisch), die juristischen 17%, die medizinischen 22% und die philosophischen 43%. Noch 1850 hatte sich daran kaum etwas geändert. Allerdings hatten die Professoren der philosophischen Fakultät im Durchschnitt die wenigsten Studenten, die Mediziner nicht viel mehr. Die Professoren der Rechtswissenschaft, der katholischen und der protestantischen Theologie hatten in dieser Reihenfolge die meisten Studenten pro Kopf[20].
Es gibt leider keine zusammenfassenden Studien über die Herkunft der deutschen Professorenschaft, geschweige denn der Ordinarien allein. Teilstudien und Aussagen der Zeitgenossen stimmen aber weitgehend darin überein, daß sich die Professorenschaft hauptsächlich aus dem Bildungsbürgertum, wenn nicht gar aus dem Professorentum selbst, rekrutierte. Als Indikator für diese Selbstrekrutierung dürfen zwei Versippungsbeispiele aus den Universitäten Marburg und Kiel dienen. Etwa ein Viertel der Kieler Ordinarien zwischen 1815 und 1850 waren Väter oder Söhne anderer Kieler Professoren. In Marburg waren durch unmittelbare Blutsverwandtschaft oder Heirat ca. 37% der Ordinarien mit anderen Marburger Professoren verwandt, wenn man auch das Großvater- und Enkelverhältnis einbezieht[21]. Diese Zahlen schließen selbstverständlich die an anderen Universitäten tätigen Verwandten nicht mit ein!
Wer nicht aus dem Bildungsbürgertum kam, der entstammte dem niederen Mittelstand, wie es auch früher üblich war. Landarbeitersöhne und Leute aus dem kleinen Volk waren wohl etwas weniger vertreten als im achtzehnten Jahrhundert, dafür Söhne des Adels etwas mehr. Im allgemeinen besagen diese kleinen Schwankungen in der sozialen Rekrutierung der Hochschullehrer aber wenig. Sie können sehr wahrscheinlich auf die etwas verbesserten Laufbahn- und Einkommensverhältnisse der Hochschullehrer wie auch auf die enge Filterwirkung der Professionalisierung zurückgeführt werden. Die sehr hohe Selbstrekrutierungsrate bezeugt

[20] Conrad, Universitätsstudium, S. 160.

[21] Diese Daten stützen sich auf Angaben bei Friedrich L. C. Volbehr und Richard Weyl, Professoren und Dozenten der Christian-Albrechts-Universität zu Kiel 1665 bis 1933. Kiel 1934, und Friedrich Gundlach, Catalogus Professorum Academiae Marburgensis. Marburg 1927, die nicht als vollständig angesehen werden können, das heißt, der Verwandtschaftsprozentsatz dürfte auch höher gelegen haben.

weiter, daß die Hochschullehrer des frühen neunzehnten Jahrhunderts zum Teil noch einen geschlossenen Stand im alten Sinn bildeten. Auch in der Heranbildung des Nachwuchses hat man oft versucht, vielversprechende Studenten familiär einzugliedern, sei es durch eine Bindung an ein Professorenhaus oder sogar durch Verheiratung mit einer Professorentochter.

Eine Studie der Professoren der bayerischen Landesuniversität von Rainer Müller verweist auf eine interessante Verschiebung der sozialen Herkunft der Professorenschaft zwischen dem Zeitraum von 1773 bis 1800 (als die Landesuniversität noch in Ingolstadt war) und von 1800 bis 1826 (als sie in Landshut war). Die erste (Ingolstädter) Gruppe rekrutierte sich mehrheitlich aus dem Beamten- und Akademikerstand (34%), die zweite (Landshuter) Gruppe dagegen zu fast 45%. In Landshut stellten Bauernsöhne etwas weniger Professoren, Kaufleute und Wirte etwas mehr[22]. Katholische Universitäten um diese Zeit dürften besonders dramatische Verschiebungen aufgewiesen haben, da die Säkularisierung der Hochschulen neue soziale Aufstiegsmöglichkeiten schuf.

Die Säkularisation der Universitäten hat wohl auch dazu geführt, daß eine gewisse Benachteiligung der katholischen Bevölkerung sich allmählich verstärkte. Die verbliebenen Hochschulen befanden sich in der Mehrzahl in protestantisch regierten Ländern; auch die badischen und bayerischen Universitäten mußten auf die protestantischen Minderheiten Rücksicht nehmen. Die Bekenntnisfrage hat natürlich bei Berufungen immer eine Rolle gespielt, aber im Vergleich zum achtzehnten Jahrhundert jetzt zuungunsten des katholischen Bevölkerungsteils. Eine Stichprobe bei den Rechtsprofessoren des frühen neunzehnten Jahrhunderts förderte folgendes Verhältnis unter den Konfessionen zutage: Von 100 Professoren waren 75 Protestanten, 16 Katholiken und 9 Juden oder Konvertierte[23]. Allerdings galt die juristische als die „vornehmste" Fakultät, an der Katholiken oft besonders benachteiligt waren. Nur in vereinzelten Fällen wie Bayern oder der badischen Universität Freiburg konnte ein katholischer Gelehrter eine gewisse Bevorzugung erwarten (es sei denn, es handelte sich ohnehin um eine Professur für katholische Theologie). Mindestens im Vergleich zum achtzehnten Jahrhundert entsteht das Bild einer überproportional evangelischen Ordinarienschaft.

---

[22] Rainer Müller, Die soziale Herkunft der Professoren der Universität Landshut, 1800–1826 (unveröffentlichter Aufsatz) München 1982.

[23] G. Köbler, Zur Herkunft der deutschen Rechtslehrer des 19. Jahrhunderts. In: Otto Triffterer u. a. (Hg.), Festschrift für Walter Mellmann. Baden-Baden 1978, S. 124.

Innerhalb der schon geschilderten konfessionellen Verzerrungen war die Herkunft der Professorenschaft wohl etwas weniger landesgebunden als im achtzehnten Jahrhundert, wenn auch die Bevorzugung eigener Landsleute immer noch häufiger vorkam als im späteren Kaiserreich. Hauptgrund für diesen Wandel war wiederum das Verschwinden des früheren universitätsinternen korporativen Geistes mit seinem „Aufwarten" und „Aufrücken". Die Mehrzahl der Professoren im Vormärz dürfte nach wie vor als Landeskind oder doch aus der Region rekrutiert worden sein, wenn Stichproben einzelner Universitäten repräsentativ sind. Eine Berufung von Nord- nach Süddeutschland oder umgekehrt blieb die Ausnahme; Berufungen zwischen Preußen, Hannover, Sachsen, den beiden Hessen, Schleswig-Holstein und Mecklenburg nahmen anscheinend aber zu.

Die Zeiten, in denen es fast ausreichte, Landeskind und gehorsamer Nachwuchskandidat zu sein, um in eine Professorenlaufbahn einzusteigen, waren noch nicht überall endgültig vorüber, aber sie waren doch im Verschwinden begriffen. Diese Aussage gilt besonders für die philosophischen Fakultäten, am wenigsten wohl für die juristischen, wo noch durchaus andere als wissenschaftliche Kriterien ausschlaggebend waren. Das Habilitationsverfahren wurde nachweislich während der Zeit des Vormärz erschwert, die Wartezeiten auf eine Beförderung vom außerordentlichen zum ordentlichen Professor zum Teil erhöht[24]. Im Genuß eines starken studentischen „Applauses" zu stehen, war im Vormärz nicht mehr Grund genug, nun ein Ordinariat zu erhalten, wie in dem um Studentenbesuch besorgten achtzehnten Jahrhundert. Ebensowenig gab der bloße Umfang der Publikationen allein den Ausschlag: Immer häufiger trifft man in den Personalakten und Fakultätsvoten vielmehr das Adjektiv „wissenschaftlich" vor dem Substantiv „Veröffentlichungen". Auch das Berufungsverfahren wurde in der Praxis klarer geregelt. Dies war die Folge eines stillschweigenden Kompromisses zwischen den alten Wünschen der Fakultäten nach alleiniger Berufungskompetenz und dem Beharren der Ministerien auf eine (zum Teil gegen Nepotismus gerichtete) Kontroll- und Aufsichtsfunktion. Das Tauziehen zwischen Fakultäten und Ministe-

[24] Das Durchschnittsalter bei Habilitationen lag im achtzehnten Jahrhundert wohl um 27; in den 1850er Jahren lag es etwa 1½ Jahre später, also um achtundzwanzigeinhalb. Die Habilitationsarbeit, die zu Ende des achtzehnten Jahrhunderts schätzungsweise zwischen einem und drei Jahren erforderte, dauerte durchschnittlich zwischen 2,7 und 4,3 Jahren in den 1850er Jahren. Vgl. Busch, Geschichte des Privatdozenten, S. 107; Ferber, Entwicklung des Lehrkörpers, Tabellen 16 und 23.

rien förderte beiderseits mindestens eine Rhetorik der wissenschaftlichen Begründung in Berufungsverfahren – eine Tendenz, die sich im späten achtzehnten Jahrhundert noch kaum geltend gemacht hatte.

3. HOCHSCHULLEHRER UND POLITIK IM VORMÄRZ

Trotz ihrer relativ schwach entwickelten sozialen und wirtschaftlichen Führungsrolle verzichteten die Ordinarien im Vormärz noch nicht vollständig auf ihre Bindungen zu außeruniveritären Kreisen: Politisch-ideologische Bande gab es, auch wenn sich das Gros der Ordinarien wenig für solche interessierte. Prominent in politischen Kreisen waren bekanntlich viele liberale Professoren, vor allem im Westen und Südwesten Deutschlands. Auf der anderen Seite des politischen Spektrums gab es auch eine enge Zusammenarbeit zwischen Professoren und Konservativen. Ein Beispiel dafür bietet der Kreis der Brüder Gerlach in Preußen[25]. Die Führungsrolle mancher Professoren in politischen Fragen der Zeit (besonders in der nationalen und der konstitutionellen) kann nicht überraschen. Man sollte diese Rolle als eine von Honoratioren unter Honoratioren bezeichnen, in der die politisch aktiven Ordinarien ihre literarischen und rhetorischen Gaben für die Interessen weniger wortgewaltiger Verbündeter einsetzten.

Selbst dieses Engagement ist aber weniger als ein Hinübergleiten von der Ordinarienlaufbahn zu einer politischen Karriere denn als ein Wahrnehmen einer zusätzlichen Tätigkeit zu verstehen. Es gab ja noch keine „politische Laufbahn" im Sinne des späten neunzehnten und des zwanzigsten Jahrhunderts. Es gab nicht einmal die Möglichkeit einer kontinuierlichen parlamentarischen Tätigkeit. Bekanntlich existierte im Vormärz noch kein entwickeltes Parteienwesen. Die Laufbahn eines Professors kristallisierte sich allmählich heraus; eine politische Laufbahn als echte Alternative fehlte jedoch noch. Es hat zwar Einzelbeispiele eines Umsattelns vom Ordinariat zu der Stellung eines Regierungsbeamten gegeben. In aller Regel aber klammerten sich die Professoren – auch die politisch sehr aktiven – an ihren Lehrstuhl.

Außerdem lagen gute Gründe vor, auf eine politische Tätigkeit und erst recht auf eine oppositionelle Rolle zu verzichten. Sind die deutschen Hochschulen doch in ihrer Geschichte (nimmt man einmal die nationalso-

[25] Vgl. Robert M. Bigler, The Politics of German Protestantism: The Rise of the Protestant Church Elite in Prussia, 1815–1848. Berkeley 1972.

zialistische Zeit aus) selten einer so strengen und vielfach willkürlichen politischen Überwachung ausgesetzt gewesen wie im Vormärz. Es war eine tragische Ironie, daß der Deutsche Bund seine ursprünglich vorgesehene Rolle als schwaches Trostpflaster für die deutschen Patrioten der Befreiungskriege praktisch nur noch in der pervertierten Form der Unterdrückung der nationaldeutschen Bestrebungen an den Hochschulen wahrnehmen konnte.

Zwischenfälle als Indizien für die politisch vergiftete Atmosphäre jener Jahre brauchen hier nur anhand einzelner Beispiele erwähnt zu werden. Nicht unerwähnt bleiben dürften die speziell auf die Hochschulen zielenden Karlsbader Beschlüsse von 1819, die 1834 erneuert wurden. Die einzelnen Universitäten erhielten Regierungsbevollmächtigte, die eigens beauftragt waren, studentische Vereinigungen zu unterdrücken. Die Hetzjagd auf liberal oder national eingestellte Universitätsmitglieder machte aber auch vor den Professoren nicht halt, nicht einmal vor so angesehenen Gelehrten wie Schleiermacher und den Brüdern Grimm. Mißliebige Professoren wurden kurzerhand entlassen, einmal sogar, wie bei dem aufsehenerregenden Fall der Göttinger Sieben (1837), auch in ganzen Gruppen. Diese Atmosphäre war schwerlich geeignet, Gedankenfreiheit und staatsbürgerliche Initiative zu fördern.

Wenn die damaligen Hochschulen wirklich *nur* Freistätten des reinen Geistes gewesen wären, wie viele spätere Hochschulhistoriker mit idealistischem Pathos behauptet haben, hätte diese Unterdrückung vielleicht noch durchgreifender und folgenreicher sein müssen. Aber derart drastische Eingriffe in ihre Universitäten konnten sich die deutschen Staaten auf die Dauer nicht leisten; denn die Universitäten waren auch die Pflanzstätten des unentbehrlichen fachkundigen Nachwuchses in den akademischen Berufen, vor allem der Staatsverwaltung. Außerdem stiegen die Universitäten allmählich gerade wegen der wissenschaftlichen Leistungen ihrer Professoren zu international anerkannten staatlichen Prestigeobjekten auf.

Im allgemeinen Geschichtsbewußtsein lebt die von den deutschen Hochschullehrern wahrgenommene politische Führung im Vormärz hauptsächlich als eine oppositionelle Führung fort, von der Wartburgfeier 1817 bis hin zur Revolution von 1848. Von dramatischen Einzelbeispielen ausgehend übertreibt die historische Erinnerung diesen Sachverhalt nicht unerheblich. Sie muß ohnehin revidiert werden, wenn man, wie wir es hier müssen, die Nichtordinarien wegläßt. Es hieße historische Tatsachen ignorieren, ließe man die vielen gedankenlosen Anhänger des Vormärzregimes, darunter engagierte Konservative, unerwähnt. Wie jede heroisierende Geschichtsschreibung übersieht ein derart einseitiges Geschichtsbild die gesellschaftlichen und politischen Hintergründe, die es den oppositionellen Ordinarien erst ermöglichten, die etwas neue und ungewohnte Rolle politischer Führer zu übernehmen. Ein etwas differenzierteres Bild würde sich ohne Zweifel aus einer gründlichen Prosopographie der Hochschullehrer ergeben. Solange diese „Basisarbeit" nicht geleistet ist, kann man auch den Führungsanspruch der Ordinarien und seine Realität nur etwas impressionistisch skizzieren.

Die Möglichkeiten eines politischen Mitspracherechtes der Hochschullehrer im Vormärz lassen sich in vier Kategorien aufteilen. Erstens bestand nach wie vor unmittelbarer Einfluß auf die Ausbildung der künftigen Beamten und der Inhaber der übrigen akademischen Berufe. Dieser eher geisteswissenschaftlich als sozialhistorisch analysierbare Einfluß konnte zum Beispiel in der juristischen Ausbildung zur Verbreitung und Vertiefung der Rechtsstaatsidee beitragen, die langfristig für die Verwaltung und die Verfassung in Deutschland große, hier nicht weiter zu spezifizierende Bedeutung erlangte.

Mehr mittelbar kam zweitens die Beraterfunktion der Hochschullehrer zur Geltung – eine Funktion, die bisweilen durch ein direktes Eingreifen den Prozeß der politischen Strukturierung der deutschen Staaten beeinflußte, wie dies z. B. bei den Verfassungsvorlagen für Hannover (Dahlmann) und Kurhessen (Jordan) nach den 1830er Unruhen der Fall war.

Drittens denke ich an den breit ausgefächerten Bereich des Abgeordnetenwesens, zu dem nicht nur Volksvertreter wie in den 1848er Versammlungen oder Länderparlamenten gehörten, sondern auch Repräsentanten in Kirchengremien, Vereinsvorständen usw.

Viertens muß man die weitausgreifende Öffentlichkeitsarbeit der Professoren berücksichtigen, also ihre Publizistik und ihre Reden, überhaupt ihr kommunikatives Handeln im Sinne der Schaffung von Nachrichtennetzen, die sich über die Grenzen der Universität hinaus entwickelten und einen gewissen Ersatz für eine freie deutsche Presse boten.

Diese vier Kategorien in diesem Aufsatz gründlich zu behandeln, ist nicht möglich, obwohl jede für sich mindestens einer gesonderten Erforschung würdig wäre. Konzentrieren wir deshalb unsere Aufmerksamkeit lediglich auf die zweite, dritte und vierte Kategorie, die für die Mehrzahl der politisch aktiven Professoren typisch war und sich gut belegen läßt.

Beginnen wir mit der Öffentlichkeitsarbeit der Professoren, da diese sich aus dem breiteren Kontext des Professorenlebens erklären läßt und vielfach eine Vorbedingung der politischen Tätigkeit in der dritten Kategorie darstellte. Abgesehen von der langen, seit Gutenbergs Tat bestehenden

Tradition deutscher Gelehrter, sich mit der Feder in öffentliche Angelegenheiten einzumischen, konnten die Vormärzhochschullehrer auch auf eine etwas jüngere Tradition zurückgreifen, die ihre Vorgänger in der Aufklärungszeit begründet hatten. Bei diesen waren vielfach enzyklopädische Wissenssammlung und aufklärerischer Missionierungsdrang mit Geldnot und wohl ausgebildeten schriftstellerischen Fähigkeiten verbunden. Eine große Anzahl der für das breite gebildete Publikum bestimmten Zeitschriften des achtzehnten Jahrhunderts sind in Universitätsstädten bzw. unter starker Beteiligung von Hochschullehrern veröffentlicht worden. Im Vormärz hat sich diese Tradition bei den liberalen Professoren fortgesetzt, auch wenn diese eine solche Tätigkeit gebührend beschränken, ihre Schriften in verschlüsselter Sprache verfassen und sich selbst den Schikanen der Zensur aussetzen mußten. Diese Zensur wurde bekanntlich nicht überall mit der gleichen Strenge gehandhabt, und ein Artikel, der im eigenen Land nicht erscheinen durfte, konnte es vielfach in einem anderen. In Leipzig, der Hauptstadt des deutschen Verlagswesens, waren die Professoren selbst mit der Zensur beauftragt, die sie mit umsichtiger Liberalität handhabten. In den konstitutionellen Staaten Süddeutschlands konnte man beispielsweise gegen die Aufhebung der hannoverischen Verfassung wettern, obwohl man über heimische Mißstände nicht so frei schreiben durfte. Professoren und Verleger brauchten einander aus vielen Gründen: Jene benötigten ein Sprachrohr und fast immer eine Nebenerwerbsquelle; diese suchten das Prestige und die Wortgewandtheit der Koryphäen der Wissenschaft zu engagieren, deren Diskussionsbeiträge – auch wenn sie politischer Art waren – ein akademisches Gepräge aufwiesen und damit einen willkommenen Schutz gegen die Zensur boten.

Selbst konservative Regierungen sahen sich gezwungen, Professoren als Publizisten für ihre eigene Sache zu gewinnen: Ein Beispiel dafür mögen die sachlich höchst wertvollen, beim Publikum aber trotzdem wirkungslosen Bestrebungen Leopold von Rankes dienen, als dieser seine „Historisch-politische Zeitschrift" in Preußen herausgab. Ein anderes Beispiel liefern die konservativen Außenseiter Viktor Aimé Huber und Friedrich Julius Stahl als Ordinarien an der Universität Berlin in den vierziger Jahren, die als regierungsfreundliche Publizisten auf ihre Lehrstühle berufen wurden. Auch außerhalb des Zeitschriften- und Zeitungswesens haben sich deutsche Professoren emsig an größeren publizistischen Projekten beteiligt, die auf die belesene Öffentlichkeit politisch bewußtseinsbildend gewirkt haben, wie Rottecks und Welckers „Staatslexikon".

Erst recht in den Krisenjahren kurz vor und während der Revolution von 1848 haben sich Professoren als politische Schriftsteller und als Herausgeber von Zeitungen hervorgetan. Man darf sogar sagen, daß das deutsche Pressewesen ohne ihre Tätigkeit völlig anders ausgesehen hätte[26]. Typischerweise beteiligten sich Professoren an Neugründungen lokaler und regionaler Zeitungen, übernahmen in vielen Fällen die Redaktion, lieferten Beiträge nicht nur an lokale, sondern auch an auswärtige Organe, verfaßten Aufrufe, übernahmen auch bei den Wortgefechten in den neuentstandenen Bürgervereinen manchmal eine Rolle. Auch in Städten wie Hamburg oder Frankfurt/M., die keine Universität hatten, wurden die von Professoren verfaßten Artikel nachgedruckt. Viele Professoren – aber wiederum nicht ihre Mehrheit! – versuchten, einem breiteren Verlangen nach unabhängiger Meinungsbildung nachzukommen. Der Eindruck, den ihre Wissenschaftlichkeit vermittelte, verlieh den deutschen Ordinarien eine politische Glaubwürdigkeit, ohne daß sie selbst immer etwas dazu taten.

Soweit diese Professoren publizistisch tätig waren, kann man schwerlich sagen, daß sie revolutionäre Gedanken gehegt hätten. Die relativ kleine Zahl der von deutschen Regierungen vor und nach der Revolution verleumdeten, verfolgten oder vertriebenen Professoren (übrigens meist Nichtordinarien) ist weniger ein Zeichen für die Milde der bundesweiten „Demagogenverfolgung" als vielmehr ein Indiz für das regierungstreue Verhalten der Ordinarien, die sich in ihrer Mehrheit von ihren radikalen und mißliebigen Kollegen lossagten. Auch die stillschweigend „oppositionellen" Professoren unterschieden sich von ihren unpolitischen oder konservativen Kollegen nicht in ihrer Königstreue, sondern nur in ihrer Empörung über krasse Verstöße gegen die Rechtsstaatsidee, die Verfassung und die Meinungsfreiheit. In diesen Punkten teilten sie die Ansicht ihrer eigenen Studenten und der bildungsbürgerlichen Kreise außerhalb der Universität, die nach Reform, nicht aber nach Revolution verlangten.

Um auf die vormärzlichen Zusammenstöße zwischen einzelnen Professoren und der Obrigkeit, also auf die „heroischen" Kämpfe, zurückzublen-

[26] Wichtige von deutschen Professoren stark beeinflußte Vormärzzeitungen waren unter anderen: „Der Freisinnige" (Rotteck, Welcker); „Der Wächter am Rhein" (Arndt); „Historisch-politische Blätter für das katholische Deutschland" (Görres); „Berliner politisches Wochenblatt" (Gerlach); „Schwäbischer Merkur"; „(Augsburger) Allgemeine Zeitung". Heinz Dietrich Fischer, Handbuch der politischen Presse in Deutschland 1480–1980. Düsseldorf 1981, S. 183–6, und Ludwig Salomon, Geschichte des deutschen Zeitungswesens von den ersten Anfängen bis zur Wiederaufrichtung des Deutschen Reiches. 2 Bde. München 1900–02, Bd. 2, S. 122 ff.

den – man findet selten eine Aufsässigkeit, die revolutionär motiviert war. Der Fall der Göttinger Sieben, wohl der eklatanteste politische Konflikt zwischen Professoren und einer Staatsregierung, ging tatsächlich auf die Gewissenszweifel der Sieben zurück, die es ihnen unmöglich machten, einen der Verfassung geleisteten Eid auf Befehl der Regierung zu brechen. Diese Standhaftigkeit war eher eine moralische als eine revolutionäre Tat. Sicher muß man das Pflichtbewußtsein einer dem Wissenschaftsideal und der neuhumanistischen Morallehre sich verpflichtet fühlenden Minderheit der deutschen Professorenschaft bewundern. In dieser Hinsicht gerieten zwei verschiedene Elemente des neuen Eliteverständnisses der Hochschullehrer im frühen neunzehnten Jahrhundert miteinander in Konflikt: Sollten die Hochschullehrer als Staatsbeamte oder als ihrem Wissenschaftsideal verpflichtete Gelehrte handeln?

An diesen Konflikten haftete etwas Tragisches. Immer wieder wurden streng wissenschaftlich denkende Universitätsprofessoren – einmal kraft ihres Rechtes auf Vertretung in den ersten Kammern der Landtage durch die Universitäten selbst, dann als Vertreter eines Wahlkreises – beauftragt, neue Verfassungsentwürfe mitzugestalten oder zu versuchen, die Bestimmungen einmal fertiger Verfassungen in die Praxis umzusetzen. So erging es einem Friedrich Christoph Dahlmann, Sylvester Jordan, Karl Theodor Welcker oder Karl von Rotteck. Als „Dank" dafür waren sie Schikanen und Einschüchterungen ausgesetzt, wenn ihnen nicht die Entlassung aus dem Professorenamt, die Vertreibung, sogar die Haft drohten. Ihre Möglichkeiten zu politischer Führung in der Öffentlichkeit blieben daher äußerst beschränkt: Ein echter Handlungsspielraum für sie als Parlamentarier konnte sich auf die Dauer nicht entwickeln. Durch ihr politisches Märtyrertum gewannen sie aber bürgerliche Sympathien nicht nur für sich persönlich, sondern auch für die Professorenschaft im allgemeinen, wie sich dies bei den Wahlen zur Nationalversammlung 1848 zeigte.

Vielfach haben die Historiker dieser Epoche die nichtöffentliche und auch nicht direkt oppositionelle Rolle der Professorenschaft als Verwaltungsbeamte und Berater übersehen. Man kann auf Grund der vorhandenen biographischen Daten aber wohl noch nichts Definitives über diese Dimension der Ordinarientätigkeit im Vormärz aussagen.

Einige Indikatoren weisen jedoch darauf hin, daß eine derartige Tätigkeit, im Vergleich zu der Zeit vor 1815, im Wachsen begriffen war. Einen Beweis hierfür bieten in engem Rahmen die Ordinarien der Universität Kiel zwischen den Jahren 1815 und 1849. Eine Beraterfunktion in Kirchen-, Verwaltungs- und anderen öffentlichen Gremien scheint unter den jüngeren (das heißt den nach 1830 berufenen) Ordinarien fast zur Selbstverständlichkeit geworden zu sein. Abgesehen von den Theologen und Medizinern, die in keinem Fall politisch in Erscheinung traten, bemerkt man ein auffälliges politisches Engagement bei den jüngeren Ordinarien der juristischen und der philosophischen Fakultät. Von insgesamt dreizehn Ordinarien der Rechtswissenschaft waren fünf Abgeordnete in Ständeversammlungen oder ähnlichen Volksvertretungen seit Mitte der dreißiger Jahre; unter vierzehn Ordinarien an der philosophischen Fakultät waren es ebenfalls fünf, alle aus den jüngeren Jahrgängen. Praktisch alle Ordinarien hatten eine oder mehrere Stellen in nichtparlamentarischen amtlichen Gremien außerhalb der Universität inne[27].

Ähnlich sah die Lage bei den Ordinarien der juristischen und philosophischen Fakultäten Marburgs aus. Allerdings saßen nur vier der siebzehn juristischen Ordinarien in Landtagen, Ständeversammlungen, der Frankfurter Nationalversammlung oder dem Erfurter Staatenhaus, einer davon wurde später Innenminister Mecklenburgs. Unter den Ordinarien der philosophischen Fakultät saß nur ein einziger von den schon vor 1815 berufenen in einem Parlament – und zwar im alten Reichstag. Drei der sechs zwischen 1815 und 1830 berufenen Ordinarien waren aber Stände- oder Stadtratsabgeordnete. Unter den vierzehn nach 1830 Berufenen saßen fünf im Landtag, einer von ihnen war auch Delegierter im Frankfurter Vorparlament, ein weiterer in der Nationalversammlung. Wiederum waren vor allem die jüngeren Jahrgänge politisch aktiv[28].

Die politische Führungsrolle der deutschen Hochschullehrer erreichte bekanntlich in den verwirrenden Monaten nach dem März 1848 ihren Höhepunkt. Schätzungsweise[29] zweiundfünfzig Professoren saßen in der Frankfurter Nationalversammlung, unter denen einige jedoch Nichtordinarien bzw. Honorarprofessoren waren. Insgesamt machten alle Professoren nicht ganz zehn Prozent der Frankfurter Abgeordneten aus. Die Gymnasiallehrer und Privatgelehrten stellten zusätzlich etwas mehr als zehn Prozent. Zusammengenommen bildeten zwar Lehrer und Gelehrte aller Arten die zahlenmäßig stärkste Gruppe in der Nationalversammlung; die eigent-

[27] Zusammengestellt aus Daten bei Vollbehr und Weyl, Professoren.

[28] Zusammengestellt aus Daten bei Gundlach, Catalogus . . . Marburgensis. Trotz der Existenz anderer gedruckter Professorenverzeichnisse (z. B. für Berlin, Königsberg, Göttingen, Jena und Halle) sind sie in einer Form, die eine gründliche und zuverlässige Prosopographie nicht erlaubt.

[29] Genaue Zahlen sind wegen Quellenschwierigkeiten und Schwankungen in der Zusammenstellung der Abgeordneten umstritten, doch besteht ein Irrtumsfaktor von höchstens 10% in den ersten Wochen der Sitzungen der Paulskirche.

lichen Hochschullehrer waren aber zahlenmäßig weitaus schwächer als sonstige Staats- und Justizbeamte und Rechtsanwälte (16–18% der Gesamtzahl) vertreten – und sogar etwas schwächer als Kaufleute und Industrielle[30]. Daher ist das Epitheton „Professorenparlament" etwas übertrieben.

In der preußischen Nationalversammlung 1848 saßen nur zwei Hochschullehrer. Wenn die „produktiven Kräfte der Nation" (so Rosenbaum)[31] nur schwach in Frankfurt repräsentiert waren, so lag 1848/49 das Verhältnis in Preußen und offenbar auch in manchem anderen Landesparlament anders. Die unterschiedliche Beteiligung von Hochschulprofessoren an diesen Parlamenten kann nicht etwa durch unterschiedliche Stimmrechtsbedingungen erklärt werden; wurden doch in Preußen die Abgeordneten für beide Parlamente von den gleichen Wahlmännern gewählt. Um Frank Eyck zu zitieren, „The parliaments in Berlin and Vienna attracted a tougher kind of person, interested mainly in the practical tasks of government, whereas the more academic or theorising type of representative – not necessarily less determined in his field – was more attracted to Frankfurt. . . . In the elections for Frankfurt, the electors certainly looked for men who were sufficiently well educated to understand the complex constitutional problems the German National Assembly was going to be called upon to solve"[32]. Man muß gewiß zugeben, daß annähernd acht Prozent der deutschen Ordinarien nach Frankfurt geschickt wurden, ein eindeutiges Zeichen für das Prestige dieser Gruppe unter den Wahlmännern in allen deutschen Ländern. Eine interessante Frage bleibt es trotzdem, was die restlichen 92 Prozent der Ordinarien in der Revolutionszeit gemacht haben. Hier fehlt es leider an ausreichenden Lokalstudien, obwohl einige verdienstvolle Untersuchungen vorliegen, die wenigstens ein Teilbild vermitteln. Für Leipzig, Marburg, Tübingen, Berlin und Bonn kann man aufgrund dieser Studien durchaus feststellen, daß die Mehrheit der Ordinarien sich anfangs zurückhielt, dann sich aber stärker politisch engagierte, oft um linke Elemente (vor allem Republikaner und Demokraten) aus Wahlämtern fernzuhalten. Später fand sich dann die Mehrheit mehr oder weniger passiv mit der wachsenden Reaktion ab.

---

30 Louis Rosenbaum, Beruf und Herkunft der Abgeordneten zu den deutschen und preußischen Parlamenten 1848 bis 1919. Frankfurt/M. 1923, S. 53. [Vgl. dazu die Zahlen in dem Beitrag von vom Brocke in diesem Bande, S. 56 und S. 62. Anmerkung des Herausgebers.]

31 Rosenbaum, S. 53.

32 Ebd., S. 56. Frank Eyck, The Frankfurt Parliament 1848–49. London 1968, S. 85.

Die Revolution in Marburg, zum Beispiel, begann mit Petitionen der Studentenschaft für die Wiedereinsetzung des abgesetzten Professors und Autors der kurhessischen Verfassung, Sylvester Jordan. Gleichzeitig versuchten die Bürger Marburgs den konservativen Gymnasialdirektor August Vilmar aus der Stadt zu vertreiben. Vilmar, der früher dem unbeliebten Minister Hassenpflug nahegestanden hatte, wurde schließlich in einen von Marburger Professoren gegründeten Vaterlandsverein mitaufgenommen und dadurch symbolisch vor Radikalen geschützt. Der politisch sehr aktive Historiker Heinrich von Sybel unterstützte mit anderen Kollegen die Wahl des 1847 suspendierten Professors Bruno Hildebrandt in die Nationalversammlung – nicht jedoch so sehr wegen seiner politischen Verfolgung im Vormärz als vielmehr, um die Wahl des viel radikaleren Professors Beyerhoffer zu verhindern. (Trotzdem schloß sich Hildebrandt später dem Stuttgarter Rumpfparlament an und wurde 1851 durch die hessischen Behörden zur Flucht in die Schweiz gezwungen.) Beyerhoffer, ein radikal-demokratischer Philosoph, ebenfalls 1846 vom Lehramt suspendiert, mußte schließlich auch emigrieren und verbrachte den Rest seines Lebens als Farmer in den USA. Vilmar erhielt dagegen 1855 eine der von den verfolgten Lehrern freigemachten Universitätsprofessuren[33]. Heinrich von Sybel und seine liberalen Kollegen mußten noch einige Jahre abwarten, ehe sie ihre Agitation für ein vereinigtes monarchisches Deutschland fortsetzen durften – und dann mit Erfolg.

Die Leipziger Professoren waren gleichfalls außerordentlich aktiv: Zwanzig von ihnen gehörten dem Deutschen Verein an, drei saßen sogar in dessen Vorstand. Sein Organ „Deutsche Blätter" öffnete seine Spalten oft den literarischen und politischen Publikationen Leipziger Professoren. Drei weitere Leipziger Zeitungen wurden von Professoren geleitet. Allerdings stand der berühmte Leipziger Professor und Abgeordnete in Frankfurt, Carl Biedermann, für ein Erbkaisertum ein und opponierte gegen den Volksführer Robert Blum. Ein weiterer Leipziger Ordinarius, von der Pfordten, diente fast ein Jahr als sächsischer Außenminister, danach in den sechziger Jahren auch zwei Jahre als Ministerpräsident. Die Leipziger Ordinarien verhielten sich im allgemeinen nicht anders als die Marburger, das heißt sie waren rechtsliberal und nationalistisch. Nur ein Ordinarius,

---

[33] Christian Vanja, Philipps-Universität und Stadt Marburg in der deutschen Revolution von 1848 – Bruno Hildebrand und Karl Theodor Beyerhoffer. In: Dieter Kramer und Christian Vanja (Hg.), Universität und demokratische Bewegung. Marburg 1977, S. 73–96.

Haupt, wurde mit drei Nichtordinarien in der Reaktionszeit zur Aufgabe seines Lehrstuhles gezwungen[34].

Die Tübinger Professoren, die in der Paulskirche oder in Stuttgart als Abgeordnete fungierten, erwachten politisch als Folge von Ereignissen in der Schweiz (Sonderbundskrieg) und Preußen seit 1847. Aber selbst unter den Aktivsten wie Vischer und Fallati blieb das Bestreben, größere Unterstützung für die nationale Sache in Württemberg zusammenzutrommeln, relativ erfolglos. Die Berühmtheit vieler Tübinger Ordinarien hatte sie 1848 in Parlamente geführt; aber ihre Enttäuschung über die große Politik war hinterher vielfach tief. Wenige hätten wohl dem geistigen Revolutionär David Friedrich Strauß, dem Autor des aufsehenerregenden „Leben Jesu", zustimmen können („Lieber russisch als demokratisch regiert"); aber nach 1849 vereinigte in Tübingen eine spürbare Abneigung gegen das Volk die politisch Aktivsten mit dem Gros der politisch unbeteiligten Professoren[35].

Diese Lokalstudien bekräftigen das Bild der deutschen Ordinarien als politische Führungsgruppe; sie wollten in der Mehrheit keine Risiken eingehen, brachten aber eine eigene aktive Minderheit hervor, die an den Ereignissen 1848/49 beteiligt war. Eine kleine Minderheit dieser politisch sehr aktiven Minderheit forderte radikale, das heißt demokratische oder republikanische Lösungen für die deutsche Frage, bezahlte ihre Kühnheit aber hinterher oft mit Entlassungen und Strafprozessen.

Dieses Bild mag für manchen derjenigen Historiker düster und enttäuschend sein, die von der deutschen Ordinarienschaft erwarten, daß sie sich wie Revolutionäre hätte verhalten sollen. Gerade weil die Ordinarien einen Teil der Elite und des Establishments bildeten, ist ihr Verhalten 1848/49 jedoch völlig verständlich. Die Autorität und der Status der Hochschullehrer hing schließlich mit dem Überleben der bestehenden Staats- und Verwaltungsordnung in Deutschland eng zusammen. Diese Ordnung zu reformieren, war ein Bestreben einer Minderheit der Vormärzprofessoren; sie zu zerstören, fiel den wenigsten von ihnen ein. Trotzdem hatte sich die deutsche Professorenschaft in der ersten Hälfte des neunzehnten Jahrhunderts eine neue soziale und geistige Unabhängigkeit geschaffen, die es ihr zum ersten Mal ermöglichte, eine moderne politische Führungsrolle zu erproben. Mit der Rückendeckung der reformierten Universitäten und des Glanzes ihrer Wissenschaften, wirtschaftlich-sozial verhältnismä-

[34] Vgl. Rolf Weber, Die Universität Leipzig in der Revolution 1848/9. In: Ernst Engelberg (Hg.), Karl Marx Universität Leipzig. 1409–1959. 2 Bde. Leipzig 1959, 1, S. 250–311.

[35] Vgl. Sieber, Stadt und Universität Tübingen, S. 326.

ßig gesichert und politisch zunehmend selbstbewußt, boten die deutschen Ordinarien um die Jahrhundertmitte ein wesentlich anderes Bild als die Gelehrten der „Zopfzeit".

Professoren als Parlamentarier

VON BERNHARD VOM BROCKE

Wenige Tage vor Ausbruch des Ersten Weltkrieges beschrieb Friedrich Naumann in einem Artikel mit der Überschrift „Politische Professoren", anläßlich des fünfzigsten Geburtstages seines Freundes, des Freiburger Nationalökonomen und linksliberalen Reichstagsabgeordneten Gerhart von Schulze-Gaevernitz, das Verhältnis des Hochschullehrers zur Politik wie folgt: „Das Besondere und Charakteristische an ihm [Schulze-Gaevernitz] ist, daß er politischer Professor in jenem alten, guten Sinne ist, in dem vor einem halben Jahrhundert noch fast alle deutschen Universitätslehrer sich persönlich . . . am Staatsleben und auch an der Parteipolitik beteiligten. Jetzt aber – man muß politische Professoren mit der Laterne suchen." Mit diesem Zitat beginnt Rüdiger vom Bruch das Kapitel „Rückzug [der Professoren] aus den Parlamenten" in seinem grundlegenden Werk über die Gelehrtenpolitik im Wilhelminischen Deutschland[1]. In diesem Buch werden die Wirkungsbedingungen, Denkvoraussetzungen und die Reichweite politisch engagierter Hochschullehrer mit besonderer Berücksichtigung der Nationalökonomie und Geschichtswissenschaft umfassend untersucht. Auch Klaus Schwabe konstatiert in seiner Studie über „die deutschen Hochschullehrer und die politischen Grundfragen des Ersten Weltkrieges" einen Rückzug der Professoren aus der Parteipolitik, eine „Entpolitisierung" der deutschen „Gelehrtenpolitik", und spricht angesichts der Zahl von ganzen fünf Professoren im letzten Reichstag des Kaiserreiches und ihres Verhaltens im Ersten Weltkrieg generell von einem denaturierten politischen Bewußtsein der wilhelminischen Professorenge-

[1] Rüdiger vom Bruch, Wissenschaft, Politik und öffentliche Meinung. Gelehrtenpolitik im Wilhelminischen Deutschland. Husum 1980. – Die hier abgedruckte Fassung dieses Beitrages entspricht dem mündlichen Referat des Verfassers auf der Büdinger Tagung. Der Verf. beabsichtigt, eine genauer ausgeführte und belegte Fassung dieser Skizze an anderer Stelle zu veröffentlichen.

neration[2]. Fritz Ringer hat den „Niedergang" des politischen Bewußtseins der deutschen „Mandarine" zwischen 1890 und 1933 detailliert dargestellt[3]. Alle drei angeführten Arbeiten sind aus Dissertationen hervorgegangene Pionierstudien.

Läßt sich dieses inzwischen offenbar zu einem landläufigen Topos gewordene Bild vom Rückzug der Professoren aus den Parlamenten und damit der Parteipolitik statistisch untermauern? Ein erster summarischer Vergleich des Anteils der Professoren an den letzten Reichstagen des Kaiserreichs mit dem klassischen „Professorenparlament" der Paulskirche und den Reichstagen der siebziger Jahre scheint Naumanns Klage über den Rückzug der Professoren aus der praktischen Politik zu bestätigen. Tabelle 1 zeigt folgendes Bild: In der Frankfurter Nationalversammlung bildeten 66 Universitätsprofessoren 8% von 812 Abgeordneten. In den Reichstagen von 1871 bis 1884 bildeten 16 bis 22 Professoren 4 bis 5,5% von 382 bis 397 Abgeordneten. Im Reichstag von 1903 aber war die deutsche Wissenschaft mit ganzen drei Professoren-Abgeordneten nur noch zu 0,7% unter 397 Reichstagsabgeordneten vertreten. Dies waren zwei Vertreter des Zentrums, der Münsteraner Sozialwissenschaftler Franz Hitze und der Münchener Philosoph und Theologe Georg Freiherr von Hertling, sowie der nationalliberale Staatswissenschaftler der Berliner Technischen Hochschule, Hermann Paasche. Im letzten Reichstag von 1912 stieg die Zahl der Universitätsprofessoren wieder auf sieben (dies waren aber nur 1,8%), von denen zwei linksliberal waren, – der von Naumann genannte Freiburger Nationalökonom von Schulze-Gaevernitz und der Berliner Straf- und Völkerrechtler Franz von Liszt –, zwei weitere nationalliberal, der Straßburger Jurist Fritz van Calker und Hermann Paasche, sowie drei Vertreter des Zentrums – der Nationalökonom der Wiener Landwirtschaftshochschule Martin Faßbender, Franz Hitze und Georg von Hertling. Hertling legte aber sein Mandat kurz nach der Wahl nieder, weil er bayerischer Ministerpräsident wurde[4]. Diese Zahlen werden in der Regel genannt, um die These vom Rückzug der Professoren aus den Parlamenten im Verlaufe des Kaiserreichs zu beweisen. Wenn wir aber von sieben bzw. sechs Professoren im letzten Reichstag des Kaiserreichs sprechen, vergessen wir in der Regel, daß insgesamt 13 weitere Professoren für die-

---

[2] Klaus Schwabe, Wissenschaft und Kriegsmoral. Göttingen 1969.

[3] Fritz Ringer, Die Gelehrten. Der Niedergang der deutschen Mandarine 1890–1933. Stuttgart 1983. Dazu d. Vf. in: Annali dell' Istituto storico germanico, Trento, 10 (1985), S. 389 ff.

[4] Durch Nachwahl kam 1916 der Berliner Handelsrechtler Riesser hinzu.

sen Reichstag zwar kandidiert hatten, aber nicht gewählt worden waren. Auch sie müßten hinzugezählt werden; immerhin waren es Professoren, die bereit waren, sich politisch im ersten Parlament des Reiches zu engagieren. Darunter waren fünf Linksliberale – interessant ihr hoher Anteil in dieser Zeit (Hugo Preuß war einer von ihnen) –, drei Nationalliberale, zwei Konservative sowie ein Freikonservativer (Bredt), der Zentrumsprofessor Martin Spahn aus Straßburg und ein Christlich-Sozialer. Sie kamen – besonders Bredt, Spahn u. a. – als neue Professorengeneration erst in der Weimarer Republik zum Zuge: In der Nationalversammlung von 1919, der jetzt immerhin 12 Professoren von 423 Abgeordneten angehörten, und im ersten Reichstag der Republik, in dem 18 Professoren 3,9% der 466 Abgeordneten bildeten (vgl. Tabelle 1).

In den Länderparlamenten war der Rückzug der Professoren weit weniger markant als im Reichstag, ja teilweise gar nicht feststellbar. So waren im letzten preußischen Abgeordnetenhaus des Kaiserreiches 1913 die Hochschulen zwar auch nur durch sieben Professoren vertreten, die 1,6% aller 443 Abgeordneten stellten; aber auch auf dem Höhepunkt des Professorenparlamentarismus in den siebziger Jahren stellten die Professoren im Abgeordnetenhaus nie mehr als elf Abgeordnete. Ihr Anteil lag zwischen 1,6 und 2,5%. Es gab also nicht die Schwankungen wie im Reichstag.

Eine schlüssige Antwort auf die eingangs gestellte Frage und ein umfassendes Bild über den Anteil von Professoren in den Parlamenten läßt sich im Grunde erst gewinnen, wenn wir neben Reichstag und Preußischem Abgeordnetenhaus auch die übrigen deutschen Länderparlamente, und zwar die Ersten und Zweiten Kammern, heranziehen sowie die Ebene der Provinziallandtage, Kreistage und Stadtverordnetenversammlungen berücksichtigen. Es würde sich dann vermutlich zeigen, daß – verglichen mit der Paulskirche und den Reichstagen der siebziger Jahre – selbst bei Doppelmitgliedschaften der Anteil der Professoren am parlamentarischen Leben weit größer war und daß er sich nur nicht unbeträchtlich von der Zentrale auf die Regionalparlamente verlagerte. Dies soll im letzten Teil dieses Beitrages am Beispiel eines Universitätswahlkreises aufgezeigt werden. Das Folgende soll sich auf den Reichstag und das Preußische Abgeordnetenhaus beschränken und das Preußische Herrenhaus vergleichend mit heranziehen.

Ehe wir uns über den Anteil der Professoren an den Parlamenten einen Überblick verschaffen, muß zunächst die simple Frage geklärt werden, was ein Professor damals war. Auf den ersten Blick handelt es sich um eine klar abgegrenzte Berufsgruppe, etwa den Offizieren oder den Lehrern an Höheren Schulen vergleichbar. Schauen wir aber in die Parlamentshandbücher, werden wir häufig den Titel oder die Berufsangabe „Professor“ finden, und erst genaue biographische Recherchen zeigen, daß es sich nicht um einen Hochschullehrer, sondern um einen Gymnasiallehrer oder einen Titularprofessor handelt, der vielleicht zu den Klinikärzten oder Verbandsfunktionären zu zählen ist. Daher weichen die Zahlenangaben über Professorenanteile in den Parlamenten in der Literatur auch häufig voneinander ab. Oft werden die Kriterien auch nicht klar genug dargelegt. So schwanken die Zahlen für die Paulskirche zwischen 123, 85 und auch 49. Bei den 123 sind natürlich die Gymnasiallehrer hinzugezählt, wie häufig bei den Zahlenangaben für die Parlamente des Vormärz. Universitätsprofessor, Akademieprofessor, Gymnasialprofessor waren im 18. Jahrhundert noch vielfach austauschbare Berufe. Die Professionalisierung setzte sich erst im 19. Jahrhundert durch. Am Ende des Kaiserreiches existierten schließlich acht verschiedene Kategorien von Professoren und Hochschullehrern: Erstens ordentliche Professoren, zweitens außerordentliche Professoren mit Besoldung, drittens solche ohne Besoldung, viertens Privatdozenten mit dem Titel „Professor“, fünftens Privatdozenten ohne den Titel „Professor“, sechstens ordentliche Honorarprofessoren, siebtens außerordentliche Honorarprofessoren und schließlich – achtens – Titularprofessoren, zu denen die Gymnasialprofessoren zu rechnen sind.

Titularprofessuren bildeten ein besonderes Problem. Sie wurden in Preußen seit den achtziger Jahren weit häufiger als außerhalb verliehen, zunächst an verdiente Gelehrte, aber auch – ohne daß damit eine akademische Lehrtätigkeit verbunden war – an in der Wissenschaftsorganisation im weitesten Sinn tätige Beamte. Seit der ersten Verleihung des Professorentitels an drei Privatdozenten im Jahre 1882 (darunter Paul Ehrlich) und an nichtakademische Ärzte im Jahre 1884 erhielten bis Oktober 1906 diesen Titel 189 Privatdozenten und 103 praktische Ärzte von rund 20000 Ärzten insgesamt. Seit 1892 konnte in Preußen aufgrund königlicher Erlasse entsprechend der in anderen Ländern schon längst geübten Praxis der Titel „Professor“ an bis zu einem Drittel der wissenschaftlich ausgebildeten Oberlehrer nach zwölf Dienstjahren verliehen werden, zunächst an Oberlehrer der höheren Unterrichtsanstalten, dann der Landwirtschaftsschulen, der höheren Fachschulen, der Konservatorien und Kunstakademien, ab 1908 auch an ausübende Musiker von hervorragender Bedeutung. So erhielten im Jahre 1892 auf einen Schlag 1087 Oberlehrer den begehrten Titel. Vor allem diese Inflationierung durch Verleihung an nicht in der Forschung und Lehre Tätige, etwa an den Leiter eines kommunalen Krankenhauses zum siebzigsten Lebensjahr aus Anlaß einer gelungenen

Operation, an Kustoden von Museen oder Bibliotheksbeamte, ist schon im Kaiserreich heftig kritisiert worden. Mit der Verleihung des Titels an Nicht-Hochschullehrer und dem Mißbrauch des Wortes „Hochschule" beschäftigte sich noch in der Weimarer Republik 1927 der Verband Deutscher Hochschulen.

Die nächste Schwierigkeit bei der Ermittlung der Professorenabgeordneten ergibt sich – auch wenn wir uns streng auf die Hochschullehrer beschränken wollen – durch die Feststellung des wissenschaftlichen Charakters einer Hochschule. Wir stehen im Kaiserreich in einer Zeit der Akademisierung gerade des technischen Schulwesens. Aus Polytechniken werden durch die Verleihung des Promotionsrechtes, des Dr.-Ing., an die Technische Hochschule Charlottenburg 1899 und dann an andere preußische Technische Hochschulen und die übrigen Hochschulen des Reiches Hochschulen im Rang von Universitäten. Der Wunsch der Technischen Hochschulen nach Anpassung der Klassifikation ihrer Professoren an die der Universitäten wurde z. B. im Abgeordnetenhaus von dem Danziger Abgeordneten Professor Gerlach nachhaltig vorgebracht, aber erst 1917 erfüllt. Damit wurden aus etatmäßigen Professoren nunmehr ordentliche Professoren. In den Tabellen weist die Angabe „Professor" hinter den Technikern im Grunde für 1900 schon auf einen ordentlichen Professor hin, aber erst ab 1917 gibt es den Titel „ordentlicher Professor" auch für die Techniker. Der Abgeordnete Professor Schmeißer, Direktor der Bergakademie und der Geologischen Landesanstalt, kämpfte während seiner Zugehörigkeit zum Landtag vergeblich um das Promotionsrecht für seine Anstalt. Sie wurde erst 1916/17 an die Technische Hochschule in Charlottenburg angeschlossen. Ich habe Schmeißer, obwohl er keiner wissenschaftlichen Hochschule angehört (wenngleich andererseits die Bergakademien zu den ältesten und angesehensten Hochschulen in Deutschland zählten) gleichwohl den Professoren zugerechnet. Die einfachste Lösung wäre eine Abgrenzung auf die Ordinarien. Diese ist jedoch nicht möglich, da dann beispielsweise der nationalliberale ordentliche Honorarprofessor an der Berliner Universität, Ludwig von Cuny, ausscheiden müßte. Cuny hat zunächst als Privatdozent, dann als außerordentlicher Professor und schließlich als ordentlicher Honorarprofessor an der Berliner Universität dem Abgeordnetenhaus 25 Jahre und Reichstag 21 Jahre angehört. Er gehörte zu den einflußreichsten Abgeordneten, sowohl in Finanzdingen wie im ganzen Universitätsbereich, und war enger Berater von Althoff. Geldlich unabhängig, lehnte er ein Ordinariat ab. Ein anderes Beispiel ist Hans Delbrück, der in das Abgeordnetenhaus als Privatdozent eintrat. Als er nach drei Jahren Tätigkeit ausschied (aus dem Reichstag nach 5½ Jahren

Tätigkeit), war er lediglich außerordentlicher Professor. Obwohl er erst später Ordinarius wurde, habe ich ihn auch den Professoren zugerechnet.

Schließlich erwies sich auch die Beschränkung auf an der Hochschule *lehrende* Professoren als unzweckmäßig. Robert Friedberg, Ordinarius für Nationalökonomie in Halle, war von 1886 bis 1918 über 33 Jahre lang nationalliberales Mitglied des Preußischen Abgeordentenhauses und seit 1893 auch des Reichstages. Er war Vorsitzender der Fraktion seiner Partei, 1917 Nachfolger Bassermanns als Parteivorsitzender und unter Hertling Vizepräsident des Preußischen Staatsministeriums. Er war nach der Revolution Fraktionsvorsitzender der Deutschen Demokratischen Partei im Landtag, legte jedoch schon 1903 seine Professur nieder, um sich ganz der Politik zu widmen. Er wurde einer der ersten Berufspolitiker. Denn seit der Aufgabe seiner Professur in Halle dürfte er strenggenommen nicht mehr als Professor gezählt werden. Ich habe ihn trotzdem dazugerechnet. Gleiches gilt für Hermann Paasche, den Ordinarius für Nationalökonomie in Rostock, Marburg und seit 1897 in Berlin, der 28 Jahre lang im Reichstag und 15 Jahre lang im Abgeordnetenhaus nationalliberaler Parlamentarier gewesen war und seit 1903 als zweiter Vizepräsident des Reichstages fungierte. Er verzichtete 1907 als finanziell unabhängiger Guts- und Fabrikbesitzer in der Neumark ebenfalls auf seine Professur, um sich ganz seiner politischen Tätigkeit widmen zu können. Auch er ist dazugerechnet. Nicht dazugerechnet habe ich dagegen Heinrich Achenbach, seit 1860 ordentlicher Professor der Rechte in Bonn, von 1866 bis 1898 32 Jahre lang Mitglied des Abgeordnetenhauses und Führer der Freikonservativen; denn er ist mit der Wahl zum Landtag 1866 zum Vortragenden Rat im Preußischen Handelsministerium ernannt worden und wirkte anschließend (als Unterstaatssekretär, Minister für Handel und Gewerbe und Oberpräsident von Westpreußen und Brandenburg) in hohen Staatsstellungen. Er führte den späteren Kaiser Wilhelm II. in die Zivilverwaltung ein und kann kaum mehr als Professor angesehen werden.

Dieser Abgrenzung liegt also als generelles Kriterium für die Aufnahme in die „Professorenparlamentarier" eine Aufnahme der Hochschullehrertätigkeit vor Antritt oder nach Aufnahme des Abgeordnetenmandats im weitesten Sinne zugrunde, wobei gelegentlich Ermessensentscheidungen zu fällen waren. Daher haben die statistischen Angaben dieses Referates nur Wert durch Beifügung der kompletten Professorenlisten. Quellengrundlage dieser Listen sind die Stenographischen Berichte über die Verhandlungen der Parlamente, die Handbücher des Reichstags, des Abgeordnetenhauses und Herrenhauses, der Verfassunggebenden Nationalversammlung, Statistiken des Deutschen Reiches, das jährlich erscheinende Handbuch über den Königlich-Preußischen Hof und Staat. Sämtliche Sekundärliteratur hat sich als unbrauchbar erwiesen, auch das Buch von L. Rosenbaum „Beruf und Herkunft der Abgeordneten zu den deutschen und preußischen Parlamenten von 1847 bis 1919" (1923). Diese Literatur bildet aber die Quellengrundlage für das in Tabelle 3 dargestellte Sozialprofil von Heinrich Best, Köln. Daher ist also meine Abweichung von den bei ihm aufgeführten Werten zu erklären.

Wie hoch war nun der Anteil von Professoren an den Parlamenten im Berichtszeitraum? Tabelle 2 zeigt, daß im Reichstag bis 1918 die Zahl der Professoren 62 betrug, im Abgeordnetenhaus 38 und im Herrenhaus 53. Zusammen ergibt das eine Gruppe von 153 Professoren. Im Herrenhaus, das als Ständeparlament mit den anderen gewählten Parlamenten nur bedingt vergleichbar ist, bildeten die von den Senaten ihrer Universitäten gewählten und vom König auf Lebenszeit ernannten 10 Professoren mit den aus besonderem königlichem Vertrauen ebenfalls auf Lebenszeit berufenen Professoren (1911 waren es neun) und den 51 Vertretern der Städte das eigentliche bürgerliche Element, also ca. 101 bei 346 stimmberechtigten Mitgliedern. Hinzuzählen müssen wir noch andere, aus königlichem Vertrauen berufene Mitglieder. Da bis zum Ende des Kaiserreiches nur die zehn Landesuniversitäten (Tabelle 8) das Recht auf Präsentation besaßen, berief Wilhelm II. von jeder seiner Technischen Hochschulen einen Professor in das Herrenhaus (Intze, Slaby, Launhardt, Riedler, Borchers, Krohn, Müller-Breslau). Es kommt so dazu, daß der Anteil der Techniker im Herrenhaus seit 1898 sehr stark wurde. Ziehen wir nun von den 153 Professorenparlamentariern aller drei genannten Parlamente (bis 1918) die 30 Doppelmitgliedschaften ab, bleiben 123 „Professorenparlamentarier". Hinzu kommen noch 22 Professoren in der Verfassunggebenden Nationalversammlung von 1919, 21 im ersten Reichstag von 1920 sowie in den preußischen Pendants. Auch hier Doppelmitgliedschaften abgezogen, ergibt sich eine Zahl von insgesamt 157 „Professorenparlamentariern" für den Zeitraum von 1870 bis 1921/24.

Im Hinblick auf die Konfession läßt sich festhalten, daß von den 62 Reichstagsabgeordneten (vgl. Tabelle 2) bis 1918 74 Prozent evangelisch waren, von 38 Landtagsabgeordneten sogar 84%. Bei dem einzigen Reichstagsabgeordneten jüdischer Konfession handelte es sich um den berühmten Berliner Handelsrechtler Levin Goldschmidt, den ersten überhaupt an einer Preußischen Universität zum Ordinarius ernannten ungetauften Juden in der liberalen Ära Falk. Im Herrenhaus betrug der evangelische Anteil der Professoren sogar 90%. Fragen wir nach der Berufszugehörigkeit (vgl. Tabelle 2), so fällt der hohe Anteil an Juristen und Nationalökonomen auf, etwa 50 bis 58% in allen drei Parlamenten bis 1918. Die nächste Gruppe bildeten die Historiker mit ca. 10 bis 11%. Nur drei Naturwissenschaftler gehörten dazu, Theologen waren etwas stärker vertreten. Unter den 62 Reichstagsabgeordneten gab es nur einen einzigen Konservativen, den Juristen Wilhelm Arnold, in dem nach dem Dreiklassenwahlrecht gewählten Abgeordnetenhaus dagegen deren drei. Den Löwenanteil bildeten in beiden Parlamenten die Nationalliberalen und die Linksliberalen. Sie stellten 77% im Reichstag und 61% im Abgeordnetenhaus. Das Zentrum war in beiden Häusern mit 13% ziemlich gleichmäßig vertreten. Bis in die achtziger Jahre überwogen Nationalliberale und Linksliberale, seit der Jahrhundertwende das Zentrum. Hierin kommt vielleicht der Kampf der Katholiken um Gleichberechtigung zum Ausdruck, während die nationalliberalen Ziele im wesentlichen erfüllt waren.

Generell läßt sich für den Gesamtzeitraum sagen: Der Idealtypus des „Professorenparlamentariers" im Reichstag war ein Nationalliberaler, Protestant, Vertreter der Jurisprudenz oder der Nationalökonomie. Die ersten sozialdemokratischen Professoren gelangten erst nach der Revolution in die Parlamente: der Berliner Sozialmediziner Grotjahn und der Kieler Jurist Radbruch in den Reichstag, der Berliner Sozialwissenschaftler Heinrich Cunow und der Hallenser Nationalökonom Heinrich Waentig in das Abgeordnetenhaus.

Es sollen nun einige Stationen deutschen „Professorenparlamentarismus" kurz skizziert werden: Die Paulskirche galt in der Folgezeit als das klassische Professorenparlament, obwohl wir richtiger von einem Juristenparlament sprechen müßten. Die Juristen – Richter und Staatsanwälte – stellten immerhin 31% der Abgeordneten, zusammen mit den Staats- und Gemeindebeamten 51%, die Professoren aber nur 8%. Allerdings ist die Zahl nicht immer ausschlaggebend für das politische Gewicht und die politische Wirkung. Dies galt auch für die Reichstage des Kaiserreichs. Die Ausdrücke „Professorenparlament" und „Professorenpolitik" waren schon im Oktober 1848 in der öffentlichen Diskussion Gemeinplatz und wurden zunächst abschätzig im Sinne des Doktrinarismusvorwurfs gebraucht. Am abfälligsten hat sich darüber später wohl Heinrich von Treitschke geäußert.

Professoren waren Verfechter des nationalen Einheitsgedankens in den Parlamenten. Sie bildeten die Gelehrtenrepublik über die Grenzen der deutschen Bundesstaaten hinweg. Sie dachten gesamtdeutsch von Wien bis Königsberg und Kiel. Der Austausch zwischen den Universitäten wurde seit Beginn des 19. Jahrhunderts die Regel. Karl Theodor Welcker, Mitglied der vormärzlichen 2. badischen Kammer und später der Paulskirche, wurde 1814 Professor im hessischen Gießen, wechselte dann in das dänische Kiel, 1817 in das badische Heidelberg und 1819 an die neue preußische Universität Bonn.

Mit der Reichsgründung 1871 war das politische Ziel des Nationalstaates erreicht, wenn auch auf anderem Wege, als viele Liberale sich das erträumt hatten. Es ging nun an den inneren Ausbau des neuen Reiches, an eine Verfassung und einheitliche Gesetzgebung. Die Parlamente wurden zur Domäne des liberalen Professorentums. Alte Achtundvierziger – Biedermann, Beseler, Robert von Mohl, der Jenenser Historiker Adolf Wilhelm Schmidt, der Breslauer Nationalökonom Johann Ludwig Tellkampf – bildeten fast die Hälfte der nationalliberalen Parlamentarier in den ersten Reichstagen des Kaiserreiches, alle 60 bis 70 Jahre alt. Im Abgeordnetenhaus war der einzige Achtundvierziger Heinrich von Sybel. Daneben trat eine neue Generation der Dreißig- bis Vierzigjährigen, auch einiger Fünfzigjähriger: Gneist, Treitschke und Mommsen. Aber Ende der siebziger Jahre, spätestens 1884, waren sie alle aus Reichstag und Abgeordnetenhaus ausgeschieden. Die große Zäsur erfolgte mit Bismarcks Wendung gegen den Liberalismus und mit der Erkenntnis, daß sich das Parlament gegenüber der neuen Realpolitik als ohnmächtig erwies, zum Teil aber einfach auch aus Zufriedenheit mit dem Erreichten.

Heinrich von Treitschke, den sächsischen Generalssohn, der bei seiner Option für Preußen und für die kleindeutsche Lösung mit dem Elternhaus brach, hatten die Stationen seiner akademischen Laufbahn in der Epoche der Reichsgründung von Leipzig über Freiburg (1863), Kiel (1866), Heidelberg (1868) nach Berlin (1874) geführt. Als klassischer Repräsentant des politischen Professorentums der Reichsgründungszeit gehörte er dem Reichstag von 1871 bis 1884 an, zunächst als Nationalliberaler, seit 1879 bei keiner Fraktion. Für Treitschke als Künder und Propheten des neuen Deutschen Reiches war 1871 das politische Ziel erreicht. Für die neue soziale Frage hatte er, anders als sein Parlamentskollege Rudolf Virchow, kein Verständnis. Allerdings zog auch seine zunehmende Taubheit der parlamentarischen Tätigkeit Grenzen und schloß eine praktische Mitwirkung in den Ausschüssen ganz aus. Treitschkes politische Wirksamkeit erfolgte nun ausschließlich vom Katheder, daneben beanspruchte die Arbeit an der „Deutschen Geschichte" alle seine Kräfte.

Etwas anders war die Situation im preußischen Abgeordnetenhaus, das, als die nationalliberalen und liberalen Abgeordneten Ende der siebziger Jahre aus dem Reichstag ausschieden, in den achtziger und neunziger Jahren zur Domäne der nationalliberalen Professorenparlamentarier wurde: von Cuny, Dünkelberg, Enneccerus, Friedberg, Gneist, Mithoff, Paasche – bis auf den Bonner Landwirtschaftsprofessor Dünkelberg sämtlich Juristen und Nationalökonomen. Im Abgeordnetenhaus stellte die Vertretung der Universitätsinteressen und die jährliche Verabschiedung der Hochschuletats eben konkrete Aufgaben. Von den Genannten waren Enneccerus und Paasche neben von Cuny und zeitweise Friedberg in den neunziger Jahren auch im Reichstag. Der Marburger Jurist Ludwig Enneccerus gehörte seit 1882 sechzehn Jahre lang dem Abgeordnetenhaus an und ab 1887 acht Jahre lang dem Reichstag. Er war im Reichstag an der Vorbereitung des Bürgerlichen Gesetzbuches führend beteiligt. Als Finanzsprecher seiner Partei in beiden Parlamenten und enger Vertrauter des preußischen Hochschulreferenten Althoff, als Mitglied des Provinziallandtags, des Kommunallandtags, des Kreistags und des Landwirtschaftlichen Kreisvereins in Marburg wirkte er auf vielen Ebenen. Sein plötzlicher Rückzug aus beiden Parlamenten im Jahre 1898 wurde von Althoff in einem Brief an den Freund (vom Oktober 1898) sehr bedauert, aber in der Hoffnung darauf, daß Enneccerus von der Universität in das Herrenhaus entsandt werden würde, akzeptiert. Enneccerus begründete seinen Rückzug mit der Abfassung seines Lehrbuches über das BGB. Nachdem die gesetzgeberische Arbeit mit dem Inkrafttreten des BGB am 1. Januar 1900 geleistet worden war, wandte er sich ganz der wissenschaftlichen Arbeit zu. Er schrieb den führenden Kommentar zum BGB, bis heute noch ein Standardwerk. Offenbar ließen sich Abgeordnetenmandat und wissenschaftliche Arbeit nicht mehr vereinbaren. Die Beispiele des Hallenser Nationalökonomen Friedberg und des Staatswissenschaftlers Paasche habe ich genannt. Sie zogen die andere Konsequenz, indem sie die Professur aufgaben. Nach Enneccerus Ausscheiden und Cunys Tod 1898 waren die ehemals so zahlreichen Nationalliberalen bis 1918 nur noch von den Berufspolitikern Friedberg und Paasche, im Reichstag allein von Paasche repräsentiert.

Dagegen überflügelte die Zahl der Zentrumsprofessoren um die Jahrhundertwende in beiden Häusern die der Nationalliberalen. Zunächst, seit 1874, war das Zentrum im Reichstag fast allein durch Hertling vertreten, im Abgeordnetenhaus seit 1882 durch Hitze, der 1884 auch in den Reichstag gewählt wurde. War für Hertling, den Gründer und Präsidenten der Goerres-Gesellschaft, die konkrete Aufgabe die Überwindung des Kulturkampfes und die Erlangung der Gleichberechtigung für die Katholiken durch die Formierung des politischen Katholizismus, so wurde es für Hitze die Sozialpolitik. Dem Abgeordnetenhaus gehörte Hitze 25 Jahre und dem Reichstag 36 Jahre lang an, bis zu seinem Tod 1921, also über die Revolution hinweg. Seine Berufung auf den ersten Lehrstuhl für Christliche

Gesellschaftslehre in Deutschland 1893 in Münster ohne Promotion und Habilitation verdankte er seiner parlamentarischen Tätigkeit. Hitze war Führer der Mönchengladbacher Richtung im Katholizismus, und Althoff hatte diese ungewöhnliche Maßnahme durchgesetzt, weil er Hitzes Einfluß im Hinblick auf die Bemühungen um eine soziale Reform brauchte.

Einen Sonderfall unter den „Professorenparlamentariern" des Kaiserreiches bildete der weltberühmte Mediziner und Anthropologe Rudolf Virchow. Dem Abgeordnetenhaus gehörte dieser Mitbegründer der Fortschrittspartei von 1862 bis zu seinem Tode 40 Jahre lang an, dem Reichstag ab 1880 13 Jahre lang. Als Stadtverordneter von Berlin hatte sich Virchow über 40 Jahre hinweg große Verdienste um das Gesundheitswesen Berlins erworben. Seiner Arbeit verdankte die Reichshauptstadt ihre moderne Wasserleitung, ihr Kanalisationssystem und ihre modernen Krankenhäuser, Einrichtungen, die dann auch für andere Städte vorbildlich wurden. Mit seinem Gegner Bismarck hätte er fast ein Duell ausgefochten.

Der Rückzug der Professoren aus dem Reichstag ist also unbestreitbar, nur sollte man nicht das Jahr 1912, sondern das Jahr 1903 als Zäsur setzen; denn in den nächsten Reichstagen stieg die Zahl der Professoren wieder auf sechs bis acht an, in der Nationalversammlung auf 12, im Reichstag von 1920 auf 16. Die Generation der saturierten ca. sechzigjährigen Liberalen, die den wilhelminischen Obrigkeitsstaat akzeptiert hatte (Enneccerus), tritt um die Jahrhundertwende ab; eine neue Generation von Dreißig- bis Vierzigjährigen (Schücking und Radbruch) tritt an im Zeichen des Sozialliberalismus mit dem Ziel einer Parlamentarisierung des Reiches und einer Integration der Sozialdemokratie. Sie kandidieren noch ohne Erfolg bei den Wahlen nach der Jahrhundertwende und kommen dann erst nach der Revolution zum Zuge. So kandidierte der 1902 siebenundzwanzigjährig als Ordinarius für Völkerrecht nach Marburg berufene Walther Schücking bei der Ersatzwahl zum Preußischen Abgeordnetenhaus 1911 und bei der Reichstagswahl von 1912 in der Universitätsstadt vergeblich gegen seinen freikonservativen Universitätskollegen Bredt. Bei der Landtagswahl von 1908 gegen den konservativen Landrat wurde Schücking immerhin von 47% der Wahlmänner der Stadt, aber eben nur von 12% der Wahlmänner insgesamt unterstützt. Schückings Option für die Naumannianer, für einen Kampf gegen das Dreiklassenwahlrecht, hatte ihn früh in der eigenen Fakultät isoliert. Alle sieben der neun Mitglieder der Marburger Juristenfakultät waren Nationalliberale, bis auf Schükking und Bredt (Freikonservativer). Schücking vertrat 1919 bis 1928 die DDP in Nationalversammlung und Reichstag.

Der Rückzug der Professoren aus dem Reichstag hat viele und verschiedene Ursachen. Rückzug aus dem zentralen Parlament ist aber nicht unbedingt Rückzug aus dem parlamentarischen Leben. Die Zahl der wirklich politisch engagierten Professoren war zu jeder Zeit ohnehin vergleichsweise gering. So war es in der Nationalversammlung, so war es in meinem Berichtszeitraum, so ist es im Grund auch heute (Tab. 3). Meine These lautet, daß sie sich im Laufe des Kaiserreichs nur auf die Vielzahl parlamentarischer Vertretungskörperschaften verteilten.

Dieser Sachverhalt soll abschließend am Wahlkreis Marburg Stadt und Land illustriert werden. Der Wahlkreis war bis 1918 im Reichstag nur einmal durch den konservativen Juristen Arnold vertreten. Der Stadt/Land-Gegensatz zwischen den Bewohnern von Marburg und der Landbevölkerung auf den Hausdörfern machte die Wahl eines nationalliberalen Professors unmöglich. In den Landtag wurden nur zweimal, 1871 und 1913, Professoren gewählt: 1871 der nationalliberale Theologe Mangold – das war der Höhepunkt der nationalliberalen Wirksamkeit – und 1913 der freikonservative Jurist Bredt. Die vom Besitz- und Bildungsbürgertum geprägte Stadt wählte zu 80% zwar nationalliberal, aber das Umland, das 70% der Reichstagswähler und der Abgeordnetenhauswähler stellte, wählte in der Regel zu 80% konservativ, und zwar den konservativen Landrat. Auch Bredt gewann die Wahl 1913 nur, weil es ihm gelang, in seiner Doppelfunktion als Stellvertreter des Landrats die Organisation des Landratsamtes wirksam für seine Wahl zum Abgeordnetenhaus einzusetzen, die Konservativen zu spalten und gleichzeitig als Professor die Nationalliberalen der Stadt auf seine Seite zu bringen. Bredt ist in der Weimarer Republik bekannt als Gründer der Wirtschaftlichen Vereinigung und schließlich als Reichsjustizminister. Marburger Professoren, die in den Landtag gewählt werden wollten, mußten in anderen Wahlkreisen gewählt werden – so 1867 bis 1873 der nationalliberale Nationalökonom Karl Dietzel in Kassel 5, Enneccerus in Kassel-Stadt und Oldenburg, Hermann Paasche – auch Marburger – in Kassel 1 und Magdeburg 3. Nehmen wir die Unterlegenen: Bei den Landtagswahlen unterlagen 1885 der nationalliberale Jurist Westerkamp in Kassel 9 und der nationalliberale Romanist Edmund Stengel 1893 in Kassel 5, letzterer auch bei der Reichstagswahl 1893 im selben Wahlkreis. Die ungewöhnlich starke parlamentarische Vertretung der Universitätsstadt im Abgeordnetenhaus – ich habe außer für Berlin für keinen anderen Wahlkreis im Kaiserreich so viele Professoren gleichzeitig, als Gewählte wie als Unterlegene, festgestellt – einmal durch den in Marburg gewählten konservativen Landrat und durch mindestens zwei nationalliberale Professoren, die außerhalb Marburgs gewählt wurden, hatte für die Universitätsstadt selbst erfreuliche Folgen. Die ehemals hessische Landesuniversität hat nach meinen Berechnungen unter allen preußischen Universitäten die höchsten Staatszuschüsse pro Kopf der Stadtbevölkerung und vermutlich auch pro Kopf der Studenten während des Kaiserreiches erhalten. Wenn es um die Interessen der Universitätsstadt ging, wirkten konservativer Landrat und nationalliberaler Professor, die sich in Marburg bitter bekämpften, einmütig zusammen – so im langjährigen Widerstand gegen die Neugründung einer Konkurrenzuniversität in Frankfurt am Main. Als sich diese schließlich nach jahrelangem Kampf nicht mehr verhindern ließ, mußten die Marburger seitens des Kultusministers von Trott zu Solz, ehemals Marburger Landrat, mit ungewöhnlich hohen finanziellen Zuschüssen beschwichtigt werden, um die erwartete wirtschaftliche Schädigung durch Frankfurt auszugleichen.

In den städtischen Vertretungskörperschaften, in der Stadtverordnetenversammlung und im Magistrat, wirkten während des Kaiserreiches Professoren ebenfalls mit. Sie stellten 1893 sieben von 48 Stadtverordneten (= 15%) und den Stadtverordnetenvorsteher, ab 1898 allerdings nur noch zwei von 30 (= 7%), also auch hier offenbar ein gewisser Rückzug aus dem Parlament[5].

Im Mai 1895 begründete der Direktor der Frauenklinik und Hebammenanstalt, Professor Ahlfeld, die Bitte um die Niederlegung seines Stadtverordnetenmandats in einem Schreiben an den Stadtverordnetenvorsteher, Professor Westerkamp, wie folgt: „Ich habe eine so große Zahl der Sitzungen versäumen müssen, daß ich zu der Überzeugung gekommen bin, die Stelle eines Ausschußmitgliedes niederlegen zu müssen. Nicht gerade ein Übermaß an Arbeit in meinem Hauptamt als Professor, sondern weil ich, wie der Beruf eines Lehrers und Arztes in einer Entbindungsanstalt es mit sich bringt, so wenig Herr der Zeit bin, trägt die Schuld an dieser Kollision der Pflichten." Die daraufhin erfolgte Wahl zum außerordentlichen Mitglied des Stadtparlaments nahm Ahlfeld dankend an. Auf der anderen Seite aber gehörte zur gleichen Zeit, als Ahlfeld sich zurückzog, der spätere Nobelpreisträger Emil von Behring, Professor der Hygiene in Marburg, von 1898 bis zu seinem Tode 1917 19 Jahre lang dem Stadtparlament an. Der unternehmungsfreudige Behring war besessen von der Idee, sein Werk, die heutigen Behring-Werke, aufzubauen, und hat das kommunalpolitische Amt zielstrebig genutzt. Als ihm 1914 das Ehrenbürgerrecht verlie-

[5] Vgl. Bernhard vom Brocke, Marburg im Kaiserreich 1866–1918. In: E. Dettmering u. a. (Hg.), Marburger Geschichte. Marburg ²1982, S. 367–540.

hen wurde, schrieb dazu die „Oberhessische Zeitung“: „Daß Exzellenz von Behring der hessischen Landesuniversität immer treu bleiben wird, ist sicher anzunehmen, ist er doch im Laufe der Jahre wohl der größe Grundbesitzer, nicht nur in der Gemarkung Marburg, sondern auch des lieblichen Hausdörfchens Marbach am Marbachtal geworden.“ Behring war u. a. ständiges Mitglied des Bauausschusses. Er hat sich um die Kanalisation Marburgs und die Verbesserung der hygienischen Verhältnisse um 1900, wie vorher Virchow und Koch in Berlin, große Verdienste erworben.

Abschließend sei festgestellt: Rückzug aus den Parlamenten gewiß, aber nicht Rückzug aus der Politik! Ich bin mir bewußt, daß hier viele Aspekte professorenparlamentarischen Engagements nicht angesprochen wurden, weder die Benutzung des Parlaments als Sprungbrett – Achenbach z. B. – in hohe Staatsämter, noch die Verknüpfung von Abgeordnetenmandat und Vertretung wirtschaftlicher Interessengruppen (Riesser). Dies muß einer weiteren Abhandlung vorbehalten bleiben[6]. Rückzug aus den Parlamenten – ich wiederhole – bedeutete auch nicht notwendig einen Rückzug aus der Politik: Politische Wirkung konnte z. B. durch die Interpretation von Gesetzesnormen in Gesetzeskommentaren viel effektiver erzielt werden als von der parlamentarischen Plattform aus, oder, wie der Beitrag von Rüdiger vom Bruch zeigt, auch durch die Mitarbeit in außerparlamentarischen Organisationen.

---

[6] Weitere Beispiele: Hertling, Bredt, Fehr, Moldenhauer und Radbruch. – Der Vf. möchte in seinem in Anm. 1 erwähnten Vorhaben auch die übrigen deutschen Länder berücksichtigen und den Zeitrahmen der Untersuchung auf die Jahre 1819–1945 erweitern. Auf folgende Werke sei in diesem Zusammenhang noch besonders verwiesen: Norbert Andernach, Der Einfluß der Parteien auf das Hochschulwesen in Preußen, 1848–1918. Göttingen 1972; Deutsche Parlamentshandbücher. Bibliographie und Standortnachweis. Bearb. von Martin Schumacher. Düsseldorf 1986; Pierangelo Schiera, Il laboratorio borghese. Scienza e politica nella Germania dell' Ottocento. Bologna 1987.

TABELLEN ZUM BEITRAG PROFESSOREN ALS PARLAMENTARIER

Tabelle 1: Anteil der Professoren/Dozenten absolut und in Prozent 1848 / 1870–1921

Dt.Nat.versammlung/Reichstag											*Preuß. Abg.haus/Landtag*				
		Abg.	P						%	% Best			Abg.	P	%
	1848	812	66						*8,1*	6,8		1848	395	5	*1,3*
1.	1871	382	17				10 NL	5 F 2 bkF	*4,4*	4,7	11.	1870	432	10	*2,3*
2.	1874	397	22		1 FK	4 Z	14 NL	2 F 1 bkF	*5,5*	5,7	12.	1873	433	10	*2,3*
3.	1877	397	16		1 FK	4 Z	8 NL	3 F	*4,0*	4,5	13.	1877	433	11	*2,5*
4.	1878	397	20		1 FK	4 Z	10 NL	5 F	*5,0*	5,3	14.	1879	433	7	*1,6*
5.	1881	397	16	1 K	1 FK	1 Z	5 NL	8 F	*4,0*	4,7	15.	1882	433	10	*2,3*
6.	1884	397	8		1 FK	2 Z	3 NL	3 F	*2,0*	3,1	16.	1886	433	11	*2,5*
7.	1887	397	11		2 FK	1 Z	6 NL	2 F	*2,5*	3,9	17.	1888	433	11	*2,5*
8.	1890	397	6				2 NL	4 F	*1,5*	2,1					
9.	1893	397	8			2 Z	6 NL		*2,0*	1,8	18.	1893	433	8	*1,8*
10.	1898	397	6			2 Z	2 NL	2 F	*1,5*	2,2	19.	1898	433	8	*1,8*
11.	1903	397	3			2 Z	1 NL		*0,75*	1,5	20.	1903	433	7	*1,6*
12.	1907	397	6			4 Z	1 NL	1 F	*1,5*	2,8	21.	1908	443	8	*1,8*
13.	1912	397	8			3 Z	3 NL	2 F	*2,0*	2,5	22.	1913	443	7	*1,6*
NV	1919	423	12	1 DNVP	4 DVP	3 Z	1 BVP	3 DDP	*2,8*	2,0	LV	1919	402	17	*4,2*
I.	1920	466	18	3 DNVP 1 BVP	5 DVP 1 BBB	4 Z	2 DDP	2 SPD	*3,9*	3,0	LT	1921	428	9	*2,1*

Preußisches Herrenhaus

1. Mai 1874	Stimmberecht. Mitgl. 285	Präsentation der Universitäten	9
		aus besonderem kgl. Vertrauen	5
			14 = 4,9%
20. Nov. 1911	Stimmberecht. Mitgl. 346	Präsentation der Universitäten	10
		aus besonderem kgl. Vertrauen	9
			19 = 5,5%

Abkürzungen in den Tabellen 1 und 4–9 (Namenlisten)

Status: P = Professor; oP, aoP, apl. P = ordentlicher, außerordentlicher, außerplanmäßiger P.; oHP = ordentlicher Honorarprofessor; PD = Privatdozent.

Fach, Fakultät: Forstw = Forstwirtschaft, Hist = Geschichtswissenschaft, Jur = Jurisprudenz, Kl. Phil. = Klassische Philologie, Ldwi = Landwirtschaft, Med = Medizin Vet. med = Veterinärmedizin, Natök = Nationalökonomie, PolÖkon = Politische Ökonomie, RomPhil = Romanische Philologie, Stwiss = Staatswissenschaften, Theol = Theologie.

Parteizugehörigkeit: AH = Augsburger Hof, altlib = altliberal, BBB = Bayrischer Bauernbund, bkF = bei keiner Fraktion, BVP = Bayrische Volkspartei, CM = Cafe Milani, CP = Casino Partei, DDP = Deutsche Demokratische Partei, DFrP = Deutsche Freisinnige Partei, DFrVp = Deutsche Freisinnige Volkspartei, DFVp = Deutsche Fortschrittliche Volkspartei, DVP = Deutsche Volkspartei, DRP = Deutsche Reichspartei (in Preußen: FrK = Freikonservative Partei), F = Fortschrittspartei, K = Konservative Partei, L = Landsberg, l. Cent = linkes Zentrum, LV = Liberale Vereinigung, LWV = Landeswahlvorschlag, NL = Nationalliberale Partei, NSDAP = Nationalsozialistische Deutsche Arbeiterpartei, P = Pole, PH = Pariser Hof, RWV = Reichswahlvorschlag, SPD = Sozialdemokratische Partei Deutschlands, Süd-DVP = süddeutsche Deutsche Volkspartei, WiV = Wirtschaftliche Vereinigung, WH = Württemberger Hof, Z = Zentrum.

Parlament: AH, HH = Preußisches Abgeordnetenhaus, Herrenhaus, LT = Preußischer Landtag, LV = verfassunggebende preußische Landesversammlung, NV = Deutsche Nationalversammlung (Paulskirche 1848/49) bzw. verfassunggebende deutsche Nationalversammlung (1919), RT = Reichstag, StV = Stadtverordneter, VP = Vorparlament (1848), 1. K., 2. K. = Erste Kammer, Zweite Kammer nichtpreußischer Landtage.

Zugrundegelegt wurde das Verzeichnis der Abkürzungen von Max Schwarz, MdR. Biographisches Handbuch der Reichstage. Hannover 1965.

Tabelle 2: Professoren im Reichstag (1871–1918), Preußischen Abgeordnetenhaus und Herrenhaus (1870–1918) nach Konfession, Fach, Parteizugehörigkeit

	Reichstag					*Preuß. Abgeordnetenhaus*			
			in %					in %	
	(62)	ev. 46	74,2			(38)	ev. 32	84,2	
		kath. 15	24,2				kath. 6	15,8	
		isr. 1	1,6						
davon	in %							in %	
Juristen	23	37,1	51,6%		13			34,2	57,9%
Staatswiss./Nat.ökon.	9	14,5			9			23,7	
Historiker	6	9,7			4			10,5	
Theologen (ev. 3, kath. 2)	5	8,1			4	(2 ev., 2 k.)		10,5	
Medizin/Vet.med.	5	8,1			2			5,3	
Philologen	4	6,4			–				
Philosophen	2	3,2			–				
Naturwissenschaftler	3	4,8			1			2,6	
Land- u. Forstwirtsch.	5	8,1			4			10,5	
Bergbau, Städtebau	–				1			2,6	
davon									
Konservativ	1	1,6			3	(1 kath.)		7,9	
DRP/Freikonserv.	4	6,5			7			18,4	
Zentrum	8	12,9			5			13,2	
Nationalliberal	30 (48)	48,4	77,4%	(3 kath.)	17			44,8	60,6%
Liberal und linksliberal	18	29,0		(3 kath.)	5	(1 kath.)		15,8	
Welfe		1,6			–			–	

davon						
	auch AH	21 (16 zuerst AH)	33,9	auch RT	20 (4 zuerst RT)	52,6
	2. K.*	13	21,0			
	HH	5		HH	4	
	1. K.*	5				
	Paulskirche	6		Vorparl.	1 (v. Sybel)	
Gewählt am Hochschulort		24	38,7 %		14	37 %
Durchschnittliche Zugehörigkeit		7,8 Jahre			11,4 Jahre	

	Preuß. Herrenhaus 1871–1918		
Auf Präsentation der Landesuniversitäten	35	ev. 33	kath. 2
Aus besonderem Kgl. Vertrauen berufen	19	ev. 16	kath. 3
Zusammen (ohne 1 × H. Dernburg)	(53) = 90,6 %	ev. 48	kath. 5

davon	Präsentation			Kgl. Vertrauen		zusammen		
Juristen	12	34,3 %	} 48,6 %	8	42,1 %	19	35,8 %	} 47,1 %
Nat.ökonom.	5	14,3 %		1	5,3 %	6	11,3 %	
Historiker	4	11,4 %		1	5,3 %	5	9,4 %	
Theologen	1	2,9 %		–	–	1	1,9 %	
Mediziner	2	5,7 %		2	10,5 %	4	7,5 %	
Philologen	5	14,3 %		–	–	5	9,4 %	
Naturwiss.	6	17,1 %		–	–	6	11,3 %	
Techniker	–	–		7	36,8 %	7	13,2 %	

* 2. bzw. 1. Kammer nichtpreußischer Landtage

Tabelle 3: Das Sozialprofil der Abgeordneten deutscher Parlamente (Frankfurter Nationalversammlung, Reichstage, Bundestag) 1848–1976 (Angaben in Prozent)*

	1848 ...	1871	1874	1877	1878	1881	1884	1887	1890	1893	1898	1903	1907	1912	1919	1920	1924	1928 ...	1972	1976
1. Verwaltungsbeamte																				
a) höherer Dienst	17,7	19,9	13,5	12,6	13,5	10,2	8,3	7,9	5,8	4,6	5,1	4,6	5,5	3,2	1,6	4,0	6,0	6,1	22,1	20,6
b) mittl. u. unter. Dienst	4,6	0,3	0,3	0,0	0,5	0,3	0,8	1,5	0,8	1,0	1,5	2,3	2,0	2,6	1,4	2,8	5,1	5,2	8,1	9,2
2. Justizbeamte	13,5	11,0	11,4	12,7	11,7	10,3	7,4	7,9	7,6	6,6	6,8	5,9	8,4	5,5	2,4	1,7	4,0	3,0	2,7	2,1
3. Kommunalbeamte	2,6	2,8	3,0	3,0	2,8	3,9	2,1	4,0	2,3	2,1	1,3	1,3	2,6	1,4	3,1	0,9	3,0	1,4	1,9	2,7
4. Univers.prof. u. Dozenten	6,8	4,7	5,7	4,5	5,3	4,7	3,1	3,9	2,1	1,8	2,2	1,5	2,8	2,5	2,0	3,0	3,1	3,2	3,8	4,2
5. Lehrer an höher. Schulen	6,0	2,2	2,0	1,5	1,5	1,5	1,0	1,0	1,0	1,3	1,5	1,0	2,6	1,8	1,4	1,9	2,0	1,9	3,5	3,5
6. Lehrer an Volks- u. Mittelsch.	1,5	0,0	0,0	0,0	0,0	0,0	0,5	0,5	0,3	0,7	1,0	0,7	1,8	2,6	3,3	2,1	3,4	3,4	3,1	2,9
7. Offiziere	2,2	0,7	1,4	0,7	1,5	0,5	1,3	0,5	1,0	0,3	0,5	0,5	1,0	0,5	0,0	0,0	0,5	0,5	1,0	0,6
Staatsdienst insgesamt	54,9	41,6	37,3	35,0	36,4	31,4	24,2	27,2	20,9	18,4	19,9	17,8	26,7	20,1	15,2	16,4	27,1	24,7	46,2	48,1
8. Klerus																				
a) ev.	2,4	0,3	0,0	0,0	0,3	0,3	0,3	0,3	0,5	0,5	0,7	1,0	0,5	1,0	1,4	1,0	1,1	0,8	1,0	0,8
b) kath.	2,4	3,7	5,6	5,0	5,0	5,0	4,3	4,3	5,6	5,9	5,3	5,6	4,8	4,6	1,4	0,9	1,1	0,6	0,0	0,0
9. Landwirte																				
a) Großgr.besitz.	5,0	27,9	28,6	28,4	29,0	28,9	30,4	31,1	29,1	25,2	23,2	20,4	18,3	16,2	2,6	3,4	3,0	2,0	1,0	1,0
b) klein. u. mittl. Landwirte	0,7	1,3	2,4	2,1	2,4	3,0	6,1	4,9	3,5	8,6	8,4	7,9	7,4	7,0	5,4	8,8	7,2	9,9	2,9	2,8

10. Unternehmer u. Manager	1,7	2,5	4,8	5,2	7,0	9,7	8,8	12,0	9,1	8,0	6,3	6,9	6,4	2,5	2,3	5,8	7,6	9,3	8,0	7,9
11. Kaufl. u. Bankiers	4,3	4,7	3,3	4,0	5,0	5,0	4,4	5,4	7,3	4,6	3,9	3,7	4,0	3,0	1,7	0,9	1,2	1,5	3,0	2,8
12. Selb. Handw. u. Gewerbetreibende	0,5	0,8	2,3	2,2	2,5	2,1	3,9	3,4	8,8	8,3	9,1	8,3	5,8	6,3	4,8	4,0	2,1	1,2	1,2	1,0
13. Rechtsanwälte	15,0	9,5	8,9	7,1	7,0	6,3	5,4	3,8	5,3	5,5	8,1	7,5	8,5	10,1	7,3	3,6	3,6	3,7	5,2	6,9
14. sonst. freie akad. Berufe	7,2	3,2	3,9	4,5	3,0	3,3	3,5	3,4	1,2	5,0	2,0	2,3	2,3	2,0	0,7	0,8	1,0	0,9	4,6	5,6
15. Verbandsfunktion.	0,0	0,5	0,3	0,5	0,3	0,3	0,5	0,5	0,7	0,5	1,0	0,5	1,8	2,0	4,0	5,0	3,7	5,1	2,3	2,5
16. Partei- u. Gewerkschaftsfunktion.	0,0	0,0	0,0	0,0	0,0	3,3	3,3	1,8	4,6	6,5	9.8	15,3	10,8	22,9	43,5	38,6	31,7	29,4	15,8	13,7
17. Angestellte	0,0	0,0	0,0	0,0	0,0	0,0	0,0	0,0	0,0	0,0	0,0	0,0	0,0	0,0	1,4	2,1	2,5	3,4	5,0	5,1
18. Arbeiter	0,0	0,0	0,0	0,0	0,0	0,0	0,0	0,0	0,0	1,0	0,0	0,0	0,0	0,0	2,1	2,4	4,4	4,0	1,0	1,5
19. Privatiers Rentner	0,0	2,6	3,2	3,8	3,0	3,2	4,0	2,4	2,5	2,0	2,0	2,5	3,0	1,5	3,5	3,9	2,5	2,3	0,0	0,0
20. Sonst., unbekannt	5,9	1,4	0,0	1,9	0,0	0,0	0,9	0,0	1,8	0,0	0,0	0,6	0,0	1,0	3,0	2,1	0,2	1,5	2,7	2,9

* Quelle: Heinrich Best (Institut für angewandte Sozialforschung Köln): Recruitment, Careers and Legislative Behavior of German Parliamentarians, 1848–1953. In: Historical Social Research. Quantum Information 23 (July 1982), S. 20–54, hier: S. 26.

Tabelle 4: Professoren im Deutschen Reichstag 1871–1918.
Namenliste (mit Angaben über Zugehörigkeit zu anderen Parlamenten)

		Status	Fach	Univ.	Konf.	Partei	Parl.	Mitgl. zeit	Wahlkreis
1. Arnold, Wilhelm	1826–1883	oP	Jur	Marburg	ev.	K	RT	1881–1883	Marburg
			Natök						
2. v. Bar, Karl Ludwig	1836–1913	oP	Jur	Göttingen	ev.	DFrP	RT	1890–1893	Rostock
3. Baumgarten, Michael	1812–1889	oP	Theol	Rostock	ev.	F/NL	RT	1874–1881	Rostock
4. Beseler, Georg	1809–1888	oP	Jur	Greifswald	ev.	CP	NV	1848/1849	Greifswald
				Berlin			AH	1849–52,	Mansfeld
						altlib		1860/61	Berlin
						NL	RT	1874–1881	Pinneberg
							HH	1875–1888	U. Berlin
5. Biedermann, Carl Friedrich	1812–1901	oP	Stwiss	Leipzig	ev.	WH/AH	VP	1848	
							NV	1848/1849	Zwickau
							Sächs. 2. K.	1849–1850	
							2. K.	1869–1976	Chemnitz
						NL	RT	1871–1874	Mittweida
6. Birnbaum, Karl	1829–1905	oP	Ldwi	Leipzig	ev.	NL	RT	1871–1874	Leipzig-Land
7. Boretius, Alfred	1836–1900	oP	Jur	Halle	ev.	NL	RT	1878–1881	Halle
							AH	1885–1886	Halle
8. (v.) Buß, Franz Joseph Ritter	1803–1878	oP	Jur	Freiburg	kath.		Bad. 2. K.	1837–1840,	Oberkirch
								1846–1848	Säckingen
								1873–1880	Achern
							VP	1848	
						CM	NV	1848–1849	Westf. + Bayern
						Z	RT	1874–1877	Tauberbischofsheim
9. van Calker, Fritz	1864–1957	oP	Jur	Straßburg	ev.	NL	RT	1912–1918	Landau
10. v. Cuny, Ludwig	1833–1898	aoP	Jur	Berlin	ev.	NL	AH	1873–1898	Solingen/Lennep
		(1875)				NL	RT	1874–1881	Dessau/Zerbst
		oHP						1884–1898	Kreuznach
		(1890)							

11. Delbrück, Hans	1848–1929	PD	Hist	Berlin	ev.	DRP	AH	1882–1885	Mansfeld
		aoP (1885)				DRP	RT	1884–1890	Stralsund
		oP (1895)							
12. Dove, Richard Wilhelm	1833–1907	oP	Jur	Göttingen	ev.	NL	RT	1871–1874	Duisburg
						NL	HH	1875–1907	U. Göttingen
13. Drechsler, Gustav	1833–1890	oP	Ldwi	Göttingen	ev.	FrK	AH	1885–1890	Zellerfeld
						DRP	RT	1887–1890	Goslar
14. Edel, Karl Friedrich	1806–1890	oP	Jur	Würzburg	kath.		Bay. 2. K.	1845–1875	Würzburg
							VP	1848	Hofheim
						CP/PH	NV	1848–1849	Hofheim
						lib.-Kons.	RT	1868–1871	Unterfranken
						lib.		1871–1874	5 Schwaben
15. Endemann, Wilhelm	1825–1899	oP	Jur	Jena	ev.	NL	RT	1867–1871	Schwarzb.-Rudolstedt
				Bonn			RT	1871–1874	Sa.-Weimar
				(1875)					
16. Engler, Karl	1842–1925	oP	Techn.	Karlsruhe	ev.	NL	RT	1887–1890	Lahr
			Chemie				Bad. 1. K.	1891–1902	Allh. Vertr.
17. Enneccerus, Ludwig	1843–1928	oP	Jur	Marburg	ev.	NL	AH	1882–1898	Kassel
						NL	RT	1887–1890	Oldenburg
								1893–1898	Oldenburg
18. Esser, Hubert Jacob	1843–1925	oP	Vet. med	Göttingen	kath.	NL	RT	1887–1890	Göttingen
19. (v.) Ewald, Heinrich	1803–1875	oP	Oriental	Göttingen	ev.	Welfe	RT	1869–1875	Hannover
20. Faßbender, Martin	1856–1943	oP	Ldwi	Berlin	kath.	Z	AH	1903–1918	Bonn
							LT	1919–1930	Bonn
						Z	RT	1907–1918	Euskirchen
21. Forchhammer, Wilhelm	1803–1894	oP	Kl. Phil	Kiel	ev.	l. Cent	AH	1867–1870	Oldenburg
						F	RT	1871–1874	Tondern
							HH	1877–1894	U. Kiel
22. Friedberg, Robert	1851–1920	aoP	Stwiss	Halle	ev.	NL	AH	1886–1903	Halle
				(–1884	isr.)			1903–1918	Solingen-Lennep
		oP (1894)				NL	RT	1893–1898	Bernburg
						DDP	LV	1919–1920	Angermünde

		Status	Fach	Univ.	Konf.	Partei	Parl.	Mitgl. zeit	Wahlkreis
23. Gareis, Karl	1844–1923	oP	Jur	Gießen	kath.	NL	RT	1878–1881	Alsfeld
				Königsberg			Hess. 1. K.	1884–1888	
24. Gerstner, Ludwig Joseph	1830–1883	oP	Stwiss	Würzburg	kath.	F	Bay. 2. K.	1868, 70–75	Würzburg
							RT	1871–1874	Würzburg
25. (v.) Gneist, Rudolf	1816–1895	oP	Jur	Berlin	ev.	l. Cent	AH	1859–1861	Stettin
								1862–1882	Mansfeld
						NL		1882–1893	Kreuznach
						NL	RT	1867	Elb.-Barmen
								1871–1884	Liegnitz
26. Goldschmidt, Levin	1829–1897	oP	Jur	Berlin	isr.	NL	RT	1875–1877	Leipzig
27. Günther, Sigmund	1848–1923	PD	Math	Erlangen	ev.	F	RT	1878–1881	Nürnberg
		P	Geogr	TH München				1881–1884	Berlin
		(1886)					Bay. 2. K.	1894–1899	Kempten
								1907–1918	München
28. Hänel, Albert	1833–1918	oP	Jur	Kiel	ev.	F	AH	1867–1888	Segeberg
						DFrP	RT	1867–1893	Kiel
						DFrVp		1898–1903	Kiel
29. Hasse, Ernst	1846–1908	aoP	Stat./Pol	Leipzig	ev.	NL	RT	1893–1903	Leipzig
30. v. Hertling, Georg Frh.	1843–1919	oP	Philos	München	kath.	Z		1875–1890	Koblenz
								1896–1903	Illertissen
								1903–1912	Münster
							Bay. 1. K.	1891–1918	Allh. Vertr.
31. Hinschius, Paul	1835–1898	oP	Jur	Berlin	ev.	NL	RT	1872–1881	Flensburg
							HH	1871/72	U. Kiel
							HH	1888–1898	U. Berlin
32. Hitze, Franz	1851–1921	oP	Theol	Münster	kath.	Z	AH	1882–1893	M-Gladbach
		(seit						1898–1912	M-Gladbach
		1893)					RT	1884–1918	Geilenkirchen
								1919–1921	+ M-Gladbach
33. Hoffmann, Leonhard	1845–1921	oP	Vet. med	Stuttgart	ev.	Süd-DVP	RT	1898–1903	Backnang
34. Hueter, Karl	1838–1882	oP	Med.	Greifswald	ev.	F	RT	1881–1882	Greifswald

35. Karsten, Gustav	1820–1900	oP	Physik	Kiel	ev.	l. Cent	AH	1867–1873	Kiel
						F	RT	1877–1884	Altona
36. Klöppel, Peter	1840–1902	PD	Jur	Jena	kath.	F	RT	1974–1877	Solingen
37. Köchly, Hermann	1815–1876	oP	Kl. Phil	Heidelberg	ev.	F	RT	1871–1874	14 Sachsen
							Sächs. 2. K.	1849	
38. v. Liszt, Franz	1851–1919	oP	Jur	Berlin	kath.	DFVp	AH	1908–1913	Charlottenburg
						DFVp	RT	1912–1918	Glogau
							StV		Charlottenburg
39. v. Marquardsen, Heinrich Ritter	1826–1897	oP	Jur	Erlangen	ev.	NL	RT	1868–1881	Erl.-Fürth
								1881–1893	Worms
								1893–1897	Homburg (Pfalz)
							Bay. 2. K.	1869–1886	Erl.-Fürth
								1887–1893	Kempten
40. Merkle, Matthias	1816–1881	P	Theol	Dillingen	kath.	Z Bay.	2. K	1874–1881	Dillingen
				Passau		Z	RT	1874–1881	Kaufbeuren
41. Meyer, Georg	1841–1900	oP	Jur	Jena	ev.	NL	Weim. 2. K.	1878–1879	Jena
				Heidelberg (1889)			RT	1881–1890	Jena
							Bad. 1. K.	1891–1900	U. Heidelberg
42. Möller, Julius Otto	1819–1887	oP (bis 1864)	Med	Königsberg	ev.	F/DFrP	AH	1863–1866	
							RT	1881–1887	Königsberg
43. v. Mohl, Robert	1799–1875	oP	StWiss	Heidelberg	ev.		Württ. 2. K.	1846–1847	Bahlingen
							VP	1848	
						WH/AH	NV	1848/1849	Mergentheim
							Bad. 1. K.	1857–1860	U. Heidelberg
								1863–1872	Allh. Vertr.
						NL	RT	1874–1875	Donaueschingen
44. Mommsen, Theodor	1817–1903	oP	Hist	Berlin	ev.	F	AH	1863–1866	Halle
						NL		1873–1879	Kottbus
						LV	RT	1881–1884	Koburg
45. Oncken, Wilhelm	1838–1905	oP	Hist	Gießen	ev.	NL	Hess. 2. K.	1873–1876	Gießen
						NL	RT	1874–1877	Alsfeld

		Status	Fach	Univ.	Konf.	Partei	Parl.	Mitgl. zeit	Wahlkreis
46. Paasche, Hermann	1851–1925	oP	StWiss	Rostock	ev.	LV	RT	1881–1884	Rostock
				Marburg (1884)		NL		1893–1898	Meiningen
				TH Berlin (1897–1906)				1898–1918	Kreuznach
							AH	1893–1898	Rinteln
								1898–1908	Jerichow
47. Pohlmann, Anton	1829–1891	P	Theol	Braunsberg	kath.	FrK	RT	1867–1871	Braunsberg
						Z		1874–1881	Braunsberg
48. Richter, Gustav	1833–	oP	Forstw	Tharandt	ev.		Sächs. 2. K.	1869–1878	Stolberg
						DRP	RT	1874–1882	Meißen
49. Riesser, Jakob	1853–1932	oHP	Jur	Berlin	ev.	NL	RT	1916–1918	Heidelberg
						DVP		1919–1928	HessNass
50. Römer, Robert	1808–1893	oP (bis 1871)	Jur	Tübingen	ev.	NL	Württ. 2. K.	1864–1871	Geislingen
							RT	1871–1877	Geislingen
51. Schmidt, Adolph Wilhelm	1812–1887	aoP	Hist	Berlin	ev.	WH	NV	1848/49	Berlin
		oP		Jena		NL	RT	1874–1877	Jena
52. v. Schulte, Johann Friedrich	1827–1914	oP	Jur	Bonn	alt-kath.	NL	RT	1874–1879	Duisburg
53. (v.) Schulze-Gaevernitz, Gerhart	1864–1943	oP	Natök	Freiburg	ev.	DFVp	RT	1912–1918	Freiburg
						DDP		1919–20+22	33 Baden
54. Seelig, Wilhelm	1821–1906	oP	StWiss	Kiel	ev.	F	RT	1871–1874	Oldenburg
						DFrP		1890–1893	Tondern
							AH	1873–1893	Kiel
55. Spahn, Martin	1875–1945	oP	Hist	Straßburg	kath.	Z	RT	1910–1912	Minden
				Köln		DNVP		1924–1933	
						NSDAP		1933–1945	
56. Stengel, Adolf	1828–1900	oP	Ldwi	Heidelberg	ev.	F	RT	1881–1884	Erfurt
57. Stengel, Edmund	1845–1935	oP	RomPhil	Greifswald	ev.	DFrVP	RT	1907–1912	Stralsund
58. Stöckl, Albert	1823–1895	P	Philos	Eichstätt	kath.	Z	RT	1877–1881	Eichstätt

59. Tellkampf, Johann Ludwig	1808–1876	oP	StWiss	Breslau	ev.	WH L NL	NV AH HH RT	1848/49 1849–1851 1855–1876 1871–1876	24 Schlesien U. Breslau Hirschberg
60. v. Treitschke, Heinrich	1834–1896	oP	Hist	Berlin	ev.	NL/bkF 1879	RT	1871–1884	Kreuznach
61. Virchow, Rudolf	1821–1902	oP	Med	Berlin	ev.	F DFrP	AH RT StV	1862–1867 1867–1902 1880–1893 1859–	Trier Berlin Berlin Berlin
62. Wiggers, Julius	1811–1901	oP	Theol	Rostock	ev.	L/bkF NL	Mecklbg. 2 K. RT	1848–1852 1867–1871 1877–1881	 Güstrow Güstrow

Nicht berücksichtigt (in Tabelle 1 und 2)

(v.) Achenbach, Heinrich	1829–1899	oP	Jur	Bonn (–1866)	ev.	FrK bkF	AH RT	1866–1898 1874	Siegen
v. Jaździewski, Ludwig	1838–1911	P	Theol	Posen (1863 enthoben)	kath.	P	RT AH	1872–1907 1873–1909	9 Posen 9 Posen
Oppenheim, Heinr. Bernhard	1819–1880	PD	Stwiss	Heidelberg	isr.	NL	RT	1874–1878	Reuß ä. L.
Reyscher, August Ludwig	1802–1880	oP	Jur	Tübing. (1851 enthoben)	ev.	 NL	VP Württ. 2. K. RT	1848 1848–1855 1858–1863 1871–1872	 Mergentheim Stuttgart Cannstadt
(v.) Simson, Eduard	1810–1899	oP	Jur	Königsberg (–1860)	ev	CP NL	NV AH RT	1848/49 1849–1867 1867–1877	Prov. Preußen Königsberg u. a. Frankfurt/O.

Tabelle 5: Professoren in der verfassunggebenden deutschen Nationalversammlung (NV) vom 19. 1. 1919 und im I. Deutschen Reichstag (RT) vom 6. 6. 1920–1924.
Namenliste (mit weiteren Angaben)

		Status	Fach	Univ.	Konf.	Partei	Parl.	Mitgl. zeit	Wahlkreis
1. Beyerle, Konrad Anton	1872–1933	oP	Jur	München	kath.	BVP	NV	1919–1920	26 Franken
							RT	1920–1924	29 Franken
2. GF. zu Dohna, Alexander	1876–1944	oP	Jur	Heidelberg	ev.	DVP	NV	1919–1920	1 Ostpreußen
							RT	1920–1921	1 Ostpreußen
3. Fehr, Anton	1881–1954	oP	Milchwirtschaft	Weihenstephan	kath.	BBB WiV	RT	1920–1933	Obb.-Schwaben
4. Goetz, Walther	1867–1958	oP	Hist	Leipzig	ev.	DDP	RT	1920–1928	Leipzig
5. Grotjahn, Alfred	1869–1931	oP	Med	Berlin	ev.	SPD	RT	1921–1924	
6. Herrmann, Alfred	1879–1960	P	Hist	Posen	kath.	DDP	NV	1919–1920	8 Posen
7. Hitze, Franz	1851–1921	oP	Theol	Münster	kath.	Z	AH	1882–1893	M.-Gladbach
								1898–1912	M.-Gladbach
							RT	1894–1918	Geilenkirchen
							NV	1919–1920	Geilenkrichen
							RT	1920–1921	M.-Gladbach
8. Hoetzsch, Otto	1876–1946	oP	Hist	Berlin	ev.	DNVP	LV	1919–1920	Posen
							RT	1920–1930	Leipzig
9. Kaas, Ludwig	1881–1952	oP	Theol	Trier	kath.	Z	NV	1919–1920	Kobl. Trier
							RT	1920–1933	Kobl. Trier
10. Kahl, Wilhelm	1849–1932	oP	Jur	Berlin	ev.	DVP	NV	1919–1920	Berlin
							RT	1920–1932	Berl. + Obb.
11. Lauscher, Albert	1872–1944	oP	Theol	Bonn	kath.	Z	LV	1919–1920	Köln-Aachen
							LT	1921–1933	Köln-Aachen
							RT	1920–1924	Köln-Aachen

12. Mausbach, Joseph	1861–1931	oP	Theol	Münster	kath.	Z	NV	1919–1920	17 Münster
13. Moldenhauer, Paul	1876–1947	oP	StWiss	HH Köln	ev.	DVP	NV	1919–1920	Köln-Aachen
				Berlin			RT	1920–1932	Köln-Aachen
14. Most, Otto	1881–1971	PD	StWiss	Bonn	ev.	DVP	NV	1919–1920	Düsseldorf
		HP		Münster			RT	1920–1928	Düsseldorf
15. Radbruch, Gustav	1878–1949	oP	Jur	Kiel	ev.	SPD	RT	1920–1924	RW Vorschlag
16. Riesser, Jakob	1853–1932	oP	Jur	Berlin	ev.	NL	RT	1916–1918	Heidelberg
						DVP	NV	1919–1920	19 Hess.-Nas
							RT	1920–1928	
17. Schreiber, Georg	1882–1963	oP	Theol	Münster	kath.	Z	RT	1920–1933	Westf. N
18. Schücking, Walther	1875–1935	oP	Jur	Marburg	ev.	DDP	NV	1919–1920	Hess.-Nas
				Berlin (1920)			RT	1920–1928	
19. v. Schulze-Gaevernitz, Gerhart	1864–1943	oP	Natök	Freiburg	ev.	DFVp	RT	1912–1918	Freiburg
						DDP	NV	1919–1920	33 Baden
20. Semmler, Friedrich Wilhelm	1860–1931	oP	Landwi	TH Breslau	ev.	DNVP	NV	1919–1920	Breslau
							RT	1920–1924	Breslau
							LT	1924–1932	Breslau
21. Sinzheimer, Hugo	1875–1945	oHP	Jur	Frankfurt	isr.	SPD	NV	1919–1920	Hess.-Nas
22. Strathmann, Hermann	1882–1967	oP	Theol	Erlangen	ev.	bay.	LT	1919–1920	Erlangen
						DNVP	RT	1920–1933	Franken

Nicht berücksichtigt (in Tabelle 1 und 2)

Köster, Adolf	1883–1930	PD	Philos	TH München (1912–13)	ev.	SPD	RT	1921–1924	SchlHolst.

Tabelle 6: Professoren im Preußischen Abgeordnetenhaus 1870–1918. Namenliste. Mit Zugehörigkeit zu anderen Parlamenten.

		Status	Fach	Univ.	Konf.	Partei	Parl.	Mitgl. zeit	Wahlkreis
1. Aegidi, Ludwig Karl	1825–1901	oP	Jur	Bonn	ev.	FrK	RT	1867–1868	Wanzleben
								1869–1871	Mörs
							AH	1867–1868	Goldapp
		oHP	Jur	Berlin (1877)				1873–1879	Mörs
2. Bierling, Ernst Rudolph	1841–1919	oP	Jur	Greifswald	ev.	K	AH	1881–1885	Greifswald
							HH	1889–1918	U Greifswald
3. Boretius, Alfred	1836–1900	oP	Jur	Halle	ev.	NL	RT	1878–1881	Halle
							AH	1885–1886	Halle
4. van der Borght, Ernst Richard	1861–1926	oP	Natök	TH Aachen	ev.	NL	AH	1898–1900	Magdeburg
5. Bredt, Johann Victor	1879–1940	oP	Jur	Marburg	ev.	FrK	AH	1911–1918	Marburg
						WiV	LT	1921–1924	
						WiV	RT	1924–1933	
							StV	1911–1922	Marburg
6. v. Cuny, Ludwig	1833–1899	aoP 1875	Jur	Berlin	ev.	NL	AH	1873–1898	Lenn/Sol
		oHP (1890)				NL	RT	1874–1881, 1884–1898	Dessau/Zerbst Kreuznach
7. Damman, Karl	1839–1914	P	Vet.med	Hannover	ev.	NL	AH	1876–1879	Greifswald
8. Delbrück, Hans	1848–1929	PD	Hist	Berlin	ev.	FrK	AH	1882–1885	Mansfeld
		aoP (1885) oP (1895)				DRP	RT	1884–1890	Stralsund
9. Dietzel, Karl	1829–1884	oP	Stwiss	Marburg	ev.	NL	AH	1868–1873	Kassel 4,5
10. Dittrich, Franz	1839–1915	oP	Theol	Braunsberg	kath.	Z	AH	1893–1915	Braunsberg
11. Drechsler, Gustav	1833–1890	oP	Ldwi	Göttingen	ev.	Frk	AH	1885–1890	Zellerfeld
						DRP	RT	1887–1890	Goslar
12. Dünkelberg, Friedrich Wilhelm	1819–1912	P	Ldwi	Bonn-Poppd	ev.	NL	AH	1887–1896	Neuwied

13. Enneccerus, Ludwig	1843–1928	oP	Jur	Marburg	ev.	NL	AH RT	1882–1898 1887–1890 1893–1898	Kassel Oldenburg Oldenburg
14. Faßbender, Martin	1856–1943	oP	Ldwi	Berlin	kath.	Z	AH LT RT	1903–1918 1918–1927 1907–1918	Bonn Bonn Euskirchen
15. Friedberg, Robert	1851–1920	aoP oP (1894 –1904)	Stwiss	Halle	ev. (–1884	NL isr.) DDP NL	AH LV RT	1886–1903 1903–1918 1919–1920 1893–1898	Halle Sol.-Lennep Angermünde Bernburg
16. Gerlach, Friedrich	1856–	P	Städteb	TH Danzig	kath.	Z	AH	1913–1916	Olpe
17. Glaser, Johann Carl	1814–1894	oP	Stwiss	Königsberg Marburg (1868)	ev.	K	AH	1866–1873	Stolp
18. (v.) Gneist, Rudolf	1816–1895	oP	Jur	Berlin	ev.	l. Cent NL NL	AH AH RT	1859–1861 1862–1882 1882–1893 1867 1871–1884	Stettin Mansfeld Kreuznach Elbf.-Barmen Liegnitz
19. Grimm, Julius	1821–1911	oP (–1857)	Jur	Basel	ev.	NL	AH	1889–1893	Wiesbaden 2
20. Hänel, Albert	1833–1918	oP	Jur	Kiel	ev.	F DFrP DFrVp	AH RT	1867–1888 1867–1893 1898–1903	Segeberg Kiel Kiel
21. Hauptmann, Felix	1856–	aoP	Jur	Freiburg (Schweiz)	kath.	Z	AH	1895–1918	Bonn

		Status	Fach	Univ.	Konf.	Partei	Parl.	Mitgl. zeit	Wahlkreis
22. Hitze, Franz	1851–1921	oP	Theol	Münster	kath.	Z	AH	1882–1893	M-Gladbach
				(seit 1893)				1898–1912	M-Gladbach
							RT	1884–1918	Geilenkirchen
								1919–1921	M-Gladbach
23. Karsten, Gustav	1820–1900	aoP	Physik	Kiel	ev.	l. Cent	AH	1867–1873	Kiel
						F	RT	1877–1884	Altona
24. v. Liszt, Franz	1851–1919	oP	Jur	Berlin	kath.	DFVp	AH	1908–1913	Charlottenburg
							RT	1912–1918	Glogau
25. Lotz, Albert	1858–1926	P	Jur	Münster	ev.	FrK	AH	1893–1908	Leer, OFr
		1908		(Doz. 1902)					
26. Mangold, Wilhelm	1825–1890	oP	Theol	Marburg	ev.	NL	AH	1871–1872	Marburg
27. Mithoff, Theodor	1835–1892	oP	PolÖkon	Dorpat (1873)	ev.	NL	AH	(1870–1873)	Göttingen
		oHP	PolÖkon	Göttingen				1885–1893	Göttingen
				(1887)					
28. Mommsen, Theodor	1817–1903	oP	Hist	Berlin	ev.	F	AH	1863–1866	Halle
						NL		1873–1879	Kottbus
						LV	RT	1881–1884	Koburg
29. Nasse, Erwin	1829–1890	oP	Stwiss	Bonn	ev.	FrK	AH	1869–1879	Kreuznach
							HH	1889–1890	U Bonn
30. Otto, Rudolf	1869–1937	aoP	Theol	Göttingen	ev.	NL	AH	1913–1915	Göttingen
		oP		Breslau				1917–1918	Göttingen
				Marburg			LV	1919–1920	Hildesheim
				(1917)					
31. Paasche, Hermann	1851–1925	oP	Stwiss	Rostock	ev.	LV	RT	1881–1884	Rostock
			1884	Marburg		NL		1893–1918	Mein/Kreuznach
			1897–1906	TH Berlin			AH	1893–1898	Rinteln
								1898–1908	Jerichow

32. Röpell, Richard	1808–1893	oP	Hist	Breslau	ev.	NL	AH	1861–1863	Breslau
							AH	1868–1876	Liegnitz
							RT	1867	Liegnitz
							HH	1876–1893	U. Breslau
33. Schmeißer, Karl	1855–	P	Bergbau	Clausthal	ev.	FrK	AH	1899–1903	Zellerfeld
				Bln Bergak					
				(1901)					
34. Seelig, Wilhelm	1821–1906	oP	StWiss	Kiel	ev.	F	RT	1871–1874	Oldenburg
						DFrP		1890–1893	Tondern
							AH	1873–1893	Kiel
35. v. Sybel, Heinrich	1817–1895	oP	Hist	Marburg	ev.		VP	1848	
				München		kurh.	LSt	1848–1850	U Marburg
				Bonn		l. Cent	AH	1861–1864	Krefeld
				Berlin		NL		1874–1880	Magdeburg
						NL	RT	1867	Lennep
36. Virchow, Rudolf	1821–1902	oP	Med	Berlin	ev.	F	AH	1862–1867	Trier
							AH	1867–1902	Berlin
						DFrP	RT	1880–1893	Berlin
37. Wagner, Adolph	1835–1917	oP	StWiss	Berlin	ev.	K	AH	1882–1885	6 Potsdam
							HH	1910–1917	Kgl. Vertrauen
38. Wolff, Julius	1828–1897	PD	Jur	Marburg	ev.	NL	AH	1878–1879	Marburg

Nicht berücksichtigt (in Tabelle 1 und 2)

Respondek, Johann	1818–	P	Theol	Posen	kath.	P	AH	1862–1876	6 Posen

v. Jaździewski, siehe Tabelle 4

Tabelle 7: Professoren in der verfassunggebenden preußischen Landesversammlung (LV) vom 26. 1. 1919 und im 1. Preußischen Landtag (LT) vom 20. 2. 1921–1924.
Namenliste (mit weiteren Angaben)

		Status	Fach	Univ.	Konf.	Partei	Parl.	Mitgl. zeit	Wahlkreis
1. Abderhalden, Emil	1877–1950	oP	Chemie	Halle	ev.	DDP	LV	1919–1920	Merseburg
2. Bredt, Johann Victor	1879–1940	oP	Jur	Marburg	ev.	FrK	AH	1911–1918	Marburg
						WiV	LT	1921–1924	LWV
						WiV	RT	1924–1933	RWV
3. Crüger, Hans	1859–1927	P	StWiss	HH Berlin	ev.	DDP	LV	1919–1920	
4. Cunow, Heinrich	1862–1936	aoP	Soz.wiss	Berlin	ev.	SPD	LV	1919–1920	Berlin
					Diss.		LT	1921–1924	LWV
5. Faßbender, Martin	1856–1943	oP	Ldwi	Bonn	kath.	Z	AH	1903–1918	Bonn
				Berlin			LV	1919–1920	Bonn
							LT	1921–1930	Bonn
							RT	1907–1918	Euskirchen
6. Friedberg, Robert	1851–1920	aoP	StWiss	Halle	ev.	NL	AH	1886–1918	Halle + Sol.-Lennep
		oP	(1894)			DDP	LV	1919–1920	Angermünde
							RT	1893–1898	Bernburg
7. Hoetzsch, Otto	1876–1946	oP	Hist	Berlin	ev.	DNVP	LV	1919–1920	Posen
							RT	1920–1930	Leipzig
8. Hoffmann, Otto	1865–1940	oP	Indog Philol	Münster	ev.	DNVP	LT	1921–1933	Osnabrück
9. Kaehler, Wilhelm	1871–1934	oP	NatÖk	Greifswald	ev.	DNVP	LV	1919–1920	7 Pommern
							LT	1921–1928	6 Pommern
10. Lauscher, Albert	1872–1944	oP	Theol	Bonn	kath.	Z	LV	1919–1920	Köln-Aachen
							LT	1921–1933	Köln-Aachen
							RT	1920–1924	23 Aachen

11. Moldenhauer, Paul	1876–1947	oP	StWiss	Berlin	ev.	DVP	LV	1919–1920	Köln-Aachen
							RT	1920–1932	Köln-Aachen
12. Otto, Rudolf	1869–1937	oP	Theol	Göttingen	ev.	NL	AH	1914–1915	Göttingen
						DDP		1917–1918	Göttingen
				Marburg (1917)		DDP	LV	1919–1920	Hildesheim
13. Preuß, Hugo	1860–1925	P	Jur	HH Berlin	isr.	DDP	LV	1919–1920	Berlin
							LT	1921–1925	LWV
14. Preyer, Dietrich	1877–1959	oP	Natök	Königsberg	ev.	DNVP	LT	1921–1924	Ostpreußen
15. Rade, Martin	1857–1940	aoP	Theol	Marburg	ev.	DDP	LV	1919–1920	Hess.-Nas
16. Röhrich, Victor	1862–1925	P	Hist	Braunsberg	kath.	Z	LV	1919–1920	Ostpreußen
17. Schloßmann, Arthur	1867–	oP	Med	Düsseldorf	ev.	DDP	LV	1919–1920	Barmen
18. Schmittmann, Benedikt	1872–1939	oP	Soz.pol	Köln	kath.	Z	LV	1919–1920	Köln-Aachen
19. Thaer, Clemens	1863–	aoP	Math	Greifswald		DVP	LV	1919–1920	Pommern
20. Troeltsch, Ernst	1865–1923	oP	Philos	Berlin	ev.	DDP	LV	1919–1920	Berlin
21. Waentig, Heinrich	1870–1943	oP	Natök	Halle	ev.	SPD	LT	1921–1928	Merseburg

Nicht berücksichtigt (in Tabelle 1 und 2)

Leidig, Eugen	1861–1935	PD apl. P	Jur	Kiel (–1902)		DVP	LV	1919–1920	5 Potsdam
							LT	1921–1932	2 Potsdam

Tabelle 8: Professoren im Preußischen Herrenhaus 1870–1918.

a) Berufen auf Präsentation der Landesuniversitäten auf Lebenszeit 1870–1918

	1869–1892		1893–1914	1914–1918	
1. Königsberg	L. Friedlaender (1824–1909) Klass. Phil., ev. (get.)		C. Güterbock (1830–1914) Jura, ev. (get.)	Max Braun (1850–1930) Zoologe	
	1854–1874	1875–1888	1888–1898	1899–1917	1917–1918
2. Berlin	G. Homeyer (1795–1874) Jura, ev.	G. Beseler (1809–1888) Jura, ev.	P. Hinschius (1835–1898) Jura, ev.	G. v. Schmoller (1838–1917) Nat.ök., ev.	U. v. Wilamowitz-Moellendorf (1848–1931) Klass. Phil., ev.
	1859–1889		1889–1918		
3. Greifswald	Ed. Baumstark (1807–1889) Nat.ök., kath.		E. Bierling (1841–1919) Jura, ev.		
	1855–1876	1876–1893	1894–1902	1902–1918	
4. Breslau	L. Tellkampf (1808–1876) Nat.ök., ev.	R. Roepell (1808–1893) Gesch., ev.	R. Förster (1825–1902) Med., ev.	A. Hillebrandt (1853–1927) Altind., ev.	
	1866–1873/07	1873–1895	1896–1900	1901–1918	
5. Halle	H. Dernburg (1829–1907) Jura, ev. (get.)	H. Knoblauch (1820–1895) Physik, ev.	W. Beyschlag (1823–1900) Theol., ev.	E. Loening (1843–1919) Ki.jur., ev. (get.)	

			1903–1909	1909–1910	1910–1918
6. Münster			B. Niehues (1831–1909) Hist., ev.	L. v. Savigny (1863–1910) Jura, kath.	K. Busz (1863–1930) Geolog., ev.
	1867–1870	1871–1872	1872–1876	1877–1894	1894–1918
7. Kiel	A. Bechmann (1834–1907) Jura, ev.	P. Hinschius (1835–1898) Jura, ev.	K. Weinhold (1823–1901) Germ., ev.	W. Forchhammer (1803–1894) Klass. Ph., ev.	J. Reinke (1849–1931) Botan., ev.
	1867–1875	1875–1907		1908–1918	
8. Göttingen	H. Zachariae (1806–1875) Nat.ök., ev.	R. Dove (1833–1907) Jura, ev.		F. Klein (1849–1925) Math., ev.	
	1867–1870	1871–1898		1899–1918	
9. Marburg	R. Pauli (1823–1882) Hist., ev.	A. Ubbelohde (1835–1898) Jura, ev.		E. Küster (1839–1930) Med., ev.	
	1868–1889	1889–1890	1890–1912	1912–1918	
10. Bonn	H. Haelschner (1817–1889) Jura, ev.	E. Nasse (1829–1890) Nat.ök., ev.	H. Nissen (1839–1912) Hist., ev.	F. Küstner (1856–1936) Astronom., ev.	

b) Berufen aus besonderem königlichen Vertrauen 1870–1918

Nr.	Zeitraum	Name	Lebensdaten	Rang	Fach	Ort	Konf.	
1.	1854–1878	Bauerband, J. J.	(1800–1878)	oP	Jur.	Bonn	ev.	Kronsynd.
2.	1863–1878	Leo, Heinr.	(1799–1878)	oP	Hist.	Halle	ev.	
3.	1863–1880	Heffter, Wilh.	(1796–1880)	oP	Jur.	Berlin	ev.	Kronsynd.
4.	1869–1878/1888	v. Schulze-Gävernitz, Hermann	(1824–1888)	oP	Jur.	Heidbg.	ev.	Kronsynd.
5.	1873–1907 (1866–1873)	Dernburg, Heinr. Univ. Halle	(1829–1907)	oP	Jur.	Berlin	ev.	
6.	1891–1899	Dambach, Otto	(1831–1899)	aoP	Jur.	Berlin	ev.	Kronsynd.
7.	1891–1907	Loersch, Hugo	(1840–1907)	oP	Jur.	Bonn	kath.	
8.	1891–1918	Stölzel, Adolf	(1831–1919)	oP	Jur.	Berlin	ev.	Kronsynd.
9.	1898–1904	Intze, Otto, Dr. Ing.	(1843–1904)	P		TH Aachen	ev.	
10.	1898–1913	Slaby, Adolf, Dr. Ing.	(1849–1913)	oHP P	Physik	Berlin TH Berlin	ev.	
11.	1898–1918	Launhardt, W. Dr. Ing.	(1832–1918)	P		TH Hannov.	ev.	
12.	1901–1918	Riedler, Al., Dr. Ing.	(1850–1936)	P		TH Berlin	kath.	
13.	1905–1918	Zorn, Philipp	(1850–1928)	oP	Jur.	Bonn	ev.	Kronsynd.
14.	1906–1907	v. Bergmann, Ernst	(1836–1907)	oP	Med.	Berlin	ev.	
15.	1907–1918	Borchers, Wilh., Dr. Ing.	(1856–1925)	P		TH Aachen	ev.	
16.	1907–1918	Krohn, Reinh., Dr. Ing.	(1852–1932)	P		TH Danzig	ev.	
17.	1910–1917	Wagner, Adolph	(1835–1917)	oP	StWiss.	Berlin	ev.	
18.	1911–1918	Waldeyer, Wilh.	(1836–1921)	oP	Med.	Berlin	kath.	
19.	1913–1918	Müller-Breslau, H. Dr. Ing.	(1851–1925)	P		TH Breslau	ev.	

Das gesellschaftliche Profil der deutschen Hochschullehrerschaft 1871–1933

VON FRITZ RINGER

In den 1950er Jahren hat eine Arbeitsgruppe deutscher Gelehrter unter der Leitung des Soziologen Helmuth Plessner eine reichhaltige Kartei zur Geschichte der deutschen Hochschullehrer zusammengestellt und teilweise ausgewertet. Die historisch interessantesten Ergebnisse des Plessnerschen Unternehmens, soweit sie überhaupt systematisch dargestellt sind, findet man in einer Untersuchung von Christian von Ferber[1]. Sie liegen den folgenden Ausführungen zu Grunde.

Die Tabelle 1[2] beschreibt in großen Zügen die von Ferber und seinen Kollegen erkundete Entwicklung des Lehrkörpers der deutschen Universitäten und Hochschulen von 1864 bis 1931. Es handelt sich dabei um eine fast genau vierfache Vergrößerung des Lehrkörpers der Universitäten, eine Vergrößerung, die hauptsächlich in den medizinischen und philosophischen Fakultäten stattfand. Zusätzlich waren um 1931 über 2000 Lehrkräfte an den technischen und Fachhochschulen tätig, so daß die gesamte Expansion des Lehrkörpers aller deutscher Hochschulen zwischen 1864 und 1931 als rund 540prozentig berechnet werden kann. Allerdings liegt die Zuwachsquote für die Universitäts*ordinarien* erheblich tiefer, bei rund 240 Prozent. Das hat zum Teil damit zu tun, daß die Lehrkräfte an den

---

[1] Helmuth Plessner (Hg.), Untersuchungen zur Lage der deutschen Hochschullehrer. 3 Bde. Göttingen 1956, Bd. 3: Christian von Ferber, Die Entwicklung des Lehrkörpers der deutschen Universitäten und Hochschulen 1864–1954.

[2] Nach Ferber, Entwicklung, S. 195–240. Gezählt unter „Insgesamt" sind alle Lehrkräfte (Ordinarien, Honorarprofessoren, Extraordinarien, Privatdozenten, Lektoren, Gastdozenten, Lehrbeauftragte) außer Emeritierten und nicht habilitierten wissenschaftlichen Assistenten. Unter „insgesamt für 1910 und 1931" sind Lehrkräfte an technischen Hochschulen und Fachhochschulen mit einbeschlossen. Lehrkräfte, die Ferber unter „Sonstige Fächer" (z. B. Maschinenschreiben, Leibesübungen) anführt, sind nicht separat verzeichnet, in den Summierungen der letzten Zeile aber mitgezählt.

Tabelle 1: Hochschullehrer an deutschen Hochschulen, 1864–1931, nach Fachgebieten und Fächern

Fachgebiete und Fächer	Univers. 1864		Univers. 1890		Hochschulen 1910			Hochschulen 1931		
	Insges.	Ordinar.	Insges.	Ordinar.	Insges.	Nur Uni.	Univ. Ord.	Insges.	Nur Uni.	Univ. Ord.
Evangel. Theologie	134	81	148	102	200	200	120	273	273	126
Kathol. Theologie	58	43	71	50	100	100	60	124	124	74
Rechtswissenschaft	192	116	215	145	298	279	155	463	378	190
Medizin	340	136	619	198	1095	1076	245	1897	1859	400
Geisteswissenschaft	422	179	649	282	1051	920	352	1830	1545	423
Klass. Philol.	68	43	85	56	109	109	62	139	138	54
Deutsche Philol.	34	14	62	24	87	76	30	144	120	48
Phil., Psych., Päd.	87	39	94	47	145	134	49	302	242	67
Geschichtswiss.	73	37	127	62	185	174	76	251	228	87
Naturwissenschaft	263	135	506	204	1076	727	241	1765	1139	349
Wirtschaftswiss.	36	23	51	29	106	77	36	379	230	77
Sozialwissenschaften	2	2	3	2	21	17	3	118	84	14
Tiermedizin, Land- & Forstwirtschaft	19	7	59	22	137	69	23	354	190	62
Technik	4	1	2	1	357	10	1	717	32	6
Insgesamt	1474	723	2331	1035	4463	3493	1236	7984	5899	1721

nicht universitären Hochschulen besonders schnell zunahmen. Zugleich aber veränderte sich die Stellenstruktur des Lehrkörpers, auch auf den Universitäten, ganz erheblich. Das quantitative Verhältnis der Nichtordinarien zu den Ordinarien auf den Universitäten verschob sich von rund 1 : 1 im Jahre 1864 auf ungefähr 2,4 : 1 im Jahre 1931. Ein junger Privatdozent mußte immer länger warten, bevor er eine besoldete Stellung erwarten konnte. Man kann von einer Hierarchisierung sprechen, die natürlich auch die soziale Rekrutierung der Hochschullehrer mit beeinflußte.
Dabei wuchs die Zahl der deutschen Universitätsstudenten noch erheblich schneller als die der Dozenten. Die Gesamtzahl der Studierenden auf den Universitäten stieg von ungefähr 13 500 (1865) auf 55 600 (1911) und 103 900 (1931), während zusätzlich 11 200 Studenten 1911 und 22 300 1931 auf den technischen Hochschulen studierten[3]. Einer Zuwachsquote von 400 Prozent für den Lehrkörper der Universitäten zwischen 1864 und 1931 entsprach also eine Zuwachsquote von rund 770 Prozent für die Universitätsstudenten. Das quantitative Verhältnis der Studierenden zu den Fakultätsmitgliedern veränderte sich drastisch. Die deutsche Universität von 1931 war, verglichen mit der des frühen 19. Jahrhunderts, zu einem Großbetrieb geworden.
Die Tabelle 2[4] beschreibt die soziale Herkunft der deutschen Hochschullehrer von den 1850er Jahren bis 1933. Wie man sieht, sind die ausgerechneten Prozente für die Zeit bis 1859 denen für 1860–89 sehr ähnlich. Erst 1890–1919 gab es eine klare Verschiebung in den Berufen der Väter. Bis zu diesem Zeitpunkt stammten über 60 Prozent der deutschen Hochschullehrer aus dem Bildungsbürgertum. Das heißt, die Väter der Dozenten waren zu über 60 Prozent selbst Universitätsabsolventen, also „Akademiker"

[3] Fritz K. Ringer, Education and Society in Modern Europe. Bloomington 1979, S. 291–300.

[4] Nach Ferber, Entwicklung, S. 177 f. Außer den Ordinarien, Extraordinarien, und Privatdozenten wurden hier nur diejenigen Personen gezählt, deren Habilitation bekannt war. Die zeitliche Einteilung bezieht sich auf Habilitationsjahrgänge, wobei die erste Rubrik (bis 1859) die Habilitationsjahrgänge bis einschließlich 1859 unter den 1863–64 Lehrenden umfaßt. Die Fachgebiete Tiermedizin, Land- und Forstwirtschaft, wie auch die technischen Wissenschaften, sind nicht mit berücksichtigt. Die Rubriken für die Beamten schließen auch den technischen Dienst, Post und Eisenbahn mit ein. Die Rubrik „Sonstige akademische Berufe" umfaßt Apotheker, Tierärzte, Chemiker, Architekten und Ingenieure. Kleine Beamte und kleine Angestellte sind wirtschaftlich Unselbständige ohne abgeschlossene Hochschulbildung. Nach Ferber sind in der Rubrik „Kaufleute" infolge der mangelnden Präzisierung der Berufsbezeichnung „Kaufmann" auch Fabrikanten und Angestellte mit enthalten.

Tabelle 2: Soziale Herkunft (Berufe der Väter) deutscher Hochschullehrer, 1859–1933

	Berufe der Väter	bis 1859	(%)	1860–89	(%)	1890–1919	(%)	1920–33	(%)
1.	Höhere Beamte, Richter	98	(13)	141	(11)	329	(11)	230	(10)
2.	Rechtsanwälte	16	(2)	19	(1)	49	(2)	39	(2)
3.	Hochschullehrer	119	(16)	220	(17)	384	(13)	245	(11)
4.	Lehrer an höh. Schulen	23	(3)	63	(5)	170	(6)	119	(5)
5.	Geistliche, Kirchenbeamte	113	(15)	144	(11)	174	(6)	120	(5)
6.	Ärzte	62	(8)	140	(11)	217	(7)	196	(8)
7.	Künstlerische und publizistische Berufe	21	(3)	37	(3)	68	(2)	54	(2)
8.	Sonstige akad. Berufe	18	(2)	41	(3)	97	(3)	104	(4)
1–8.	Bildungsschicht	470	(62)	805	(63)	1488	(49)	1107	(48)
9.	Offiziere	16	(2)	23	(2)	61	(2)	49	(2)
10.	Kleine Beamte	43	(6)	42	(3)	149	(5)	164	(7)
11.	Lehrer	29	(4)	49	(4)	129	(4)	150	(6)
12.	Rittergutsbesitzer, Domänenpächter	8	(1)	20	(2)	40	(1)	22	(1)
13.	Bauern/Landwirte	28	(4)	58	(5)	120	(4)	101	(4)
14.	Fabrikanten, Großkaufleute	26	(3)	65	(5)	294	(10)	156	(7)
15.	Leitende Angestellte	2	(–)	9	(1)	83	(3)	105	(5)
16.	Kaufleute	73	(10)	133	(10)	462	(15)	292	(13)
17.	Kleine Gewerbetreibende, Handwerker	36	(5)	35	(3)	84	(3)	75	(3)
18.	Kleine Angestellte	5	(1)	7	(1)	15	(–)	32	(1)
19.	Werkmeister, Arbeiter	17	(2)	12	(1)	30	(1)	33	(1)
20.	Privatiers, Rentner	1	(–)	15	(1)	57	(2)	29	(1)
1–20.	Insgesamt	754	(100)	1273	(100)	3012	(100)	2315	(100)

und in den traditionell „gelehrten“ Berufen tätig. Besonders zahlreich unter den Vätern waren mit 16 bis 17 Prozent die Hochschullehrer selbst; dann kamen die protestantischen Geistlichen mit 11 bis 15 Prozent, die höheren Beamten und Richter mit 11 bis 13 Prozent, die Ärzte und Rechtsanwälte, also die sogenannten „freien Berufe“, mit 10 bis 13 Prozent, und endlich die Lehrer an höheren Schulen mit 3 bis 5 Prozent, die künstlerischen und publizistischen Berufe mit 3 Prozent, und die sonstigen akademischen Berufe mit 2 bis 3 Prozent. Insgesamt waren die akademischen oder gelehrten Berufe unter den Vätern deutscher Hochschullehrer des 19. Jahrhunderts weitaus am besten vertreten.

Es ist zu unterstreichen, daß nur 1 bis 2 Prozent der Väter Rittergutsbesitzer oder Domänenpächter, und nur 3 bis 6 Prozent Fabrikanten, Großkaufleute oder leitende Angestellte waren. Auch wenn man die etwas unbestimmt benannten „Kaufleute“ mit 10 Prozent dazuzählt, so kommt man doch nicht über 16 Prozent für die moderne wirtschaftliche Oberschicht oder obere Mittelschicht. Die wirtschaftliche Unterschicht oder untere Mittelschicht der kleinen Gewerbetreibenden und Arbeiter war mit 5 bis 8 Prozent noch weitaus schwächer vertreten, und nur ein verschwindender Anteil von 4 bis 5 Prozent der Väter waren Bauern oder Landwirte. Dagegen war die Vertretung der kleinen Beamten und Lehrer unter den Vätern mit 7 bis 10 Prozent ganz ansehnlich. Zusammen mit den Pfarrern und Gymnasiallehrern machten die kleinen Beamten und Lehrer ungefähr ein Viertel der Väter aus. Man könnte hier also schon von einem Rekrutierungsfeld für Aufsteiger in die besser etablierten akademischen Berufe sprechen.

Die Prozentsätze für die verschiedenen Berufsgruppen unter den Vätern hätten natürlich einen erheblich höheren analytischen Wert, wenn man ihnen vergleichbare Prozentsätze aus einer Berufszählung gegenüberstellen könnte. Das ist aber leider nur sehr beschränkt möglich, da die Kategorien der frühen deutschen Berufszählungen sehr allgemein waren. So findet man unter den Erwerbstätigen des Jahres 1882[5]:

- 5% Selbständige, Beamte und Angestellte im Staats-, Gemeinde- und Kirchendienst und in den freien Berufsarten;
- 2% Beamte und Angestellte in Landwirtschaft, Industrie und Handel;
- 12% Selbständige in Land- und Forstwirtschaft, Tierzucht und Fischerei;
- 31% Gehilfen und Arbeiter in Land- und Forstwirtschaft, Tierzucht und Fischerei;
- 14% Selbständige in Industrie, Handel und Verkehr;

[5] Statistisches Jahrbuch 8 (1887).

29% Gehilfen und Arbeiter in Industrie, Handel und Verkehr;
7% Lohnarbeiter und Dienstboten.

Das heißt, 45 Prozent aller Erwerbstätigen waren in der Landwirtschaft tätig, und doch kamen nur 5 bis 7 Prozent der Hochschullehrer vor 1890 aus diesem ganzen Teil der Bevölkerung. Zugleich waren Arbeiter und Dienstboten unter den Vätern der Hochschullehrer fast überhaupt nicht vertreten. Auch die Selbständigen und Angestellten in Industrie und Handel, also 14 bis 16 Prozent der Erwerbstätigen, stellten nur 18 bis 19 Prozent der Hochschullehrer, und zwar selbst wenn man alle „Kaufleute" und kleine Gewerbetreibende und Handwerker unter den Vätern der Hochschullehrer zu den wirtschaftlich Selbständigen und Angestellten zählt. So waren selbst die wirtschaftlichen Mittel- und Oberschichten unter den Eltern der Hochschullehrer nur ungefähr im Verhältnis von 1 : 1 vertreten. Dagegen stammten 70 bis 75 Prozent der Hochschullehrer aus einem Teil der Bevölkerung, der auf höchstens 5 bis 7 Prozent der Erwerbstätigen berechnet werden kann. Es handelt sich um den Bereich des Staats-, Gemeinde- und Kirchendienstes, der freien Berufe, und Angestellten in Industrie, Handel und Verkehr.

Bis spät im 19. Jahrhundert war dieser Bereich mit den deutschen Universitäten aufs engste verbunden. Die deutschen Hochschullehrer jener Zeit waren eine mittelständische Elite: mittelständisch nicht nur im Gegensatz zum Geburtsadel, sondern auch im Sinne einer Ausrichtung auf geistige Arbeit und Leistung, auf eine erarbeitete und „verdiente" Stellung in der Gesellschaft. Zugleich aber hatte die deutsche Professorenschaft nur wenig Wurzeln im wirtschaftlichen Bürgertum oder Großbürgertum des früheren 19. Jahrhunderts. Man kann sogar vermuten, daß die deutschen Universitäten eben deshalb so viele Talente an sich zogen, weil die Wirtschaft als soziales Aufstiegsfeld bis gegen Ende des 19. Jahrhunderts relativ schwach entwickelt war.

Jedenfalls stammten die deutschen Hochschullehrer des früheren 19. Jahrhunderts hauptsächlich aus einem ganz spezifischen Sektor der Bevölkerung, an dessen Spitze sie standen und den ich an anderer Stelle als „Mandarinentum" bezeichnet habe[6]. Damit meine ich im Grunde einfach die „Akademiker" oder das „Bildungsbürgertum": die höheren Beamten, Geistlichen, freien und gelehrten Berufe, denen als tiefer liegendes Vorfeld auch noch die Lehrerschaft und das kleine Beamtentum zugerechnet werden können.

---

[6] Fritz K. Ringer, Die Gelehrten. Der Niedergang der deutschen Mandarine 1890–1933. Stuttgart 1983.

Die Statistiken für die Jahre 1890 bis 1919 und 1920 bis 33 im zweiten Teil der Tabelle 2 sind schon deshalb bemerkenswert, weil sie zwischen den zwei Zeitabschnitten 1890 bis 1919 und 1920 bis 33 sehr wenig Veränderung anzeigen. Besonders in der Weimarer Zeit wurde unter konventionell denkenden deutschen Hochschullehrern gern von einer Demokratisierung oder „Vermassung" der deutschen Universitäten gesprochen. Tatsächlich aber fand nichts dergleichen statt. Statistiken zur sozialen Herkunft deutscher Universitätsstudenten zeugen von keiner ausgeprägten Verschiebung des Rekrutierungsfeldes nach unten[7]. Auch die Bildungsreformen der Weimarer Republik wirkten sich nicht — oder nur wenig — in jener Richtung hin aus. Es ist also gar nicht erstaunlich, daß man auf einem höheren Niveau, in der sozialen Herkunft der Hochschullehrer, erst recht keine klar „demokratische" Tendenz entdecken kann. Nur die kleinen Beamten und Lehrer erhöhten ihren Anteil an den Vätern der Hochschullehrer zwischen 1890 bis 1919 und 1920 bis 33 von insgesamt 9 auf insgesamt 13 Prozent. Allein aber machen diese Zahlen keine erhebliche Veränderung aus.

Wenn man nun die gesamte Zeit vor 1890 mit den zwei Zeitabschnitten nach 1890 vergleicht, so kann man wohl eine ausgesprochene Verschiebung des Rekrutierungsfeldes erkennen, von einer „Demokratisierung" aber kann auch in diesem Falle nicht die Rede sein. Bedeutende Abnahmen fanden nur in den Prozentsätzen für die Hochschullehrer und die Geistlichen unter den Vätern statt. Zusammen fielen diese beiden Gruppen von ungefähr 30 Prozent auf 16 bis 19 Prozent der Väter. Auch die Vertretung der Bildungsschicht insgesamt sank von über 60 auf unter 50 Prozent.

Die entsprechenden Zunahmen waren hauptsächlich auf drei Gruppen verteilt: Die Prozentsätze für die kleinen Beamten und Lehrer stiegen von 7 bis 10 auf 9 bis 13, die für „Kaufleute" von 10 auf 13 bis 15, und die für Fabrikanten, Großkaufleute und leitende Angestellte von 3 bis 6 auf 12 bis 13. Die quantitativ wichtigste dieser Verschiebungen war offenbar die Ersetzung von Hochschullehrern und Geistlichen unter den Vätern durch Fabrikanten, Großkaufleute und leitende Angestellte. Diese Veränderung aber war keine „Demokratisierung", sondern eine teilweise Ablösung der alten Bildungsschicht durch das kapitalkräftige Großbürgertum der sich durchsetzenden industriellen Klassengesellschaft. Auch rein zeitlich war diese Ablösung die entscheidenste Veränderung, die in der Tabelle 2 überhaupt verzeichnet ist, so daß nicht etwa das Jahr 1919, sondern das Jahr 1890 den wichtigsten Wendepunkt in der Tabelle darstellt.

---

[7] Ringer, Education, S. 306—315.

Nun kann man die Zahlen für die Zeit 1890 bis 1933 in der Tabelle 2 mit den Ergebnissen der deutschen Berufszählung von 1933 vergleichen. Unter den Erwerbstätigen von 1933 waren[8]:

1 % Selbständige (einschließlich Beamte und Angestellte in leitender Stellung) im öffentlichen Dienst und in privaten Dienstleistungen;

5 % Beamte (einschließlich Soldaten) im öffentlichen Dienst und in privaten Dienstleistungen, in Land- und Forstwirtschaft, Industrie und Handwerk und Handel und Verkehr;

21 % Selbständige, mithelfende Familienangehörige und Angestellte in Land- und Forstwirtschaft;

9 % Selbständige in Industrie und Handwerk, Handel und Verkehr;

12 % Angestellte im öffentlichen Dienst und in privaten Dienstleistungen, in Industrie und Handwerk, Handel und Verkehr;

2 % mithelfende Familienangehörige in Industrie und Handwerk, Handel und Verkehr;

38 % Arbeiter im öffentlichen Dienst und in privaten Dienstleistungen, in Industrie und Handwerk, Handel und Verkehr;

8 % Arbeiter in Land- und Forstwirtschaft;

4 % häusliche Bedienstete.

Trotz der recht unscharfen Kategorien der Berufszählung kann man auch hier wieder klar erkennen, wie weit der Anteil der höheren Beamten und gelehrten Berufe an den Vätern der Hochschullehrer ihren Anteil an der Gesamtbevölkerung übertraf. Im schärfsten Gegensatz dazu standen die landwirtschaftlichen Berufe einerseits, und die Arbeiter und Dienstboten andererseits. Ungefähr 5 Prozent der Erwerbstätigen im Sektor des Beamtentums und der Dienstleistungen stellten rund 50 Prozent der Väter von Hochschullehrern. Dagegen machten die landwirtschaftlichen Berufe außer Arbeitern etwa 20 Prozent der Berufszählung, und nur 5 Prozent der Väter von Hochschullehrern aus. Zugleich waren fast genau die Hälfte der Erwerbstätigen von 1933 Arbeiter und Bedienstete, während nur 1 Prozent der Väter von Hochschullehrern Werkmeister und Arbeiter waren.

Um 12 Prozent der Erwerbstätigen von 1933 waren Angestellte. Diese für die moderne Gesellschaft charakteristische Berufsgruppe hatte seit 1882 erheblich zugenommen, war aber unter den Vätern der Hochschullehrer mit 6 Prozent bis 1933 relativ schwach vertreten. Auf der anderen Seite sank der Prozentsatz der Selbständigen in Industrie und Handel zwischen 1882 und 1933 von 14 auf 9 Prozent. Kleinere Selbständige wurden im Zu-

[8] Statistisches Jahrbuch 53 (1934).

ge der Hochindustrialisierung durch Angestellte ersetzt. Die verbleibenden Selbständigen aber waren unter den Vätern der Hochschullehrer während der Weimarer Zeit mit ungefähr 25 Prozent viel besser vertreten als die zahlreichen Selbständigen in Industrie und Handel im Jahre 1882. Auch hier wieder erkennt man den Einbruch der industriellen Klassengesellschaft in den Bereich der öffentlichen und gelehrten Berufe. Wahrscheinlich trug die lange Wartezeit zwischen der Habilitation und der ersten fest besoldeten Stelle mit dazu bei, daß Söhne reicher Geschäftsleute es nun leichter fanden, Hochschullehrer zu werden. Auf jeden Fall wurde die soziale Distanz zwischen Bildung und Besitz im Rekrutierungsfeld der deutschen Universitätsprofessoren nach 1890 unverkennbar kleiner.

Um die soziale Stellung der Universitätsprofessoren in Deutschland während des 19. Jahrhunderts voll zu verstehen, muß man sich von dem Gedanken freimachen, daß das deutsche Bürgertum des 19. Jahrhunderts ein dem englischen ähnliches Wirtschaftsbürgertum gewesen sein müßte oder daß die Eigenschaft des englischen Wirtschaftsbürgertums als eine Art Maßstab für die gesellschaftlichen Verhältnisse anderer Länder, oder mindestens anderer Industrieländer, gelten könnte. In der Tat fand die Industrialisierung Preußen-Deutschlands erst relativ spät statt, und die industriekapitalistische Gesellschaftsordnung setzte sich erst gegen Ende des 19. Jahrhunderts anderen Gesellschaftsformen gegenüber voll durch. Auch kann man die gesellschaftliche Entwicklung Deutschlands im späten 18. und frühen 19. Jahrhundert nicht einfach als von der englischen Entwicklung abweichend begreifen, sondern man muß ihre eigenen positiven Tendenzen verfolgen, die ja für die moderne Gesellschaftsordnung fast ebenso wichtig sind wie der Industriekapitalismus selbst. Ich denke dabei natürlich an die Entwicklung des deutschen Bildungs- und Forschungssystems.

Wenn man versucht, dieses System in seinen gesellschaftlichen Beziehungen zu verstehen, dann kommt man schnell bei den Gruppen an, die in der Tabelle 2 wichtige Rollen spielen. Zum Teil sind es Gruppen, die in anderen westeuropäischen Ländern nicht ähnlich vertreten waren, was die Eigenständigkeit der deutschen Entwicklung unterstreicht.

So war der deutsche protestantische Pfarrer weniger mit dem Landadel (gentry) verbunden und wohl auch mehr auf Bildung angewiesen als der englische clergyman des 18. Jahrhunderts, und in Frankreich gab es den protestantischen Pfarrer natürlich gar nicht. Aber die Entwicklung des deutschen Gelehrtentums im 19. Jahrhundert kann man sich ohne den Pfarrer oder dessen Sohn fast nicht vorstellen. Besonders im frühen 19. Jahrhundert kamen sehr viele deutsche Philologen und Philosophen aus dem Pfarrhaus und übertrugen dort erlernte Einstellungen auf die Wissenschaft. Hat nicht die deutsche idealistische Philosophie selbst etwas von der gedanklichen und sprachlichen Welt der protestantischen Theologie übernommen?

Die besondere Rolle des deutschen Beamtentums im 18. und 19. Jahrhundert braucht nicht unterstrichen zu werden. Wichtig ist allerdings die Tatsache, daß selbst in Frankreich ein System von Bildungsqualifikationen und ein geschultes Beamtentum erst von Napoleon I. allgemein eingeführt wurden. Dagegen gab es in Preußen schon spätestens im 18. Jahrhundert bewußt bürgerliche Beamte, deren Existenz und Selbstverständnis eng an ihre Bildung und berufliche Qualifikation gebunden waren. Der preußische Beamtenstaat kann auch als ein Betätigungsfeld für einen Teil des Mittelstandes betrachtet werden. Wo die Wirtschaft relativ wenig Chancen bot, konnte das Berufsbeamtentum den strebsamen Bürger durch materielle und gesellschaftliche Vorteile anziehen. Der Weg ins höhere Beamtentum wurde wohl oft erst in mehreren Stadien und Generationen zurückgelegt. Erst die höheren Etappen der Laufbahn verlangten unbedingt eine akademische Ausbildung. Doch muß die Ausrichtung auf Bildung und Leistung auch den kleinen Beamten mit ergriffen haben, denn man findet ihn immer wieder (wie in der Tabelle 2) im Rekrutierungsfeld der gelehrten Berufe.

Das gleiche gilt natürlich auch für den Lehrer und den Oberlehrer. Der soziale Aufstieg ist in Summierungen wie die der Tabelle 2 eben recht unvollständig beschrieben. Für den Volksschullehrer wie auch für den kleinen Beamten mag es wohl typischer gewesen sein, den Sohn Oberlehrer oder mittleren Beamten werden zu lassen, als sofort auf den höheren Beamten oder den Professor zu zielen. Trotzdem haben wir auch einen nicht unerheblichen Anteil von Volksschullehrern unter den Vätern von Hochschullehrern angetroffen. Die Söhne mögen in diesen Fällen besonders begabt gewesen sein. Auf jeden Fall können wir uns sehr leicht vorstellen, daß der Volksschullehrer ebenso wie der Oberlehrer durchaus auf sozialen Aufstieg durch Wissen eingestellt war.

In England fand die Berufsausbildung von Ärzten und Rechtsanwälten nicht auf den Universitäten, sondern in besonderen praktischen Anstalten (Inns of Court, teaching hospitals) statt. In Frankreich vor Ende des 19. Jahrhunderts gab es eigentlich keine integrierten Universitäten. Es gab zwar medizinische und rechtswissenschaftliche Fakultäten; aber diese hatten wenig Verbindung miteinander bzw. zu den facultés des lettres und des sciences, den französischen Gegenstücken der deutschen philosophischen Fakultäten. In Frankreich waren also die medizinischen und rechtswissenschaftlichen Fakultäten eher Berufsschulen als Teile einer Universität. In Deutschland dagegen waren Ärzte, Rechtsanwälte und Mitglieder anderer „freier Berufe" eben ausdrücklich „Akademiker". Ihre Beziehungen zu den Universitäten waren allgemein bewußt. Es ist also gar nicht erstaunlich, daß auch die gelehrten Berufe unter den Vätern deutscher Hochschullehrer sehr gut vertreten waren.

Das hohe gesellschaftliche Ansehen der deutschen Professoren im 19. Jahrhundert ist zurückzuführen auf ihre Spitzenstellung in einem sozialen Bezugssystem, dem auch die restlichen „Akademiker", das gesamte Beamtentum, die protestantischen Geistlichen und die Lehrer und Oberlehrer mit angehörten. Natürlich kann man auch einzelne spezifische Vorteile der Professoren angeben. Vor 1914 hatten sie allgemein gute Gehälter. Sie heirateten gut. Sie waren höhere Beamte, und manche unter ihnen erwarben Ehrentitel. Ihre akademischen Ränge waren denen anderer höherer Beamten angepaßt. Doch diese Einzelheiten laufen Gefahr, an der Oberfläche der Sache stecken zu bleiben.

Das prinzipiell Wichtige ist das, was ich mit dem Wort von den „Mandarinen" ausdrücken wollte. Es gab in Deutschland im 19. Jahrhundert einen ganzen Sektor der Gesellschaft, der auf höhere Bildung eingestellt war. Der kleine Beamte und der Volksschullehrer waren zwar selbst keine Mandarine, aber sie hatten oft eine verständliche Ausrichtung auf die höheren Stufen der Hierarchie, der sie angehörten. Die Universitätsabsolventen, die eigentlichen „Mandarine", genossen ein Ansehen, eine „ständische" Stellung, um mit Max Weber zu sprechen, die reichere, aber „unkultivierte" Mitglieder des Besitzbürgertums nicht erreichen konnten. Die Hochschullehrer endlich waren ganz einfach die Intellektuellen des Mandarinentums. Sie kontrollierten das ganze Prüfungs- und Berechtigungswesen, den Zugang zur gebildeten Schicht. Sie standen an der Spitze eines sehr wichtigen sozialen Aufstiegsfeldes. Sie verkörperten die Normen, die in diesem Sektor richtungweisend waren. Sie drückten das Selbstverständnis der Gebildeten am vollsten aus. Sie waren die Sprecher des Mandarinentums in öffentlichen Fragen. Und sie entwickelten und vererbten die Ideologie der Bildung und der „reinen" Wissenschaft, die für das deutsche Bildungsbürgertum nicht weniger und nicht mehr bedeutete als die Ideologie des wirtschaftlichen Liberalismus für das englische Wirtschaftsbürgertum.

Erst gegen Ende des 19. Jahrhunderts fanden erhebliche Veränderungen in der Situation der deutschen Mandarine statt. Quantitative Entwicklungen, die in der Tabelle 1 kurz berührt sind, brachten auch qualitative Verschiebungen mit sich. Arbeitsteilige und spezialisierte Forschung hatte die

Ganzheit und persönliche Relevanz des alten Bildungswissens schon längst untergraben. In einer nun unausweichlichen demokratischen Öffentlichkeit fanden die politischen Einstellungen des Honoratiorentums nicht die alte Wirkung. Deutsche Universitätsprofessoren fühlten sich und ihre Wissenschaft des moralischen Einflusses beraubt, und dieses Gefühl dauerte an bis in die sogenannte Wissenschaftskrise der Weimarer Zeit.

Doch hinter diesen Entwicklungen lag eine noch tiefergreifende Veränderung: das Vordringen der industriellen Klassengesellschaft, die nun die ältere und (in Max Webers Sinn) typisch ständische Rangordnung ersetzte. Natürlich datiert das Heraufkommen der Klassengesellschaft nicht erst von 1870 oder 1890 her, und natürlich gab es auch nach 1890 noch so etwas wie eine ständische Rangordnung, die nicht ganz kongruent neben der Klassenordnung stand und steht. Trotzdem bildete die Zeit zwischen 1890 und 1920 einen Wendepunkt, eine entschiedene und kritische Verschiebung im Verhältnis des Bildungsbürgertums zum emporkommenden wirtschaftlichen Großbürgertum.

Platzgründe verbieten es, die hier skizzierten Gedanken genauer zu belegen oder weiter zu vertiefen. Immerhin sollte damit der Hintergrund der Daten angedeutet worden sein, die sich aus den beiden hier vorgelegten Tabellen ergeben.

Historiker und Nationalökonomen im Wilhelminischen Deutschland

VON RÜDIGER VOM BRUCH

I. DEUTSCHE PROFESSOREN IM KAISERREICH

1. HOCHSCHULLEHRER ALS ELITE

Universitätslehrer erfreuen sich in Deutschland im 19. und frühen 20. Jahrhundert einer bemerkenswerten sozialen Wertschätzung, die sie im Längsschnitt von der niedrigeren sozialen Bewertung von Professoren im 17./18. Jahrhundert abhebt und die für ihre Zeit im internationalen Vergleich zusätzliches Gewicht gewinnt[1]. Dieser Feststellung liegen vorrangig zwei Entwicklungslinien zugrunde, die beide in der grundlegenden Erneuerung des deutschen Hochschulwesens seit den neuhumanistischen Reformen wurzeln.

Zum einen war mit ihnen eine ihr teils vorausgehende, teils sie begleitende oder ihnen nachfolgende „Verwissenschaftlichung" von einzelnen, nun deutlicher profilierten Disziplinen verbunden. Diese unterlagen kontrollierten Normen einer zuerst methodisch ausgewiesenen Forschungstätigkeit, die laufbahnreglementierende und konkurrenzstimulierende Mechanismen von Selektion und Berufserfolg entwickelten und damit in vielfältigen, zeitlich versetzten Entwicklungsschüben und Überlappungen eine erstaunliche Leistungsfähigkeit einzelner Fächergruppen in Medizin, Na-

---

[1] Vgl. Hellmuth Rößler, Günther Franz (Hg.), Universität und Gelehrtenstand 1400–1800. Limburg 1970; Charles E. McClelland, State, Society and University in Germany 1700–1914. Cambridge 1980; Fritz K. Ringer, Education and Society in Modern Europe. Bloomington 1979; ders., Die Gelehrten. Der Niedergang der deutschen Mandarine 1890–1933. Stuttgart 1983 (engl. 1969); Otto Gerhard Oexle, Alteuropäische Voraussetzungen des Bildungsbürgertums – Universitäten, Gelehrte und Studierte. In: Bildungsbürgertum im 19. Jahrhundert, Teil 1: Bildungssystem und Professionalisierung im internationalen Vergleich, hg. von Werner Conze und Jürgen Kocka. Stuttgart 1985, S. 29–78.

tur-, Geistes- und Sozialwissenschaften demonstrierten, eine Leistungsfähigkeit, die sich gegen Ende des 19. Jahrhunderts in der vielzitierten „Weltgeltung deutscher Wissenschaft" verdichtete[2]. Zum anderen galten Hochschullehrer nicht nur als Produzenten eines hochqualifizierten und spezialisierten Leistungswissens; vielmehr vollendeten sie auch das vom Gymnasium gelegte Fundament eines Bildungswissens, aus dem sich ein funktional im 16./18. Jahrhundert ausgeformtes, im 19. Jahrhundert dann sozial verfestigtes Bildungsbürgertum legitimierte, für das es in dieser Form keine ausländische Entsprechung gab[3]. In dem Maße, in dem sich die „gebildeten Stände"[4] der deutschen Einzelstaaten einer auf staatliche Einigung hindrängenden Kulturnation zugehörig wußten, kam vornehmlich den Kulturwissenschaftlern, die in Karriere und Wertschätzung nicht auf die Einzelstaaten begrenzt, sondern in die sprachraumbezogene Kulturgemeinschaft eingebunden waren, ein zusätzliches Gewicht für die kulturelle Legitimation und politische Begründung einer in Ausdehnung und innerer Gestaltung noch offenen Kulturnation zu[5].
Die „deutsche Universität" genoß von daher im 19. Jahrhundert ein hohes soziales Ansehen; die in ihr wirkenden Lehrer konnten im doppelten Sinn als Funktionselite gelten[6], insofern sie ein fachbezogenes Leistungswissen

[2] Dazu Peter Lundgreen, Zur Konstituierung des „Bildungsbürgertums": Berufs- und Bildungsauslese der Akademiker in Preußen. In: Conze, Kocka (Hg.), Bildungsbürgertum, S. 79–108; Hinweise zu Voraussetzungen und Zenit jener „Weltgeltung" bei Rüdiger vom Bruch, Die deutsche Hochschule in der historischen Forschung. In: Forschungsgegenstand Hochschule. Überblick und Trendbericht, hg. von Dietrich Goldschmidt, Ulrich Teichler, Wolff-Dietrich Webler. Frankfurt 1984, S. 1–27 und bibliographischer Anhang.

[3] Einleitung zu Conze, Kocka (Hg.), Bildungsbürgertum, S. 9–26; Rüdiger vom Bruch, Forschungen und Arbeiten zur politischen und Sozialgeschichte des deutschen Bildungsbürgertums im 19. und frühen 20. Jahrhundert mit besonderer Berücksichtigung der Hochschullehrerschaft. In: Jahrbuch der historischen Forschung 1982. München 1983, S. 36–41.

[4] Zum Begriff Bildungsbürgertum vgl. jetzt Ulrich Engelhardt, Bildungsbürgertum. Begriffs- und Dogmengeschichte eines Etiketts (= Industrielle Welt, Bd. 43). Stuttgart 1986; vgl. auch Rudolf Vierhaus, Artikel „Bildung". In: Geschichtliche Grundbegriffe, hg. von Otto Brunner, Werner Conze, Reinhart Koselleck, Bd. 1. Stuttgart 1972, bes. S. 525–551.

[5] Als beste Zusammenfassung neuerdings Thomas Nipperdey, Deutsche Geschichte 1800–1866. Bürgerwelt und starker Staat. München 1983, S. 470–482, 498–533.

[6] Zur begrifflichen Klärung vgl. Hans-Gerd Schumann, Führungsschicht und Führungsgruppen heute. Anmerkungen zu Methodologie-Problemen der deutschen

als Forscher produzierten und als akademischer Lehrer vermittelten und insofern sie damit zugleich die Standards für ein Bildungswissen schufen, das prinzipiell die Grenzen einer berufsbezogenen Ausbildung überschritt und die Zugehörigkeit zu jenem Bildungsbürgertum begründete, das durch Bildungspatente und kollektive Werterfahrungen in Schule, Universität, Studentenverbindungen, literarischer Kommunikation und Vereinskultur geformt wurde[7].

Mit diesen einleitenden Hinweisen können nur Trends skizziert werden, die eine hier nicht zu leistende Überprüfung und Differenzierung nach Berufsgruppen und Fachgebieten innerhalb der Universität und in ihrem spannungsreichen Verhältnis zu weiteren Hochschultypen und dem dort wirkenden Personal nahelegen[8]. Dieser Beitrag konzentriert sich auf Historiker und Nationalökonomen, Kulturwissenschaftler also, für die prinzipiell jene beiden Merkmale der Professoren als Funktionselite zutreffen, die aber darüber hinaus, neben und nach Theologen, Philosophen und Juristen, Autorität für kulturelle Absicherung und politische Wegweisung des erstrebten und dann in kleindeutscher Prägung geschaffenen Nationalstaats beanspruchten und innerhalb des Bildungsbürgertums – das die staatliche Bürokratie einschloß – auch genossen[9]. Ihre Kompetenz als

„Elitologie". In: Deutsche Führungsschichten der Neuzeit. Eine Zwischenbilanz, hg. von Hanns Hubert Hofmann u. Günther Franz. Boppard 1980, S. 203–219, bes. S. 208 f.; zur historischen Anwendung Werner Conze, Konstitutionelle Monarchie. Industrialisierung. Deutsche Führungsschichten um 1900, ebd., S. 173–201.

[7] Dazu Konrad H. Jarausch (Hg.), The Transformation of Higher Learning: Expansion, Diversification, Social Opening, and Professionalization in England, Germany, Russia, and the United States. Stuttgart 1983; R. Steven Turner, The Bildungsbürgertum and the Learned Professions in Prussia, 1770–1830: The Origins of a Class. In: Histoire sociale. Social history 13 (1980), S. 105–135; Karl-Ernst Jeismann, Das preußische Gymnasium in Staat und Gesellschaft. Die Entstehung des Gymnasiums als Schule des Staates und der Gebildeten, 1787 bis 1817. Stuttgart 1974; Konrad H. Jarausch, Deutsche Studenten 1800–1970, Frankfurt/M. 1984; Otto Dann (Hg.), Vereinswesen und bürgerliche Gesellschaft. Beiheft 9 der Historischen Zeitschrift. München 1984.

[8] Zur vorliegenden Literatur vgl. vom Bruch, Hochschule; ders., Forschungen und Arbeiten; mit Spannung darf man Teil 2 von Conze, Kocka (Hg.), Bildungsbürgertum, entgegensehen.

[9] Zu dieser Abfolge immer noch die seither wiederholt differenzierte, aber nicht entscheidend veränderte Untersuchung von Friedrich Meinecke, Drei Generationen deutscher Gelehrtenpolitik (1922), wieder in: ders., Staat und Persönlichkeit. Berlin 1933, S. 136–164.

Verwalter eines anerkannten Leistungswissens und eines sozial gestützten Bildungswissens wurde damit in die Funktion von Sinnproduzenten innerhalb der deutschen politischen Kultur[10] erweitert und so ihr Rang als Wertelite verbürgt[11]. Hierauf zielt die Fragestellung dieses Beitrags ab. Wo sind Historiker und Nationalökonomen innerhalb der gesamten Funktionselite Universitätsprofessoren anzusiedeln? Wieso begründete die Zugehörigkeit zu wissenschaftlich definierten Disziplinen den Charakter einer Wertelite, von der Handlungsanweisungen und Absicherungen für politische Weichenstellungen des Reiches im Inneren und nach außen beansprucht und teilweise erwartet wurden? Welche Konflikte ergaben sich aus der fortschreitenden Professionalisierung bildungsbürgerlicher Berufe (von der Hochschullehrer und hier wiederum Historiker und Nationalökonomen natürlich nicht ausgeschlossen waren[12]) im Verhältnis zu solcher die engeren beruflichen Qualifikationen übersteigenden Wegweisung? Welche Spannungen also bestanden bei den Vertretern dieser beiden Disziplinen zwischen ihrem Charakter als Funktions- und als Wertelite?

2. EINKOMMENSLAGE UND INNERUNIVERSITÄRE DIFFERENZEN

Der Blick richtet sich auf Universitäts-Ordinarien; Privatgelehrte sind daher auszugrenzen, die berufsständische Zugehörigkeit tritt in den Mittelpunkt, der berufsbezogene soziale Status. Ökonomisch gehörten Hochschullehrer in der Regel dem gehobenen Mittelstand an[13], die Gehälter schwankten zu Beginn unseres Zeitraums zwischen 3 000 und 12 000 Mark bei Berliner Ordinarien (durchschnittlich 7 400 Mark), an kleineren Universitäten wie Greifswald zwischen 2 800 und 6 000 Mark[14]. In den letzten

[10] Zum Konzept der politischen Kultur und seiner Überprüfung für deutsche Professoren vgl. die Beiträge Harald Winkel und Rüdiger vom Bruch in: Gustav Schmidt u. a. (Hg.), Gelehrtenpolitik und politische Kultur in Deutschland 1830–1930. Bochum 1986, S. 77–132.

[11] Zum Begriff Schumann, Führungsschicht, S. 209.

[12] Aus der Einleitung von Conze, Kocka (Hg.), Bildungsbürgertum, bes. S. 25 f., über „gewisse Spannungen zwischen Professionalisierung und Bildungsbürgertum".

[13] Zur sozioökonomischen Einordnung vgl. bei Gerd Hohorst, Jürgen Kocka, Gerhard A. Ritter (Hg.), Sozialgeschichtliches Arbeitsbuch. Materialien zur Statistik des Kaiserreichs 1870–1914. München 1975, die Tabellen S. 106: Die preußische Bevölkerung nach Einkommensstufen 1896 und 1912 (nach Helfferich 1915), und S. 109: Besoldung ausgewählter Beamtenkategorien in Preußen.

[14] Nach Johannes Conrad, Allgemeine Statistik der deutschen Universitäten. In: Wilhelm Lexis (Hg.), Die deutschen Universitäten, Bd. 1. Berlin 1893, S. 160 f.

Vorkriegsjahren war das Berliner Durchschnittsgehalt auf 7650 Mark angestiegen, während es bei den übrigen Universitäten um 6000 Mark pendelte. Deutlich niedriger wurden zu diesem Zeitpunkt die besoldeten Extraordinarien mit 3410 Mark in Berlin und mit etwa 3000 Mark im Reichsdurchschnitt remuneriert[15]. Nur in Ausnahmefällen wurden diese Gehälter durch zusätzliche Nebeneinnahmen aus Lehr-, Prüfungs-, Gutachter- und schriftstellerischer Tätigkeit erheblich überschritten[16]. Damit lagen Professoren im Gehalt etwas höher als Gymnasiallehrer und standen, von den möglichen Nebeneinnahmen abgesehen, ungefähr den höheren Gerichtsbeamten gleich[17]. In der gesellschaftlichen Rangordnung waren sie in den meisten deutschen Staaten dem Major gleichgestellt.

Gegenüber dieser keineswegs exklusiven Stellung genossen Hochschullehrer im späten Kaiserreich ein überdurchschnittlich hohes Sozialprestige, das im Einzelfall allerdings erheblich schwankte und von der Fakultäts- bzw. Disziplinzugehörigkeit und insbesondere von dem jeweiligen Ort bestimmt war. Rostock oder Greifswald lagen in der Rangskala – in Gehalt und Reputation – weit unten, Heidelberg, Leipzig, München und – deutlich abgehoben – Berlin weit oben. Innerhalb der Fakultäten reichte die Skala von der niedrigst bewerteten katholisch-theologischen Fakultät (Gehalt, Ansehen, soziale Herkunft) bis hin zur höchstbewerteten juristischen Fakultät[18].

Weiterhin bestand ein starkes Gefälle zwischen Universitäten und weiteren Hochschultypen, das über technische Hochschulen, Fachakademien (mit Ausnahme der hoch angesehenen Bergakademien) bis zu den sieben

---

[15] Nach Friedrich Lenz, Beiträge zur Universitätsstatistik. Halle 1912, S. 35.

[16] Für eine spezifizierte Gehalts- und Honorarstatistik preußischer Hochschullehrer vgl. Wilhelm Lexis, Die Gehälter und Kollegiengelder bei Universitätsprofessoren in Preußen. In: Academische Revue 3 (1897), S. 193–198.

[17] Conrad, Universitätsstatistik, S. 161.

[18] Die Durchschnittsgehälter betrugen in der:

ev.-theologischen Fakultät	um 1890 5 797 M., 1908/09 6 232 M. (Berlin 8 430)
kath.-theol. Fakultät	um 1890 4 332 M.
juristischen Fakultät	um 1890 6 296 M., 1908/09 6 296 M. (Berlin 8 430)
medizinischen Fakultät	um 1890 5 194 M., 1908/09 5 437 M. (Berlin 6 380)
philosophischen Fakultät	um 1890 6 273 M., 1908/09 6 273 M. (Berlin 7 818)

Zusammengestellt nach den Zahlenangaben bei Conrad, Universitätsstatistik; Lenz, Beiträge. Die Relation zwischen medizinischer und philosophischer Fakultät ist hier insofern verzerrrt, als die Liquidationseinnahmen der Mediziner nicht berücksichtigt wurden und zudem dort die Gehälter von 3000 M. bis 8400 M. reichten, in der äußerst uneinheitlichen philosophischen Fakultät hingegen von 1500 bis 12000 M.

zwischen 1898 und 1918 gegründeten Handelshochschulen reichte[19]. Die insgesamt hohe, aus der Gehaltsskala allein nicht zu begründende soziale Reputation des Hochschullehrerberufs wurzelte in überkommenen Traditionen: Bei ihm trafen „die Nähe zum Landesmonarchen als dem Rector magnificius ihrer Universität mit der traditionellen Würde des Amtes und der allgemein unbestrittenen Hochachtung vor der Wissenschaft zusammen"[20].

3. WANDLUNGEN DER UNIVERSITÄT IM KAISERREICH

So zehrten die Universitäten vom Ansehen einer mit großer Zähigkeit bewahrten altständischen Korporation, die mit den Reformen um 1800 in eine „klassische", den Höhepunkt ihrer Wertschätzung erreichende Phase eintrat[21]. Gleichzeitig wurden im Kaiserreich Tendenzen zu einer großbetrieblichen Wissenschaftsorganisation rapide beschleunigt, die auf eine gesteigerte Effizienz natur-, aber auch kulturwissenschaftlicher Forschung abzielten[22]. Dieser Prozeß vollzog sich im Rahmen eines beschleunigten gesamtgesellschaftlichen und wirtschaftlichen Wandels, der auch das Sozial- und Verfassungssystem „Universität" erfaßte und hier Entwicklungen einleitete, die als zeitgerechte Fortführung, aber auch als Bedrohung

---

[19] Conze, Konstitutionelle Monarchie, S. 188 f.

[20] Ebd., S. 189.

[21] Dazu insbesondere Oexle, Voraussetzungen, sowie in Kürze eine von Peter Moraw angekündigte Sozialgeschichte des deutschen Professors. Zur „klassischen Phase" deutscher Universitätsgeschichte vgl. den Vorschlag zur Typologie von Peter Moraw, Aspekte und Dimensionen älterer deutscher Universitätsgeschichte. In: Academia Gissensis. Beiträge zur älteren Gießener Universitätsgeschichte. Marburg 1982, S. 1–43.

[22] Vgl. als vorzügliche lokale Studien Reinhard Riese, Die Hochschule auf dem Weg zum wissenschaftlichen Großbetrieb. Die Universität Heidelberg und das badische Hochschulwesen 1860–1914. Stuttgart 1977; Bernhard vom Brocke, Marburg im Kaiserreich 1866–1918. Geschichte und Gesellschaft, Parteien und Wahlen einer Universitätsstadt im wirtschaftlichen und sozialen Wandel der industriellen Revolution. In: Marburger Geschichte. Rückblick auf die Stadtgeschichte in Einzelbeiträgen, hg. von Erhart Dettmering, Rudolf Grenz. Marburg 1980, S. 367–540. Lothar Burchardt, Wissenschaftspolitik an der Jahrhundertwende. Eine Zwischenbilanz. In: Geschichte in Wissenschaft und Unterricht 26 (1975), S. 271–289. Zur Errichtung natur- und geisteswissenschaftlicher Forschungsinstitute im späten Kaiserreich vgl. Horst Walter Blanke, Jörn Rüsen (Hg.), Transformation des Historismus. Paderborn, im Erscheinen, bes. die Beiträge Blanke und vom Bruch.

der neuhumanistisch-„klassischen" Universität gewertet wurden. In seinem Vortrag „Wissenschaft als Beruf" stellte Max Weber 1919 gar fest: „Innerlich wie äußerlich ist die alte Universitätsverfassung fiktiv geworden"[23].

Reformvorschläge zur inneren wie äußeren Universitätsverfassung, öffentliche und interne Kritik an vermeintlichen oder evidenten Mißständen und Fehlentwicklungen häuften sich signifikant nach der Jahrhundertwende. Soweit sie Reputation und sozialen Status der „klassischen" Universität und ihres Lehrpersonals betraf, konzentrierte sich die Kritik auf drei Bereiche:

1. Der Münchener Rechtshistoriker Karl von Amira wies auf dem ersten deutschen Hochschullehrertag 1907 in Salzburg auf eine verhängnisvolle Minderung der sozialen Geltung des Professorenstandes hin, bedingt durch zu niedrige Einkommen, durch eine auffällige Geringschätzung der bloßen Berufsbezeichnung „Professor" ohne schmückende Titelzugaben, durch eine dramatische Chancenverschlechterung des akademischen Nachwuchses und durch die zunehmende Bürokratisierung der Hochschulen[24].
2. Sein Ortskollege Lujo Brentano, ein prominenter linksliberaler Volkswirtschaftslehrer, hatte im Vorfeld dieser Tagung neben einer vornehmlich von Preußen drohenden staatlichen Gängelung bedenkliche Einflußnahmen von Parteien und Wirtschaft, von Kirchen und Interessenverbänden auf Lehrstuhlbesetzungen und Lehrinhalte herausgestellt[25].
3. Die großbetriebliche Wissenschaftsentwicklung löste weitverbreitete Sorgen um die absichtsfreie und praxisferne Einzelforschung aus, Sorgen vor einer zunehmenden Konzentration der Großforschung insbesondere in Berlin, wodurch der Abstand zwischen den einzelnen Hochschulorten

---

[23] Wieder in: Max Weber, Gesammelte Aufsätze zur Wissenschaftslehre. Tübingen 1973, S. 585.

[24] In: Verhandlungen des ersten deutschen Hochschullehrertages zu Salzburg im September 1907, hg. von dem engeren Ausschuß für 1907/08. Straßburg 1908, S. 2–19. Zur zeitgenössischen Universitäts-Reform-Diskussion vgl. Rüdiger vom Bruch, Universitätsreform als soziale Bewegung. Zur Nicht-Ordinarienfrage im späten deutschen Kaiserreich. In: Geschichte und Gesellschaft 10 (1984), S. 72–91.

[25] Aufruf zur Beteiligung am Hochschullehrertag, abgedruckt in Verhandlungen 1907, S. III-IV; Begründung des Aufrufs durch Lujo Brentano, Eine Professoren-Gewerkschaft. In: „Berliner Tageblatt" vom 7. 6. 1907, „Münchner Neueste Nachrichten" vom 8. 6. 1907.

noch zusätzlich vertieft werde, und vor einer allzu engen Verflechtung mit universitätsfremden Interessen[26].

Vieles an der Kritik war berechtigt, doch von einer gravierenden Verschlechterung der sozialen Geltung, der Unabhängigkeit, der Leistungsfähigkeit und des öffentlichen Ansehens der Universitäten und ihrer Professoren konnte keine Rede sein. Amiras erbitterte Klage über eine Geringschätzung des „nackten" Professorentitels bestätigt lediglich die bekannten Tendenzen zu Ersatznobilitierungen über Titel (in Preußen Verleihung des Geheimrat-Titels nach Anciennität) und zur „Feudalisierung" des Bürgertums (persönlicher Adel für herausragende Hochschullehrer war in Süddeutschland üblich, für Berlin denke man etwa an Adolf [von] Harnack und Gustav [von] Schmoller). Eine Geringschätzung des Berufsstandes als solchen war darin nicht zu erkennen.

Allerdings deuten Titel und Nobilitierung auf ein Sozialprestigegefälle innerhalb der Hochschullehrerschaft hin und bestätigen insbesondere die bereits in der Gehaltsentwicklung sichtbare Absonderung der Berliner Universität, die geradezu als ein Kollektiv von Geheimräten erscheint und in der – im Vergleich zu anderen Universitäten – die Einkommensschere zwischen Ordinarien und Extraordinarien besonders weit auseinanderklaffte[27].

4. UNIVERSITÄT BERLIN

Zu einem Höhepunkt universitärer Selbstdarstellung entfaltete sich die Jubelfeier zum hundertjährigen Bestehen der Berliner Universität 1910, bei der Wilhelm II. die beabsichtigte Gründung der Kaiser-Wilhelm-Gesellschaft zur Förderung der Wissenschaften bekanntgab. Wurde durch sie eine neue organisatorische Entwicklungsstufe – zunächst – ausschließlich naturwissenschaftlicher Forschung erreicht, so fällt demgegenüber in den Jubiläumsreden selbst die ebenso ausschließliche Hinwendung zu glanzvollen Kulturwissenschaftlern in der Frühzeit der Universität auf, während Mediziner und Naturwissenschaftler, die in der zweiten Hälfte des 19. Jahrhunderts den internationalen Ruf der Jubilarin entscheidend

---

[26] Eingehend Rüdiger vom Bruch, Kulturpolitik und Forschungsinstitute. In: Blanke, Rüsen (Hg.), Transformation.

[27] Während in allen Fakultäten die Berliner Ordinariengehälter deutlich über dem Reichsdurchschnitt lagen (vgl. Anm. 18), blieben die Gehälter der besoldeten Berliner Extraordinarien (mit Ausnahme der medizinischen Fakultät) deutlich darunter (Zahlen bei Lenz, Beiträge, S. 35).

geformt hatten, gänzlich fehlten[28]. Diese Gewichtung wurde in der Öffentlichkeit anscheinend geteilt, zieht man etwa die Jubiläums-Sondernummer der auflagenstarken Illustrierten „Die Woche“ aus dem Scherl-Verlag heran: In einer Bildserie „Berliner Professoren“ befanden sich unter insgesamt 38 Porträts 28 Kulturwissenschaftler, die zudem fast durchweg vorne plaziert waren[29].

Einen erneuten Höhepunkt der Selbstdarstellung brachte dann das Jahr 1913 mit dem Jahrhundertgedenken an die Befreiungskriege und dem fünfundzwanzigjährigen Regierungsjubiläum Wilhelms II. In der insgesamt schon sehr auffälligen Repräsentanz von Universitätslehrern bei diesen Feiern bestätigte sich wieder die exponierte Sonderrolle der Berliner Universität, in deren Aula der Historiker Otto Hintze in Gegenwart aller deutscher Hochschulrektoren am 16. Juni die Festrede zum Regierungsjubiläum hielt[30]. Bezeichnenderweise hat ihm diese nüchtern abwägende, nicht in die allgemeine Jubelstimmung einfallende Rede „eine gewisse kühle Haltung meiner konservativen Bekannten eingetragen“[31].

Wie keine andere Hochschule des Reiches stellte Berlins Universität am Vorabend des Ersten Weltkrieges ein nationales Pathos zur Schau, das weit über die alma mater selbst hinauswies. Dies wird sowohl bei einem Vergleich des Berliner Jubiläums von 1910 mit den fast zeitgleichen Universitätsjubiläen in Leipzig von 1909 und in Breslau von 1911 sichtbar[32],

---

[28] Genannt wurden Fichte, Hegel, Schleiermacher, Savigny, Niebuhr, Grimm, Ranke, Mommsen, Namen wie Schönlein, Johannes Müller, von Graefe, Helmholtz, Virchow und Koch fehlten hingegen. Vgl. dazu Ewald Harndt, Die Stellung der medizinischen Fakultät an der preußischen Friedrich-Wilhelms-Universität zu Berlin als Beispiel für den Wandel des Geisteslebens im 19. Jahrhundert. In: Jahrbuch für die Geschichte Mittel- und Ostdeutschlands 20 (1971), S. 156.

[29] In: Die Woche 12 (1910), Nr. 41, S. 1744–1751.

[30] Otto Hintze, Rede, gehalten zur Feier der 25jährigen Regierung Wilhelms II. In: Hohenzollern-Jahrbuch 17 (1913) S. 78–95. „Die Woche“ 15 (1913), Nr. 25 vom 21. 6. 1913, S. 1032b, brachte eine Photographie aus der Berliner Universitätsaula während der Festrede.

[31] Brief Hintzes an Friedrich Meinecke vom 24. 6. 1913. In: Geheimes Staatsarchiv Berlin-Dahlem, Rep. 92 Nachlaß Meinecke, Nr. 15, Brief 364. Zur Sonderrolle Berlin in den Jubiläen 1910 und 1913 vgl. Rüdiger vom Bruch, Wissenschaft, Politik und öffentliche Meinung. Gelehrtenpolitik im Wilhelminischen Deutschland (1890–1914). Husum 1980, S. 98–112, 136–138.

[32] Vgl. Festschrift zur Feier des 500jährigen Bestehens der Universität Leipzig, hg. von Rektor und Senat. Leipzig 1909; Festschrift zur Feier des hundertjährigen

zum anderen mit dem eigenen fünfzigjährigen Jubiläum von 1860, als die „Berliner Universität fast ganz im Kreise der Fachgelehrten oder von in- und ausländischen Kollegen" blieb, während 1910 mit teilweise nationalistischer Färbung „die Berliner Fakultäten ihre Ehrendiplome durchaus als Ehrung und Auszeichnung auch allgemein an hervorragende Persönlichkeiten des öffentlichen Lebens" verteilten[33]. Daß daneben Häupter regierender Fürstenhäuser wie Wilhelm II. oder Kronprinz Rupprecht von Bayern von der Berliner Juristenfakultät zum Dr. h.c. promoviert wurden[34], bewies ein hohes Selbstbewußtsein einer in den Universitäten organisierten bürgerlichen, von Marktchancen und vom Konkurrenzprinzip getragenen Wissenschaft, die in Berlin trotz der skizzierten Umbrüche in der Blüte ihres öffentlichen Ansehens stand. Mit bemerkenswerter Offenheit kritisierte der Historiker Georg Kaufmann in seiner Breslauer Festrede 1911 die Sonderstellung der Berliner Universität: „Freilich hat man dafür den großen Namen einer Weltuniversität gefunden und rühmt ihren Glanz und die Bewunderung der Fremden; aber den Freund der Universitäten beschleicht die Sorge, daß daraus ein Werkzeug des alten Grundsatzes Divide et impera erwachse. Denn im Gegensatz dazu werden Breslau und andere Universitäten als Provinzialuniversitäten bezeichnet, als sei das eine andere Kategorie[35]." Noch schärfer klagte der Historiker Karl Lamprecht, der das Leipziger Rektorat im Anschluß an das dortige Jubiläum 1910/11 bekleidete, in einem Privatbrief an den Publizisten Maximilian Harden: „Die Berliner Herren Professoren kommen sich ja selbst als eigentlich schon von Natur aus besonderem Holz geschnitzt vor, dazu kommt ein wenig das Gefühl der beati possidentes, und so entsteht denn ein Hang zu dem, was [der Berliner Rektor] Erich Schmidt in seiner

---

Bestehens der Universität Breslau, hg. im Auftrage von Rektor und Senat von Georg Kaufmann. Breslau 1911.

33 Reinhard Hübner, Die Berliner Universitätsjubiläen 1860 und 1910. In: Festschrift Friedrich Lenz, hg. von Siegfried Wendt, Berlin 1961, S. 199–218, S. 211 zum nationalen Pathos Gustav Roethes. Für einen knappen Überblick zur Entwicklung der Universität Berlin vgl. den Artikel „Berlin" von Rüdiger vom Bruch. In: Hermes Handlexikon der Universitäten und Hochschulen in Deutschland, Österreich und der Schweiz. Eine Universitätsgeschichte in Einzeldarstellungen, hg. von Laetitia Boehm und Rainer A. Müller. Düsseldorf 1983, S. 49–68.

34 Hübner, Universitätsjubiläen, S. 112.

35 Kaufmann, Festschrift Breslau, S. 251.

Berliner Gratulationsrede so artig akademisch Konservatismus genannt hat[36]."

5. PROFESSOREN UND POLITIK

Trotz mancher Einschränkungen wahrten also deutsche Hochschullehrer in der Wilhelminischen Zeit eine Reputation, die insbesondere in den Kulturwissenschaften und deutlich verstärkt in der Reichshauptstadt die Chance hoher öffentlicher Resonanz bot. Bis hinein in öffentlich geäußerte, entschieden kritische Stimmen schwingt diese eigentümliche Wertschätzung nach. So verwahrte sich der linksliberale Samuel Saenger, Redakteur der „Neuen Rundschau" des S. Fischer Verlags, gegen jene von Lamprecht benannte konservative Grundstimmung in einem Kommentar zum Berliner Jubiläum; doch bestätigte er eine vielfach zu beobachtende Volkstümlichkeit des deutschen Professors und mahnte im Rückblick auf 1810: „Das nationale Temperament . . . braucht den deutschen Professor." So werde auch „der stattliche Rest des sozialen Nimbus erklärt, den der deutsche Professor, trotz der Lockerung der überlieferten Schätzungen, unter Deutschen heute noch besitzt". Von einer politischen Wegweisung sei allerdings nichts mehr zu bemerken, als rühmliche Ausnahme nannte Saenger den Berliner Nationalökonomen, konservativen Politiker und christlich-sozialen Reformer Adolph Wagner[37].
Eine auffällige parteipolitische Betätigung deutscher Universitätsprofessoren hat es in der Vorkriegszeit insgesamt nicht gegeben; die allenfalls auffällige und noch zu erörternde Mitgliedschaft in den neuen nationalen Agitationsvereinen sollte nicht zu Fehlschlüssen verleiten. In Korrespondenzen, Memoiren, Publizistik und Nachlässen schält sich als maßgeblich eine Aufzeichnung des Jenenser evangelischen Theologen Hans Lietzmann heraus: „Der Krieg riß mich wie das ganze deutsche Volk aus stiller Friedensarbeit in das ungeheuerste Erleben." Erst von nun habe er sich

---

[36] Brief vom 2. 7. 1912, Bundesarchiv Koblenz, Nachlaß Harden, Nr. 63, Heft 1, Bl. 165.

[37] Samuel Saenger, Der deutsche Professor und die Politik. In: Neue Rundschau 21 (1910), T. 3–4, S. 1625–1630. Vgl. auch in der politisch nahestehenden „Hilfe" einen Geburtstagsgruß Friedrich Naumanns für seinen Parteifreund, den Freiburger Nationalökonom Gerhart von Schulze-Gaevernitz: Noch vor einem halben Jahrhundert hätten sich fast alle deutschen Universitätslehrer am Staatsleben und an der Parteipolitik beteiligt, „jetzt aber – man muß politische Professoren mit der Laterne suchen", Politische Professoren. In: Die Hilfe 20 (1914), S. 474.

„auch politisch ... ziemlich reichlich betätigt"[38]. Demgegenüber schien man im angelsächsischen Ausland den politischen Einfluß deutscher Professoren auf den Hof und die Reichsleitung, auf die höhere Beamtenschaft und die öffentliche Meinung sehr hoch zu veranschlagen. So behauptete der deutschfeindliche Daily-Mail-Korrespondent Wile 1913: „Keine andere Kaste übertrifft ihren Einfluß auf Staatsangelegenheiten." Namentlich genannt werden dann in diesem dem Berliner Historiker Hans Delbrück gewidmeten Kapitel fast ausnahmslos Berliner Gelehrte, überwiegend Historiker und Nationalökonomen sowie einige Juristen und evangelische Theologen[39]. Für den deutschfreundlichen Korrespondenten zahlreicher Zeitungen in den USA und in England Whitman zählte Delbrück „zu einer Klasse, die in England selten irgendeinen unmittelbaren politischen Einfluß ausgeübt hat: zu den in der Tagespolitik stehenden Gelehrten ... Wer da meint, es verleihe seiner Stellung ein besonderes Prestige, wenn man ihn ... als Vertrauten seines Monarchen bezeichnet, der verkennt ganz die Stellung eines deutschen Professors, die ja tatsächlich durchaus auf seinem eigenen Wert, auf der Hochachtung seiner Kollegen und der Verehrung seiner Schüler beruht"[40].
Auf deutscher Seite entsprach solchen Urteilen ein weitverbreitetes Buch „Deutsche Machthaber" eines gutinformierten ehemaligen Regierungsrats aus dem Jahre 1910: „Die Zeiten sind vorüber, wo der deutsche Professor nichts zu sagen hat. Die öffentliche Meinung entfernt sich nicht weit von der Ansicht unserer maßgebenden Professoren der Volkswirtschaft und Geschichtswissenschaft[41]." Damit sind die Disziplinen bezeichnet, die in dieser Zeit nahezu ein Monopol für öffentliche politische Resonanz besaßen, bei denen sich wissenschaftliche Arbeit, politisches Engagement und öffentlicher Widerhall engstens verbanden. Eine in den 1880er Jahren einsetzende Diskussion um eine Neubestimmung der nationalen kulturellen Identität wirkte in der Wilhelminischen Zeit in die Breite und warf die Frage auf, inwieweit die das Bildungswissen verwaltenden Kulturwissen-

---

[38] Glanz und Niedergang der deutschen Universität. 50 Jahre Wissenschaftsgeschichte in Briefen an und von Hans Lietzmann (1892–1942). Mit einer einführenden Darstellung hg. von Kurt Aland. Berlin 1979, S. 63.

[39] Frederick William Wile, Men around the Kaiser (1913), deutsch: Rings um den Kaiser. Berlin 1913, S. 133.

[40] Sidney Whitman, German memories (1912), deutsch: Deutsche Erinnerungen. Stuttgart 1912, S. 134 f.

[41] Rudolf Martin, Deutsche Machthaber. Berlin, Leipzig 1910, S. 535. Zugrunde liegen Ausführungen über die Berliner Nationalökonomen und Historiker Schmoller, Wagner, Delbrück und Harnack.

schaften als Lotsen die Führung zu übernehmen vermochten. Insbesondere von Sozialwissenschaftlern, Kultursoziologen, Historikern und einigen Philosophen wurde der Ruf aufgenommen, wurde nach dem „Woher und Wohin" der nationalen Kultur und politischen Entwicklung gefragt[42]. Nationalökonomen und Historiker, die, von wenigen Ausnahmen abgesehen, in den beiden Jahrzehnten nach der Reichsgründung öffentlich im Windschatten aktueller Kontroversen über Wirtschafts-, Sozial- und Außenpolitik standen[43], traten nach 1890 maßgeblich in den Vordergrund.
Diese These läßt sich an drei Indikatoren überprüfen: 1. an der Einbeziehung akademischer Lehrmeinungen in die publizistische Erörterung politischer Problemfelder; 2. an einer überdurchschnittlichen Beteiligung von Vertretern bestimmter Disziplinen in der öffentlichen Meinungsbildung, in Komitees anläßlich zeitlich begrenzter Ereignisse wie Wahlen, Gesetzesvorlagen und inszenierten Propagandakampagnen sowie in langfristigen Organisationen mit politischer Zwecksetzung unter maßgeblicher akademischer Beteiligung oder gar Führung; 3. an einer überdurchschnittlichen Kommunikation mit den politischen Führungsgruppen.
Bei Historikern und Nationökonomen bestand, wie zu zeigen sein wird, eine signifikante Häufung in allen drei Bereichen.

II. GESCHICHTE UND NATIONALÖKONOMIE INNERHALB DER CIVITAS ACADEMICA

Geschichte war als akademische Disziplin ausnahmslos der philosophischen Fakultät zugeordnet; die Volkswirtschaftslehre war es ganz überwiegend, lediglich in Würzburg, Freiburg und Straßburg ressortierte sie in der juristischen, in München und Tübingen in einer gesonderten staatswirtschaftlichen bzw. staatswissenschaftlichen Fakultät. Innerhalb der universitären Hierarchie befanden sich damit beide Fächer im unteren Drittel. Nicht nur in den Gehältern, auch in der sozialen Rekrutierung konnte sich die eher als Aufstiegsschleuse wirksame, ein buntes Bündel von Natur-, Sprach- und Geisteswissenschaften umfassende philosophische Fakultät nicht mit der juristischen vergleichen, deren Personal „überwiegend dem gebildeten Bürgertum", vielfach aus Justiz und Verwaltung,

[42] Zahlreiche Belege bei Ringer, Gelehrte; vom Bruch, Wissenschaft.

[43] Historiker wie Sybel und Treitschke waren für die Zunft in der späten Bismarckzeit kaum mehr repräsentativ; die Nationalökonomen im 1872 gegründeten Verein für Sozialpolitik zogen sich bereits nach wenigen Jahren bis 1890 aus dem tagespolitischen Streit zurück.

entstammte und das sich „Angehörigen der Unterschicht (...) praktisch gänzlich verschloß“[44].

Zwischen den einzelnen Fakultäten schwankten die Durchschnittsgehälter 1909 bis zu acht Prozent; als gravierender erwies sich wiederum der Vorsprung Berlins, dessen Ordinarien etwa ein Fünftel aller Gehälter deutscher Universitätsordinarien bezogen und deren Einkommen um fünfundzwanzig Prozent übertrafen[45]. Am stärksten öffnete sich die Schere zwischen den hochangesehenen, mit Gutachten überhäuften Berliner Juristen und ihren Kollegen in anderen Universitätsstädten[46].

Auch in den von ihnen erbrachten Dienstleistungen in der Lehre kam Historikern und Nationalökonomen keine Exklusivität zu. Historiker bildeten vorwiegend Lehrer, Archivare und Bibliothekare aus und konnten sich von daher mit dem Status der von den Juristen ausgebildeten Verwaltungsbeamten und Richter (sowie Anwälte) und den von den – evangelischen – Theologen geschulten Pfarrern nicht messen. In der Nationalökonomie lagen die Dinge etwas komplizierter; als Teilbereich der juristischen Ausbildung von Justiz- und Verwaltungsbeamten partizipierte die Disziplin an der Schulung hochangesehener und politisch teilweise einflußreicher Berufsgruppen, persönliche Kontakte zur höheren Verwal-

---

[44] Gerhard Köbler, Zur Herkunft der deutschen Rechtslehrer im 19. Jahrhundert. In: Festschrift Walter Hallmann, hg. von Otto Triffterer, Friedrich von Zezschwitz. Baden-Baden 1978, S. 128; vgl. auch Wolfgang Kaupen, Die Hüter von Recht und Ordnung. Die soziale Herkunft, Erziehung und Ausbildung der deutschen Juristen. Neuwied, Berlin 1969. Karrieren wie die des Historikers Dietrich Schäfer vom Sohn eines Bremer Hafenarbeiters zum angesehenen Ordinarius in der Reichshauptstadt waren in der juristischen Fakultät undenkbar. Zur sozialen Rekrutierung und zur professionellen Sozialisation der deutschen Historiker vgl. die computerisierten Dateien bei Wolfgang Weber, Priester der Klio. Historisch-sozialwissenschaftliche Studien zu Herkunft und Karriere deutscher Historiker und zur Geschichte der Geschichtswissenschaft 1800–1970. Frankfurt 1984.

[45] Angaben nach Conrad, Universitätsstatistik; Lenz, Universitätsstatistik.

[46] Den besten Eindruck zum Status der Berliner Universitätsjuristen vermittelt die Reihe: Die Rechtswissenschaft der Gegenwart in Selbstdarstellungen, hg. von Hans Planitz, 3 Bde. Leipzig 1924/29; vgl. ferner den informativen Überblick: Laufbahn der Professoren an den rechtswissenschaftlichen Fakultäten des Deutschen Reichs. In: Juristisches Literaturblatt 13 (1901), S. 83–87, 106–110, 130–135. – Ein für Conze, Kocka (Hg.), Bildungsbürgertum, vorgesehener Beitrag von Gerhard Dilcher über Berufsbild und Professionalisierung der deutschen Juristen erscheint in Kürze als gesonderte Monographie in der Reihe ‚Industrielle Welt‘. Stuttgart.

tungsbürokratie spielten gelegentlich eine beträchtliche Rolle, doch ihr Ausbildungsanteil war insgesamt sehr gering und rief immer wieder auflebende Reformdiskussionen hervor[47]. Nationalökonomie konnte nicht als in sich geschlossenes Ausbildungsfach gelten, zumal der Bedarf an primär volkswirtschaftlich und nicht juristisch geschulten Absolventen in staatlichen und kommunalen Verwaltungen, in Kammern, Verbänden und in der Privatwirtschaft erst nach der Jahrhundertwende einige Bedeutung gewann[48].

Im Gegensatz zu diesem Befund steht die öffentliche Wertschätzung beider Disziplinen. Hunderte von Zuhörern aus anderen Fächern fanden sich in volkswirtschaftlichen Kollegs über Sozialpolitik und Sozialismus vorwiegend in den 1890er Jahren ein, dann stärker in historischen Vorlesungen über Weltpolitik und Imperialismus[49]. Bei den Schulkonferenzen 1890 und 1900 wurde eine vaterländische Leitfunktion des Geschichtsunterrichts vertieft[50]; Geschichte als Bildungsmacht dokumentierte sich in der Verbreitung historischer Literatur, in der Verfügbarkeit historischer Bildung in politischen und Festreden, in amtlichen und privaten Korrespondenzen, im Stellenwert der Geschichte in Volksbildungsveranstaltungen bis hinein in sozialdemokratische Schulungskurse[51], im öffentlichen

---

47 Vgl. vom Bruch, Wissenschaft, S. 436–438 (Exkurs 6: Zur Vorbildung der höheren Verwaltungsbeamten in Preußen); David Lindenfeld, The Education of Prussian Higher Civil Servants in the Staatswissenschaften, 1897–1914. In: E. V. Heyen (Hg.), Historische Soziologie der Rechtswissenschaft. Frankfurt 1986, S. 201–225.

48 Erst seit den 1890er Jahren gewannen volkswirtschaftliche Privatbeamte an Bedeutung, 1907 wurde ihre Zahl auf ca. 1400 geschätzt, von denen ca. 750 im Deutschen Volkswirtschaftlichen Verband organisiert waren, der 1919 bereits 3318 Mitglieder umfaßte.

49 Vgl. besonders Gerhard Oestreich, Die Fachhistorie und die Anfänge der sozialgeschichtlichen Forschung in Deutschland. In: Historische Zeitschrift 208 (1968), S. 320–363, ferner zahlreiche Belege bei vom Bruch, Wissenschaft, passim, und ders., Bürgerliche Sozialreform im deutschen Kaiserreich. In: ders. (Hg.), „Weder Kommunismus noch Kapitalismus". Bürgerliche Sozialreform in Deutschland vom Vormärz bis zur Ära Adenauer. München 1985, S. 61–179.

50 Christoph Führ, Die preußischen Schulkonferenzen von 1890 und 1900. Ihre bildungspolitische Rolle und bildungsgeschichtliche Bewertung. In: Peter Baumgart (Hg.), Bildungspolitik in Preußen zur Zeit des Kaiserreich. Stuttgart 1980, S. 189–223.

51 Zahlreiche Hinweise bei Dietrich Hoffmann, Politische Bildung 1890–1933. Hannover 1970; Horst Dräger, Die Gesellschaft für Verbreitung von Volksbildung. Eine historisch-problemgeschichtliche Darstellung von 1871 bis 1914.

Widerhall wissenschaftsinterner Kontroversen wie im sogenannten Lamprechtstreit der 1890er Jahre[52] oder auch in der hohen Beteiligung von öffentlichen Amtsträgern an geschichtswissenschaftlichen Fachtagungen[53]. Zum anderen häuften sich seit der Jahrhundertwende historisch-politische Kommentare von Fachgelehrten zu aktuellen internationalen Konstellationen, insbesondere zu den deutsch-englischen Beziehungen mit teilweise bemerkenswertem Widerhall in der öffentlichen Meinung und bei der Reichsleitung[54].

Auch in der Nationalökonomie finden sich diese Elemente – Bildungsprägung und politische Publizistik –, sie treten gegenüber den Historikern jedoch deutlich zurück. Dieser Disziplin fiel eine Schlüsselstellung zu bei der wissenschaftlichen Klärung des zentralen innenpolitischen Problems, der noch zu leistenden sozialen Integration der politisch geeinten Nation[55]. Dafür standen im wesentlichen vier Einflußkanäle zur Verfügung: 1. Durch die Popularisierung von Lehrmeinungen; 2. durch eine so-

---

Stuttgart 1975; Kurt W. Rothschild, Bildung, Bildungspolitik und Arbeiterbewegung. In: Festschrift Karl R. Stadler. Wien 1974, S. 535–545; Traude Bernecker, Arbeiterbildung und Universität um die Jahrhundertwende unter besonderer Berücksichtigung des Wirkens Hermann Dunckers. In: Karl-Marx-Universität Leipzig 1409–1959, Bd. 1. Leipzig 1959, S. 545 ff.; vom Bruch, Wissenschaft, S. 364–391; vgl. auch zur innenpolitischen „Kultur"bewegung im Vorkriegsjahrzehnt Rüdiger vom Bruch, Weltpolitik als Kulturmission. Bildungsbürgertum und auswärtige Kulturpolitik in Deutschland am Vorabend des Ersten Weltkrieges. Paderborn 1982, S. 41–57. Auf die neue Bedeutung von Geschichte in großstädtischen Arbeiterbildungskursen wiesen die Sozialistischen Monatshefte 14 (1910), Bd. 2, S. 792, hin.

52 Zu Lamprecht vgl. Luise Schorn-Schütte, Karl Lamprecht. Kulturgeschichtsschreibung zwischen Wissenschaft und Politik. Göttingen 1984, Zum Lamprechtstreit: vom Bruch, Wissenschaft, S. 195–200, 367–369.

53 Namentliche Auflistungen zu den einzelnen Tagungen bei Peter Schumann, Die deutschen Historikertage von 1893 bis 1937. Die Geschichte einer fachhistorischen Institution im Spiegel der Presse. Göttingen 1975.

54 Willy Schenk, Die deutsch-englische Rivalität vor dem 1. Weltkrieg in der Sicht deutscher Historiker. Aarau 1967; Rüdiger vom Bruch, „Deutschland und England. Heeres- oder Flottenverstärkung?" Politische Publizistik deutscher Hochschullehrer 1911/12. In: Militärgeschichtliche Mitteilungen 29 (1981), S. 7–35.

55 Vgl. vor allem Dieter Lindenlaub, Richtungskämpfe im Verein für Sozialpolitik. Wissenschaft und Sozialpolitik im Kaiserreich vornehmlich vom Beginn des „Neuen Kurses" bis zum Ausbruch des ersten Weltkrieges (1890–1914). Wiesbaden 1967; Dieter Krüger, Nationalökonomen im wilhelminischen Deutschland. Göttingen 1983.

zialwissenschaftliche Schulung der Verwaltungsbeamtenschaft in Studium, Fortbildungsveranstaltungen und kleineren Zirkeln; 3. durch Gutachtertätigkeit in privat organisierten oder amtlich bestellten Enquêten, in Kommissionen und persönlichen Voten; 4. durch verfestigte Organisationen, unter denen der Verein für Sozialpolitik (seit 1872), der Evangelisch-Soziale Kongreß (seit 1890) und die Gesellschaft für Soziale Reform (seit 1901) herausragen.

Als Leitlinie konnte, wenn auch im einzelnen sehr unterschiedlich verfolgt, eine Formel des führenden Sozialreformers und Hauptes der ungemein einflußreichen jüngeren historischen Schule der Nationalökonomie, Gustav Schmoller, gelten: „Sozialer Frieden durch soziale Organisation". Das oft sehr diffus verwandte Schlagwort von der „sozialen Frage" bezog sich hier vorwiegend auf drei Problemkreise, nämlich die soziale (und damit politische) Integration der Industriearbeiterschaft, die Reorganisation des in seiner Existenz bedroht erscheinenden gewerblichen Mittelstands und die Eingliederung der rasch anwachsenden Angestelltenschaft in eine erschütterungsfrei zu gestaltende Gesellschaftsordnung[56].

Aus dem Spektrum der vorrangigen sozialpolitischen Aufgaben bezogen Nationalökonomen ihr öffentliches Ansehen, das durch heftigste Angriffe sowohl aus der politischen Arbeiterbewegung als auch aus der Wirtschaft, von konservativen und nationalliberalen Parteien und vom Kaiser selbst eher noch befestigt wurde. Daneben traten Nationalökonomen als Gutachter zu einzelnen Streitfragen auf, von denen im engeren fachlichen Umkreis die Diskussion um die Zollpolitik Caprivis und die Schutzzollgesetze 1901/02, um die Reichsfinanzreform 1909, die Karteldebatten 1904/05 oder die Ansiedlungsfrage in den preußischen Ostgebieten herausgegriffen seien; daneben traten sie – arbeitsteilig zu den Historikern – für die soziale und wirtschaftspolitische Absicherung und Begründung der mit den Flottengesetzen 1898 und 1900 maßgeblich einsetzenden deutschen Weltpolitik ein[57].

Zwischen den beiden hier beleuchteten Disziplinen bestanden enge Querverbindungen. Diese wurzelten nicht allein in der in jener Phase noch

[56] Zu Schmoller: Lindenlaub, Richtungskämpfe; vom Bruch, Wissenschaft; vom Bruch (Hg.), Sozialreform, passim; zur Biographie: R. vom Bruch, Gustav Schmoller. In: W. Treue u. a. (Hg.), Berlinische Lebensbilder, Bd. 3: Wissenschaftspolitiker. Berlin, im Erscheinen.

[57] Detaillierte Nachweise bei Wolfgang Marienfeld, Wissenschaft und Schlachtflottenbau in Deutschland 1897–1906. Frankfurt 1957; Wilhelm Deist, Flottenpolitik und Flottenpropaganda. Das Nachrichtenbüro des Reichsmarineamts 1897–1914. Stuttgart 1976; vom Bruch, Wissenschaft, S. 66–91.

fortwirkenden Historisierung aller Kulturwissenschaften[58]; vielmehr standen Geschichte und Nationalökonomie in der Wilhelminischen Zeit in einem besonderen Zusammenhang. Zur einflußreichsten Richtung hatte sich in der letzteren bis zur Jahrhundertwende die jüngere historische Schule der Nationalökonomie entwickelt, die in Gegenstand und Methode der Geschichtswissenschaft vielfach näher benachbart war als gleichzeitigen Tendenden der Wirtschaftswissenschaften in Westeuropa und zum Teil auch in Österreich[59].

Auch umgekehrt wirkten vielfältige Einflüsse, insofern Historiker Fragestellungen der fast durchweg auf die akademische Disziplin Nationalökonomie begrenzten Sozialwissenschaften aufgriffen. Nur wenige gingen so weit wie Rankes letzter Assistent Ignaz Jastrow, der 1889 die Fortentwicklung der Historie im „Rahmen einer sozialen Wissenschaft" propagierte[60] und dann von der Geschichte zur Sozial- und Verwaltungswissenschaft fand, oder wie die tief von Schmoller beeinflußten Kulturhistoriker Karl Lamprecht und Kurt Breysig[61]. Doch in den 1890er Jahren strahlten sozialwissenschaftliche Probleme in die Vorlesungen von Historikern (auch von Theologen und Juristen) aus, junge Fachhistoriker wie Hermann Oncken, Martin Spahn und Otto Hoetzsch zeigten sich von Schmoller beeindruckt und suchten weniger methodisch als in den Themenstellungen ihre Disziplin zu erweitern[62].

---

[58] Überblick bei Nipperdey, Deutsche Geschichte, S. 498 ff., vgl. auch die Tagung der Gesellschaft für Wissenschaftsgeschichte im Juni 1984 über „Die Wissenschaften bei der Entdeckung der Geschichtlichkeit ihrer Gegenstände", daraus in unserem Rahmen Rüdiger vom Bruch, Zur Historisierung der Staatswissenschaften. Von der Kameralistik zur historischen Schule der Nationalökonomie. In: Berichte zur Wissenschaftsgeschichte 8 (1985), S. 131–146.

[59] Dazu zahlreiche Einzelbeiträge in Arthur Spiethoff (Hg.), Gustav von Schmoller und die deutsche geschichtliche Volkswirtschaftslehre. Festgabe zur 100. Wiederkehr seines Geburtstages 24. Juni 1938. Berlin 1938.

[60] J. Jastrow, Der Liberalismus und die Wissenschaft. Historische Betrachtungen. In: Vierteljahrsschrift für Volkswirtschaft, Politik und Kulturgeschichte 26 (1889), Bd. 4, S. 1–41, Begriff S. 41.

[61] Zu Schmollers Einfluß auf Lamprecht vgl. Schorn-Schütte, Lamprecht, S. 37 f., 55, Zu Breysig: Bernhard vom Brocke, Kurt Breysig. Geschichtswissenschaft zwischen Historismus und Soziologie. Lübeck 1971.

[62] Zu diesen Querverbindungen Belege bei Rüdiger vom Bruch, Zeitungswissenschaft zwischen Historie und Nationalökonomie. Ein Beitrag zur Vorgeschichte der Publizistik als Wissenschaft im späten deutschen Kaiserreich. In: Publizistik 25 (1980), S. 579–607.

Die Mitgliederlisten des Vereins für Sozialpolitik und des Evangelisch-Sozialen Kongresses sowie die Referentenlisten der in den frühen 1890er Jahren wiederholt veranstalteten sozialpolitischen Kurse dieser Organisationen zeigen enge Berührungen vornehmlich zwischen Nationalökonomen, Historikern, Theologen und Juristen[63]. In der Kraft seiner reichen Begabung und persönlichen Ausstrahlung einzigartig, in der Tendenz jedoch symptomatisch, fand der evangelische Theologe und Kirchenhistoriker Adolf Harnack[64], später ein herausragender Wissenschaftsorganisator, über die drängenden sozialpolitischen Gegenwartsprobleme den Zugang zur Nationalökonomie, von seiner Neigung her den Weg zur Geschichtswissenschaft. Als Mitbegründer des Evangelisch-Sozialen Kongresses präsidierte er diesem dann von 1902 bis 1912; er selbst verstand sich als Theologe und Historiker. An der internen Vorbereitung und dann an der repräsentativen Ausgestaltung des Internationalen Historikertages in Berlin 1908 hatte er entscheidenden Anteil. In seinem Einladungsaufruf zum Kongreß hieß es: „Die Vertreter der Geistes- und Kulturwissenschaften können unter verschiedenen Gesichtspunkten zu Kongressen zusammentreten; aber der allgemeinste ist der der Geschichte. Er ist nicht nur der allgemeinste, sondern auch der gemeinschaftlichste“[65].

III. HISTORIKER

1. GESCHICHTE ALS UNIVERSITÄTSDISZIPLIN

Unter Einschluß der verschiedenen Teilfächer gab es 1910 im Deutschen Reich insgesamt 82 Ordinarien für Geschichte, davon 76 an Universitäten. Die personelle Besetzung schwankte an einzelnen Orten erheblich, zwischen drei Lehrstuhlinhabern wie in Greifswald oder Würzburg und neun in Berlin, von denen drei Neuhistoriker waren. Diese stellten insgesamt die größte Gruppe dar, schlüsselt man die großen Teilfächer Alte Ge-

[63] vom Bruch, Wissenschaft, S. 264–269.

[64] Agnes von Zahn-Harnack, Adolf von Harnack. ²Berlin 1951; Karl H. Neufeld, Adolf von Harnack. In: Deutsche Historiker, hg. von Hans-Ulrich Wehler, Bd. 7. Göttingen 1980, S. 24–38.

[65] Adolf Harnack, Der vierte Internationale Kongreß für historische Wissenschaften zu Berlin (6.–12. August 1908). In: Internationale Wochenschrift für Wissenschaft, Kunst und Technik 2 (1908), Sp. 513–518, Zitat Sp. 514.

schichte mit 21, Mittlere und Neuere Geschichte mit 27 und Neuere Geschichte allein mit 15 auf[66].

Innerhalb der ‚Zunft' hatte sich seit der Mitte der 1890er Jahre eine weitgehende Übereinstimmung durchgesetzt, die für politische und methodologische Frontenbildung nur noch wenig Raum beließ und eine insgesamt ruhige, zunehmend spezialisierte, vielfach wohl auch trockene Einzelforschung begünstigte. Nach 1890 häuften sich Klagen von Fachkollegen und Publizisten, die deutsche Geschichtswissenschaft habe sich allzu sehr spezialisiert, sie sei „unpersönlicher" geworden und „Rankes attische Anmut, Droysens schneidige Kraft" und Treitschkes „monumentales Pathos" gehörten der Vergangenheit an, wie die Rheinisch-Westfälische Zeitung anläßlich des Innsbrucker Historikertages 1896 schrieb und wie der Historiker und Herausgeber der Historischen Zeitschrift Friedrich Meinecke im nachhinein bestätigte[67]. Auf diesen Tagungen, die mit durchschnittlich zweihundert Teilnehmern einen erheblichen Teil der Historiker anzogen, setzte sich nach dem turbulenten Auftakt in München 1893 spätestens seit 1896 eine ruhige Kongreßtätigkeit durch, die durch keine Kontroversen oder Unstimmigkeiten überlagert war[68].

Wohl gab es in der deutschen Geschichtswissenschaft dieser Zeit eine Reihe von scharf ausgetragenen und mit Vorliebe von dem streitbaren Freiburger Wirtschafts- und Verfassungshistoriker Georg von Below ausgelösten wissenschaftlich-methodischen Kontroversen, doch insgesamt kennzeichnete die ‚Zunft' ein Konsens, den der hochkonservative von Be-

---

[66] Berechnet nach den statistischen Angaben bei Christian Ferber, Die Entwicklung des Lehrkörpers der deutschen Universitäten und Hochschulen 1865–1954. In: Untersuchungen zur Lage der deutschen Hochschullehrer, hg. von Helmuth Plessner, Bd. 3. Göttingen 1956, S. 55, 196, 207.

[67] Ausgabe vom 11. 9. 1896, ausführliche Wiedergabe dieses Artikels des Historikers und Publizisten Hans Hasselkamp bei Peter Schumann, Historikertage, S. 123–127. In einer Auseinandersetzung mit dem NS-Historiker Walter Frank hielt Meinecke 1935 fest: „Gewiß, wir waren, an Ranke und Treitschke gemessen, Epigonen, und das war unser unentrinnbares Schicksal. Unserer Arbeit hat ein gewisses starkes Etwas gefehlt, was den Generationen von Ranke bis Treitschke eigen war, nämlich die Symbiose von Wissenschaft und Politik, die in der politischen Luft seit 1871 nicht mehr voll gedeihen konnte. So daß in der Tat eine verknöchernde Tendenz zu bloßer Fachwissenschaft mit virtuoser Methodik nun einsetzen konnte." In: Historische Zeitschrift 152 (1935), S. 102.

[68] Vgl. neben Schumann, Historikertage, für die Frühphase 1893–1896: Karl Dietrich Erdmann, Geschichte, Politik und Pädagogik – aus den Akten des Deutschen Historikerverbandes. In: Geschichte in Wissenschaft und Unterricht 19 (1968), S. 2–21.

low selbst rückblickend auf die Formel brachte: „In den Grundfragen war eine Übereinstimmung erreicht", der sich auch sein dem Linksliberalismus nahestehender Ortskollege Meinecke anschloß[69]. Dieser Konsens betraf mehrheitlich unstrittige Tendenzen, wie sie insbesondere die Neuere Geschichte bestimmten. Dieser wurde von Neuhistorikern formuliert, die wegen der überragenden Bedeutung der sogenannten vaterländischen Geschichte im Mittelpunkt unserer Betrachtung stehen.

Althistoriker verfügten, darin den Altphilologen vergleichbar, über ein hohes Bildungsrenommée; politische Implikationen wie bei den Berliner Fachvertretern Theodor Mommsen und Eduard Meyer blieben Ausnahmen[70]. Die Mediävistik war häufig mit Neuerer Geschichte gekoppelt; das öffentliche Ansehen eines Dietrich Schäfer etwa beruhte neben seinem entschiedenen politischen Engagement in großen Agitationsvereinen mehr auf seinen neuhistorischen Publikationen und seiner Deutschen und Weltgeschichte als auf seinen Arbeiten zum Spätmittelalter und zur Hanse, die freilich seine wissenschaftliche Autorität stärkten[71]. Unter den übrigen Teildisziplinen nahm die osteuropäische Geschichte eine Sonderstellung ein, da die hier führenden Berliner Ordinarien Theodor Schiemann und Otto Hoetzsch zugleich als politische Publizisten hervortraten[72].

---

69 Georg von Below, Die parteiamtliche neue Geschichtsauffassung. Ein Beitrag zur Frage der historischen Objektivität. Langensalza 1920, S. 5 f.

70 Aus der nicht abreißenden Literatur über Theodor Mommsen vgl. immer noch Alfred Heuß, Theodor Mommsen und das 19. Jahrhundert. Kiel 1956; zu Meyer Kurt Fischer, Die politische und publizistische Tätigkeit Eduard Meyers im ersten Weltkrieg und in den ersten Jahren der Weimarer Republik (1914–1920). Diss. Potsdam 1963; Karl Christ, Von Gibbon zu Rostovtzeff. Darmstadt 1972, S. 286–373. In seiner Geschichte des Altertums, Bd. 1/I (Darmstadt 1953, S. 206) hatte Meyer zwar empohlen, in zeitgeschichtlichen Fragen eine gewisse Zurückhaltung zu üben, „weil das Werdende sich der unmittelbaren Erkenntnis" entziehe; dies hinderte ihn indes nicht, sich in vorderster Front am Tageskampf zu beteiligen. Zur Alten Geschichte im Umkreis der Altertumswissenschaften vgl. auch Luciano Canfora, Cultura classica e crisi tedesca. Gli scritti politici di Wilamowitz 1914–1931. Bari 1977, sowie W. Calder u. a. (Hg.): Wilamowitz nach 50 Jahren. Darmstadt 1985.

71 Zu Schäfer: Hans-Thomas Krause, Dietrich Schäfer. Vom Schüler Treitschkes zum ideologischen Wegbereiter des ersten Weltkrieges. Phil. Diss. Halle-Wittenberg 1968; ferner vom Bruch, Wissenschaft, S. 206–208.

72 Klaus Meyer, Theodor Schiemann als politischer Publizist. Frankfurt, Hamburg 1956; Gerd Voigt, Otto Hoetzsch 1876–1946. Wissenschaft und Politik im Leben eines deutschen Historikers. Berlin (O) 1978.

Beschränken wir uns auf die deutschen Neuhistoriker, so läßt sich der hier vorherrschende Konsens in fünf Punkte fassen, deren Kombination die besondere Stellung der Historie in der Wilhelminischen Zeit begründete. Sie war: eine reputierliche Wissenschaft, methodisch eine politische Wissenschaft, eine protestantische Wissenschaft, eine nationale Wissenschaft, eine wissenschaftliche Wissenschaft.

Reputierliche Wissenschaft

Auf die Bedeutung von Geschichtsunterricht und historischer Bildung im deutschen Bildungsbürgertum und auf die Ausstrahlung in Nachbardisziplinen wurde bereits hingewiesen. Exemplarisch sei hier nur die rege öffentliche Berichterstattung zu den deutschen Historikertagen sowie deren fast durchweg glänzende Beschickung durch staatliche und dynastische Führungspersonen vermerkt[73]. Der Internationale Historikertag in Berlin, der, wie Harnack an den Reichskanzler Fürst Bülow schrieb, auf ausdrücklichen Wunsch der deutschen Regierung zustande gekommen war[74], gestaltete sich zu einem gesellschaftlichen Ereignis[75]. Fünf Jahre zuvor hatte Wilhelm II. als einziger ausländischer Souverän an den Vorgängerkongreß in Rom eine Grußadresse gerichtet[76]; auf dem nachfolgenden Kongreß in London 1913 war „kein fremdes Land so gut vertreten wie Deutschland"[77].

[73] Zum Presseecho eingehend Schumann, Historikertage.

[74] Schreiben Harnacks an Reichskanzler Fürst Bülow vom 11. 11. 1907 mit einer eingehend begründeten Anfrage, ob Kaiser Wilhelm II. an dem Kongreß teilnehmen werde. Bülow bedauerte am 5. 8. 1908, nicht selbst teilnehmen zu können, und bezeichnete sich als verhinderten Historiker; bereits sein Vater habe ihm eine Geschichtsprofessur gewünscht. Beide Briefe in der Handschriftenabteilung der Deutschen Staatsbibliothek Berlin (O), Nachlaß Harnack, Korresp. Bülow.

[75] Das Presseecho war ungewöhnlich lebhaft. Vgl. auch Karl Dietrich Erdmann, 50 Jahre „Comité International des Sciences Historiques". Erfahrungen und Perspektiven. In: Geschichte in Wissenschaft und Unterricht 27 (1976), S. 524–537; zu den Kongressen vor 1914: S. 525–528.

[76] Vgl. den ausführlichen Kongreßbericht des Historiker Johannes von Pflugk-Harttung in der Zeitung „Der Tag" (rot) Nr. 175, 176 (1903).

[77] George Peabody Gooch, in: Die Geschichtswissenschaft der Gegenwart in Selbstdarstellungen, hg. von Siegfried Steinberg, Bd. 2. Leipzig 1926, S. 12.

Politische Wissenschaft

In der Kontroverse zwischen Dietrich Schäfer und dem Nationalökonomen und Kulturhistoriker Eberhard Gothein am Ende der 1880er Jahre und im Lamprechtstreit in der Mitte der 1890er Jahre wurden programmatische Ansprüche auf „das Recht einer umfassenden Kulturgeschichte im modernen Sinn", wie sie Gothein forderte, ebenso zurückgewiesen wie die unter Materialismusverdacht geratenen, zweifellos noch nicht ausgereiften sozialpsychologischen, wirtschaftsgeschichtlichen und strukturanalytischen Fragestellungen und Methoden, die Lamprecht und seine Anhänger propagierten[78]. Damit waren diese vornehmlich im Ausland aufgenommenen Ansätze[79] auch in Deutschland keineswegs abgeschnitten. Neben den weiteren Arbeiten von Lamprecht selbst und seinem wichtigsten Gesinnungsgenossen Kurt Breysig fanden ihre Fragestellungen gleichsam unterhalb der Schwelle methodologischer Programmatik Raum bei unverdächtigen Mitgliedern der ‚Zunft' bis hin zu dezidierten Vertretern einer politischen Geschichtsschreibung wie Martin Spahn oder Hermann Oncken, und sie konnten auch von Lamprecht auf dem Dresdener Historikertag 1907 und auf dem Berliner internationalen Kongreß 1908 vorgetragen werden[80]. Den gleichwohl verbindlichen Mehrheitskonsens berührte das jedoch nicht. Diesen hatte einer der führenden Vertreter der „Ranke-Renaissance", Max Lenz[81], in seiner Hamburger Antrittsre-

---

[78] Dazu Gerhard Oestreich, Die Fachhistorie und die Anfänge der sozialgeschichtlichen Forschung, S. 326 ff.; zum Lamprechtstreit oben Anm. 52.

[79] Zur Rezeption Lamprechts in der belgischen, französischen, polnischen, englischen und US-Geschichtswissenschaft vgl. Luise Schorn-Schütte, Karl Lamprecht und die internationale Geschichtswissenschaft an der Jahrhundertwende. In: Archiv für Kulturgeschichte 67 (1985), S. 417–464.

[80] Für Spahn und Oncken vgl. deren Arbeiten zur Geschichte der Parteien, der Presse und der öffentlichen Meinung, aufgeführt bei vom Bruch, Zeitungswissenschaft, S. 585 ff.; Lamprechts Vorträge auf dem deutschen Historikertag 1907 und dem internationalen Kongreß 1908 über Kultur- und Universalgeschichte (mit besonderer Berücksichtigung seines Leipziger Forschungsinstitutes) wurden abgedruckt in: Die deutsche Hochschule 2 (1907), S. 195–200, und in: Internationale Wochenschrift für Wissenschaft, Kunst und Technik 2 (1908), Sp. 1141–1150.

[81] Zu Lenz vgl. mit weiterer Literatur Rüdiger vom Bruch, Max Lenz. In: Neue Deutsche Biographie, Bd. 14, 1985, S. 231–233. Lenz wird in unserem Beitrag nicht nur wegen seiner programmatischen Formulierungskraft, sondern auch als unbestritten herausragender Neuhistoriker dieser Zeit in den Mittelpunkt gestellt (vgl. dazu auch Hans-Heinz Krill, Die Ranke-Renaissance. Max Lenz und Erich Marcks. Berlin 1962); Elisabeth Fehrenbach, Rankerenaissance und Impe-

de 1914 programmatisch formuliert: „Und so erscheint dem Historiker der Friede, dessen wir genießen, nur als eine Stufe der Weltentwicklung, und sind auch wir den gleichen Gesetzen unterworfen wie jede andere Macht; alles hängt ab von der allgemeinen Politik, von der Stellung und dem Platz, den eine Macht in ihr einnimmt ... Dies ist der Grund, der uns zwingt, die auswärtige Politik in den Mittelpunkt aller Geschichte zu stellen; soweit der Staat wiederum der Mittelpunkt und der Gipfel jeder geschichtlichen Betrachtung sein wird ... Immer sind es die großen Haupt- und Staatsaktionen, ist es die Welt des Staates, sind es seine Lebensbedingungen und alle seine Mittel und Verrichtungen, auf welche die Entwicklung aus jeder Sphäre des Daseins hindrängt, und durch die wiederum alle Äußerungen des allgemeinen wie des persönlichen Lebens bestimmt werden[82]."

Protestantische Wissenschaft

In seiner Festrede zum Berliner Universitätsjubiläum 1910 sah wiederum Max Lenz in der Idee der „protestantischen Wissenschaft" die Grundlage der modernen Universität[83]. Im Kontext der Wilhelminischen Zeit konnte der auf katholischer Seite aufmerksam registrierte[84] konfessionalistische

---

rialismus in der Wilhelminischen Zeit. In: Geschichtswissenschaft in Deutschland, hg. von Bernd Faulenbach. München 1974, S. 54–65.

82 Abdruck der Rede bei Manfred Asendorf, Aus der Aufklärung in die permanente Restauration. Geschichtswissenschaft in Deutschland. Hamburg 1974, S. 225–229, Zitate S. 226 f. Zur wissenschaftlich sanktionierten Reduktion insbesondere der Zeitgeschichtsschreibung auf die „politische Geschichte" vgl. Ernst Schulin, Traditionskritik und Rekonstruktionsversuch. Göttingen 1979, S. 92–96.

83 Max Lenz, Über die drei Perioden der Geschichte der Berliner Universität. Rede zur Jahrhundertfeier der Friedrich-Wilhelms-Universität gehalten am 12. 10. 1910. Abgedruckt in: Idee und Wirklichkeit. Dokumente zur Geschichte der Friedrich-Wilhelms-Universität zu Berlin, hg. von Wilhelm Weischedel. Berlin 1960, S. 457–466. Vgl. mit durchaus ähnlicher Argumentation Thomas Nipperdey, Die protestantische Unruhe. Luther und die Bildung der Deutschen. In: „Frankfurter Allgemeine Zeitung", 19. 3. 1983.

84 So etwa in den katholischen Zeitschriften „Hochland" und „Historisch-Politische Blätter" für das katholische Deutschland. Ein Jahrzehnt zuvor hatte der Streit um sog. voraussetzungslose Forschung in der Geschichtswissenschaft in Öffentlichkeit und Zunft hohe Wellen geschlagen, vgl. dazu Christoph Weber, Der „Fall Spahn" (1901). Ein Beitrag zur Wissenschafts- und Kulturdiskussion im ausgehenden 19. Jahrhundert. Rom 1980; ferner zum spannungsreichen Verhältnis zwischen katholischem Kultur- und Wissenschaftsmilieu und protestantisch

Unterton nicht verborgen bleiben. Bezeichnenderweise stieß Adolf Harnack am 27. Januar 1907 mit seiner Rede über Protestantismus und Katholizismus in Deutschland, in der er – motiviert durch Kulturkampftöne in der gleichzeitigen Reichstagswahl – zu gegenseitiger Toleranz aufrief, bei seinen protestantischen Kollegen auf „eisige Kühle". Der Philosoph und Bildungshistoriker Friedrich Paulsen erwähnte in einem Kommentar das „Kopfschütteln" bei Hörern und Lesern, „als ob darin zu viel Nachgiebigkeit gegen die ‚feindliche' Konfession zur Erscheinung komme", und fuhr fort: „Ich begrüße sie [die Rede] mit Freude als ein Anzeichen, daß im Protestantismus die Hoffnung auf die siegreiche Kraft des eigenen Prinzips nicht erloschen ist[85]."

Historiographische Kontroversen mit konfessionspolitischem Hintergrund wie Jahrzehnte zuvor der Sybel-Ficker-Streit wurden jetzt nicht mehr ausgetragen; nach dem „Fall Spahn" 1901 dominierte eine mißtrauischabgeschottete Koexistenz im Bewußtsein einer eindeutigen protestantischen Überlegenheit im führenden Preußen und vornehmlich in Berlin, während bedeutende Leistungen einer katholisch geprägten Geschichtswissenschaft mit Mittelpunkten im preußischen Münster und in Süddeutschland, so im bayerischen München, die Selbstdarstellung und Resonanz der Historie dieser Zeit nicht maßgeblich zu beeinflussen vermochten[86]

---

geprägter Nationalkultur: Johannes Horstmann, Katholizismus und moderne Welt. Katholikentage, Wirtschaft, Wissenschaft – 1848 bis 1914. München 1976; Martin Baumeister, Parität und katholische Inferiorität. Untersuchungen zur Stellung des Katholizismus im Kaiserreich. Paderborn 1987; Anton Rauscher (Hg.), Katholizismus, Bildung und Wissenschaft im 19. und 20. Jahrhundert. Ebd 1987.

[85] Abdruck der Rede in Bd. 127 der Preußischen Jahrbücher und als Broschüre: Berlin 1907. Zur Resonanz vgl. Zahn-Harnack, Harnack, S. 412, und Friedrich Paulsen in der Deutschen Literaturzeitung 28 (1907), S. 390.

[86] Bernd Mütter, Die Geschichtswissenschaft in Münster zwischen Aufklärung und Historismus. Münster 1980, bes. S. 246–289; Hedwig Dickerhof-Fröhlich, Das Fach Geschichte an der Universität München im 19. Jahrhundert. Vom Bildungsfach zum Berufsstudium. In: Die Ludwig-Maximilians-Universität in ihren Fakultäten, hg. von Laetitia Boehm u. a., Bd. 2. Berlin 1980, S. 257–280; zur Einordnung: Josef Engel, Die deutschen Universitäten und die Geschichtswissenschaft. In: 100 Jahre Historische Zeitschrift 1859–1959. In: Historische Zeitschrift 189 (1959), S. 223–378. Beim Internationalen Historikerkongreß in Berlin 1908 waren in dem aus 45 Berliner Gelehrten bestehenden Organisationskomitee deutsche katholische Historiker ebenso wenig repräsentiert wie in der Leitung der acht Sektionen (Eduard Sachau, Eduard Meyer, Dietrich Schäfer, Gustav Roethe, Otto Gierke, Adolf Harnack, Heinrich Wölfflin, Michael Tangl);

Nationale Wissenschaft

Zu innerwissenschaftlich ausgetragenen politischen Frontstellungen ist es unter den Historikern nicht gekommen. Außenseiter wurden, wie der Münchener Ludwig Quidde, nach einem Eklat aus der ‚Zunft' herausgedrängt oder bei gemäßigter Abweichung und anerkannter wissenschaftlicher Dignität stillschweigend integriert wie der Göttinger Max Lehmann[87]. Die Perspektive war fast durchweg gouvernemental-vaterländisch; es galt, das 1871 entstandene Reich – unter vorrangiger Betonung preußischer Traditionslinien – zu verankern, Kontinuitäten herauszustellen und die Weiterentwicklung des Reiches außenpolitisch argumentativ abzusichern[88].

---

personelle Angaben bei Harnack, Der vierte Internationale Kongreß, Sp. 517. Eine Ausnahme stellte allein der gebürtige Österreicher und katholische Mediävist und Hilfswissenschaftler Tangl dar, den Friedrich Althoff 1900 gegen den erbitterten Widerstand der liberalen Presse nach Berlin berufen hatte.

[87] Vgl. für Quidde die biographische Einleitung von Hans-Ulrich Wehler (Hg.), Ludwig Quidde, Caligula. Schriften über Militarismus und Pazifismus. Frankfurt/M. 1977, S. 7–18; zu Lehmann: Rüdiger vom Bruch, Max Lehmann S. 88–90.

[88] Hierzu und zu nachwirkenden Grundmustern Bernd Faulenbach, Ideologie des deutschen Weges. Die deutsche Geschichte in der Historiographie zwischen Kaiserreich und Nationalsozialismus. München 1980; ferner Wolfgang Jäger, Historische Forschung und politische Kultur in Deutschland. Die Debatte 1914–1980 über den Ausbruch des Ersten Weltkrieges. Göttingen 1984. Zur überragenden Bedeutung Preußens in der Geschichtsschreibung im Kaiserreich vgl.: Das Preußenbild in der Geschichte. Protokoll eines Symposions, bearb. und hg. von Otto Büsch. Berlin 1981; Hans Prutz, Die Hauptrichtungen der preußischen Geschichtsschreibung (1900), wieder in: Moderne Preußische Geschichte 1648–1947. Eine Anthologie, bearb. und hg. von Otto Büsch und Wolfgang Neugebauer, Bd. 1. Berlin 1981, S. 14–25; eine umfassende Untersuchung des Preußenbildes in Publizistik, Geschichtsunterricht und Wissenschaft unter ausgewogener Behandlung der „borussischen" und „antiborussischen" Richtung liegt vor mit Jürgen Mirow, Das alte Preußen im deutschen Geschichtsbild seit der Reichsgründung. Berlin 1981, zum Kaiserreich S. 41–134. Angesichts der unübersehbar politischen Funktion der preußischen Geschichtsforschung – vgl. etwa in einseitig-kritischer Zuspitzung Heinz Kathe, Die Hohenzollernlegende. Berlin (O) 1973 – traten die bedeutenden Leistungen der übrigen landesgeschichtlichen Forschungen im öffentlichen Bewußtsein in den Hintergrund; vgl. etwa zur hochentwickelten landesgeschichtlichen Forschung in Bayern: Andreas Kraus, Ein großes Jahrhundert bayerischer Geschichtsschreibung. – Sigmund von Riezler und Michael Doeberl zum Gedächtnis. In: ders., Bayerische Geschichtswissenschaft in drei Jahrhunderten. Gesammelte Aufsätze. München 1979, S. 243–259. – Zum unbefangenen und – im Vergleich zu spä-

Innenpolitische Streitfragen wurden dagegen bewußt ausgeklammert. So bescheinigte die konservative Zeitschrift „Die Grenzboten" dem Frankfurter Historikertag „bewußtes Nationalgefühl und echt deutsche Gesinnung"[89]; von einer Resolution zu der in diesen Monaten die gebildete Öffentlichkeit aufwühlenden Umsturzvorlage nahm der Historikertag jedoch Abstand und bekundete damit „falsche politische Neutralität"[90].

Wissenschaftliche Wissenschaft

Immer wieder betonte man das ruhige Fortschreiten auf gesicherter Grundlage. Die wissenschaftliche Objektivität interessenfreier und unparteilicher Wissenschaft schien ebenso verbürgt wie die Leistungsfähigkeit des handwerklichen und methodischen Rüstzeugs. Mit einem Aufsatz über „Die Stellung der historischen Wissenschaften in der Gegenwart" im Dezemberheft 1897 der führenden Kulturzeitschrift „Deutsche Rundschau" konnte Lenz auf den Beifall der Fachgenossen rechnen, wenn er den Alleinherrschaftsanspruch des „naturwissenschaftlichen Zeitalters" unter Hinweis auf die Historisierung aller Kulturwissenschaften zurückwies und für die Historie selbst feststellte, „daß wir heute keine Nebenzwecke, keine besonderen Ideale verfolgen. Wir wollen nur berichten, wie wir zu dem geworden sind, was wir sind, und behaupten gar nicht, daß wir es besonders weit gebracht haben . . . In allem aber dringen wir auf das Wesen, die Eigenart der Zeiten ein. Wir machen kaum den Anspruch . . . , die Gesetze in der Erscheinungen Flucht nachzuweisen; nur

---

teren Jahrzehnten – unproblematisierten „Nationalbewußtsein" deutscher Historiker vor 1914 vgl. Michael Salewski, Nationalbewußtsein und historisches Selbstverständnis oder: Gibt es neue Wege historischen Erkennens? In: Geschichte und Geschichtsbewußtsein. 19 Vorträge, hg. von Oswald Hauser. Göttingen 1981, S. 19–46, bes. S. 21 f.

89 Die Grenzboten 54 (1895), Bd. 2, S. 273.

90 Erdmann, Geschichte, Politik und Pädagogik, S. 21. Für Erdmann waren sich die deutschen Historiker 1895 „der fundamentalen Tatsache nicht bewußt gewesen", daß „die Wissenschaft als Wissenschaft in dem einen Punkte nicht wertfrei (ist), insofern sie die Voraussetzungen wollen muß, von denen sie selber abhängt", ebd. S. 18. Vgl. dazu auch Joachim Rohlfes, Karl Dietrich Erdmanns GWU-Beiträge 1950–1984. In: Geschichte in Wissenschaft und Unterricht 36 (1985), S. 241, 244. Zur Umsturzvorlage und den Protestaktionen vgl. vom Bruch, Wissenschaft, S. 142–145.

das bunte Bild des Lebens in allen Jahrhunderten wollen wir abschildern[91]."

Daß der deutschen Geschichtswissenschaft auf dieser Grundlage eine in Einzelarbeit und organisiertem Verbund eindrucksvolle Erschließung, Präsentation und Auswertung umfangreicher Quellenbestände gelang, die in zeitüberdauernden Monographien und Editionen gipfelte, ist nicht zu bezweifeln[92].

3. GESCHICHTE UND POLITIK

Eine Diskrepanz zwischen der wissenschaftlichen erfolgreichen Selbstbescheidung und einer gleichzeitig einsetzenden, von Historikern wie Lenz entscheidend mitgetragenen flotten- und weltpolitischen Publizistik mit agitatorischem Charakter war jedoch nicht zu übersehen. Diese spiegelte das Selbstverständnis einer Disziplin wider, die sich angesichts der ungebrochenen Wertschätzung von Geschichte als Bildungsmacht zu keiner Vorwärtsverteidigung gezwungen sah und sich unbefangen im Bewußtsein wissenschaftlicher Objektivität in den Dienst der „vaterländischen" Sache stellte. Doch warnende Untertöne blieben nicht aus. So bestand für Lenz „kein Zweifel, daß die nervöse Unruhe unserer Zeit, ihre Angst vor der Zukunft, ja das Gefühl seelischer Verarmung, welches weite Kreise zu

---

[91] Wieder abgedruckt in: Deutsche Rundschau. Acht Jahrzehnte deutschen Geisteslebens, hg. von Rudolf Pechel. Hamburg 1961, S. 221–231, Zitate S. 226 f. Wie sehr Lenz hier repräsentativ ist, zeigt etwa Paul Egon Hübinger, Das historische Seminar der Rheinischen Friedrich-Wilhelms-Universität zu Bonn. Vorläufer – Gründung – Entwicklung. Ein Wegstück deutscher Universitätsgeschichte. Bonn 1963, S. 196, mit seinem Resumé zum Wirken von Ritter, Bezold, Schulte und Levison, für die „mit der Abkehr von der in Sybels und Droysens Art auf politischen Einfluß zielenden Geschichtswissenschaft mit Bezolds ‚universaler Sympathie' und Ritters ‚Keinseitigkeit der Sympathie' . . . durchaus keine Isolierung der Bonner Historiker von dem nationalen Leben und seinen Ansprüchen, wie die Zeit sie verstand, verbunden war".

[92] Theodor Schieder (Hg.), Hundert Jahre Historische Zeitschrift, 1959, bes. Hermann Heimpel, Über Organisationsformen historischer Forschung in Deutschland, wieder in: Beiträge zur Organisation der historischen Forschung in Deutschland aus Anlaß des fünfundzwanzigjährigen Bestehens der ‚Historischen Kommission zu Berlin' am 3. Februar 1984. Berlin 1984, S. 47–136; Theodor Schieder, Organisation und Organisationen der Geschichtswissenschaft: 125 Jahre Historische Kommission bei der Bayerischen Akademie der Wissenschaften. In: Historische Kommission bei der Bayerischen Akademie der Wissenschaften 1858–1983. München 1984, S. 22–44.

ergreifen droht", auf „fortschreitende Kritik und Unterhöhlung aller unserer Überlieferungen zurückzuführen ist"[93]. Eine kulturpolitische Dienstverpflichtung leitete man daraus zu dieser Zeit jedoch in der Regel nicht ab.
Ein wesentlich anders Bild bot sich fünfzehn Jahre später. In den letzten Vorkriegsjahren wurde in der Presse und in der ‚Zunft' selbst auffällig häufig die politische und kulturelle Verantwortung der Universitätshistoriker beschworen. Friedrich Meinecke rief die Kollegen 1911 auf, „sich mutiger in Philosophie und Politik zu baden"; die alten Gegner Lamprecht und Oncken forderten unabhängig voneinander eine „Politisierung der Gesellschaft" bzw. eine „Politisierung der Nation auf der Grundlage historischer Bildung"; der Tübinger Neuhistoriker Adalbert Wahl beklagte den „Mangel an historischer Anschauung" vor allem in der auswärtigen Politik und sein Leipziger Kollege Erich Brandenburg stellte die These auf, erfolgreiches Handeln sei „dem Politiker nur durch das Studium der neuesten Geschichte als der unmittelbaren Vorgeschichte der gegenwärtig brennenden Fragen" möglich[94]. Die Geschichte ihrerseits hatte nach Oncken die „Fühlung mit den wirksamen Kräften des Lebens manchmal verloren" und sei „nach ihrer vormaligen Führung im deutschen geistigen Leben von anderen Wissenschaften überflügelt" worden[95]. Zur Erklärung solcher Äußerungen sind vier ihnen zugrundeliegende Tendenzen zu beachten.
1. Die im letzten Drittel des 19. Jahrhunderts erwachsene Kulturkritik an materialistischer Verflachung und Zersplitterung und an einem drohenden Verlust nationaler Identität hatte nach der Jahrhundertwende eine erhebliche Breitenwirkung erlangt. Gleichzeitig verstärkten sich in der bil-

---

93 Lenz, Die Stellung, S. 228. Vgl. dazu auch Herbert Schnädelbach, Die Abkehr von der Geschichte. Stichworte zum „Zeitgeist" im Kaiserreich. In: Ideengeschichte und Kunstwissenschaft im Kaiserreich, hg. von Ekkehard Mai, Stephan Waetzoldt, Gerd Wolandt. Berlin 1983, S. 31–43.

94 Meinecke in der Vorrede zur 2. Aufl. von Weltbürgertum und Nationalstaat, 1911; Karl Lamprecht, Die künftige Politisierung der Gesellschaft. In: „Berliner Tageblatt" vom 15. 1. 1907; Hermann Oncken, Historisch-Politische Aufsätze und Reden, Bd. 1. München, Berlin 1914, S. VI; Adalbert Wahl, Die Lehren der Geschichte. In: Der Panther 1 (1912), S. 19; Erich Brandenburg, Kann der Politiker aus der Geschichte lernen? In: Vergangenheit und Gegenwart 1 (1911), S. 15–26.

95 Oncken in seiner Rezension zu Meineckes Weltbürgertum und Nationalstaat. In: Forschungen zur brandenburgischen und preußischen Geschichte 25 (1912), S. 315 f.

dungsbürgerlichen und akademischen Jugend Zeichen einer neuen idealistischen Gestimmtheit am Vorabend des Weltkrieges[96].

2. Offiziöse Initiativen um eine in Schulen und Volksbildung zu verankernde staatsbürgerliche Erziehung maßen historischer Bildung einen hohen Stellenwert zu. Nachdem die auf die Sozialwissenschaften gesetzten Hoffnungen zur Förderung der sozialen Integration der Nation nach der Jahrhundertwende verebbten, wurde gleichsam in einem neuen Anlauf die „kulturelle Frage" als Integrationsideologie aufgerichtet[97].

3. Die als bedrohlich gewertete außenpolitische Entwicklung („Einkreisung") ließ es ratsam erscheinen, aktuelle Konstellationen in langfristige Entwicklungstrends einzuordnen und eine vertiefte historische Legitimation deutscher Weltpolitik zu leisten[98].

4. Eine kleine Gruppe von Neuhistorikern hatte seit der Jahrhundertwende wiederholt zu außenpolitischen Grundsatzfragen publizistisch Stellung genommen und damit einen politischen Anspruch aufgestellt, der folgerichtig auf eine Politisierung historischer Bildung hindrängte und zugleich die Diskrepanz zwischen Anhörungsanspruch und wissenschaftlichem Alltagsbetrieb scharf markierte. Daher galt es nach Meinecke, den „tiefen Riß" zwischen historischer ‚Zunft' und der „modernen Tageskultur" zu überwinden[99]. Das Echo blieb innerhalb der Disziplin bis Kriegsausbruch gering. Man hielt an dem Postulat politischer Wegweisung fest, vermied jedoch sorgfältig jede Gefährdung strenger Wissenschaftlichkeit. Nach Below bezog sich die Übereinstimmung der Historiker in der Vorkriegszeit „auch auf politische Vorgänge, Verhältnisse und Tatsachen, was von vornherein damit gegeben ist, daß ein zusammenhängendes geschichtliches Urteil ohne politisches Werturteil sich nicht gewinnen läßt. Indessen, soweit über-

---

[96] Fritz Stern, Kulturpessimismus als politische Gefahr. Bern 1963; Fin de siècle. Zur Literatur und Kunst der Jahrundertwende, hg. von Roger Bauer u. a. Frankfurt 1977; Gabriele von Heesen-Cremer, Zum Problem des Kulturpessimismus. Schopenhauer-Rezeption bei Künstlern und Intellektuellen von 1871 bis 1918. In: Ideengeschichte und Kunstwissenschaft, S. 45–70; Walter Rüegg (Hg.), Kulturkritik und Jugendkult. Frankfurt/M. 1974.

[97] vom Bruch, Weltpolitik, S. 41–57.

[98] Klaus Wernecke, Der Wille zur Weltgeltung. Außenpolitik und Öffentlichkeit im Kaiserreich am Vorabend des Ersten Weltkrieges. Düsseldorf 1970.

[99] Friedrich Meinecke, Die deutsche Geschichtswissenschaft und die modernen Bedürfnisse. In: Die Hilfe 22 (1916), S. 224; zum Vorkriegsjahrzehnt vgl. Schenk, Rivalität; vom Bruch, ‚Militarismus', ‚Realpolitik', ‚Pazifismus'. Außenpolitik und Aufrüstung in der Sicht deutscher Hochschullehrer (Historiker) im späten Kaiserreich. In: Militärgeschichtliche Mitteilungen 39 (1986), S. 37–58.

haupt in solchen Dingen Objektivität erreicht werden kann, war sie hier erreicht"[100]. Erst nach Ausbruch des Krieges fand schlagartig eine „Politisierung" auch und gerade deutscher Universitätshistoriker statt, die nach dem gemeinsamen Erlebnis der „Ideen von 1914" binnen Jahresfrist eine 1917/18 dramatisch verschärfte Polarisierung einleitete[101].

IV. NATIONALÖKONOMEN

1. NATIONALÖKONOMIE ALS UNIVERSITÄTSDISZIPLIN

Eine Belows Urteil entsprechende Übereinstimmung reklamierte der Volkswirtschaftslehrer Gustav Schmoller 1900 für seine Disziplin, in der „über einer steigenden Zahl der wichtigsten Fragen doch zwischen den verschiedensten Richtungen eine erfreuliche Einheit sich bildet"[102]. Als Rückblick auf die Entwicklung des Faches von der Reichsgründung bis zur Jahrhundertwende traf diese Einschätzung im wesentlichen zu, seine Hoffnung jedoch, daß nun „eine neue, einheitliche Wissenschaft" sich ausforme, erwies sich im kommenden Jahrzehnt als irrig. Eine vormals erstaunliche Geschlossenheit des Faches hinsichtlich seiner inhaltlichen Zweckbestimmung und seiner Stellung im öffentlichen Leben wurde bis 1914 erheblich erschüttert. Jene von Below betonten Begriffe Objektivität und Werturteil dienten als Hebel, um bisher vorherrschende normative und methodologische Annahmen in Frage zu stellen[103] und beschleunigten eine auch institutionelle Auflösung der Disziplin, die sich seit 1919 in

---

100 Georg von Below, Die deutsche Geschichtsschreibung von den Befreiungskriegen bis zu unseren Tagen. Berlin 1916, S. 6 f.

101 Grundlegend immer noch Klaus Schwabe, Wissenschaft und Kriegsmoral. Die deutschen Hochschullehrer und die politischen Grundfragen des Ersten Weltkrieges. Göttingen 1969. Vgl. ferner meine Besprechung „Kriegserlebnis" (Klaus Böhme (Hg.), Aufrufe und Reden deutscher Professoren im ersten Weltkrieg. Stuttgart 1975; Klaus Vondung (Hg.), Kriegserlebnis. Der Erste Weltkrieg in der literarischen Gestaltung und symbolischen Deutung der Nationen. Göttingen 1980; Eckart Koestler, Literatur und Weltkriegsideologie. Kronberg 1977). In: Neue Politische Literatur 29 (1984), S. 366–369.

102 Gustav Schmoller, Grundriß der Allgemeinen Volkswirtschaftslehre, Teil 1. Leipzig 1900, S. 122.

103 Zuletzt Nereu Feix, Werturteil, Politik und Wirtschaft. Werturteilsstreit und Wissenschaftstransfer bei Max Weber. Göttingen 1978.

die Fachrichtungen Wirtschaftswissenschaften und Sozialwissenschaften aufspaltete[104].

Wie weit deckt die akademische Disziplin Nationalökonomie die Personengruppe Sozialwissenschaftler ab? Das heutige sozialwissenschaftliche Kernfach Soziologie war im Kaiserreich akademisch nicht etabliert. Die ersten Lehrstühle für Soziologie in Verbindung mit Nationalökonomie, Staatswissenschaft oder Philosophie wurden erst 1919 in den neuen Universitäten Frankfurt und Köln mit Oppenheimer, Leopold von Wiese und Max Scheler besetzt. Um die Jahrhundertwende galt als führender deutscher Soziologe der Eutiner Privatgelehrte Ferdinand Tönnies. Im Januar 1909 gründeten Außenseiter und Hochschullehrer die Deutsche Gesellschaft für Soziologie; zum Vorsitzenden wurde zunächst nicht Tönnies, sondern der Berliner Kulturhistoriker und Extraordinarius Kurt Breysig gewählt, der sich selbst gegenüber Tönnies zum Heimatlosen zwischen Soziologie und Geschichte erklärt hatte[105]. Spätestens diese Gründung, die sich als Gegengewicht zu dem Verein für Sozialpolitik verstand, widerlegte Schmollers Hoffnung auf eine einheitliche, ethisch geleitete, von sozialem Verantwortungsbewußtsein getragene und maßgeblich von der deskriptiv-historischen Schule geprägte Wissenschaft. Der von ihm beschworene Konsens zerbröckelte in ganz unterschiedlichen Bereichen: Mit dem Werturteilsstreit waren politische Angriffe von links wie von rechts gegen jene „ethische“ und in ihrem Kern sozialkonservative Volkswirtschaftslehre verknüpft; die einen suchten einen politischen Erziehungsgedanken durch eine rechtlich verbürgte, vollständige politische Partizipation zu ersetzen, andere hielten der von Wagner und Schmoller proklamierten nationalen Sozialpolitik die Bedürfnisse der Privatwirtschaft und der zunehmend international verflochtenen Wirtschaftsbeziehungen entgegen und plädierten für eine die traditionsreiche Volkswirtschaftslehre ergänzende Betriebs- bzw. Weltwirtschaftslehre. Gleichzeitig wurden die methodolo-

[104] Claus-Dieter Krohn, Wirtschaftstheorien als politische Interessen. Die akademische Nationalökonomie in Deutschland 1918–1933. Frankfurt 1981; Dirk Käsler, Die frühe deutsche Soziologie 1909 bis 1934 und ihre Entstehungsmilieus. Opladen 1984; vom Bruch, Moderne Wissenschaftsgeschichte als Bildungs-, Sozial- und Disziplinengeschichte. Das Beispiel der frühen Soziologie. In: Historische Zeitschrift 242 (1986), S. 361–373.

[105] Dazu Dirk Käsler, Der Streit um die Bestimmung der Soziologie auf den Deutschen Soziologentagen 1910–1930. In: M. Rainer Lepsius (Hg.), Soziologie in Deutschland und Österreich 1918–1945. Opladen 1981, S. 199–244. Brief Breysigs an Tönnies vom 8. 12. 1897 in Landesbibliothek Kiel, Nachlaß Ferdinand Tönnies.

gischen Grundlagen der in Deutschland etablierten Disziplin durch neoliberale, theoriebewußte und auf eine Mathematisierung des Methodenarsenals hindrängende Anstöße aus England, Skandinavien, Österreich und der Schweiz in Frage gestellt[106]. Im Gegensatz zur Geschichtswissenschaft bot die akademische Nationalökonomie in Deutschland am Vorabend des Weltkrieges nicht das Bild einer von einem verbindlichen Selbstverständnis getragenen ‚Zunft'[107].

1910 bestanden an deutschen Hochschulen 45 Ordinariate für Nationalökonomie, davon 36 an Universitäten; ihr Gewicht entsprach so numerisch dem der Mittleren und Neueren Geschichte. Die Anzahl der Lehrstühle im Einzelfach Nationalökonomie/Volkswirtschaftslehre deckt sich fast vollständig mit der gesamten Fächergruppe Wirtschafts- und Sozialwissenschaften, für die 1910 49 Lehrstühle ermittelt wurden[108].

Als organisatorischer Niederschlag schlug der die fehlende Standesorganisation ersetzende Verein für Sozialpolitik, ein akademisches und sozialpolitisches Diskussionsforum, eine Brücke zwischen Wissenschaft und Gesellschaft. 1910 befanden sich unter insgesamt 760 Vereinsmitgliedern 132 Professoren, in Vorstand und Ausschuß dominierten unter 87 Mitgliedern mit 69% die 57 Universitätsprofessoren. Zwar waren auch weitere Fächer vertreten; doch führten die Nationalökonomen bei weitem; ihr gesamtes akademisches Lehrpersonal, etwa 100 Dozenten, war fast vollständig in den Verein eingebunden[109].

---

[106] Dazu Feix, Werturteil; vom Bruch, Wissenschaft, S. 294–320; ders., Sozialwissenschaft und Sozialreform im deutschen Kaiserreich (Manuskript eines Vortrages auf dem 34. deutschen Historikertag in Münster 1982).

[107] Natürlich war auch die deutsche Geschichtswissenschaft in der Vielzahl ihrer epochen- und teilbereichspezifischen Orientierungen keine „einheitliche" Wissenschaft, doch entsprechend dem Charakter einer ‚Zunft' hatte sie verbindliche handwerkliche Reglements und eine relativ geschlossene Außendarstellung geschaffen.

[108] Ferber, Untersuchungen, S. 198, 203.

[109] Zur Entwicklung des Vereins für Sozialpolitik vgl. Lindenlaub, Richtungskämpfe; Irmela Gorges, Sozialforschung in Deutschland 1872–1914. Gesellschaftliche Einflüsse auf Themen- und Methodenwahl des Vereins für Socialpolitik. Königstein 1980. Zahlenangaben nach vom Bruch, Wissenschaft, S. 303, Gorges, S. 414–417, dort auch (passim) detaillierte Angaben zur Berufsstruktur der Mitglieder und Teilnehmer in den einzelnen Entwicklungsphasen des Vereins seit 1872; Irmela Georges, Sozialforschung in der Weimarer Republik 1918–1933. Frankfurt 1986, S. 5–19, 55–80.

2. NATIONALÖKONOMIE UND POLITIK

Auf die beiden entscheidenden Grundlagen des um 1900 noch weithin gültigen Konsens wies zum einen der Berliner Finanzwissenschaftler Adolf Wagner 1895 hin: „Was früher die Einheitsfrage war, ist heute die soziale Frage"[110], zum anderen Gustav Schmoller in seiner Berliner Rektoratsrede 1897, für den aus der „Geschäftsnationalökonomie wieder eine moralisch-politische Wissenschaft" geworden war, die Maßstäbe für eine staatliche initiierte und von sozialen Gruppen mitgestaltete Sozialreform aufzustellen habe[111]. Als zentrales Ziel galten dieser Nationalökonomie weniger wirtschaftliche Produktivitätsteigerung und freie individuelle Entfaltung wie in der klassischen politischen Ökonomie, sondern nach einem Wort Adolf Wagners die Herbeiführung „sozialer Verteilungsgerechtigkeit". Das politische Spektrum im Verein für Sozialpolitik reichte von linksliberalen, auf die ungehinderte Organisation der Berufsverbände setzenden Positionen (Lujo Brentano) bis zu Wagners christlich-konservativem Staatssozialismus. Mehrheitlich wurde eine behutsam-bürokratische Sozialreform bevorzugt. Wenn führenden Kathedersozialisten wie Schmoller und Wagner vorübergehend das Etikett einer kryptosozialistischen Oppositionswissenschaft angehängt wurde, so war nichts falscher als das. Von wenigen Ausnahmen abgesehen blieb oberstes Ziel die Stabilisierung der prinzipiell bejahten Sozial- und Wirtschaftsordnung durch Sozialreform, da nur so der nationale Machtstaat über ein solides Fundament für seine erschütterungsfreie breite Entwicklung verfüge[112].

Daher standen bei den Propagandakampagnen anläßlich der beiden Flottenvorlagen 1898 und 1900 neben Historikern die Nationalökonomen an vorderster Front. Von den 270 sogenannten „Flottenprofessoren" trat nur eine kleine Kerngruppe von 60 bis 70 propagandistisch aktiv in Erschei-

---

[110] Rede Wagners auf dem Solidaritätskommers für Schmoller und Wagner gegen Angriffe des Saarindustriellen Freiherr von Stumm gegen den „Kathedersozialismus" im Februar 1895, zitiert nach: Akademische Blätter 9 (1895), S. 276. Bereits 1871 hatte Gustav Schönberg in seiner programmatischen Freiburger Antrittsrede: Arbeitsämter, eine Aufgabe des Deutschen Reiches. Berlin 1871, S. 14 formuliert: „Seitdem die nationale Frage ihren Abschluß gefunden hat, ist die sog. soziale Frage für uns vielleicht die wichtigste der Zukunft."

[111] Gustav Schmoller, Wechselnde Theorien und feststehende Wahrheiten im Gebiete der Staats- und Sozialwissenschaften. Berliner Rektoratsrede 1897, wieder in: ders., Über einige Grundfragen der Sozialpolitik und der Volkswirtschaftslehre. ²Leipzig 1904, S. 365–393.

[112] Dazu Einführung des Hg. und Beitrag Rüdiger vom Bruch in vom Bruch (Hg.), Weder Kapitalismus noch Kommunismus.

nung, vorwiegend eben Historiker und Nationalökonomen[113]. In der Regel wurde lediglich das professorale Renommee unabhängiger geistiger Führerschaft für knappe Verlautbarungen erbeten oder zur Verfügung gestellt, ohne eine nachwirkende Politisierung des Berufsstandes einzuleiten. Ebenso wie die Mitgliedschaft in den großen Agitationsvereinen Deutscher Flottenverein, Alldeutscher Verband, Verein für das Deutschtum im Ausland galt eine solche Äußerung als vaterländische Pflicht.
Ein Blick auf die in der Flottenagitation tonangebenden Historiker und Sozialwissenschaftler weist interessante generationelle Differenzen auf[114]: Für die jetzt 60jährigen Alt-Kathedersozialisten Schmoller, Wagner und Brentano war, mit deutlichen Akzentunterschieden, der nationale Machtstaat selbstverständliches Gebot, jedoch nicht Ausgangspunkt ihrer wissenschaftlich vermittelten politischen Betätigung. Nimmt man aus der aktiven Kerntruppe der 40jährigen Max Sering heraus, der als amtlich beschäftigter spiritus rector in der Kampagne wirkte und später als Experte für Fragen der inneren Kolonisation hervortrat[115], so fällt eine Gruppe von etwa 35jährigen Nationalökonomen auf, für die die imperialistische Expansion des Reiches im Zentrum ihres politischen Denkens stand und, bei insgesamt liberaler Haltung, engstens mit ihrer wissenschaftlichen Arbeit verknüpft war. In dieser Gruppe führten Gerhart von Schulze-Gävernitz sowie allen voran Max Weber, der in seiner Freiburger Antrittsrede „Der Nationalstaat und die Volkswirtschaftslehre" vom Mai 1895 nicht nur ein leidenschaftliches Plädoyer für eine unerläßliche nationale Machtpolitik hielt, sondern auch betonte: „Die Volkswirtschaftspolitik eines deutschen Staatswesens ebenso wie der Wertmaßstab des deutschen volkswirtschaftlichen Theoretikers können deshalb nur deutsche sein[116]."

---

113 Auflistung bei Marienfeld, Wissenschaft, S. 110–115; vom Bruch, Wissenschaft, S. 74–79. Anteil der Universitätsdisziplinen an der Rechtfertigung der deutschen ‚Weltpolitik': vom Bruch, Krieg und Frieden. Zur Frage der Militarisierung deutscher Hochschullehrer und Universitäten im späten Kaiserreich. In: J. Dülffer u. a. (Hg.), Bereit zum Krieg. Kriegsmentalität im wilhelminischen Deutschland 1890–1914. Göttingen 1986, S. 74–98.

114 Lebensdaten der in der Propaganda deutlicher hervortretenden Hochschullehrer bei vom Bruch, Wissenschaft, Personenregister S. 498–512.

115 Zu Sering vgl. Deist, Flottenpolitik, S. 80, 113; Gerhard Heitz, Max Sering oder die Apologetik der „Inneren Kolonisation". In: Jahrbuch für Regionalgeschichte 4 (1972), S. 48–70.

116 Zitiert nach Dirk Käsler, Einführung in das Studium Max Webers. München 1979, S. 16; grundlegend Wolfgang J. Mommsen, Max Weber und die deutsche Politik 1890–1920. ²Tübingen 1974; vgl. auch Wolfgang J. Mommsen u. a (Hg.),

Unter den Historikern finden sich solche generationellen Trendlinien weniger. Die jetzt 50jährigen Neuhistoriker Max Lenz, Hans Delbrück und Dietrich Schäfer gaben für die historisch-politische Absicherung der deutschen Weltpolitik die Grundzüge an, die dann von den noch nicht 40jährigen Erich Marcks, Otto Hintze und dem noch jüngeren Hermann Oncken aufgenommen wurden[117]. Insbesondere die Lehre von einem über das alte europäische System der großen Mächte hinaus zu erweiternden Weltgleichgewichtssystem erwies sich als ungemein einflußreich[118]. Eine politische Sonderstellung nahm in den späteren Jahren Dietrich Schäfer ein, der als glühender Nationalist und Mitglied aller nationalen Agitationsverbände sich in einer für die ‚Zunft' gänzlich unüblichen Weise exponierte.

V. HISTORIKER UND NATIONALÖKONOMEN STRUKTURELEMENTE POLITISCHER EINFLUSSNAHME

1. In größerer Zahl traten Vertreter beider Disziplinen dann hervor, wenn politische Streitpunkte als nationale Fragen diskutiert wurden, vorrangig im Bereich der auswärtigen Politik.
2. Die Formen der Einflußnahme konzentrierten sich überwiegend auf politische Organisationen außerhalb der Parlamentsparteien und auf politische Publizistik und trugen insofern der fortschreitenden Professionalisierung sowohl der Politik als auch der Wissenschaft Rechnung.
3. Historiker und Sozialwissenschaftler standen nicht nur im Zentrum punktueller Initiativen und professoraler politischer Publizistik, sie waren auch Wortführer in den großen hochschulpolitischen Kontroversen des späten Kaiserreiches.

Max Weber and his Contemporaries. London 1987; Jürgen Kocka (Hg.), Max Weber, der Historiker. Göttingen 1986.

117 Vgl. Krill, Ranke-Renaissance; Marienfeld, Wissenschaft; Schenk; Rivalität, sowie Charles E. McClelland, The German Historians and England. Cambridge 1971.

118 Ludwig Dehio, Gleichgewicht oder Hegemonie. Krefeld 1948; ders., Deutschland und die Weltpolitik im 20. Jahrhundert. München 1955, ²Frankfurt 1961. In erweiterter Perspektive wurde die Gleichgewichtsproblematik wieder aufgegriffen von Manfred Rauh, Die „deutsche Frage" vor 1914: Weltmachtstreben im Obrigkeitsstaat? In: Die deutsche Frage im 19. und 20. Jahrhundert, hg. von Josef Becker und Andreas Hillgruber. München 1983, S. 109–166, vgl. ebd. S. 173–182 die kritische Diskussion zu Rauhs Position.

4. Der etatistische Grundzug in der historisch-politischen Publizistik deutscher Historiker im Kaiserreich vertiefte sich in den Vorkriegsjahren, seine besondere Stoßkraft erlangte er durch Kontakte zu Regierungsstellen. Damit wurden offiziös informierte oder inspirierte gelehrte Publizisten in regierungsinterne Kontroversen verwickelt, ohne daß vor 1914 Anzeichen einer politischen Polarisierung innerhalb der Professorenschaft zu erkennen sind.
5. Seit der Jahrhundertwende trat das Gewicht der im Machtzentrum Berlin ansässigen Gelehrten beherrschend in den Vordergrund.
6. Im Ersten Weltkrieg wirkte die in der Vorkriegszeit ausgeformte Vorreiterstellung beider Disziplinen nach, doch trat sie hinter das Kriterium der Ortsansässigkeit zurück. Zudem ließ sich eine spezifische, disziplinbestimmte Elitestellung von Historikern und Nationalökonomen in den politischen Auseinandersetzungen kaum mehr erkennen.

1. NATIONALE FRAGEN

Die historisch-politische Publizistik von Universitätsprofessoren konzentrierte sich auf außenpolitische Krisensituationen, so im Gefolge der ersten Marokkokrise 1904/05, verstärkt während und nach der zweiten Marokkokrise 1911. Zu diesem Zeitpunkt beteiligten sich auch bemerkenswert viele Volkswirtschaftslehrer an der öffentlichen Diskussion[119]. In den folgenden Jahren bis zum Kriegsausbruch schwoll gelehrte Publizistik wellenförmig an im Rahmen der Balkankriege 1912 und 1913, im Zuge der Wehrvorlage 1913, sowie bei den Bemühungen um eine wissenschaftlich mitgetragene auswärtige Kulturpolitik 1913/14[120].

---

119 Schenk, Rivalität; vom Bruch, ‚Militarismus'. Zur Problematik der deutschen Weltpolitik; vgl. in der jüngeren Forschung Peter Winzen, Bülows Weltmachtkonzept. Untersuchungen zur Frühphase seiner Außenpolitik 1897 bis 1901. Boppard 1977; Heiner Raulff, Zwischen Machtpolitik und Imperialismus. Die deutsche Frankreichpolitik 1904–1905. Düsseldorf 1976; Barbara Vogel, Deutsche Rußlandpolitik. Das Scheitern der deutschen Weltpolitik unter Bülow 1900–1906. Düsseldorf 1973; Gregor Schöllgen, Imperialismus und Gleichgewicht. Deutschland, England und die orientalische Frage 1871–1914. München 1984.

120 Wernecke, Weltgeltung; vom Bruch, Weltpolitik; Gustav Schmidt, Innenpolitische Blockbildungen in Deutschland am Vorabend des Ersten Weltkrieges. In: Aus Politik und Zeitgeschichte. Beilage zur Wochenzeitung „Das Parlament", B 20/1972, S. 3–32; ders., Parlamentarisierung oder ‚Präventive Konterrevolution'. Die deutsche Innenpolitik im Spannungsfeld konservativer Sammlungsbewegungen und latenter Reformbestrebungen (1907–1914). In: Gesellschaft, Par-

Eine weit überdurchschnittliche Beteiligung von Hochschullehrern, unter denen wiederum Historiker und Sozialwissenschaftler führten, läßt sich bei der Agitation für den sogenannten Bülow-Block vor der Reichstagswahl 1907 beobachten. Als Zentrum der offiziös gesteuerten Kampagne, die – mit kolonialpolitischen Argumenten – vorrangig innenpolitisch motiviert war als konservativ-liberale Paarung gegen Zentrum und Sozialdemokratie, bildete sich in Berlin ein auf andere Universitäten ausstrahlendes kolonialpolitisches Aktionskomitee unter Führung der Historiker Delbrück und Schäfer, der Volkswirtschaftslehrer Schmoller, Sering und Jastrow[121]. Disziplinzugehörigkeit, persönliches Prestige und offiziöse Kontakte verbanden sich dabei auf das engste. In der anläßlich der Daily-Telegraph-Affäre Ende 1908 ausgelösten öffentlichen Erregung traten Vertreter beider Disziplinen nicht auffällig hervor, intensiver hingegen im Frühsommer 1909 im Streit um die Reichsfinanzreform. Wiederum standen Berliner Fachvertreter mit offiziösen Verbindungen im Mittelpunkt[122].

In der Sozialpolitik überließ man die öffentliche Agition überwiegend der 1901 unter intensiver gelehrter Mitwirkung gegründeten Gesellschaft für Soziale Reform[123]; lediglich 1912 und dann wiederum im Frühjahr 1914 griffen vorwiegend Sozialwissenschaftler in die öffentliche Diskussion ein, um vor einer drohenden Verschlechterung des bislang erreichten sozialpolitischen Niveaus zu warnen oder im Sinne nationaler Produktivitätssteigerung

---

lament und Regierung, hg. von Gerhard A. Ritter. Düsseldorf 1974, S. 249–278; jetzt auch ders., Der europäische Imperialismus. München, Wien 1985.

121 Dazu George Dunlap Crothers, The German Elections of 1907. New York 1941; vom Bruch, Wissenschaft, S. 180–185.

122 In der Daily-Telegraph-Affäre traten einige Ordinarien der publizistischen Rechtswissenschaften wie Gerhard Anschütz, Georg Jellinek und Richard Schmidt mit kritischen Reden und Aufsätzen hervor; zu einer – kleinen – Protestversammlung kam es offenbar nur in Freiburg, während Max Webers Versuch eines organisierten öffentlichen Protests von Hochschullehrern in Heidelberg scheiterte; vgl. Mommsen, Max Weber, S. 158–166; vom Bruch, Wissenschaft, S. 133. Zur Agitation für und gegen die Reichsfinanzreform vgl. Peter-Christian Witt, Die Finanzpolitik des Deutschen Reiches von 1903–1913. Lübeck 1970, S. 217–226.

123 Ursula Ratz, Sozialreform und Arbeiterschaft. Die ‚Gesellschaft für Soziale Reform' und die sozialdemokratische Arbeiterbewegung. Von der Jahrhundertwende bis zum Ausbruch des Ersten Weltkrieges. Berlin 1980; Rüdiger vom Bruch, Bürgerliche Sozialreform und Gewerkschaften im späten deutschen Kaiserreich. Die Gesellschaft für Soziale Reform 1901–1914. In: Internationale wissenschaftliche Korrespondenz zur Geschichte der deutschen Arbeiterbewegung 15 (1979), S. 581–610; ders., Sozialreform (1985), S. 130–152.

eine kostensenkende Aufknüpfung des angeblich zu engmaschigen sozialen Netzes zu befürworten[124]. Ein wirksamer Einfluß dieser Beiträge auf die politischen Entscheidungsprozesse läßt sich nicht erkennen.

2. AUSSERPARLAMENTARISCHE ORGANISATIONEN UND PUBLIZISTIK

Von zeitlich begrenzten Zusammenschlüssen wie der Freien Vereinigung für Flottenvorträge 1899/1900 und dem Aktionskomitee 1907, von einigen aktuell veranlaßten Versammlungen[125] und von der Mitgliedschaft in Organisationen mit friedenssichernder Absicht abgesehen – etwa dem Deutsch-Englischen Verständigungskomitee oder dem Verband für internationale Verständigung[126] –, konzentrierten sich Professoren beider Disziplinen auf gesellig-bildungsbürgerliche Zirkel mit zumeist geringen poli-

124 Zum – erfolglosen – Versuch eines Zusammenschlusses der akademischen sozialistischen Linken um Lujo Brentano und Max Weber vgl. zuletzt Krüger, Nationalökonomen, S. 111–115. – Der junge Berliner Ordinarius für wirtschaftliche Staatswissenschaften Ludwig Bernhard hatte mit seiner Broschüre: Unerwünschte Folgen der Sozialpolitik. Berlin 1912, den von Unternehmerseite geforderten und von der Reichsleitung vollzogenen Stillstand der staatlichen Sozialpolitik zu begründen versucht und heftige Proteste aus dem Lager der Sozialreformer hervorgerufen.

125 Anläßlich der Wahl von 1893, der eine Reichstagsauflösung im Zuge einer Heeresvorlage vorangegangen war, fand in der Berliner Schultheißbrauerei eine vorwiegend akademische Kundgebung statt, die einzelne Elemente der Kampagne von 1907 vorausnahm. Zu Protestversammlungen von Hochschullehrern gegen reaktionäre Gesetzesvorlagen kam es vor allem 1892 (preußische Volksschulvorlage) und 1895 (Umsturzvorlage), mit geringerer Resonanz 1899 (Zuchthausvorlage) sowie verstärkt 1900 (lex Heinze). Vgl. vom Bruch, Wissenschaft, S. 139–156, sowie Peter Mast, Künstlerische und wissenschaftliche Freiheit im Deutschen Reich 1890–1901. Rheinfelden 1980. Keine dieser Vorlagen wurde verabschiedet – allerdings nicht wegen der Professorenproteste. Zu einer Welle von Protestversammlungen an deutschen Universitäten kam es im Herbst 1901 im Gefolge der deutschen Burenbegeisterung und einer wütend zurückgewiesenen Wahlrede des britischen Kolonialministers Joseph Chamberlain in Edinburgh, in der man eine Beleidigung der deutschen Kriegerehre sah. Vgl. vom Bruch, Wissenschaft, S. 240–249; zum Umfeld Ulrich Kröll, Die internationale Burenagitation. Münster 1973.

126 Gerald Deckart, Deutsch-englische Verständigung. Eine Darstellung der nichtoffiziellen Bemühungen um eine Wiederannäherung der beiden Länder zwischen 1905 und 1914. München 1967; Roger Chickering, A voice of moderation in Imperial Germany: The „Verband für internationale Verständigung" 1911–1914. In: Journal of Contemporary History 8 (1973), S. 147–164.

tischen Ambitionen[127], auf sozialreformerisch organisierte Organisationen wie den Verein für Sozialpolitik, den Evangelisch-Sozialen Kongreß und die Gesellschaft für Soziale Reform, im katholischen Milieu ergänzt durch professorale Mitwirkung im Volksverein für das katholische Deutschland[128]. Vor allem aber spielte die Mitgliedschaft in den nationalen Agitationsvereinen eine Rolle, unter denen als größte der Deutsche Flottenverein[129] und der Alldeutsche Verband[130] herausragen, ferner der Verein für das Deutschtum im Ausland[131], der Deutsche Ostmarkenverein[132], die Deutsche Kolonialgesellschaft[133], der Deutsche Allgemeine Sprachver-

---

[127] Vgl. dazu Rüdiger vom Bruch, Die Staatswissenschaftliche Gesellschaft 1883–1919. In: Hundert Jahre Staatswissenschaftliche Gesellschaft zu Berlin 1883–1983, hg. vom Vorstand der Staatswissenschaftlichen Gesellschaft. Berlin 1983, S. 9–69, bes. S. 29 ff. Die Staatswissenschaftliche Gesellschaft selbst unterschied sich als hochpolitischer Kreis deutlich von solchen Zirkeln, unter denen die Berliner Mittwochs-Gesellschaft herausragt, deren „Protokolle aus dem geistigen Deutschland 1932–1944" Klaus Scholder (Berlin 1982) herausgab. Vgl. als Überblick Scholders Einleitung sowie mit stärkerer Betonung der frühen Entwicklung Rüdiger vom Bruch, Die Mittwochs-Gesellschaft. In: Deutschland. Porträt einer Nation, Bd. 5, Gütersloh 1985, S. 321–323.

[128] Dazu Horstwalter Heitzer, Der Volksverein für das katholische Deutschland im Kaiserreich 1890–1918. Mainz 1979.

[129] Überblick bei Roger Chickering, Patriotic societies and German foreign policy, 1890–1914. In: International History Review 1 (1979), S. 470–489; ferner die tabellarische sozialstatistische Aufschlüsselung der Ortsgruppenführungen dieser Verbände bei Roger Chickering, We Men Who Feel Most German. A Cultural Study of the Pan-German League, 1886–1914. Boston 1984, S. 314–322. Zum Flottenverein Geoff Eley, Reshaping the Right: Radical Nationalism and the German Navy League, 1898–1908. In: The Historical Journal 21 (1978), S. 327–354; ders., Reshaping the German Right: Radical Nationalism and Political Change after Bismarck. New Haven 1980.

[130] Chickering, We Men, S. 102–108 zum Sozialprofil des Alldeutschen Verbandes, S. 111–118 zur Rolle von Honoratioren in ihm.

[131] Gerhard Weidenfeller, VDA. Verein für das Deutschtum im Ausland. Allgemeiner Deutscher Schulverein (1882–1918). Ein Beitrag zur Geschichte des deutschen Nationalismus und Imperialismus im Kaiserreich. Bern, Frankfurt/M. 1976.

[132] Adam Galos, Felix-Heinrich Gentzen, Witold Jakobczyk, Die Hakatisten. Der Deutsche Ostmarkenverein (1893–1934). Ein Beitrag zur Geschichte der Ostpolitik des deutschen Imperialismus. Berlin (O) 1966; Chickering, We Men, passim.

[133] Dazu Eley, Reshaping; Chickering, Patriotic societies; ders., We Men, passim.

ein[134] sowie der 1911 gegründete Deutsche Wehrverein[135]. Soweit detaillierte Angaben zur sozialen Rekrutierung vorliegen, läßt sich ein gewisses Gewicht von Universitätsprofessoren in den Ehrenämtern der jeweiligen Ortsverbände erkennen, das – vorrangig natürlich in Universitätsstädten – dem Honoratiorencharakter solcher Mitgliedschaft im gesellig-vaterländischen Kreis Rechnung trug[136]. In den Führungsgremien auf Reichsebene traten Professoren demgegenüber quantitativ ganz in den Hintergrund[137]. Auch hier überlagerten sich tradierte Geselligkeitsformen bildungsbürgerlicher Kommunikation mit den Anforderungen professionell gesteuerter massengesellschaftlicher Propagandaorganisationen.

Den zweiten entscheidenden Bereich professoraler Mitgestaltung stellten publizistische Erörterungen dar, in denen aktuelle Probleme in einem übergreifenden Rahmen analysiert wurden. Bevorzugtes Medium waren politische Zeitschriften, daneben kam einzelnen renommierten Tageszeitungen oder auflagenstarken Illustrierten größere Bedeutung zu[138]. Diese Formen öffentlicher Belehrung schienen sowohl dem Selbstverständnis als auch den Möglichkeiten der Hochschullehrer am ehesten zu entsprechen.

---

134 vom Bruch, Wissenschaft, S. 432–435; Chickering, We Men, S. 36–38, 312–316.

135 Roger Chickering, Der „Deutsche Wehrverein" und die Reform der deutschen Armee 1912–1914. In: Militärgeschichtliche Mitteilungen 25 (1979), S. 7–33.

136 Chickering, We Men, S. 111–118, 314–321. Nach Tafel 5.8 (S. 316) ließen sich 12 Universitätsordinarien in der Ortsgruppenführung des Alldeutschen Verbandes (= 2,2%), 23 in der der Deutschen Kolonialgesellschaft (3,4%), 2 in der des Flottenvereins (0,9%), 6 in der des Schulvereins (13,6%) und 3 in der des Sprachvereins (1,7%) ermitteln. Angesichts immer wieder zitierter, prominenter Namen wie Ernst Haeckel, Karl Lamprecht, Max Weber, Theodor Schiemann und Dietrich Schäfer wurde die aktive Mitwirkung von Professoren im Alldeutschen Verband in der Literatur bislang überschätzt, wie Chickering (S. 146) nachweist. Nur insgesamt 37 Universitätsprofessoren spielten in ihm zwischen 1891 und 1914 eine nennenswerte Rolle. Damit wird die These von vom Bruch, Wissenschaft, S. 67–69, 428 f. statistisch erhärtet, der vor einer Überbewertung des Professorenanteils in den ‚nationalen' Verbänden warnte und deren Mitgliedschaft weniger politisch denn gesellschaftlich motiviert sah.

137 vom Bruch, Wissenschaft, S. 428–432; Chickering, We Men, passim.

138 Überblick bei vom Bruch, Wissenschaft, S. 32–48; eingehender zum bevorzugten Typus der Rundschauzeitschrift: ders., Kunst- und Kulturkritik in führenden bildungsbürgerlichen Zeitschriften des Kaiserreichs. In: Ideengeschichte und Kunstwissenschaft, S. 313–347, bes. S. 315–329.

3. HOCHSCHULPOLITIK

In allen bislang genannten Aktionen und Diskussionsschwerpunkten waren Historiker und Nationalökonomen entscheidend beteiligt. Darüber hinaus besetzten sie jedoch auch seit dem „Fall Arons“ in den größeren hochschulpolitischen Kontroversen eine führende Position[139]. Neben Max Webers verschiedenen Vorstößen sei an den „Fall Spahn“ 1901 erinnert, in dem die Kritik Theodor Mommsens und Lujo Brentanos an der Straßburger katholischen Geschichtsprofessur unter hochschulpolitischer Perspektive von Schmoller, Harnack, Delbrück und Paulsen zurückgewiesen wurde[140], zum andern an die mit dem Salzburger Hochschullehrertag verknüpfte Polemik um eine Professorengewerkschaft, die öffentlich von Brentano und Alfred Weber auf der einen und Hans Delbrück auf der anderen Seite bestritten wurde[141].

4. REGIERUNGSKONTAKTE

Diese spielten nach der Jahrhundertwende eine zunehmende Rolle für professorale politische Publizistik[142]. Umgekehrt war grundsätzliche Kritik von Hochschullehrern, wie sie Theodor Mommsen Ende 1902 an der innen- und parteipolitischen Entwicklung, Lujo Brentano und Max Weber 1912 an der Sozialverfassung oder von einer nationalistischen Position aus Dietrich Schäfer wiederholt an der amtlichen Außenpolitik vortrugen, die seltene Ausnahme[143].

Wie schon die Flottenagitation um 1900 war auch das Aktionskomitee 1907 offiziös inspiriert. Politische Überzeugung und ein vom Berufsethos motivierter Wirkungswille verbanden sich mit einer politischen Instrumentalisierung des hohen Ansehens anerkannter Hochschullehrer. Exemplarisch läßt sich

---

139 Als informativen Überblick zu hochschulpolitischen „Fällen“ in der Wilhelminischen Zeit vgl. Ernst Rudolf Huber, Deutsche Verfassungsgeschichte seit 1789, Bd. 4: Struktur und Krisen des Kaiserreichs. Stuttgart, Berlin, Köln, Mainz 1969, S. 949–970; ferner zum „Fall Arons“ Mast, Freiheit; vom Bruch, Wissenschaft, S. 332 ff.; zum „Fall Spahn“ Weber, „Fall Spahn“; vom Bruch, Wissenschaft, S. 331 f.; zum „Fall Bernhard“ vom Bruch, Wissenschaft, S. 130 ff.

140 Zu Weber vgl. Käsler, Einführung, S. 23, zum „Fall Spahn“ neben Weber immer noch Kurt Rossmann, Wissenschaft, Ethik und Politik, Heidelberg 1949.

141 vom Bruch, Wissenschaft, S. 114–121; ders., Universitätsreform, S. 100–106.

142 Charles E. McClelland, Berlin Historians and German Politics. In: Historians in Politics, hg. von Walter Laqueur und George L. Mosse. London 1974, S. 191–221; vom Bruch, Wissenschaft, S. 100–106.

143 Vgl. James J. Sheehan, The Career of Lujo Brentano. Chicago 1966, S. 172–177 Mommsen, Max Weber, S. 128–132; zu Schäfer; Krause, Dietrich Schäfer, und vom Bruch, Wissenschaft, S. 206–208.

dieses Spannungsverhältnis für die gelehrte Publizistik über wünschenswerte Optionen der deutschen Rüstungspolitik im Winter 1911/12 und ihre Auswirkungen auf die deutsch-englischen Beziehungen verfolgen[144]. Heftige Kontroversen innerhalb der Reichsleitung selbst bewirkten eine Frontenbildung der jeweils nahestehenden gelehrten Publizisten, die ihrerseits weitere Kollegen zu tendenziösen, wenn auch wissenschaftlich verbrämten Artikeln aufforderten; demgegenüber wurden Historiker und Nationalökonomen, die wie Meinecke oder Brentano fernab von jenen Kanälen sich zu Wort meldeten, gelegentlich auch gegen ihren Willen und ihre politische Überzeugung von der einen oder anderen Seite vereinnahmt. Unmittelbare aktuelle Bezüge oder Polemik wurden sorgsam vermieden, die Argumentation blieb in einen breiten historischen oder volkswirtschaftlichen Rahmen eingespannt.

5. BERLINER PROFESSOREN

Nach den bisherigen Beobachtungen kann es kaum mehr verwundern, daß Berliner Hochschullehrern in der späten Wilhelminischen Zeit eine Schlüsselfunktion in der öffentlichen Diskussion politischer Zeitfragen zufiel[145]. Das persönliche Prestige hochangesehener Gelehrter, für die der Ruf nach Berlin in der Regel den krönenden Höhepunkt ihrer akademischen Karriere bildete, verband sich mit der Nähe zum politischen Entscheidungszentrum in einer Fülle von Kontakten und gezielten Informationen[146]. Gesellschaftliche und politische Kontakte zum Hof, zum Reichskanzler — insbesondere in der Ära Bülow —, zur Ministerialbürokratie wie auch zu den nationalen Vereinen schufen ein dichtes Beziehungs- und Kommunikationsnetz, das durch gelehrt-gesellige Zirkel ergänzt wurde, die wie die Mittwochs-Gesellschaft oder die Staatswissenschaftliche Gesellschaft ausnahmslos Spitzenkräfte aus Regierung und Verwaltung, Justiz, Militär und Universität umfaßte[147]. Zweifellos wurde eine etatistisch gefärbte politische Artikulationsbereitschaft hierdurch ebenso begünstigt, wie den öffentlichen Äußerungen dieser Gelehrten besondere Aufmerksamkeit sicher sein konnte.

---

[144] Zum folgenden vom Bruch, Deutschland und England.

[145] McClelland, Berlin Historians; Wernecke, Weltgeltung.

[146] Vgl. etwa die Theologen Harnack und Seeberg, die Historiker Delbrück, Lenz und Schäfer, die Osteuropahistoriker Schiemann und Hoetzsch, die Nationalökonomen Schmoller, Wagner, Sering und Bernhard.

[147] Dazu vom Bruch, Staatswissenschaftliche Gesellschaft; ders., Mittwochs-Gesellschaft.

6. WELTKRIEG

Der Ortsvorteil der Berliner Universitätsprofessoren bestätigte sich eindrucksvoll in den im Sommer 1914 sich bildenden Berliner round tables (Dienstag-, Mittwochabend etc.), die unter Einbeziehung von Parlamentariern, Wirtschaftsvertretern und Publizisten an Vorkriegskontakte anknüpften, jedoch ein neuartiges kommunikatives Netz schufen[148]. Berliner Gelehrte traten als Wortführer der seit Frühjahr 1915 tiefer sich verfeindenden politischen Lager von Annexionisten und Gemäßigten hervor; so standen etwa die evangelischen Theologen Harnack und Seeberg einander gegenüber, die Historiker Delbrück, Meinecke, Troeltsch und Schäfer, Schiemann und Eduard Meyer[149]. Innerhalb der Nationalökonomie rückten die 1917 verstorbenen Schmoller und Wagner in den Hintergrund; aus ihrer Generation wirkte allein Brentano ungebrochen weiter, während in den kontroversen Diskussionen um organisatorische Probleme der Kriegswirtschaft und um eine kriegsbedingte Ausgestaltung der Sozialpolitik eine mittlere Generation von Nationalökonomen Aufmerksamkeit fand[150]. Doch der Krieg bot mit seiner Fülle von Aufrufen, Artikeln, Broschüren, Büchern, Vortragsreihen und Reden zu den verschiedensten Anlässen erstmals wieder Nicht-Berliner Professoren Möglichkeiten öffentlicher Mitsprache, die sie im Zuge einer beispiellosen nationalen Euphorie nach

---

[148] Über einige dieser Zirkel informiert das von Dieter Fricke herausgegebene Handbuch: Die bürgerlichen Parteien in Deutschland 1830–1945, 2 Bde. Leipzig 1968/70; von der erheblich erweiterten Neuauflage unter dem Titel „Lexikon zur Parteiengeschichte" liegen bislang 2 Bde., Leipzig 1983/84, vor. Zur Deutschen Gesellschaft von 1914 und zum Mittwochabend-Kreis (nicht zu verwechseln mit der unpolitischen Mittwochs-Gesellschaft), die Reichskanzler von Bethmann Hollweg nahestanden, vgl. Fritz Fischer, Griff nach der Weltmacht. Die Kriegszielpolitik des kaiserlichen Deutschland. Neuauflage Kronberg 1977, S. 136 f.; Schwabe, Wissenschaft, S. 157 ff.; Herbert Döring, Der Weimarer Kreis. Studien zum politischen Bewußtsein verfassungstreuer Hochschullehrer in der Weimarer Republik. Meisenheim am Glan 1975, S. 30 ff.; Krüger, Nationalökonomen, S. 170, 207.

[149] Dazu ausführlich Schwabe, Wissenschaft; ferner Döring, Weimarer Kreis, Fritz Klein, Die deutschen Historiker im ersten Weltkrieg. In: Joachim Streisand (Hg.), Studien über die deutsche Geschichtswissenschaft, Bd. 2. Berlin (O) 1965, S. 227–248; weitere Literaturhinweise zu alldeutsch orientierten Professoren bei Bernhard vom Brocke, ‚Wissenschaft und Militarismus'. Der Aufruf der 93 ‚An die Kulturwelt' und der Zusammenbruch der internationalen Gelehrtenrepublik im Ersten Weltkrieg. In: Wilamowitz nach 50 Jahren. Darmstadt 1985, S. 649–719, bes. S. 656, Anm. 7.

[150] Dazu grundlegend nun Krüger, Nationalökonomen.

Kriegsausbruch in bislang unbekannter Weise nutzten[151]. Historiker beteiligten sich an der Zurückweisung ausländischer Vorwürfe, der Aufweisung historisch verbürgter Ansprüche und der historisch-politischen Begründung konkreter Kriegsziele, doch wurde ihre vormals exklusive Stellung als Disziplin in der professoralen politischen Publizistik nivelliert. Sozialwissenschaftler, die an den früheren Anspruch ihrer Disziplin anknüpften, als umfassende Gesellschaftswissenschaft wiederum die Pflökke in den Kontroversen um die anzustrebende, aus der Kriegswirtschaft erwachsende Wirtschafts- und Sozialordnung abzustecken, bestimmten wie Schulze-Gävernitz, Edgar Jaffé und Johann Plenge maßgeblich die Diskussion um den sogenannten Staatssozialismus[152]. Max Weber griff 1917/18 mit einem umfassenden Entwurf über „Parlament und Regierung im neugeordneten Deutschland" maßgeblich in die verfassungspolitische Kontroverse um „Obrigkeitsstaat" und „Volksstaat" ein[153].

Aber ein aus der akademischen Disziplin heraus entwickelter und von einem mehrheitlichen Konsens getragener spezifischer Beitrag von Historikern und Nationalökonomen, wie er vor bzw. nach der Jahrhundertwende mit öffentlicher Resonanz bestand, ließ sich im „Krieg der Geister" kaum mehr erkennen. Im Einzelfall konnte man an den in der Vorkriegszeit erworbenen Kompetenzrespekt anknüpfen, insgesamt gliederten sich die Hochschullehrer der beiden Fachrichtungen in den sprunghaft angewachsenen und überhitzten politischen Betätigungsdrang der deutschen Hochschullehrerschaft ein, der, von wenigen Ausnahmen abgesehen, weniger von professionellem Augenmaß denn von idealistischem Pathos gespeist wurde. Trotz ihres scheinbar eindrucksvoll bestätigten Charakters als geistiger Elite reihten sich Universitätsprofessoren in die von Lamprecht und

---

151 Vgl. etwa Hermann Kellermann (Hg.), Der Krieg der Geister. Eine Auslese deutscher und ausländischer Stimmen zum Weltkriege 1914. Dresden 1915; Cincinnatus, Der Krieg der Worte. Stuttgart 1916; ferner Schwabe, Wissenschaft; vom Brocke, Wissenschaft.

152 Dazu Krüger, Nationalökonomen, S. 118–169, 219–231.

153 Zu dieser Diskussion vgl. bereits Gustav Schmollers Auseinandersetzung mit Hans Delbrück, Regierung und Volkswille. Berlin 1914, und Hugo Preuß, Das deutsche Volk und die Politik. Jena 1915: Obrigkeitsstaat und Volksstaat, ein mißverständlicher Gegensatz. In: Schmollers Jahrbuch N.F. 40 (1916), Bd. 4, S. 423–434. Webers Kriegsschriften liegen jetzt vor in Max Weber, Gesamtausgabe, hg. von Horst Baier, M. Rainer Lepsius, Wolfgang J. Mommsen, Wolfgang Schluchter, Johannes Winckelmann, Abt. I: Schriften und Reden, Bd. 15: Zur Politik im Weltkrieg. Schriften und Reden 1914–1918, hg. von Wolfgang J. Mommsen in Zusammenarbeit mit Gangolf Hübinger. Tübingen 1984.

Oncken erhoffte, aber in ganz unvorstellbarer Weise vollzogene „Politisierung der Nation/Gesellschaft“ ein[154]. Die Professoren standen mehrheitlich, wie Meinecke zutreffend bemerkte, mehr in der Front als vor ihr[155], politische Wegweisung leisteten nur sehr wenige von ihnen. Innerhalb der politisierten öffentlichen Meinung und hier wiederum innerhalb der Hochschullehrerschaft traten Historiker und Nationalökonomen insgesamt nicht aus der Frontlinie hervor, wenngleich Vertreter beider Disziplinen zwischen 1914 und 1918 eine stark repräsentierte Gruppe bildeten[156]. Ein eigenständiges Profil entwickelten sie jedoch nicht.

Als professionell definierter Funktionselite kam Historikern und Nationalökonomen, so läßt sich zusammenfassend sagen, kein exklusiver Rang zu, weder innerhalb der sozioökonomischen Verfassung des Kaiserreichs noch innerhalb der civitas academica selbst. Allerdings beeinflußten sie zwischen 1890 und 1914 in überdurchschnittlicher Weise als Interpreten nationaler Identität und Sinnproduzenten einer verunsicherten Sozial- und Kulturgemeinschaft die politische Kultur des Reiches. Wir haben sie daher als eine zeitlich begrenzte Wertelite anzusehen, die sich aus einem disziplinären Selbstverständnis legitimierte, das die Grenzen der Profession überschritt und in einer besonderen Konstellation der inneren und äußeren Entwicklung des Reiches Zustimmungsbereitschaft erzeugte. Als ein relativer disziplininterner Konsens bei den Nationalökonomen zerbröckelte, traten nurmehr Einzelpersönlichkeiten, nicht mehr das Fach öffentlich in Erscheinung. Bei den Historikern verhinderte ein wirksamer Zunftgeist derartige Erosionen bis zur politischen Polarisierung im Weltkrieg. In diesem schien politisches Professorentum unter Einschluß von Historikern und Nationalökonomen in einzigartigem Umfang noch einmal an Blütephasen des 19. Jahrhunderts anzuschließen, tatsächlich besiegelte er den Niedergang der Mandarine.

---

[154] Vgl. bei Schwabe, Wissenschaft, S. 13 f. seine hilfreiche Unterscheidung zwischen apolitisch und unpolitisch zur Charakterisierung professoraler Weltkriegspublizistik. Da ihr eigenständige Konturen fehlten, zielte seine Studie „ihrer Intention nach nicht [auf] Wissenschaftsgeschichte . . . , sondern [auf] einen Ausschnitt aus der als Ganzes noch ungeschriebenen Geschichte der öffentlichen Meinung im Deutschland des Ersten Weltkrieges“ ab (S. 10).

[155] So Meinecke, Drei Generationen, S. 139.

[156] Diesen Eindruck vermitteln insbesondere die Studien von Schwabe, Wissenschaft; Döring, Weimarer Kreis, und vom Brocke, Wissenschaft.

Naturwissenschaftliche Universitätslehrer im Kaiserreich

VON LOTHAR BURCHARDT

1. HERKUNFT

Die folgenden Bemerkungen beziehen sich auf naturwissenschaftliche Universitätslehrer, in erster Linie auf naturwissenschaftliche Ordinarien als die offiziellen Träger des naturwissenschaftlichen Lehr- und Forschungsbetriebs. Untersuchungszeitraum ist das Bismarckreich einschließlich der Weltkriegsjahre 1914 bis 1918. In diesen knapp fünf Jahrzehnten verdoppelte sich die Zahl der naturwissenschaftlichen Ordinarien an den deutschen Universitäten[1]; ihre Kollegen an den Technischen, Landwirtschaftlichen und Tierärztlichen Hochschulen und an den Bergakademien erlangten im Laufe eines lang ausgedehnten Prozesses den Status gleichrangiger und gleichberechtigter Hochschullehrer und erlebten ein nicht minder dynamisches Wachstum. Zugleich wurden an allen Universitäten zahlreiche naturwissenschaftliche Institute erweitert, modernisiert oder ganz neu errichtet[2]. Diese Investitionen zahlten sich in doppelter Hinsicht aus: erstens blieb es trotz der gewaltig ansteigenden Studentenzahlen möglich, eine qualitativ hochwertige Ausbildung zu vermitteln; zweitens

---

1 Vgl. dazu unten Tabelle 5. Wenn hier und im folgenden von Ordinarien gesprochen wird, handelt es sich um die Inhaber von Universitätslehrstühlen. Nur sie führten bis zum Ende des Untersuchungszeitraums diese Bezeichnung.

2 Eine Liste der unter Friedrich Althoff in Preußen neu errichteten oder umgebauten naturwissenschaftlichen Universitätsinstitute gibt Friedrich Sachse, Friedrich Althoff – Werk und Mensch. Berlin 1928, S. 237–244. Preisangaben finden sich in: Otto Schwarz und Georg Strutz, Der Staatshaushalt und die Finanzen Preußens. Bd. 2, Berlin 1900, S. 159–162. Aufstellungen der Betriebskosten ebd., Anhang, S. 48–63. Vgl. ergänzend: Preußische Statistik. Bd. 110, Berlin 1890, S. 54. Knappe Angaben für Leipzig 1884–1909 in: Heinrich Waentig, Zur Reform der deutschen Universitäten. Berlin 1911, S. 29.

erzielte die deutsche naturwissenschaftliche Forschung im Untersuchungszeitraum große, teilweise spektakuläre Erfolge. Nicht zufällig ging fast ein Drittel der bis 1918 in Chemie, Physik und Medizin verliehenen Nobel-Preise an deutsche Forscher[3]. Man geht nicht fehl in der Annahme, daß der Untersuchungszeitraum (und besonders dessen zweite Hälfte) gleichsam das goldene Zeitalter der deutschen Naturwissenschaften darstellte.

Wir können hier nicht im einzelnen die Determinanten dieser Entwicklung untersuchen, zumal dies an anderer Stelle bereits geschehen ist[4]. Hier soll lediglich gefragt werden, wie Karrieren, Status und Selbstverständnis der naturwissenschaftlichen Ordinarienschaft aussahen und wie sie sich der herrschenden sozio-politischen Ordnung gegenüber verhielt. In mancher Hinsicht werden die Ergebnisse dem auch für andere, nichtnaturwissenschaftliche Professorengruppen Geltenden entsprechen; andere Teilresultate werden für die Naturwissenschaftler spezifisch sein.

Da soziale Herkunft und Konfessionszugehörigkeit der Naturwissenschaftler nicht Gegenstand dieses Beitrags sind[5], mögen einige kurze Bemerkungen zu diesen beiden Punkten genügen. Vergleichen wir die soziale Herkunft aller deutschen Ordinarien, die sich in der ersten Hälfte des Untersuchungszeitraums habilitierten, mit denen, deren Habilitation erst nach etwa 1890 erfolgte, so fällt zweierlei auf:

1. Der Anteil der Akademikersöhne an der deutschen Ordinarienschaft sank von fast zwei Dritteln auf knapp die Hälfte, wobei die Rückgänge im Anteil der Hochschullehrer, Ärzte und Pfarrer unter den Vätern besonders ausgeprägt waren. Entsprechend dem gegenüber den drei älteren Fakultäten geminderten Status der Philosophischen Fakultät im allgemeinen und der Naturwissenschaften im besonderen lag dieser Anteil im gesamten Untersuchungszeitraum (und darüber hinaus) stets niedriger als in den übrigen Fakultäten.

---

[3] Rechnet man den in Berlin lehrenden Holländer van't Hoff (Nobelpreis für Chemie 1901) hinzu, so erhöht sich dieser Prozentsatz auf über 33%.

[4] Vgl. etwa die Arbeiten von Frank Pfetsch, Karl-Heinz Manegold, Reinhard Riese, Bernhard v. Brocke, Rüdiger vom Bruch etc.

[5] Vgl. die Beiträge von Ringer und vom Bruch im vorliegenden Band.

Tabelle 1: Der Anteil der aus Akademiker- oder Künstlerfamilien stammenden Professoren an der deutschen Universitätsprofessorenschaft in Prozent[6]

	1864	1890	1910	1931
experimentelle Naturwissenschaften	59 %	56 %	47 %	45 %
gesamte Universität	63 %	64 %	55 %	49 %

2. Umgekehrt stieg der Anteil der Söhne von Lehrern und mittleren Beamten, vor allem aber der Anteil der Söhne von Fabrikanten, Kaufleuten und leitenden Angestellten. Wir finden hier also – mit einer gewissen zeitlichen Verzögerung – die ersten Effekte jener Öffnung der Universität für nichtakademische Kreise des mittleren und gehobenen Bürgertums, die sich im Untersuchungszeitraum abspielte.

Manches spricht dafür, daß auch die Konfessionsstruktur der Professorenschaft mindestens ungefähr die studentischen Verhältnisse widerspiegelte. Die Katholiken waren chronisch unterrepräsentiert, während die protestantische Quote leicht über dem protestantischen Bevölkerungsanteil gelegen haben dürfte[7]. In einem wesentlichen Punkt allerdings unterschied sich die professorale von der studentischen Konfessionsstruktur: Während die jüdische Bevölkerung in der deutschen Studentenschaft weit überrepräsentiert war, fehlte sie in der Professorenschaft fast völlig. 1869 war nach dem Vorgang anderer deutscher Staaten in Preußen ein Gesetz verkündet worden, das „alle noch bestehenden aus der Verschiedenheit des religiösen Bekenntnisses hergeleiteten Beschränkungen der bürgerlichen und staatsbürgerlichen Rechte" aufhob[8]. Einige Jahre später wurde in Preußen der erste jüdische Ordinarius berufen[9]; doch setzte sich

[6] Christian von Ferber, Die Entwicklung der Lehrkörper der deutschen Universitäten und Hochschulen 1864–1954 (= Helmuth Plessner [Hg.], Untersuchungen zur Lage der deutschen Hochschullehrer, Bd. 3). Göttingen 1956, S. 171 ff., besonders S. 185 f. Auf dieses detaillierte Material kann hier nur verwiesen werden.

[7] Vgl. die Zahlen bei Alexander Busch, Die Geschichte des Privatdozenten. Stuttgart 1959, S. 159 f. Teilweise erklärt sich dies sicher daraus, daß während des gesamten Untersuchungszeitraums kaum mehr als 15 % der vortragenden Räte im preußischen Kultusministerium Katholiken waren. (Zur personellen Zusammensetzung des Kultusministeriums vgl. Reinhard Lüdicke, Die preußischen Kultusminister und ihre Beamten. Stuttgart 1918, S. 34 ff.)

[8] Busch, Die Geschichte, S. 155.

[9] Es handelt sich um den Handelsrechtler Levin Goldschmidt.

dieser Integrationsprozeß nur langsam fort, ja kam zeitweise fast zum Stillstand. Dementsprechend blieb der Anteil der jüdischen Hochschullehrer, die es in Deutschland bis zum Ordinarius brachten, immer weit hinter den christlichen Vergleichszahlen zurück.

Tabelle 2: Anteil der in Deutschland zum Ordinariat gelangten Christen, getauften Juden und Juden in Prozent der jeweiligen Grundgesamtheiten[10]

	1874/75	1889/90	1909/10
Christen	57,6%	48,2%	39,6%
getaufte Juden	44,5%	40,2%	26,3%
Juden	13,3%	16,3%	11,7%
Insgesamt	54,6%	45,4%	36,5%

Tabelle 2 zeigt nicht nur die sich allgemein verschlechternden Karrierechancen der Nichtordinarien, sondern auch den gewaltigen Rückstand der praktizierenden, ja selbst der getauften Juden gegenüber den Christen. Daß sich die Karriereaussichten der Juden langsamer verschlechterten als die der beiden anderen Gruppen, spielte angesichts ihrer Gesamtlage keine nennenswerte Rolle. Dementsprechend gering war der jüdische Anteil innerhalb der einzelnen Fakultäten.

Tabelle 3: Anteil der Juden an der deutschen Ordinarienschaft nach Fakultäten in Prozent der jeweiligen Fakultätsstärken[11]

	1874/75	1889/90	1909/10
Juristische Fakultät:			
Juden	3,6%	8,8%	6,1%
getaufte Juden	4,2%	7,2%	8,9%
Medizinische Fakultät:			
Juden	11,1%	11,5%	11,0%
getaufte Juden	4,6%	5,3%	5,8%
Philosophische Fakultät:			
Juden	3,6%	5,5%	6,0%
getaufte Juden	2,8%	3,4%	6,0%

[10] Busch, Die Geschichte, S. 161. Die Prozentzahlen sind auf die jeweiligen Bewerbergruppen bezogen: 1874/5 gelangten 57,6% der sich um ein Ordinariat bemühenden Christen, aber nur 13,3% der sich darum bemühenden Juden auf einen Lehrstuhl etc.

[11] Nach Busch, Die Geschichte, S. 161. Dort finden sich auch die absoluten Zahlen.

Wie Tabelle 3 zeigt, stieg der jüdische Anteil in der Philosophischen Fakultät schneller als bei Juristen und Medizinern, ein Ergebnis, das wir beim Vergleich der absoluten Zahlen bestätigt finden. Einerseits erklärt sich dies wohl aus dem in der Philosophischen Fakultät (die im Untersuchungszeitraum üblicherweise noch die Naturwissenschaften einschloß!) besonders dynamisch verlaufenden wissenschaftlichen Fragmentierungs- und Differenzierungsprozeß; hinzu kam sicherlich, daß in einer Ära akademischer „Entliberalisierung"[12] die Philosophische Fakultät noch am ehesten als eine liberale Fakultät gelten konnte.

2. KARRIERE

Die professorale Karriere erfuhr im Untersuchungszeitraum eine gewisse Standardisierung, erreichte allerdings nie das Maß an Einheitlichkeit und Stetigkeit, das wir etwa aus dem damaligen Offizierkorps kennen. Institutioneller Ort der Karriere naturwissenschaftlicher Universitätsprofessoren war die Philosophische Fakultät. Ihrer Abstammung von der alten Artistenfakultät entsprechend, umfaßte die Philosophische Fakultät um die Mitte des 19. Jahrhunderts alle Fächer, die in den drei höheren Fakultäten keinen Platz gefunden hatten, darunter auch sämtliche naturwissenschaftlichen Disziplinen. Nun ließ deren im Untersuchungszeitraum einsetzender Auffächerungs- und Spezialisierungsprozeß von Jahrzehnt zu Jahrzehnt immer deutlicher werden, wie wenig sie mit den Geisteswissenschaften verband. Jedoch tat man sich schwer, aus dieser Erkenntnis organisatorische Konsequenzen nach dem Vorbild verschiedener Universitäten in Frankreich, Holland, Belgien etc. zu ziehen. Schließlich machte Tübingen 1863 den Anfang: Nach langen Geburtswehen entstand durch Abspaltung von der Philosophischen Fakultät erstmals eine selbständige Naturwissenschaftlich-Mathematische Fakultät[13]. Zwar ermahnte der Tübinger Botaniker Hugo von Mohl in seiner Eröffnungsrede die deutschen Schwesteruniversitäten, „nicht hinter der Zeit zurückzubleiben, [sondern] die Bedeutung anzuerkennen, die sich die Naturwissenschaften errungen haben, und ihnen eine dieser Bedeutung entsprechende, ihrer weiteren

---

[12] Vgl. den von Jarausch verwendeten Begriff des „academic illiberalism" (Konrad Jarausch, Students, Society and Politics in Imperial Germany. The Rise of Academic Illiberalism. Princeton 1982).

[13] Vgl. dazu im einzelnen Wolf von Engelhardt und Hansmartin Decker-Hauff (Hg.), Quellen zur Gründungsgeschichte der Naturwissenschaftlichen Fakultät in Tübingen. Tübingen 1963.

Entwicklung förderliche selbständige Stelle zu gewähren"[14]; doch verhallte dieser Aufruf zunächst ungehört. Erst rund ein Jahrzehnt später entstand 1873 an der neugegründeten Straßburger Universität eine zweite Naturwissenschaftliche Fakultät[15]. Schließlich wurde 1890 in Heidelberg noch eine Naturwissenschaftlich-Mathematische Fakultät geschaffen, 1910 folgte Freiburg. Weitere Neugründungen unterblieben, wenn auch einzelne Universitäten ihre Philosophischen Fakultäten in je eine geistes- und eine naturwissenschaftliche Abteilung untergliederten[16].
Die traditionelle Bindung an die Geisteswissenschaften blieb also im Untersuchungszeitraum weithin mindestens auf institutioneller Ebene bestehen. (Übrigens wäre es zu einfach, wollte man diese Beibehaltung des Status quo lediglich als Ergebnis geisteswissenschaftlicher Machtpolitik gegenüber naturwissenschaftlichen Fakultätsminderheiten deuten: Es fehlte keineswegs an sehr prominenten Naturwissenschaftlern, die sich ebenfalls gegen Teilungspläne aussprachen[17].)
Aufgrund der institutionellen Gegebenheiten spielten sich also die Promotionen, Habilitationen und Berufungen fast sämtlicher naturwissenschaftlicher Universitätslehrer in Fakultäten ab, die mehrheitlich aus Nichtnaturwissenschaftlern bestanden. Dies führte mindestens gelegentlich zu Schwierigkeiten. So berichtet der Chemiker Emil Fischer, daß die Geisteswissenschaftler in der Berliner Fakultät „zahlreicher und sicherlich zum Reden mehr geneigt, vielleicht auch in der Form gewandter" gewesen seien als ihre naturwissenschaftlichen Kollegen; auch hätten sie mehr Zeit gehabt und in der Fakultät „das große Wort geführt". Deshalb habe er „wiederholt gegen die Verletzung der Interessen der Naturwissenschaftler Einspruch erheben müssen" und sich „bei der Gegenseite einige Antipathie" eingehandelt[18]. Philipp Lenards Habilitation in Bonn drohte zeitweise daran zu scheitern, daß er keine Latein- und Geschichtskenntnisse nach dem Geschmack der die dortige Fakultät beherrschenden Philologen

---

[14] Engelhardt, Quellen, S. 207 f.

[15] August Wilhelm Hofmann, Die Frage der Teilung der Philosophischen Fakultät. Berlin 1880, S. 45 f.

[16] Für die Untergliederung der Münchener und Würzburger Fakultäten in je 2 Abteilungen vgl. Hofmann, Die Frage, S. 46 f.

[17] Vgl. etwa die Berliner Rektoratsrede des Chemikers August Wilhelm Hofmann von 1880, deren Verfasser energisch gegen eine Teilung plädierte, weil er andernfalls für beide Seiten negative Folgen fürchtete (Hofmann, Die Frage, passim). Dort werden auch weitere Belege genannt.

[18] Emil Fischer, Aus meinem Leben. Berlin 1922, S. 151.

vorweisen konnte[19]. Ähnliche Beispiele ließen sich finden, doch bildeten sie wohl nicht die Regel: Insgesamt scheint das Nebeneinander geistes- und naturwissenschaftlicher Fächer in einer gemeinsamen Fakultät, wenn nicht reibungslos, so doch einigermaßen befriedigend funktioniert zu haben.

Die Marksteine am Weg einer naturwissenschaftlichen Professorenkarriere waren zunächst noch recht zufällig-unverbindlicher Art gewesen. Da Naturwissenschaftler außerhalb der Hochschulen lange Zeit kaum benötigt wurden, fehlten Staatsexamina und Approbationsvorschriften, wie wir sie aus den oberen Fakultäten, aber auch aus den Geisteswissenschaften kennen. Etwa seit der Jahrhundertmitte – und dann verstärkt während des gesamten Untersuchungszeitraums – begann sich dieser wenig geordnete Zustand zu ändern. An seine Stelle trat ein sich allmählich verdichtendes Netz von Regeln oder mindestens Gepflogenheiten, beginnend mit dem Studium selbst.

Teilweise kamen die dort hinführenden Impulse von der Industrie, die einen nicht ganz geringen Teil der naturwissenschaftlichen Hochschulabsolventen einstellte. Dies galt vorzugsweise für den Bereich der Chemie, die schon während des Untersuchungszeitraums mehr als andere naturwissenschaftliche Fächer eine Disziplin mit ausgeprägtem Anwendungspotential war: Hier führte industrielle Unzufriedenheit mit der Qualität des zunächst noch völlig unreglementierten Studiums schließlich zur Einführung des sogenannten Verbandsexamens, das feste und den Wünschen der Industrie weithin entsprechende Standards setzte[20]. Da während des Untersuchungszeitraums kein anderes naturwissenschaftliches Fach einen ähnlich ausgeprägten Praxisbezug aufwies und – damit zusammenhängend – ein ähnliches Wachstum durchlief, folgten damals keine entsprechenden Regelungen für andere Fächer. Jedoch zeigt die Bereitwilligkeit, mit der die preußische Kultusverwaltung auf die Sorgen der chemischen Industrie einging, daß man auch staatlicherseits vom traditionellen Zustand abzurücken begann.

Einheitlich war der erste Hochschulabschluß: Im Alter von etwa 24 Jahren[21] absolvierte der angehende Naturwissenschaftler die Promotion. Auch sie konnte zu Beginn des Untersuchungszeitraums noch sehr ver-

---

19 Philipp Lenard, Erinnerungen eines Naturforschers, der Kaiserreich, Judenherrschaft und Hitler erlebt hat. Unveröffentlichtes Manuskript von 1943, S. 42.

20 Zur Vorgeschichte des Verbandsexamens vgl. Lothar Burchardt, Professionalisierung oder Berufskonstruktion? In: Geschichte und Gesellschaft 6 (1980), S. 326–348.

21 Altersangaben nach Fakultäten bei Ferber, Die Entwicklung, S. 100.

schieden aussehen und sich besonders hinsichtlich des Schwierigkeitsgrades von Universität zu Universität erheblich unterscheiden. Mißbräuche aller Art konnten unter diesen Umständen vor allem an kleineren Universitäten kaum ausbleiben, wo die Promotionsgebühren eine willkommene Ergänzung niedriger Hörergeldeinkünfte bildeten. Schließlich ergriff Theodor Mommsen 1876 die Initiative zur Reform: In einem berühmt gewordenen Aufsatz in den angesehenen „Preußischen Jahrbüchern" wetterte er gegen „die deutschen Pseudodoktoren", prangerte die vielerorts praktizierte „Schandwirtschaft" an und forderte Abhilfe[22].

Daraufhin besserte sich einiges, doch brauchte dieser Prozeß seine Zeit. Noch einige Jahre nach Mommsens Protest wurde die Promotion von Kennern der Verhältnisse als „unwürdiges, nur aus der Organisation der Universitäten in seiner Haltbarkeit zu verstehendes Gelderpressungsmittel" attackiert, das über die Qualifikation des Kandidaten wenig aussage[23]. Der 1889 nach Heidelberg berufene Victor Meyer fand im dortigen Chemischen Institut noch ähnliche Verhältnisse vor, u. a. die Möglichkeit den Doktor der Chemie ohne selbständige experimentelle Arbeit und Dissertation zu erlangen[24].

Bis etwa zur Jahrhundertwende scheinen sich die Dinge mindestens in der Philosophischen Fakultät zu größerer Seriosität hin entwickelt zu haben: Als Althoff 1897 Mißstände im preußischen Promotionswesen aufgriff, galten nur noch die Medizinische und die Juristische Fakultät als problematisch[25]. Wie bisher, so entstanden freilich auch jetzt noch die naturwissenschaftlichen Dissertationen im engsten Kontakt zum Doktorvater, der für Selbständigkeit wenig Raum ließ[26]. Auch fällt bei genauerer Betrachtung der Promotionsstatistiken auf, daß die Philosophischen Fakultäten kleinerer Universitäten wie Erlangen, Greifswald und Rostock noch gegen Ende des Untersuchungszeitraums einen weitaus größeren Anteil

---

22 Theodor Mommsen, Die deutschen Pseudodoktoren. In: Preußische Jahrbücher 37 (1876), S. 17 ff., und: Die Promotionsreform. In: Ebd., S. 335 ff.

23 Adolf Mayer, Der Kapitalismus in der Gelehrtenwelt. Heidelberg 1881, S. 7, Vgl. ähnlich C. Hasse, Die Mängel deutscher Universitätseinrichtungen und ihre Besserung. Jena 1887, S. 25.

24 Theodor Curtius und Johannes Rissom, Geschichte des chemischen Unterrichtslaboratoriums zu Heidelberg seit der Gründung durch Bunsen. Heidelberg 1908, S. 36.

25 Vgl. das diesbezügliche Material im Zentralen Staatsarchiv Merseburg (fortan abgekürzt: ZSAM), Rep. 92 Althoff A I Nr. 102.

26 Vgl. das Berliner Beispiel: Max Lenz, Geschichte der Königlichen Friedrich-Wilhelms-Universität zu Berlin. Bd. 3, Halle 1910, S. 303 f.

an den Promotionen aufwiesen, als ihrer Studentenzahl an sich entsprochen hätte; offenbar galten sie weiterhin als „leichter“[27]. Immerhin scheinen inzwischen jedoch die Zustände der 60er und 70er Jahre so weit überwunden gewesen zu sein, daß nun die selbständig angefertigte Dissertation und die mündliche Doktorprüfung allgemein als selbstverständlich galten.

Wer auf eine naturwissenschaftliche Hochschulkarriere hoffte, der suchte nach (nur höchst selten schon vor) der Promotion eine Assistentenstelle zu erhalten[28]: Seit den 1830er Jahren breitete sich in der Chemie der Unterricht in der Form eines Praktikums im chemischen Labor aus. Als in der Physik die Studentenzahlen entsprechende Höhen erreicht hatten (in den 1860er Jahren), begann man auch dort mit dem Experimentalunterricht; Botanik und Geologie/Mineralogie folgten in den 1870er, die Zoologie in den 1880er Jahren[29].

Da diese neue Form des Lehrbetriebs unmöglich vom Institutsdirektor allein bewältigt werden konnte, bürgerte sich sehr schnell die Gepflogenheit ein, einen „Unterrichtsassistenten“ einzustellen. Er vertrat in wechselndem Umfang seinen Chef bei der Praktikantenbetreuung[30]; mit dessen wissenschaftlicher Arbeit wie auch mit der Vorbereitung der Experimentalvorlesungen hatte er meistens wenig zu tun. Deshalb trat bald der Wunsch nach zusätzlichen „Vorlesungsassistenten“ auf, die diese Lücke schließen sollten. Den Anfang machten auch hier die Chemie-Ordinarien, da sie besonders stark durch Lehraufgaben belastet waren[31]. Daneben trat als dritte Assistentenkategorie zunehmend der „Privatassistent“ in Erscheinung, der den Institutsleiter bei seiner Forschung unterstützte[32]. Etwa seit der Jahrhundertwende vollzog sich mindestens an den großen chemi-

---

[27] Daten für 1906/7 und 1909/10 in: Waentig, Zur Reform, S. 39 f.

[28] In Preußen war die Promotion seit 1880 für medizinische Assistenten, seit 1895 für alle Assistenten Einstellungsvoraussetzung. Allerdings wurde dieser Grundsatz nicht ganz strikt gehandhabt; vgl. den Runderlaß des Kultusministeriums v. 10. 7. 1912: ZSAM, Rep. 76 V a Sekt. 1 Tit. IV Nr. 20 Bd. IV, Bl. 59. Vgl. ergänzend Klaus Dieter Bock, Strukturgeschichte der Assistentur. Düsseldorf 1972, S. 116. Zur Anstellung und Vereidigung der Assistenten: vgl. ebd., S. 101 ff.

[29] Eine Skizze dieser Entwicklung gibt Bock, Strukturgeschichte, S. 84–91.

[30] Ein Beispiel aus der Physik bietet Lenard während seiner Assistentenzeit bei Hertz (Lenard, Erinnerungen, S. 35).

[31] Vgl. die Begründung, mit der der Marburger Chemiker Kolbe 1864 einen zweiten Assistenten beantragte (zit. bei Bock, Strukturgeschichte, S. 94). Vgl. ergänzend ebd., S. 128–132. Für die Verhältnisse in der Physik vgl. Lenard, S. 123 und 132.

[32] Näheres bei Bock, Strukturgeschichte, S. 132 ff. und 153 ff.

schen Instituten mit wachsender Assistentenzahl eine weitere Differenzierung nach Teilbereichen der Chemie[33].

So bildete sich allmählich in der Chemie eine Quasi-Rangordnung unterhalb der Lehrstuhlebene heraus, die keineswegs verbindlich war, aber doch häufig angetroffen wurde: Man begann als Privatassistent und diente sich über eine Vorlesungsassistentur allmählich zum Unterrichtsassistenten hoch; gab es deren mehrere, so existierte über ihnen gelegentlich noch ein Erster oder Oberassistent. Hier waren also gewisse Anfänge einer inoffiziellen Verlaufbahnung erkennbar, die allerdings bei den anderen Experimentalfächern nie gleiche Ausmaße erreichte.

Der formelle Status der Assistenten war lange Zeit kaum definiert; die Einstellungs- und Vereidigungsmodalitäten konnten von Universität zu Universität, ja von Institut zu Institut wechseln. Auch die Dauer des Dienstverhältnisses und seine Beendigung war meistens nur durch persönliche Absprache geregelt, bei der dem Institutsdirektor die dominierende Rolle zufiel[34]. Da die Assistentenstellen primär nicht der Nachwuchsförderung, sondern der Unterstützung der Ordinarien dienen sollten, besaßen die Stelleninhaber nur den Freiraum für eigene Arbeiten, den ihnen die Institutsleiter ließen. Freien Zugang zu den Gerätschaften und Hilfsmitteln ihres Instituts genossen sie nur selten, in Einzelfällen wurden sie geradezu an ihrer Habilitation gehindert[35].

Nicht weil die preußische Kultusverwaltung solche Vorkommnisse als Mißstand betrachtete, sondern weil ihr angesichts der wachsenden Bedeutung der Assistentur deren ungeordneter Zustand mißfiel, begann sie in den 1890er Jahren mit Vorarbeiten zu einer Assistentenordnung. Sie mündeten nach mehreren Fehlschlägen und längeren Pausen schließlich ein in je einen Entwurf für die Universitäts- und TH-Assistentur, die aber im Untersuchungszeitraum nicht mehr in Kraft traten[36].

---

[33] Zur quantitativen Entwicklung der chemischen Assistentur vgl. auch Lothar Burchardt, Professionalisierung, S. 327 f.

[34] Ebd., S. 335 f. Manche Assistenten bekleideten ihr Amt jahrzehntelang. Ein Beispiel schilderte Richard Willstätter, Aus meinem Leben. ²Weinheim 1958, S. 45. Teilweise wurden sie mit Daueraufgaben betraut, wie sie heute von akademischen Räten wahrgenommen werden. Vgl. das Schreiben des preußischen Kultusministeriums an das preußische Finanzministerium v. 10. 4. 1913 (ZSAM, Rep. 76 V. a Sekt. 1 Tit. IV Nr. 20, Bd. IV, Bl. 94–99).

[35] Bock, Strukturgeschichte, S. 73; Lenard, Erinnerungen, S. 25–31 und 34 f. Virchow scheint seinen Assistenten zeitweise die Habilitation verboten zu haben (ZSAM, Rep. 76 V. a Sekt. 1 Tit. IV Nr. 34 Bd. II, Bl. 117).

[36] Näheres in: Burchardt, Professionalisierung, S. 337 f.

Die Assistentur galt nach Auffassung der Ordinarien wie auch aller Kultusbehörden als Durchgangs- und Lehrzeit. Wer diesen Weg wählte, wurde „durch die Aussicht auf die akademische Laufbahn gefesselt" und nahm die damit verbundenen Nachteile in Kauf[37]. Zu diesen Nachteilen gehörte auch die Besoldung: Ein naturwissenschaftlicher Assistent erhielt im Untersuchungszeitraum üblicherweise ein nach seiner Tätigkeit gestaffeltes Jahresgehalt zwischen etwa 1 200 und 1 500 Mark; niedrigere Sätze waren häufig, höhere selten[38]. Solche Gehälter lagen deutlich unter denen, die in vergleichbaren Berufen wie zum Beispiel dem des Gymnasiallehrers gezahlt wurden. Jedoch kam gegen Ende des Untersuchungszeitraums eine gemeinsame Demarche der Assistenten aller preußischen naturwissenschaftlichen Universitätsinstitute zustande, die auf höhere Bezüge hinzielte. Sie endete 1908/9 immerhin mit einem Teilerfolg und führte im übrigen zu einer einheitlichen Regelung der preußischen Assistentengehälter[39].

Da sich seit Beginn des 19. Jahrhunderts immer deutlicher die Habilitation als, wenn nicht zwingende, so doch übliche Berufungsvoraussetzung eingebürgert hatte[40], strebte auch ein künftiger naturwissenschaftlicher Ordinarius die Habilitation an. Seit seiner Promotion waren inzwischen durchschnittlich vier bis sechs Jahre vergangen[41]; während dieser Zeit hatte er als Assistent eigene Arbeiten durchgeführt, soweit ihm seine Dienstpflichten dies erlaubten, und hatte ganz allgemein versucht, sich als eigenständige Forscherpersönlichkeit zu profilieren. Zunächst beschränkte sich das Habilitationsverfahren jahrzehntelang darauf, diese Tatsache mehr oder

---

[37] Wilhelm Wien, Die neuere Entwicklung unserer Universitäten und ihre Stellung im deutschen Geistesleben, Würzburg 1915, S. 11. Ausnahmen von dieser Regel gab es vor allem in der Chemie, da Chemiker gelegentlich attraktive Industriestellungen angeboten bekamen. Vgl. z. B. Fischer, Erinnerungen, S. 188 ff.

[38] Vgl. die Aufstellung für Preußen von 1891 (ZSAM, Rep. 76 V. a Sekt. 1 Tit. IV Nr. 20 Bd. I, Bl. 113) und die Etatverhandlungen zwischen der preußischen Finanz- und der Kultusverwaltung am 27. 11. 1894 (ebd., Bl. 289 f.). Für die außerpreußischen Verhältnisse, die sich bei aller Vielfalt nicht grundlegend von den preußischen unterschieden, vgl. die Aufstellung ZSAM, Rep. 76 V. a Sekt. 1 Tit. IV Nr. 20 Bd. III, Bl. 101–103. Einzelbeispiele nennen Bock, Strukturgeschichte, S. 87, 116 f. und 121; Lenard, Erinnerungen, S. 25; Burchardt, Professionalisierung, S. 338.

[39] Burchardt, Professionalisierung, S. 338 f.

[40] Am Anfang dieser Entwicklung stand die Verankerung der Habilitation in den Berliner Universitätsstatuten von 1816 (Busch, Die Geschichte, S. 21 f.).

[41] Zum Vorstehenden vgl. die genauen Daten bei Ferber, Die Entwicklung, S. 77 und 93–98.

minder formlos zur Kenntnis zu nehmen[42]. Bis zum Beginn des Untersuchungszeitraums hatte es sich eingebürgert, dem Kandidaten eine Probevorlesung vor der Fakultät mit anschließendem Kolloquium abzuverlangen. Im Mittelpunkt stand dabei der Wunsch, den zukünftigen Kollegen kennenzulernen. Eine wirkliche Prüfung seiner wissenschaftlichen Qualifikation fand hingegen (noch) nicht statt; nicht ohne Grund bemängelte ein Kenner der Verhältnisse noch in den 1880er Jahren, daß sich das Habilitationskolloquium „nirgends . . . an sachlichem Ernst mit einer Staatsprüfung vergleichen" lasse[43]: Die Fakultäten eröffneten „in freimütigster Weise die akademische Laufbahn einem jeden, der sich ihr gewachsen glaubt. Man garantiert sie aber keinem". Jeder mochte „selber sehen, wie er sich zur Geltung bringt"[44].

Erst um die Jahrhundertwende scheint sich das Verlangen auch nach schriftlichen Habilitationsleistungen allmählich allgemein durchgesetzt zu haben[45]. Hierzu mag die Sorge beigetragen haben, von einer Überzahl wissenschaftlich unbedeutender Habilitanden überschwemmt zu werden, denen es lediglich um den (nur durch eine Habilitation zu erlangenden) Privatdozententitel zu tun war[46]. Selbst die stets besonders auf ihr wissenschaftliches Niveau achtende Universität Berlin machte erst in den letzten Vorkriegsjahren die „Einsendung von Probeschriften" zum festen Bestandteil des Habilitationsverfahrens[47].

Privatdozenten waren „keine Beamten. Sie üb(t)en vielmehr eine freie Lehrtätigkeit ohne amtliche Verpflichtung aus"[48]. Der Theorie nach gestaltete also der Privatdozent seine Lehrtätigkeit nach freiem Ermessen und erhielt dafür als Entschädigung die von seinen Hörern gezahlten Kolleg-

---

42 Vgl. z. B. die Angaben zur Habilitation des Chemikers Fresenius in Gießen 1843 (Bock, Strukturgeschichte, S. 95).

43 Mayer, Der Kapitalismus, S. 7.

44 Ebd., S. 8. Eine Zusammenstellung der in Preußen geltenden Habilitationsbestimmungen um 1892 bestätigt dieses Bild (ZSAM, Rep. 76 V. a Sekt. 1 Tit. IV Nr. 34 Bd. I, Bl. 71–76).

45 Material zur Diskussion über angemessene Habilitationserfordernisse zwischen den preußischen Universitäten und der preußischen Kultusverwaltung ab 1877 findet sich im ZSAM, Rep. 76 V. a Sekt. 1 Tit. IV Nr. 25.

46 Die preußischen Kultusministerialakten enthalten zahlreiche derartige Überlegungen, die allerdings überwiegend aus medizinischen Fakultäten kamen (ZSAM, Rep. 76 V. a Sekt. 1 Tit. IV Nr. 34 Bd. II).

47 So § 1 der Berliner Habilitationsordnung von 1911 (ein Exemplar im ZSAM, Rep. 76 V. a Sekt. 1 Tit. IV Nr. 34 Bd. II, Bl. 164).

48 Schreiben des preußischen Kultusministeriums an das preußische Außenministerium v. 21. 12. 1908 (ZSAM, Rep. 76 V. a Sekt. 1 Tit. IV Nr. 34 Bd. II, Bl. 61).

gelder. In dieser Form wurde das Privatdozententum immer wieder als wichtige und gesunde Institution, ja geradezu als Fundament des renommierten deutschen Wissenschaftsbetriebs gepriesen[49]. Die Praxis sah freilich anders aus: Da Privatdozenten üblicherweise weder prüfen noch in ihrem jeweiligen Fach die Hauptvorlesungen halten durften, blieb ihr Hörerkreis meistens begrenzt – und damit auch das Volumen ihrer Einkünfte. Die Unabhängigkeit des Privatdozenten hatte also den Preis, daß „auch tüchtigste Arbeit weder entsprechenden noch überhaupt für mäßige Ansprüche ausreichenden Lohn" fand[50].

Speziell die naturwissenschaftlichen Privatdozenten standen noch vor einem zusätzlichen Problem. Soweit sie ihre Arbeit nicht auf die theoretischen Aspekte ihres jeweiligen Faches konzentrierten, brauchten sie Laboratorien; diese aber standen ihnen in ihrer Privatdozenteneigenschaft nur dann zur Verfügung, wenn sie sie selbst finanzierten: Der Privatdozent hatte zwar einen Anspruch auf die Gestellung eines geeigneten Hörsaals, nicht aber auf die für seine Forschungsarbeit unabdingbare Infrastruktur[51].

Diese Gegebenheiten zwangen den Privatdozenten, sich andere Verdienstquellen als seine Hörgeldeinnahmen zu erschließen, sofern er nicht von Hause aus vermögend war oder reich heiratete[52]. Während zahlreiche Geisteswissenschaftler mangels anderer Möglichkeiten die ökonomische Durststrecke zwischen Habilitation und erster Berufung als Lehrer, Bibliothekare oder Archivare überbrückten, bot sich für Naturwissenschaftler vorzugsweise der Weg der Assistentur an: Sie bot Gelegenheit, wenigstens in begrenztem Umfang Zugriff auf die Einrichtungen eines Laboratoriums zu erlangen.

---

[49] Eine kleine Auswahl entsprechender Zitate, die sich fast beliebig erweitern ließe, gibt Busch, Die Geschichte, S. 132.

[50] Mayer, Der Kapitalismus, S. 10.

[51] Vgl. die Antworten der preußischen Institutsdirektoren auf eine entsprechende Anfrage der preußischen Kultusverwaltung im Jahre 1913 (ZSAM, Rep. 76 V. a Sekt 1 Tit. IV Nr. 34 Bd. II). Ein konkretes Beispiel nennt Willstätter, Aus meinem Leben, S. 110.

[52] Beispiele sind etwa der Privatdozent der Philosophie und Physik Leo Arons, der die Tochter eines Berliner Privatbankiers heiratete, oder der Chemiker Carl Harries, der Siemens' Tochter Hertha heiratete (Willstätter, Aus meinem Leben, S. 86). Beide Wissenschaftler wurden dadurch finanziell unabhängig.

Tabelle 4: Die Verbindung von Assistenz und Privatdozentur an deutschen Universitäten (Spalte 1 und 3 in absoluten Zahlen, Spalte 2 und 4 in Prozent)[53]

	1880		1910	
	Privatdozenten insgesamt	davon Assistenten (%)	Privatdozenten insgesamt	davon Assistenten (%)
Geisteswissenschaften insgesamt	86	3,5	139	8,0
Astronomie	2	–	8	25,0
Mathematik	7	–	17	11,8
Geologie / Mineralogie	13	23,1	26	42,3
Biologie	18	33,0	59	37,3
Chemie	25	40,0	92	38,0
Naturwissenschaften insgesamt	65	29,3	202	35,6

Wie die Daten in Tabelle 4 zeigen, gab es in den naturwissenschaftlichen Fächern während des gesamten Untersuchungszeitraums drei- bis dreieinhalbmal so viele Privatdozenten wie Assistentenstellen, doch konnten schließlich in den experimentellen Fächern Geologie/Mineralogie, Biologie und Chemie immerhin gegen 40% der Privatdozenten mit einer solchen Stelle rechnen. Freilich stoßen wir auch hier auf das Phänomen der Verlaufbahnung: Nicht der Habilitierte suchte sich eine Assistentenstelle, sondern es habilitierte sich vorzugsweise, wer bereits eine solche Stelle gefunden hatte. Damit wurde, wie oben bereits angedeutet, die Assistentur weithin zur Voraussetzung der Habilitation. Wer keine anderen Einnahmen hatte, fand hier ein wenigstens notdürftiges Auskommen und konnte überdies die Hoffnung auf begrenzte Eigenarbeitsmöglichkeiten im Institut seines Chefs hegen.

Insgesamt hatte also der habilitierte Naturwissenschaftler weit größere Chancen, seine Privatdozentenjahre als Assistent zu überstehen, als sein geisteswissenschaftlicher Kollege. Gleichwohl fehlte es, wie Tabelle 4 zeigt, auch dort nicht an Privatdozenten, die *keine* solche Stelle bekommen konnten. Nicht nur für die notorisch besonders schlecht gestellten geisteswissenschaftlichen Privatdozenten, sondern auch für sie wurde in Preußen 1875 ein Fonds „zu Stipendien für Privatdozenten und andere

[53] Nach Ferber, Die Entwicklung, S. 87 f. Dort sind die Daten genauer aufgeschlüsselt.

jüngere für die Universitätslaufbahn geeignete Gelehrte" errichtet[54]. Er sollte dazu dienen, notleidenden Privatdozenten über 3 bis 4 Jahre hinweg jährliche Bezüge bis zu etwa 1500 Mark, also ungefähr in Höhe eines Assistentengehalts, zukommen zu lassen. Jedoch war der Fonds mit jährlich 54000, später 60000 Mark viel zu niedrig bemessen, als daß er in allen Bedarfsfällen hätte helfen können: trotz mehrfacher Erhöhung blieb sein Volumen immer weit hinter dem Bedarf zurück[55].

Besser als die in den Genuß des Fonds kommenden Privatdozenten standen sich, wie bereits angedeutet, die Inhaber von Assistentenstellen. Ihre Verweildauer in diesen Stellen war unbegrenzt, so lange ihnen nicht gekündigt wurde. Viele Institutsdirektoren betrachteten es als selbstverständliche Kollegenpflicht, ihren habilitierten Assistenten angemessene Arbeitsmöglichkeiten einzuräumen. Auch bürgerte es sich mit fortschreitender Spezialisierung vor allem in chemischen Instituten ein, daß die Direktoren gewisse Teil- und Randgebiete ihrer Disziplin den habilitierten Assistenten zu eigenständiger Vertretung überließen[56]; nicht selten führte diese Vorgehensweise schließlich zur Herausbildung neuer Teildisziplinen[57].

Dem standen freilich auch Nachteile gegenüber. Sie resultierten vor allem daraus, daß versäumt wurde, den Status der „nichtordentlichen" Lehrkräfte zu überdenken und ihn den seit dem frühen 19. Jahrhundert drastisch veränderten Verhältnissen anzupassen. Der habilitierte Assistent war als Privatdozent zumindest nominell Kollege, als Assistent aber weisungsgebundener Untergebener seines Chefs. Mochte er sich einerseits als gleich-

---

54 Zur Vorgeschichte vgl. das Material im ZSAM, Rep. 76 V. a Sekt. 1 Tit. IV Nr. 37, Bl. 1–24. Der Einführungserlaß vom 24. 4. 1875 findet sich im Centralblatt für die gesamte Unterrichtsverwaltung Preußens, Jg. 1875, S. 309. Zur praktischen Handhabung vgl. ZSAM, Rep. 76 V. a Sekt. 1 Tit. IV Nr. 37, Bl. 56 ff. Die Stipendien galten nicht als Gehaltszahlungen, sondern als „für Studienzwecke bewilligte Unterstützung" (ebd., Bl. 93). 1913 wurde der Fonds auf 70000 M. erhöht (ebd., Bl. 189), genügte aber immer noch nicht. Vgl. ergänzend Sachse, S. 212 f.

55 Die Unzulänglichkeit des Fonds wird besonders deutlich aus der Menge der abgelehnten Unterstützungsgesuche an das preußische Kultusministerium (ZSAM, Rep. 76 V. a Sekt. 1 Tit. IV Nr. 38; selbst die dort verwahrten 52 Aktenbände enthalten nur die Anträge ab 1889). Gelegentlich wurde vorgeschlagen, qualifizierte Privatdozenten routinemäßig zu besoldeten Extraordinarien zu ernennen (Mayer, Der Kapitalismus, S. 34); doch setzte sich dieser Gedanke nicht durch.

56 Bock, Strukturgeschichte, S. 96 f.; Wien, Die neuere Entwicklung, S. 6.

57 Besonders deutlich wird dieser Prozeß während des Untersuchungszeitraums in der Medizin erkennbar, doch finden wir ihn damals auch schon in den naturwissenschaftlichen Fächern, vor allem in der Chemie.

berechtigtes Mitglied einer Gelehrtenrepublik fühlen, so mußte er andererseits in seiner Assistenteneigenschaft damit rechnen, von seinem Direktor nach dessen Belieben eingesetzt, ja unter Umständen geradezu ausgebeutet zu werden[58]. Selbst führende Kultusbeamte kritisierten gelegentlich die „rein monarchische Verfassung" gerade der naturwissenschaftlichen Universitätsinstitute als überholt. Selbst sie betonten aber, daß trotz an sich wünschenswerter Reformen in Einzelpunkten der Institutsdirektor stets Herr im Haus bleiben müsse[59].

Letzterer Punkt wurde am emphatischsten von den Institutsdirektoren selbst vertreten. Gewiß lief in zahlreichen, ja vielleicht sogar in den meisten Fällen das Nebeneinander des Institutsdirektors und seiner Assistenten reibungslos oder doch mindestens ohne größere Störungen ab. Die Fragen nach dem geistigen Eigentum an im Labor von Assistenten gemachten Entdeckungen und nach dem Freiraum, der von einem habilitierten Assistenten billigerweise beansprucht werden durfte, warfen jedoch immer wieder Probleme auf[60]. Und wo sich die Privatdozenten benachteiligt fühlten, wähnten sich manche Institutsdirektoren ihrerseits von widerborstigen Privatdozenten umgeben, denen das rechte Maß verlorengegangen war. Als sich Althoff 1893 mit Vorüberlegungen zu einem preußischen Assistentengesetz befaßte, begrüßte der Bonner Universitätskurator Gandtner dies mit den Worten, es sei „in der Tat erwünscht, manchen jungen Herren, der anzunehmen geneigt ist, das Institut sei nur seinetwillen da, schwarz auf weiß auf die Irrigkeit seiner Annahme hinweisen zu können"[61].

Sofern es diesen Typ überhaupt unter den deutschen Privatdozenten gab, muß es sich dabei freilich um Einzelfälle gehandelt haben. In ihrer großen Mehrzahl nahmen sie den oben skizzierten Zustand langezeit ergeben hin – in der Hoffnung, eines Tages selbst in den Genuß eines eigenen Instituts und der damit verbundenen Privilegien zu kommen.

---

[58] Burchardt, Professionalisierung, S. 335; Busch, Die Geschichte, S. 126; Willstätter, Aus meinem Leben, S. 136.

[59] Waentig, Zur Reform, S. 11–13 und 20. Waentig war jahrelang für die Hochschulen im Königreich Sachsen verantwortlich.

[60] Als 2 Beispiele von vielen vgl. Reinhard Riese, Die Hochschule auf dem Weg zum wissenschaftlichen Großbetrieb. Stuttgart 1977, S. 139; Willstätter, Aus meinem Leben, S. 61. In den Geisteswissenschaften lagen die Verhältnisse etwas günstiger; vgl. das Material im ZSAM, Rep. 76 V. a Sekt. 1 Tit. X Nr. 9 Bd. II.

[61] Schreiben Gandtners an Althoff v. 27. 11. 1893 (ZSAM, Rep. 76 V. a Sekt. 1 Tit. IV Nr. 20 Bd. I, Bl. 145).

Dieser Zustand begann sich erst in den letzten Vorkriegsjahren zu ändern, nachdem eine stattliche Zahl von Veröffentlichungen zur Privatdozentenfrage mindestens die Hochschulen, Ministerien und Parlamente etwas aufgeschreckt hatte[62]. Im Juni 1907 wandten sich sämtliche Assistenten an naturwissenschaftlichen preußischen Universitätsinstituten in der schon erwähnten Initiative an das preußische Kultusministerium und baten um eine Erhöhung ihrer Gehälter[63]. Sie bestritten die Richtigkeit der traditionellen Vorstellung, daß der Assistent ein noch in der Ausbildung stehender bloßer Gehilfe sei und verwiesen auf die Unterschiede, die zwischen ihren Einkünften und denen der in anderen Laufbahnen tätigen Akademiker bestanden. Diese ungewöhnliche kollektive Aktion endete nicht zuletzt deswegen mit einem respektablen Teilerfolg, weil die Institutsdirektoren großenteils das Gesuch befürworteten. Gelegentlich wiesen sie darauf hin, daß es unter den gegebenen finanziellen Bedingungen immer schwieriger werde, gute Kräfte am Abwandern in andere, lukrativere Berufe zu hindern.

Allerdings reichte dieser Konsens nur so weit, wie er die Institutsdirektoren nichts kostete. Als 1911 die Vereinigung außerordentlicher Professoren Preußens auf die mißliche Lage vieler naturwissenschaftlicher Privatdozenten und Extraordinarien hinwies und Einschränkungen der Macht der Institutsdirektoren forderte[64], ließ das preußische Kultusministerium die Direktoren berichten. Ihre Antworten lauteten ganz überwiegend negativ: An einer Beschränkung ihrer autokratischen Stellung waren sie begreiflicherweise nicht interessiert[65].

Wenig später wandte sich die Vereinigung der an der Bonner Universität lehrenden Privatdozenten an die Kultusverwaltung mit der Bitte, den Privatdozenten die uneingeschränkte Benutzung der Institute zu gestatten.

---

62 Solche Publikationen erschienen besonders im Zusammenhang mit dem Fall des sozialdemokratischen Privatdozenten Arons und dem daraufhin verabschiedeten Privatdozentengesetz, der sog. Lex Arons. Eine Skizze dieses Falles gibt u. a. Ernst Rudolf Huber, Deutsche Verfassungsgeschichte seit 1789. Bd. 4. Stuttgart 1969, S. 950–957.

63 Burchardt, Professionalisierung, S. 338.

64 Die Lage der außerordentlichen Professoren an den preußischen Universitäten. Magdeburg 1911. Vgl. dazu auch unten S. 172 ff. Ergänzend vgl. neuerdings die gelungene Zusammenfassung von Rüdiger vom Bruch, Universitätsreform als soziale Bewegung. In: Geschichte und Gesellschaft 10 (1984), S. 72–91.

65 Runderlaß des preußischen Kultusministeriums v. 16. 4. 1912 (ZSAM, Rep. 76 V. a Sekt. 1 Tit. IV Nr. 34 Bd. II, Bl. 183). Die Antworten finden sich im selben Band.

Das Ministerium lehnte energisch ab mit dem Argument, daß anderenfalls die gesamte Institution des Privatdozententums ins Schwanken gerate[66]. Ähnliches wiederholte sich, als der Bonner Zoologe Ludwig dem Privatdozenten und Titularprofessor der Zoologie Borgert einen Arbeitsplatz in seinem Institut verweigerte: Borgert bat das Kultusministerium um Hilfe, mußte sich von dort aber sagen lassen, daß „den Privatdozenten ein Recht auf Überweisung eines Arbeitsplatzes in den Instituten der Universität nicht zusteht“[67]. Während die Bonner Philosophische Fakultät inzwischen immerhin bereit war, den Privatdozenten bescheidene Zugeständnisse hinsichtlich der Institutsbenutzung zu machen, beharrte Ludwig auf seiner Ansicht, „daß der Institutsdirektor als der allein verantwortliche Vorsteher des Instituts Herr im Hause sein muß“. Das Kultusministerium teilte diese Meinung[68].

Inzwischen hatte sich ein „Landesverband Preußischer Privatdozenten“ gebildet, der sich am 12. Februar 1913 mit „Leitsätzen“ an das Kultusministerium gewandt hatte. Besonders dringend wurde dort „um eine durch die Verhältnisse gebieterisch geforderte Vermehrung“ der Planstellen für Nichtordinarien und um Mitsprache bei der Behandlung von Universitätsangelegenheiten in Senaten und Fakultäten gebeten[69]. Die daraufhin vom Kultusministerium eingeholten Voten der preußischen Universitäten lauteten durchweg ablehnend. Als einigermaßen typisch kann die Stellungnahme der Universität Berlin gelten[70]: Sie befürchtete von einem mehr oder minder automatischen Einrücken der Privatdozenten in Planstellen eine dauerhafte Verbeamtung (und damit Verfälschung!) des Privatdozententums, zugleich aber auch eine massive Beschränkung des den Fakultäten des Landes zustehenden personalpolitischen Spielraums. Auch eine

---

[66] Schreiben der Bonner Privatdozentenvereinigung an das Kultusministerium v. 22. 1. 1913 und Schreiben des Kultusministeriums an den Bonner Universitätskurator v. 14. 2. 1913 (ZSAM, Rep. 76 V. a Sekt. 1 Tit. IV Nr. 34 Bd. II, Bl. 232 f.).

[67] Schreiben des preußischen Kultusministeriums an den Bonner Universitätskurator v. 25. 4. 1913 (ZSAM, Rep. 76 V. a Sekt. 1 Tit. IV Nr. 34 Bd. II, Bl. 243).

[68] Separatvotum des Zoologieprofessors Ludwig v. 15. 6. 1913 (ZSAM, Rep. 76 V. a Sekt. 1 Tit. IV Nr. 34 Bd. II, Bl. 260–265). Die Stellungnahme der Philosophischen Fakultät der Universität Bonn findet sich ebd., Bl. 257 f.

[69] Ein Exemplar der „Leitsätze“ samt Begründung findet sich im ZSAM, Rep. 76 V. a Sekt. 1 Tit. IV Nr. 34 Bd. II, Bl. 234–240. Zur Einschätzung der Nichtordinarienbewegung und des bis dahin erreichten Organisationsgrades vgl. vom Bruch, Universitätsreform.

[70] Die Fakultätsvoten finden sich im ZSAM, Rep. 76 V. a Sekt. 1 Tit. IV Nr. 34 Bd. II, Bl. 279 ff., das Berliner Votum v. 19. 7. 1913 ebd., Bl. 279–281.

Mitwirkung an der akademischen Selbstverwaltung wurde mit ähnlichen Argumenten verworfen. Besonders unterstrichen die Berliner Ordinarien, daß die Privatdozentur nicht „dem Einzelnen eine dauerhafte Befriedigung gewähren (müsse), sondern . . . nur als eine Vorbereitungszeit zu denken“ sei. Auch dieser Stellungnahme pflichtete das Kultusministerium bei[71].

Wie oben schon angedeutet wurde, hatten sich die Privatdozenten jahrzehntelang diese Einstellung notgedrungen zu eigen gemacht. Alternative Wege zum Ordinariat boten sich kaum an; auch konnte mindestens der über den Durchschnitt Herausragende hoffen, eines Tages den ersehnten Sprung zum Lehrstuhl und zum eigenen Institut zu schaffen. Hatte er den erst vollbracht, so wurde er fast automatisch zum energischen Verfechter des Status quo: „Ich war entschlossen“, so schildert Philipp Lenard rückblickend seine Stimmung vor Antritt seines ersten Ordinariats, „mit vollkommener Rücksichtslosigkeit vorzugehen, da ich den Ruf überhaupt nur angenommen hatte, um endlich uneingeschränkt und hindernislos zu einer voll ausgerüsteten Arbeitsstätte zu kommen. Ich hatte als Assistent und als zweiter Physiker lange genug alles zugegeben, um es den mir Übergeordneten so angenehm wie möglich zu machen; jetzt forderte ich das für mich[72].“

Etwa ab der Mitte des Untersuchungszeitraums begann sich die Lage mindestens in den naturwissenschaftlichen Fächern insofern zu wandeln, als nun eine Expansion im Bereich der „nichtordentlichen“, aber gleichwohl fest angestellten Kräfte erfolgte. Sie ließ zuerst in der Chemie und dann in reduzierter Form auch in den übrigen Fächern jene laufbahnähnliche Abfolge von verschiedenen Assistentenkategorien entstehen, die oben beschrieben wurde. Damit trat mindestens in den Naturwissenschaften der Idealtypus des echten Privatdozenten allmählich in den Hintergrund. Seine Stelle nahmen immer häufiger beamtete und dementsprechend weisungsgebundene Nichtordinarien ein, die zugleich die Venia Legendi besaßen und sie neben ihrer Assistententätigkeit ausübten. Der Privatdozentenfonds, die Lex Arons und das Aufkommen der Nichtordinarienbewegung waren Marksteine auf diesem Wege; an seinem Ende stand die reichseinheitliche Einführung von Diätendozenturen im Jahre 1939[73].

Gipfelpunkt dieser nichtordentlichen Karriere unterhalb des Ordinariats war die außerordentliche Professur. Ursprünglich hatte es sich hier mei-

[71] Aktenvermerk von Geheimrat Elster v. 5. 1. 1914 (ZSAM, Rep. 76 V. a Sekt. 1 Tit. IV Nr. 34 Bd. II, Bl. 268).

[72] Lenard, Erinnerungen, S. 97.

[73] Busch, Die Geschichte, S. 135.

stens um eine reine Titelverleihung an besonders bewährte Privatdozenten, teilweise um reine Durchgangs- und Wartestellen gehandelt, die nicht oder kaum besoldet wurden. Die Gesamtzahl dieser Extraordinarien belief sich noch am Beginn des 19. Jahrhunderts auf kaum ein Viertel der ordentlichen Professoren[74]. Im Lauf des Jahrhunderts – und verstärkt in dessen letztem Drittel – lief nun der erwähnte Spezialisierungs- und Expansionsprozeß ab, in dessen Verlauf einerseits die Studentenzahlen rasch anstiegen, andererseits zahlreiche neue Disziplinen bzw. Teildisziplinen entstanden. Beide Vorgänge spielten sich mit besonderer Dynamik in der Philosophischen Fakultät ab und ließen dort die traditionellen Organisationsformen des Lehr- und Forschungsbetriebs besonders unzureichend werden. Dieser Entwicklung verdankte, wie oben beschrieben, die Assistentur ihr Entstehen. Nachdem sich, in den chemischen Instituten beginnend, „die übliche Stufenleiter"[75] der verschiedenen Assistentenkategorien herausgebildet hatte, entwickelte sich die Gepflogenheit, für die Ersten oder Oberassistenten sogenannte Abteilungsvorsteherstellen einzurichten. Die Abteilungsvorsteher waren staatliche Beamte und genossen innerhalb des Instituts einen (bescheidenen) Freiraum, blieben aber weisungsgebunden und dem Institutsdirektor unterstellt. Da ihre Bezahlung ungefähr der eines planmäßigen Extraordinarius entsprach und die Abteilungsvorsteher üblicherweise habilitiert waren, bürgerte es sich in Preußen ein, ihnen auch den Extraordinarientitel beizulegen[76].

Während die Ausbildung der Assistentenhierarchie bis hin zum Abteilungsvorsteher primär den steigenden Studentenzahlen ihr Entstehen verdankte, bewirkte die immer weiter fortschreitende Spezialisierung daneben ein rapides Ansteigen der sogenannten planmäßigen Extraordinariate: selbständiger Professorenstellen dort, wo Staat und Universität einen Lehrstuhl samt Institut nicht oder noch nicht für nötig hielten. Diese Professorengruppe erhielt Bezüge, die zwar deutlich über denen der gewöhnlichen Assistenten (nicht der Abteilungsvorsteher), aber immer noch unter

---

[74] Die Lage, S. 11. In den süddeutschen Staaten wurde es frühzeitiger als in Preußen üblich, besoldete Planstellen für Extraordinarien einzurichten. Eine Sammlung der einschlägigen preußischen und außerpreußischen Bestimmungen enthält der Nachlaß Althoff (ZSAM, Rep. 92 Althoff A I Nr. 33, Bl. 192–198).

[75] Fischer, Leben, S. 194.

[76] Einzelheiten in: Die Lage, S. 17 f. In den süddeutschen Bundesstaaten waren die Abteilungsvorsteher meistens ex officio auch planmäßige (also unkündbare) Extraordinarien. Vgl. Busch, Die Geschichte, S. 122.

der Dotierung vergleichbarer Stellen in Bürokratie[77], Justiz oder Schulwesen lagen. Eigene Institute besaßen sie meistens nicht. Wollten sie dennoch experimentell arbeiten, so fanden sie sich überwiegend auf das Wohlwollen eines Institutsdirektors angewiesen oder mußten die entstehenden Kosten gar selbst bestreiten[78]. Nicht selten wurden vorzugsweise die theoretischen Aspekte naturwissenschaftlicher Fächer mit Extraordinariaten abgedeckt, um dieses Problem zu umgehen[79]. Erst in den letzten Vorkriegsjahren kam die Diskussion um die Gehälter der Extraordinarien und um ihre Teilnahme an der akademischen Selbstverwaltung langsam in Bewegung, nachdem ihre Unentbehrlichkeit gerade in solchen Spezialfächern erkannt worden war. Diese Diskussion löste zwar keine grundlegenden Änderungen aus, bewirkte aber immerhin, daß die Gehälter in vielen Fächern angehoben wurden und daß die preußischen Extraordinarien gewisse (bescheidene) Rechte in Fakultäten und Senaten erhielten[80].

[77] 1907 wandten sich über 200 der insgesamt rund 320 preußischen Extraordinarien mit der Bitte an das Kultusministerium, ihre Gehälter wenigstens denen der Gymnasiallehrer anzugleichen. Sie waren jedoch nur teilweise erfolgreich (ZSAM, Rep. 76 V. a Sekt. 1 Tit. IV Nr. 51 Bd. I, Bl. 4–12).

[78] Die Lage, S. 15 f.; Mayer, Der Kapitalismus, S. 20 und 28.

[79] Dies geht u. a. deutlich hervor aus den Extraordinarienlisten, die die preußischen Universitäten im Frühjahr 1911 dem Kultusministerium zuleiteten (ZSAM, Rep. 76 V. a Sekt. 1 Tit. IV Nr. 51 Bd. II, Bl. 14 ff.). Hier hatten die Extraordinarien die Pflichten eines Ordinarius, aber die Rechte eines besseren Gehilfen. Daß solche Stellen den zur experimentellen Arbeit drängenden Nachwuchs nicht befriedigen konnten, zeigt Lenard, Lebenserinnerungen, S. 71 f.

[80] Derartige Bemühungen der preußischen Kultusverwaltung liefen ab 1907. Ihre Ergebnisse (Mitwirkung der Extraordinarien bei der Prüfung von ihnen betreuter Doktoranden, Mitspracherecht bei Behandlung von Angelegenheiten ihrer jeweiligen Fächer in den Fakultäten, Entsendung eines Wahlsenators in den Senat, Mitwirkung an der Rektorwahl) können hier nur angedeutet werden; Einzelheiten im ZSAM, Rep. 76 V. a Sekt. 1 Tit. IV Nr. 51 Bd. I und II. Vgl. auch vom Bruch, Universitätsreform.

Tabelle 5: Ordinarien, Extraordinarien und Privatdozenten an den deutschen Universitäten 1864–1920 (absolute Zahlen; Indexwerte für 1864 = 100 sind gegebenenfalls in Klammern hinzugefügt)[81]

	1864	1873	1880	1890	1900	1910	1920
Ordinarien							
in den Naturwissenschaften	135 (= 100)	154	181	204	214	241 (= 179)	276
in den übrigen Fächern	588 (= 100)	699	760	831	905	995 (= 169)	1171
Extraordinarien							
in den Naturwissenschaften	61 (= 100)	76	91	119	154	177 (= 290)	179
in den übrigen Fächern	216 (= 100)	252	292	375	471	585 (= 271)	601
Privatdozenten							
in den Naturwissenschaften	62 (= 100)	75	82	164	186	262 (= 423)	258
in den übrigen Fächern	302 (= 100)	271	375	453	630	849 (= 281)	917

Wie Tabelle 5 zeigt, stieg im Untersuchungszeitraum die Zahl der naturwissenschaftlichen Extraordinariate deutlich schneller als die der Lehrstühle und etwa gleichschnell wie die der nicht-naturwissenschaftlichen Extraordinariate[82]. Die Abdeckung des sich aus Frequenzwachstum und Spezialisierung ergebenden Mehrbedarfs durch Extraordinariate war also keine Besonderheit der naturwissenschaftlichen Fächer. Untypisch war hingegen die Zunahme der Privatdozenten in den Naturwissenschaften: Sie lag weit über dem Niveau sämtlicher anderen Disziplinen. Besonders auffallend ist diese Diskrepanz in den 1880er Jahren und nach der Jahrhundertwende: Während zu Beginn des Untersuchungszeitraums die Zahl der naturwissenschaftlichen Privatdozenten und der naturwissenschaftlichen Extraordinarien jeweils bei der Hälfte der Lehrstühle gelegen hatte, betrug 1910 die Zahl der Extraordinarien bereits drei Viertel der Zahl der Ordinarien; die Zahl der Privatdozenten belief sich auf fast 95 % der Zahl der Lehrstuhlinhaber.

---

[81] Nach Ferber, Die Entwicklung, S. 195–198. Vergleichbare Daten für die übrigen Hochschulen liegen erst ab 1900 bzw. 1910 vor und wurden deshalb nicht berücksichtigt. Sie sind bei Ferber genannt.

[82] Nur in der Medizin wuchs die Zahl der Lehrstühle und Extraordinariate noch schneller. Vgl. Ferber, Die Entwicklung, S. 195.

Unterstellen wir, daß ein Ordinarius sein Amt durchschnittlich rund 30 Jahre lang aktiv wahrnahm[83], so ergibt sich eine jährliche Nachholquote von knapp dreieinhalb Prozent; das waren etwa 5 Vakanzen pro Jahr zu Beginn, etwa 9 gegen Ende des Untersuchungszeitraums. Hinzu kamen im Jahresdurchschnitt während des Untersuchungszeitraums etwa drei bis vier neu geschaffene naturwissenschaftliche Ordinarien. Insgesamt fielen also in den 1860er Jahren jährlich etwa 8, um die Jahrhundertwende jährlich etwa 11, gegen Ende des Untersuchungszeitraums jährlich rund 13 freie naturwissenschaftliche Ordinarien an. Ihnen standen zum gleichen Zeitpunkt 62, 186 und 262 Privatdozenten gegenüber, von denen nur der kleinste Teil durch außeruniversitäre hauptberufliche Tätigkeit saturiert, also an einem Ordinariat uninteressiert war. Für die übrigen galt, was ein Münchner Privatdozent einmal auf die Formel gebracht hatte: „Für ein Ordinariat würde ich auf den Knien durch ganz Deutschland rutschen[84]."

Nun hatte es von jeher Wartezeiten zwischen Habilitation und Erstberufung gegeben; doch hatte in der ersten Hälfte des 19. Jahrhunderts weithin als ungeschriebenes Gesetz gegolten, daß der Habilitierte innerhalb einer angemessenen Frist auch berufen würde. Davon konnte unter den geschilderten Umständen keine Rede mehr sein. Folgen wir obiger Rechnung und vernachlässigen die saturierten Privatdozenten, so konkurrierten um 1864 durchschnittlich 7,8, um die Jahrhundertwende 16,9 und 1910 über 20 Privatdozenten um ein freiwerdendes Ordinariat – ganz zu schweigen von den Extraordinarien, die natürlich in ihrer großen Mehrzahl ebenfalls auf Lehrstühle hofften. Ein deutlicher Anstieg der Wartezeiten war die Folge: Hatten naturwissenschaftliche Privatdozenten zwischen 1860 und 1884 noch durchschnittlich 8,6 Jahre auf ihr erstes Ordinariat warten müssen, so waren es 1885 bis 1909 schon 10,8, 1910 bis 1919 gar 12,8 Jahre[85]. Diese Zahlen gelten nur für die tatsächlich Berufenen; die Zahl der erfolglosen Privatdozenten ist darin nicht enthalten.

Das Berufungsverfahren selbst entwickelte immer festere Regeln. Trat eine Vakanz ein, so wählte die betreffende Fakultät aus den in Frage kommenden habilitierten Kandidaten drei nach ihren wissenschaftlichen Qua-

---

[83] Nach: Die Lage, S. 26, hatten die 1908/9 amtierenden preußischen Ordinarien der Philosophischen Fakultäten ihren ersten Lehrstuhl mit 37 Jahren erhalten; in den vorausgegangenen Jahrzehnten dürfte dieser Zeitpunkt etwas früher gelegen haben. Eine feste Altersgrenze bestand nicht, und wir dürfen annehmen, daß sich nur eine kleine Zahl von Ordinarien vor Erreichen eines Lebensalters von 65 bis 70 Jahren entpflichten ließ.

[84] Willstätter, Leben, S. 62, zit. bei Busch, Die Geschichte, S. 125.

[85] Ferber, Die Entwicklung, S. 129 f.

litäten vorzugsweise erwünschte Personen aus und präsentierte diese Dreierliste ihrem vorgesetzten Ministerium. Von dort wurden üblicherweise außerdem noch die didaktischen Fähigkeiten des oder der ins Auge gefaßten Kandidaten überprüft; meistens geschah dies in der Form, daß ein Vertreter des Ministeriums oder ein von dort beauftragter Vertrauensmann inkognito an der Vorlesung des Betreffenden teilnahm[86].
Ergebnis dieser Bemühungen war schließlich die eigentliche Berufung. Im Regelfall entsprach sie dem Fakultätsvotum[87]. Ausnahmen kamen im Untersuchungszeitraum vor allem dann vor, wenn in Preußen der mächtige Friedrich Althoff einer Fakultät seine (meistens richtige) Meinung oktroyierte – üblicherweise nicht zum Schaden der betreffenden Fakultät[88]. Insgesamt aber waren solche Abweichungen von den Fakultätslisten selten, und sie wurden während des Untersuchungszeitraums eher noch seltener. Schon 1884 hatte deshalb Bismarck den damaligen preußischen Kultusminister gebeten, gelegentlich über die Fakultätsvorschläge hinwegzugehen, auch wenn es eigentlich keine Sachargumente dafür gebe; andernfalls drohe, so erläuterte Bismarck, hier allmählich ein den Staat in seiner Kompetenz beschränkender gewohnheitsrechtlicher Zustand zu entstehen[89].
Gerade in den Naturwissenschaften konnten schon aus Quantitätsgründen gar nicht alle Habilitierten tatsächlich auf Lehrstühle vorrücken. Wissenschaftlich unproduktive Habilitierte – die es angesichts der laxen Habilitationsbedingungen vor allem in der ersten Hälfte des Untersuchungszeitraums noch in nicht geringer Zahl gab – schieden vorab als ungeeignet aus. Ähnliches galt nicht selten für Einzelkämpfer ohne Fürsprecher und Schulzugehörigkeit – sofern sie nicht durch außergewöhnliche Lei-

---

[86] Der Nachlaß Althoff enthält dazu einiges Material; vgl. besonders ZSAM, Rep. 92 Althoff A I Nr. 73. Vgl. ergänzend Sachse, Althoff, S. 181. Einzelfälle schildern aus eigenem Erleben: Lenard, Erinnerungen, S. 62, und Fischer, Aus meinem Leben, S. 140 f. Die ähnliche Praxis von Schweizer Kultusbehörden zeigt Willstätter, Leben, S. 155.

[87] Vgl. die Zahlen der preußischen Kultusverwaltung für Preußen 1817–1900, zuletzt abgedruckt bei Bernhard vom Brocke, Hochschul- und Wissenschaftspolitik in Preußen und im Deutschen Kaiserreich 1882–1907: das „System Althoff". In: Peter Baumgart (Hg.), Bildungspolitik in Preußen zur Zeit des Kaiserreichs. Stuttgart 1980, S. 90. Ergänzende Angaben in Charles E. McClelland, State, Society and the University in Germany 1700–1914. Cambridge 1980, S. 185.

[88] Einige Beispiele nennt vom Brocke, Hochschul- und Wissenschaftspolitik, S. 91–93. Vgl. ergänzend S. 81 ff., und Sachse, Althoff, S. 173–177 und 192–195.

[89] Schreiben Bismarcks an den Kultusminister v. 11. 8. 1884 (ZSAM, Rep. 92 Althoff A I Nr. 33, Bl. 7).

stungen Interesse zu wecken vermochten. Als Erschwernis erwiesen sich gelegentlich auch konfessionelle oder politische Bindungen eines Kandidaten. Letzteres galt besonders dann, wenn ein Kandidat im Verdacht sozialdemokratischer Neigungen stand. Berühmt wurde der Fall des Berliner Physik- und Philosophiedozenten Arons, den seine Parteimitgliedschaft nicht nur jede Berufungschance, sondern schließlich sogar die Venia legendi kostete[90]. Solche Fälle waren jedoch relativ selten und trafen naturwissenschaftliche Kandidaten nur ausnahmsweise: Wer politisch engagiert war, fühlte sich mehr zur Nationalökonomie, zur Geschichte, zur Philosophie oder zur Jurisprudenz hingezogen.

Der Fall Arons illustriert aber zugleich noch einen weiteren berufungshemmenden Faktor, nämlich die Zugehörigkeit zur jüdischen Rasse. Nun gab es gewiß in Deutschlands naturwissenschaftlichen Instituten auch jüdische Ordinarien, doch fällt bei näherem Zusehen zweierlei auf: sie waren oft getauft[91], und ihre (geringe) Zahl nahm während des Untersuchungszeitraums eher ab als zu. Wer sich nicht taufen ließ, konnte es schwer haben. So lehnte der österreichische Kultusminister eine Berufung des Chemikers Richard Willstätter ab, weil er nicht-getaufter Jude war. Als Willstätter einige Jahre später nach München berufen wurde, fertigte König Ludwig III. die Ernennungsurkunde mit den Worten aus, „Das ist aber das letzte Mal, daß ich . . . einen Juden unterschreibe"; Paul Ehrlich mußte der widerstrebenden Marburger Fakultät durch ein Althoffsches Machtwort aufgezwungen werden; in Heidelberg verhinderten 1909 die Antisemiten Lenard und Wülfing die Berufung des jüdischen Geologen Salomon[92]. Diese Einstellung traf selbst bereits etablierte und unentbehrliche Wissenschaftler. Fritz Haber beispielsweise schuf und leitete ein Forschungsinstitut, ohne das während des Ersten Weltkriegs die deutsche Gaskriegführung unmöglich gewesen wäre, langezeit als Vizewachtmeister: Das preußische Kriegsministerium war nicht bereit, ihn zum Offizier

---

90 Vgl. oben Anm. 62. Das einschlägige Archivmaterial findet sich im ZSAM, Rep. 76 V. a Sekt. 1 Tit. IV Nr. 42 Bd. II. Wenn sich die Berliner Philosophische Fakultät engagiert für Arons einsetzte, so nicht, weil sie größere politische Freizügigkeit wünschte, sondern weil sie die staatliche Intervention über die Fakultät hinweg übelnahm.

91 Ein Beispiel ist der bekannte Münchener Chemiker Adolf von Baeyer. Kennzeichnenderweise empfahl er auch seinem Schüler Willstätter, sich um seiner Karriere willen taufen zu lassen (Willstätter, Leben, S. 79 und 107).

92 Willstätter: Willstätter, Leben, S. 196 u. 235. — Ehrlich: Bock, Strukturgeschichte, S. 134; allerdings hält Bock die Religionsfrage nicht für den einzigen Grund. — Salomon: Riese, Die Hochschule, S. 137.

zu befördern. Willstätter machte sich um den Gasschutz verdient, doch verweigerte ihm dasselbe Ministerium eine Auszeichnung dafür[93].

Gewiß renkten sich derartige Fälle häufig zu guter Letzt doch noch ein, weil der Kaiser und die Kultusbehörden sich weniger engstirnig zu gebärden pflegten als die Fakultäten oder die Militärs: Ehrlich und Salomon bekamen schließlich ihre Professuren, Haber den Rang eines Hauptmanns, Willstätter das Eiserne Kreuz. Aber in allen diesen Fällen bedurfte es zunächst der Intervention von oben, mochte sie aus den Kultusbehörden oder – wie in den Fällen Habers und Willstätters – vom Kaiser selbst ausgehen. Wer als Jude keine derartige Fürsprecher fand, mußte mit Hindernissen rechnen[94].

Gelegentlich nutzten finanzkräftige jüdische Spender für Hochschul- und Wissenschaftszwecke ihre Position dazu, hier wenigstens in bescheidenem Maß auszugleichen. Als der jüdische Bankier Leopold Koppel das Kaiser-Wilhelm-Institut für Physikalische Chemie stiftete, machte er die Berufung Habers, der trotz seiner gewaltigen fachlichen Leistungen nie einen Ruf an eine Universität erhalten hatte, zum Institutsdirektor praktisch zur Bedingung. Wenig später drückten Merton und Speyer, die entscheidend zur Gründung der Universität Frankfurt beitrugen, einen Absatz im Frankfurter Stiftungsvertrag durch, der „eine Bindung in bezug auf das religiöse Bekenntnis des zu berufenden Professors“ ausschloß[95].

Wenn nun von den berufungs*fördernden* Momenten die Rede ist, so muß vorab nochmals an die kleine aber immerhin nicht ganz unbedeutende Zahl der Fälle erinnert werden, in denen gute Beziehungen zu Einflußträgern außerhalb der Hochschulen eine maßgebliche Rolle spielten. Bekannt ist etwa die Vorgeschichte der Berufung von August Wilhelm Hofmann nach London, der durch seine chemischen Leistungen u. a. die Bewunderung des englischen Königspaares errungen hatte. Die Kontakte

---

93 Haber: Willstätter, Leben, S. 249. – Willstätter: ebd., S. 239.

94 Vgl. hierzu ausführlich Busch, Die Geschichte, S. 148–162. Aus der Sicht eines jüdischen Zeitgenossen behandelte dieses Thema Bernhard Breslauer, Die Zurücksetzung der Juden an den Universitäten Deutschlands. Als Manuskript gedruckt, Berlin 1911. Vgl. ferner den 1. Band der „Neuesten Geschichte des jüdischen Volkes“ von M. Philippson (²Frankfurt 1922).

95 Haber: Lothar Burchardt, Wissenschaftspolitik im Wilhelminischen Deutschland. Göttingen 1975, S. 45. – Merton und Speyer: Lothar Burchardt, Die Förderung schulischer Ausbildung und wissenschaftlicher Forschung durch deutsche Unternehmen bis 1918. In: Hans Pohl (Hg.), Wirtschaft, Schule und Universität (= Zeitschrift für Unternehmensgeschichte. Beiheft 29). Wiesbaden 1983, S. 25.

des Astronomen Wolf zum badischen Hof verschafften ihm ein Ordinariat in Heidelberg gegen den Widerstand seiner Fakultät[96]; von Ehrlich, Haber und Willstätter war bereits die Rede.

Berufungsfördernd konnte sich auch die Zugehörigkeit zu dieser oder jener Schule auswirken. Zwar spielte dieser Faktor in den Naturwissenschaften nicht die aus Philosophie oder Theologie bekannte Rolle, doch war er keineswegs ganz bedeutungslos. Selbst die sonst eher verpönte Hausberufung wurde gelegentlich in Kauf genommen, wenn es um die Gewinnung eines besonders erwünschten Kandidaten aus der eigenen Schule ging[97]. Eine Variante dessen stellte das „Kabinett der Damen" dar, von dem unter ungünstigen Umständen durchaus ein spürbarer Einfluß auf das Berufungsverfahren ausgehen konnte. Dies galt besonders für kleinere Universitäten mit dementsprechend engen Kontakten zwischen den Fakultätskollegen bzw. ihren Ehefrauen[98]. Diese Hürde nahm vorzugsweise der Kandidat, der über Beziehungen zu diesem Kreis gebot oder ihn mindestens menschlich für sich zu gewinnen wußte. So verwundert es nicht sonderlich, wenn zeitgenössische Kritiker folgende Charaktereigenschaften als für eine Professorenkarriere erforderlich aufzählten: „Liebenswürdigkeit, Ausdauer, intellektuelle Resignation und robuste Gesundheit"[99].

Als bedeutsamer erwiesen sich in zahlreichen Fällen verwandtschaftliche Beziehungen. Im 18. Jahrhundert war es vor allem an kleinen Universitäten gängige Praxis gewesen, daß amtierende Professoren Verwandte auf freie Stellen nachzogen. Diese Zeiten waren in der 2. Hälfte des 19. Jahrhunderts weitgehend, aber noch keineswegs ganz vorbei. Um Justus Liebig und August Wilhelm Hofmann, um nur zwei prominente Beispiele aus dem Bereich der Naturwissenschaften zu nennen, bildeten sich nicht nur akademische Schulen, sondern ganze Gelehrtendynastien, die vielfach miteinander verflochten waren[100]. Liebigs Söhne wurden Hochschulleh-

---

96 Riese, Die Hochschule, S. 149 f.

97 Zum Vorstehenden vgl. z. B. Lenard, Erinnerungen, S. 71; Riese, Die Hochschule, S. 145.

98 Busch, Die Geschichte, S. 117. Zwei Beispiele aus dem naturwissenschaftlichen Bereich nennt Willstätter, Leben, S. 80 u. 88.

99 Zit. in: Max Seiling, Das Professorentum, „der Stolz der Nation"? Leipzig 1904, S. 22.

100 Vgl. Friedrich W. Euler, Die Ahnen des Nobelpreisträgers Max Delbrück. In: Archiv für Sippenforschung 36 (1970), S. 561–588. Ich danke Herrn Kollegen Euler (Bensheim) für den Hinweis auf diese Arbeit wie auch für weitere genealogische Informationen.

rer, seine drei Töchter heirateten Professoren, aus diesen Ehen gingen weitere zukünftige Professoren hervor etc. Ähnliches galt in abgeschwächter Form für Hofmann und seine Verwandtschaft bzw. Nachkommen. Unlautere Mittel dürften in den seltensten Fällen angewandt worden sein: Gab man bei gleicher Qualität verschiedener Bewerber dem Verwandten den Vorzug oder empfahl ihn anderen, so erlangte dieser einen möglicherweise ausschlaggebenden Wettbewerbsvorteil[101].
Ähnliches galt, wenn ein angehender Wissenschaftler in eine bereits etablierte Professorenfamilie – möglichst desselben Faches! – einheiratete. So ehelichte der Physiker Quincke die Tochter eines prominenten Berliner Privatgelehrten, der nicht nur persönliche Beziehungen, sondern auch eine reichhaltige Sammlung physikalischer Geräte besaß und beides seinem Schwiegersohn freigiebig zur Verfügung stellte; als Lenard nach Kiel berufen wurde, fand er dort den Schwiegersohn seines Lehrstuhlvorgängers Karsten in einer privilegierten Stellung vor, die ihm selbst die Arbeit erschwerte; von Baeyer besetzte eine ihm zugeordnete Abteilungsleiterstelle nicht – wie ursprünglich geplant – mit Richard Willstätter, sondern mit seinem Schwiegersohn Piloty. Als Willstätter später einen Ruf an die ETH Zürich erhielt, riet ihm Baeyer zu, empfahl aber gleichzeitig heimlich den Schweizern, nicht ihn, sondern Piloty zu berufen[102]. Die Zahl der Beispiele ließe sich vermehren. Daß es sich hier um einen gewissen Mißstand handelte, zeigt ein preußischer Ministerialerlaß von 1886, der den preußischen Ordinarien verbot, Verwandte als Assistenten anzunehmen. Wenn selbst dieser Erlaß ausdrücklich noch Ausnahmen zuließ, so illustriert dies nochmals, wie weit diese Gepflogenheit verbreitet war[103]. Nicht ohne Grund skizzierte denn auch die zeitgenössische Erfolgsautorin Bianca Bobertag in ihrem Universitätsroman „Roderich Klinghart" (1888) die Karrierevoraussetzungen eines angehenden Mathematikers folgendermaßen: „Pietsch . . . , der noch vor 3 Jahren Student gewesen, aber sozusagen geborener Professor war, da er nicht weniger als vier Universitätslehrer und einen hohen Verwaltungsbeamten unter seinen nahen Verwandten zählte . . ."[104]. Dieses Bild ist zweifellos überzeichnet, entbehrt aber, wie die angeführten Beispiele erkennen lassen, nicht eines

---

[101] Einige Beispiele nennt Riese, Die Hochschule, S. 159.

[102] Quincke: Lenard, Erinnerungen, S. 127. – Karsten: ebd., S. 97. – Baeyer: Bock, Strukturgeschichte, S. 125, und Willstätter, Leben, S. 156. Vgl. ergänzend Busch, Die Geschichte, S. 128 f.

[103] Erlaß des preußischen Kultusministeriums an die Universitätskuratoren v. 1. 5. 1886 (ZSAM, Rep. 76 V. a Sekt. 1 Tit. IV Nr. 20 Bd. I, Bl. 13).

[104] Zit. bei Busch, Die Geschichte, S. 148.

gewissen Wahrheitsgehalts: Wer in enger persönlicher oder verwandtschaftlicher Beziehung zu einer Person stand, die von ihrer dienstlichen Stellung her auf ein Berufungsverfahren Einfluß nehmen konnte, besaß einen deutlichen Vorteil. Wer solche Beziehungen nicht aufweisen konnte, stand sich dementsprechend schlechter[105].

3. BERUFLICHE BEDINGUNGEN

Während des Untersuchungszeitraums war ein Naturwissenschaftler nach Annahme seines ersten Rufs etwa 40 Jahre alt. Wie Tabelle 6 zeigt, bedarf diese Altersangabe allerdings einer gewissen Differenzierung insofern, als das Erstberufungsalter langsam, aber unverkennbar anstieg; dies kann unschwer als Folge des geschilderten zunehmenden Überhangs qualifizierter Bewerber erklärt werden.

Tabelle 6: Erstberufungsalter deutscher naturwissenschaftlicher Ordinarien und ihre Privatdozentenzeit (alle Angaben in Jahren; arithmetische Mittelwerte)[106]

	1860–1884	1885–1909	1910–1919	1920–1922
Privatdozentenzeit	8,6	10,8	12,8	14,0
Erstberufungsalter	36,9	40,4	40,8	43,9

Etwa im gleichen Rhythmus und aus demselben Grund wie das Erstberufungsalter verlängerte sich die Privatdozentenzeit. Der junge naturwissenschaftliche Ordinarius von 1870 hatte rund achteinhalb Jahre auf seinen ersten Lehrstuhl gewartet. Sein Kollege von 1914 mußte eine fast dreizehnjährige Durststrecke bis zum ersten Ordinariat durchstehen. Diese Werte dürften etwa dem Durchschnitt aller Fakultäten entsprochen haben. Wenn sie sich trotz der in den Naturwissenschaften besonders schnell ansteigenden Privatdozentenzahl nicht noch ungünstiger entwickelten, so wohl vor allem deshalb, weil hier die Zahl der Ordinariate etwas schneller als in den meisten anderen Fakultäten zunahm.

105 Vgl. Lenard, Erinnerungen, S. 70 f.; Max Dessoir, Die Lage der Privatdozenten. In: „National-Zeitung" Nr. 395 vom 24. 8. 1907, S. 1; Der Privatdozent an den deutschen Universitäten. In: „Kieler Zeitung" vom 3. 7. 1910 (ein Exemplar im ZSAM, Rep. 76 V. a Sekt. 1 Tit. IV Nr. 34 Bd. II, Bl. 100).

106 Nach Ferber, Die Entwicklung, S. 129 f. Unter Privatdozentenzeit wird in dieser Tabelle der Zeitraum zwischen Habilitation und erster Berufung auf ein Ordinariat verstanden. Ergänzende Daten für die übrigen Fakultäten ebd.

Erschwerend kam hinzu, daß die deutschen Ordinarien keiner festen Altersgrenze unterlagen. Während andere europäische Staaten ihre Universitätsprofessoren meist mit 70 Jahren oder nach dreißigjähriger Amtsausübung pensionierten, fehlten in sämtlichen deutschen Bundesstaaten ähnlich verbindliche Regelungen: Sie entpflichteten ihre Ordinarien erst auf deren Antrag. Solcherart emeritierte Professoren behielten ihr volles Gehalt, verloren aber natürlich ihre Lehr- und Prüfungseinkünfte[107] sowie ihre Stellung als Institutsdirektor. Unter diesen Umständen blieben zahlreiche Ordinarien im Amt, solange sie sich ihren Aufgaben gesundheitlich gewachsen fühlten. Aktive Ordinarien in den hohen siebziger Jahren waren keine Seltenheit[108].

Nachdem sich 1905 die Mehrzahl der preußischen Universitätsrektoren dafür ausgesprochen hatten, daß Ordinarien mit 70 Jahren „ihr Amt dem Herrn Minister zur Verfügung stellen sollten", wurden die preußischen Universitäten zur Stellungnahme aufgefordert[109]. Zwar bestritten einzelne Universitäten die Notwendigkeit der geplanten Maßnahme, doch zeichnete sich insgesamt ein weitreichender Konsens ab: Die Emeritierung sollte ab 65 Jahren möglich, mit 70 Jahren obligatorisch sein; der entpflichtete Naturwissenschaftler sollte die Leitung seines Instituts abgeben, aber dort begrenzte Arbeitsmöglichkeiten behalten; die ihm entgehenden Hörer- und Prüfungsgelder sollten vom Staat ersetzt werden[110]. Da letztere Forderung dem Kultusministerium ebenso wenig zusagte wie die in allen Voten erkennbare Neigung, der Kultusbürokratie in Emeritierungsfragen einen möglichst geringen Ermessensspielraum einzuräumen, wurde die Angelegenheit vom Ministerium nicht weiter verfolgt. So blieb der Sonderstatus

[107] Zum Vorstehenden vgl. die unsignierte und undatierte Aufzeichnung „Emeritierung und Pensionierung der Universitätsprofessoren" im ZSAM, Rep. 76 V. a Sekt. 1 Tit. IV Nr. 48 Bd. I, Bl. 19 f.

[108] Vgl. die Zusammenstellung der preußischen Professoren im ZSAM, Rep. 76 V. a Sekt. 1 Tit. IV Nr. 48 Bd. I, Bl. 22. Der Chemiker von Baeyer ließ sich schließlich mit 80 Jahren emeritieren (Willstätter, Aus meinem Leben, S. 232), und das war kein Einzelfall. Vgl. ergänzend: Franz Eulenburg, Das Alter der deutschen Universitätsprofessoren. In: Jahrbücher für Nationalökonomie und Statistik 25 (1903), S. 65–80.

[109] Protokoll der preußischen Rektorenkonferenz v. 16.–18. 5. 1905 (ZSAM, Rep. 76 V. a Sekt. 1 Tit. II Nr. 10 Bd. II, Bl. 83); Runderlaß des preußischen Kultusministeriums v. 30. 11. 1905 (ZSAM, Rep. 76 V. a Sekt. 1 Tit. IV Nr. 48 Bd. I, Bl. 34).

[110] Die Universitätsvoten finden sich im ZSAM, Rep. 76 V. a Sekt. 1 Tit. IV Nr. 48 Bd. I, Bl. 135–200.

der Ordinarien gegenüber anderen nichtrichterlichen Beamten bis zum Ende des Untersuchungszeitraums erhalten[111].
Mit seiner ersten Berufung hatte ein Ordinarius sein primäres Ziel erreicht. Er war nun auf Lebenszeit verbeamtet und rangierte in Preußen als Rat IV. Klasse ranggleich mit dem Landgerichtsrat, dem Landrat und dem Major[112]. Als Dekan rückte er vorübergehend um eine , als Rektor um eine weitere Rangklasse auf. Weitere Aufstiegsmöglichkeiten hatte er nicht: Die akademische Laufbahn kannte nur Erfolg oder Scheitern; Abstufungen bestanden lediglich insofern, als das Extraordinariat während des Untersuchungszeitraums immer mehr seinen ursprünglichen Charakter als reine Durchgangsstellung verlor.
Vom Augenblick der ersten Ernennung an ließ sich beruflicher Erfolg also nicht mehr am Erklimmen weiterer Sprossen einer klar definierten Karriereleiter messen, doch gab es andere Möglichkeiten. Zunächst einmal bestand staatlicherseits die Gepflogenheit, erfolgreiche Ordinarien mit Ordensauszeichnungen und Titeln zu belohnen[113]. Solche Titel veränderten weder Dienststellung noch Tätigkeit des Ausgezeichneten, ordneten ihn aber einer höheren als der IV. Rangklasse zu. Zu Beginn des Untersuchungszeitraums wurden die höheren Fakultäten, besonders Juristen und Mediziner, noch weitaus freigiebiger mit solchen Titeln bedacht als die Geistes- und besonders die Naturwissenschaftler: Ihr Prestige überstieg das der beiden letztgenannten Gruppen. Auch hatten Juristen wie Mediziner reichlicher Gelegenheit, in staatlichen Beratergremien etc. mitzuwirken und sich dadurch zusätzliche Verdienste und Ehrungen zu erwerben.
Während des Untersuchungszeitraums wandelte sich dieses Bild jedoch zugunsten der Naturwissenschaftler. Das steigende Prestige der von ihnen vertretenen Disziplinen und ihre oft spektakulären wissenschaftlichen Entdeckungen schlugen sich zunehmend in der staatlichen Verleihungspraxis nieder, mochte das Bildungsbürgertum auch über die Naturwissen-

[111] Die nichtrichterlichen Beamten wurden in Preußen nach dem Gesetz über die Pensionierung der unmittelbaren Staatsbeamten vom 27. 3. 1872 pensioniert.

[112] Vgl. die Aufstellung im ZSAM, Rep. 92 Althoff A I Nr. 33, Bl. 185. Gegen Ende des Untersuchungszeitraums unternommene Versuche, die Ordinarien zu Räten III. Klasse anheben zu lassen, scheiterten. Vgl. das Protokoll der preußischen Rektorenkonferenz v. 11./12. 3. 1914 (ZSAM, Rep. 76 V. a Sekt. 1 Tit. III Nr. 10 Bd. II, Bl. 32–34). Für die außerpreußischen Staaten vgl. Busch, Die Geschichte, S. 143.

[113] Im einzelnen handelte es sich um die Titel vom Geheimen Regierungsrat aufwärts bzw. um äquivalente Titel.

schaften weiterhin die Nase rümpfen. Stellen wir die Inhaber staatlicher Ehrentitel nach Universitäten und Fakultäten wie in Tabelle 7 zusammen, so ergibt sich für das letzte Vorkriegsjahr das bemerkenswerte Bild, daß die Naturwissenschaftler nur knapp hinter den Medizinern und vor den übrigen Fakultäten erscheinen. Entgegen der vor allem in Naturwissenschaftler-Memoiren gelegentlich anzutreffenden Vorstellung, teilten also die staatlichen Behörden die im Bildungsbürgertum dominierenden Ansichten über die Naturwissenschaften mindestens nicht vollständig.

Tabelle 7: Der Anteil der mit staatlichen Ehrentiteln ausgezeichneten Ordinarien an den einzelnen Fakultäten der deutschen Universitäten in Prozent[114]

	Theologische Fakultät	Juristische Fakultät	Medizinische Fakultät	Philosophische Fakultät	Naturwissensch.-Mathematische Fakultät
Berlin	67	90	95	74	89
Bonn	22	73	77	60	75
Breslau	23	67	79	32	60
Erlangen	38	0	18	27	25
Freiburg	0	56	80	72	33
Gießen	40	20	36	20	43
Göttingen	14	33	36	69	65
Greifswald	29	83	50	38	25
Halle	67	64	80	41	44
Heidelberg	83	43	67	63	92
Jena	17	29	73	42	75
Kiel	29	33	62	37	70
Königsberg	29	29	53	38	36
Leipzig	60	78	82	69	64
Marburg	57	33	50	37	73
München	22	70	46	37	69
Münster	0	13	–	28	38
Rostock	50	50	73	14	50
Würzburg	0	38	36	13	56
Durchschnitt	34	47	61	43	57

[114] Berechnet nach den Aufstellungen in: Minerva Jahrbuch der gelehrten Welt. Jg. 23, Straßburg 1914. Als Ehrentitel wurden alle Titel vom Geheimen Regierungsrat etc. aufwärts gezählt. Emeritierte Ordinarien wurden gegebenenfalls mitgezählt. Für die Universitäten Tübingen und Würzburg fehlen die entsprechenden Angaben.

Ein anderer Indikator beruflichen Erfolges bestand in der Zahl der seit der Erstberufung erhaltenen Rufe, mochten sie im einzelnen angenommen oder abgelehnt werden. Sie boten außerdem Gelegenheit, das eigene Gehalt durch Berufungs- bzw. Bleibeverhandlungen zu steigern und die wissenschaftlichen Arbeitsbedingungen aufzubessern. Wer über Annahme oder Ablehnung eines Rufs verhandelte, konnte oft zusätzliche Mitarbeiterstellen und Geräte verlangen, ja gelegentlich einen Um- oder gar Neubau des eigenen Instituts durchsetzen[115].

4. FINANZIELLE LAGE

Die materielle Versorgung deutscher Universitätsprofessoren einschließlich der Naturwissenschaftler unterlag erheblichen Schwankungen. Neben den Einkünften, die der einzelne Professor aus Veröffentlichungen, Gutachten und Patenten bezog – die vor allem in der Chemie erhebliche Ausmaße annehmen konnten – setzte sich das Einkommen eines Professors im Untersuchungszeitraum vor allem aus drei Quellen zusammen, nämlich den Hörergeldern, den Prüfungsgebühren und dem staatlichen Gehalt. Da alle diese Komponenten von Fach zu Fach, ja von Professor zu Professor schwankten und sich überdies im Zeitablauf veränderten, konnten gewaltige Unterschiede nicht ausbleiben[116]. So entwickelten sich die Hörgeldsätze, ursprünglich fast allgemein 3 Mark pro Semesterwochenstunde, im Untersuchungszeitraum auseinander: Gegen Ende der 90er Jahre lag im Durchschnitt der preußischen Universitäten die billigste Fakultät (die katholisch-theologische) noch unverändert bei 3 Mark, während die teuerste (die medizinische) inzwischen mehr als das Doppelte verlangte. Die Naturwissenschaftler lagen mit durchschnittlich 5,27 Mark (gegenüber 4,61 Mark in den Geisteswissenschaften und 5,26 Mark bei den Juristen) an zweiter Stelle.
Ähnliche Schwankungen bestanden auch zwischen den einzelnen Universitäten. In Berlin kostete eine naturwissenschaftliche Semesterwochenstunde 6,42 Mark und an der renommierten Bonner Universität fast 6 Mark pro Semester. Dagegen lagen die Sätze an weniger frequentierten Universitäten wie Greifswald, Kiel oder Königsberg mit 4,28 Mark bis 4,62 Mark deutlich niedriger.

---

115 Vgl. Mayer, Der Kapitalismus, S. 13 u. 25 f. Die Erinnerungen sämtlicher prominenter Naturwissenschaftler enthalten zahlreiche Einzelbeispiele.

116 Zum Folgenden vgl. Schwartz/Strutz, Der Staatshaushalt, Bd. 2, S. 148, und Anhang, S. 64 f. Weitere Angaben zur Höhe der Sätze finden sich im ZSAM, Rep. 76 V. a Sekt. 1 Tit. I Nr. 25 Bd. I, Bl. 163–166.

Zu diesen Schwankungen aufgrund wechselnder Bemessungssätze traten die Auswirkungen unterschiedlicher Hörerzahlen. Ein theoretischer Physiker oder ein Paläonthologe in Breslau, Rostock oder Gießen mußte mit sehr kleinen Studentenzahlen rechnen; dagegen wurden die Hauptvorlesungen etwa eines organischen Chemikers in Berlin oder München manchmal von Hunderten von Studenten besucht. Schwankungen im Zeitablauf kamen hinzu. Die Entwicklung der naturwissenschaftlichen Studentenzahlen an einigen deutschen Universitäten gibt davon wenigstens einen ungefähren Eindruck.

Tabelle 8: Die Studenten der naturwissenschaftlichen Fächer an ausgewählten deutschen Universitäten[117]

	1871/2	1881/2	1891/2	1901/2	1911/2
Berlin	273	739	514	983	1090
Leipzig	147	412	235	581	720
München	82	187	212	518	853
Halle	38	106	42	159	307
Heidelberg	28	58	170	349	318
Straßburg	–	134	117	178	341
Erlangen	14	31	103	137	142
Kiel	4	39	44	111	238
Rostock	2	33	88	176	153
Deutsches Reich	987	2895	2218	5213	7286

Ein Vergleich etwa der Universitäten Erlangen, Heidelberg und Berlin verdeutlicht die Unterschiede weiter: Im Wintersemester 1871/72 verhielten sich an diesen drei Universitäten die Zahlen der eingeschriebenen Studenten der naturwissenschaftlichen Fächer zueinander wie 1 : 2 : 20, im Wintersemester 1911/12 immerhin noch wie 1 : 2 : 8, was sich natürlich auf die jeweiligen Hörerzahlen naturwissenschaftlicher Lehrveranstaltungen auswirkte. So kamen oft gewaltige Differenzen zustande, die durch die unterschiedliche Zahl der Prüflinge und die dementsprechend schwankenden Prüfungseinnahmen noch verschärft wurden. Kenner der Verhältnisse bezifferten in den 1880er Jahren mit ihren noch vergleichsweise niedrigen Studentenzahlen die Prüfungseinnahmen eines an einer kleinen Universität lehrenden Professors je nach Fach auf 100–600 M., an einer mittleren auf 300–2000, an den großen Universitäten auf bis zu

[117] Genaueres Datenmaterial in: Preußische Statistik, Bd. 236. Berlin 1913, S. 94–99.

3 000 M. jährlich[118]. In späteren Jahren und vor allem bei besonders renommierten Professoren konnten sie noch wesentlich höher steigen.
Diese Schwankungen resultierten hier wie bei den Hörergeldern weniger aus qualitativen, als vielmehr aus quantitativen Unterschieden, wenn auch nicht zu verkennen ist, daß einige als leicht geltende kleinere Universitäten überproportionale Promotionszahlen aufzuweisen hatten[119]. Obendrein wurden diese Gelder teilweise nach völlig antiquierten Grundsätzen aufgeteilt. In der Berliner Philosophischen Fakultät etwa kostete eine Promotion langezeit 340 M. Davon erhielten ein Zehntel Rektor, Universität und Pedell zu gleichen Teilen, ein weiteres Zehntel der Dekan. Die verbleibenden 80 Prozent standen nun aber nicht etwa den Prüfern zu, sondern den sogenannten „Sedecim", den 16 ältesten bei der Promotion anwesenden Fakultätsmitgliedern – mochten sie im einzelnen mitgeprüft haben oder nicht[120]. Erst in den letzten Vorkriegsjahren begann sich eine Überprüfung dieses Verfahrens abzuzeichnen[121].
Solche und ähnliche Ungereimtheiten boten immer wieder Anlaß zu Kritik und Reformvorschlägen, auf die hier nicht näher eingegangen werden kann. Erwähnenswert sind jedoch die in Preußen seit Mitte der 1890er Jahre durchgeführten Reformen: Ausgangspunkt war die Überlegung, daß es unbillig sei, den Vertretern gewinnträchtiger Massenfächer ihre riesigen Einnahmen ungeschmälert zu belassen, während ihre nicht weniger qualifizierten Kollegen in Randfächern oder an kleineren Universitäten oft fast leer ausgingen und im übrigen auch der Staat (in dessen Hörsälen und Instituten diese Einkünfte immerhin erwirtschaftet wurden!) keinen Zugriff auf diese Gelder besaß[122]. Obendrein mußte eine hier ansetzende

118 Hasse, Die Mängel, S. 29. Jeffrey A. Johnson, The Chemical Reichsanstalt Association. Diss. Princeton 1980, S. 153, beziffert Emil Fischers Einnahmen aus Hör- und Prüfungsgeldern für 1906 auf fast 39 000 M.

119 Vgl. Waentig, Zur Reform, S. 39 f. Dies galt etwa im Bereich der Chemie für die Universitäten, die erst später als andere das Verbandsexamen als Promotionsvoraussetzung verlangten. Vgl. Lothar Burchardt, Wissenschafts- und Wirtschaftswachstum. In: Ulrich Engelhardt u. a. (Hg.), Soziale Bewegung und politische Verfassung. Festschrift für Werner Conze. Stuttgart 1976, S. 780.

120 Vgl. die Schreiben des preußischen Kultusministeriums an die Philosophische Fakultät der Universität Berlin v. 23. 6. 1910 und 30. 4. 1911 (ZSAM, Rep. 76 V. a Sekt. 1 Tit. I Nr. 25, Bd. I, Bl. 252–254).

121 Schreiben des preußischen Kultusministeriums an den Kaiser v. 24. 1. 1912 (ZSAM, Rep. 76 V. a Sekt. 1 Tit. I Nr. 25 Bd. I, Bl. 272–275).

122 Dieser Gedankengang findet sich auch noch bei dem hohen sächsischen Kultusbeamten Waentig (Waentig, Zur Reform, S. 28–30). Zum Folgenden vgl. ergän-

Reform die Professorenschaft zu einem gewissen Grad ihrer nicht-staatlichen Einkünfte berauben, sie also vom staatlichen Gehalt (und damit letztlich vom Staat) abhängiger machen.

Althoff, auf den diese Überlegungen im wesentlichen zurückgingen, konnte sich nur teilweise durchsetzen, doch kam 1897 immerhin folgende Regelung für Preußen zustande: Fortan kassierte der Staat die Hälfte von allen 3000 M., in Berlin 4500 M., jährlich überschreitenden Einkünften aus Lehr- und Prüfungstätigkeit[123]. Diese staatlichen Mehreinnahmen dienten jedoch nicht – wie Althoff gewünscht hatte – ganz zu Ausgleichszahlungen, sondern verblieben großenteils dem Fiskus. Ein wirklicher Ausgleich zwischen den Einnahmen der Vertreter von Massen- und „Orchideenfächern" erfolgte im Untersuchungszeitraum nicht mehr.

Die staatlichen Professorengehälter waren in Preußen seit 1876 in der Weise geregelt, daß für die einzelnen Universitäten Richtwerte, die sogenannten „Normal-Maxima" festgelegt wurden. Sie konnten nur in Sonderfällen, und dann nicht ohne Genehmigung des Finanzministers, überschritten werden[124]. Über die Ist-Besoldung sagen diese Sätze wenig. Festbesoldungsgruppen bestanden nicht; statt dessen wurde für jede Universität im Staatshaushalt eine Gehaltssumme ausgebracht, die sich als Produkt aus Normalmaximum und Ordinarienzahl errechnete. Die eigentlichen Gehälter waren an die Personen, nicht an die Stellen gebunden und wurden fallweise ausgehandelt.

Hier wie im Falle der Einnahmen aus Lehr- und Prüfungstätigkeit waren erhebliche und sachlich keineswegs immer gerechtfertigte Unterschiede die Folge. Wer wie der Physiker Lenard erstmals an eine kleine Universität berufen wurde, mußte sich mit einem relativ bescheidenen Satz begnügen. Wer dagegen wie der Chemiker Emil Fischer nach mehreren ehren-

---

zend Friedrich Paulsen, Geschichte des gelehrten Unterrichts, Bd. 2, ³Berlin 1921, S. 706.

123 Allerhöchste Kabinettsordre v. 21. 10. 1897 (ZSAM, Rep. 76 V. a Sekt. 1 Tit. III Nr. 10 Bd. I, Bl. 66). Für am Stichtag bereits ernannte Professoren galt diese Regelung jedoch nur mit ihrem Einverständnis. Vgl. ergänzend: Schreiben des preußischen Kultusministers an den Kaiser v. 11. 10. 1897 (ZSAM, Rep. 76 V. a Sekt. 1 Tit. I Nr. 25 Bd. I, Bl. 163–166) und Sachse, Althoff, S. 210.

124 Die betreffende Regelung stammt v. 15. 7. 1876. Sie sah folgende Normalmaxima vor: Berlin: 8400 M. pro Jahr; Königsberg, Breslau, Göttingen, Bonn: 7200 M. pro Jahr; Greifswald, Halle, Gießen, Marburg: 6000 M. pro Jahr. Vgl. ergänzend Schwarz/Strutz, Der Staatshaushalt, Bd. 2, S. 148 f. Für spätere Änderungen vgl. den Allerhöchsten Erlaß v. 4. 4. 1887 (ZSAM, Rep. 76 V. a Sekt. 1 Tit. XV Nr. 6 Bd. V, Bl. 3).

vollen Rufen schließlich nach Berlin kam, konnte weit höhere Forderungen durchsetzen. Ließen sie sich nicht aus dem regulären Gehaltstitel der betreffenden Universität befriedigen, so konnte notfalls in begrenztem Umfang auf einen Dispositionsfonds zurückgegriffen werden[125]. Dienstaltersstufen existierten nicht.

Tabelle 9 läßt u. a. die großen Spannweiten erkennen, die dadurch innerhalb der preußischen philosophischen Fakultäten zustandekamen.

Hinsichtlich der niedrigsten Gehälter läßt sich keine klare Abfolge der einzelnen Universitäten erkennen: Die Minima scheinen sich einigermaßen gleichmäßig über größere und kleinere, renommiertere und weniger bekannte Universitäten verteilt zu haben. Bei den maximalen Gehältern ist das Bild wesentlich klarer: Die höchsten Gehälter wurden regelmäßig in Berlin, die zweithöchsten in Bonn gezahlt. Dann folgten üblicherweise Göttingen und Halle, nach ihnen Breslau. Am Ende rangierten meistens Marburg und Münster; Kiel, Königsberg und Greifswald bildeten in wechselnder Abfolge die vorletzte Gruppe.

Die Professoren der Philosophischen Fakultät, unter ihnen die Naturwissenschaftler, fuhren mit diesem System nicht nennenswert besser oder schlechter als ihre Kollegen in den übrigen Fakultäten. Wie Tabelle 9 zeigt, weist die Philosophische Fakultät regelmäßig die größte Spannweite aller Fakultäten auf. Besonders fällt ins Auge, daß die dort gezahlten Maximalgehälter deutlich über denen in den übrigen Fakultäten liegen; dies mag sich u. a. daraus erklären, daß dort die renommierten organischen Chemiker saßen, die jederzeit lukrative Angebote aus der Industrie haben konnten und dementsprechend gut gestellt werden mußten. Andererseits zeigt ein Vergleich der Durchschnittsgehälter, daß sie in keiner anderen Fakultät dem gesamtuniversitären Durchschnitt näher kamen als in der Philosophischen.

Die vorstehend skizzierte Regelung galt in Professorenkreisen schon frühzeitig als ungenügend, weil sie neben den schon geschilderten Mängeln zwei weitere Nachteile aufwies, die aus professoraler Sicht schwer wogen: Sie ließ dem Kultusministerium sehr großen Handlungsspielraum, und sie zwang das Ministerium häufig, Spitzengehälter für besonders gefragte Professoren an den Bezügen ihrer später berufenen Kollegen einzusparen[126].

---

125 Schwarz/Strutz, Der Staatshaushalt, Bd. 2, S. 148 f.

126 Vgl. die Denkschrift Sachse v. ca. März 1890 (ZSAM, Rep. 76 V. a Sekt. 1 Tit. IV Nr. 36 Bd. I, Bl. 131 ff.).

Tabelle 9: Ordinariengehälter an den preußischen Universitäten im Vergleich der einzelnen Fakultäten in Tsd. M./Jahr[127]

	1887/8			1892/3			1897/8			1902/3			1907/8			1911/2		
	Minimum	Maximum	Durchschnitt	Minimum	Maximum	Durchschnitt	Minimum	Maximum	Durchschnitt	Minimum	Maximum	Durchschnitt	Minimum	Maximum	Durchschnitt	Minimum	Maximum	Durchschnitt
Evangelisch-Theologische Fakultät	2,0	10,2	5,7	3,2	10,2	5,8	3,0	9,0	5,8	4,0	9,0	6,0	3,2	9,8	6,0	4,2	10,0	6,4
Katholisch-Theologische Fakultät	1,5	5,4	4,1	1,5	6,0	4,3	2,0	6,0	4,3	2,0	6,0	4,8	3,0	6,6	5,1	3,0	6,6	5,2
Juristische Fakultät	3,5	12,6	6,0	2,7	12,6	6,0	1,8	9,6	5,0	4,0	10,0	6,1	2,0	10,0	6,1	3,1	10,0	6,4
Medizinische Fakultät	3,0	8,4	5,2	3,0	8,4	5,2	2,4	8,4	5,1	2,0	9,4	5,2	2,0	9,4	5,3	2,6	9,0	5,6
Philosophische Fakultät	1,5	12,0	5,5	1,5	12,0	5,6	1,5	12,0	5,5	1,2	12,0	6,0	1,5	15,0	6,0	1,5	15,0	6,4
alle Fakultäten	1,5	12,6	5,5	1,5	12,6	5,5	1,5	12,0	5,5	1,2	12,0	5,8	1,5	15,0	5,9	1,5	15,0	6,2

[127] Nach Angaben in: Preußische Statistik, Bd. 106, S. 4; Bd. 116, S. 3; Bd. 167, S. 4; Bd. 193, S. 6; Bd. 223, S. 5; Bd. 236, S. 6. Auf diesen Belegen basieren auch die Bemerkungen über die höchsten und niedrigsten Gehälter. Außerpreußische Ergänzungen, die dieses Bild bestätigen, liefert Eneccerus' Gutachten zur Gehaltsfrage von 1889 (ZSAM, Rep. 76 V.a Sekt. 1 Tit. IV Nr. 36 Bd. I, Bl. 54 ff.).

Da auch die Kultusverwaltung eine Reform wünschte, begann Althoff 1889 mit entsprechenden Vorarbeiten. Zunächst scheiterten seine Pläne jahrelang an der Intransigenz der Finanzverwaltung[128]. Erst 1897 konnte die Neuregelung in Kraft treten, als Teil eines sich über mehrere Jahre erstreckenden Reformwerks, das auch Status und Gehälter der nichtprofessoralen Universitätsbeamten erstmals einheitlich regelte[129]. Die neue Besoldungsordnung sah für die fortan zu berufenden Ordinarien Grundgehälter von 4000 (in Berlin von 4800) M. vor, die alle 4 Jahre um 500 (in Berlin um 400) M. bis zu Maximalwerten von 6600 (in Berlin 7200) M. anstiegen. Abweichungen nach oben waren möglich, nach unten nicht[130]. Im übrigen blieb es bei den bisherigen Gepflogenheiten, besonders bei den individuellen Gehaltsabsprachen, sofern nicht nur der Mindestsatz gezahlt wurde. Zwölf Jahre später wurde der Besoldungsmodus geringfügig geändert. Eine durchgreifendere Reform, die nun auch die Sonderstellung Berlins beseitigte, folgte erst nach dem Ersten Weltkrieg[131].

5. MATERIELLE ARBEITSBEDINGUNGEN

Der naturwissenschaftliche Ordinarius fand normalerweise gute Arbeitsbedingungen vor. Soweit sie – besonders in der ersten Hälfte des Untersuchungszeitraums – noch nicht gegeben waren, boten Berufungsverhandlungen Gelegenheit zur Abhilfe. Die engagierte Förderung gerade der Naturwissenschaften durch Althoff tat ein übriges[132]. Insgesamt wird man sagen dürfen, daß sich etwa ab der Jahrhundertwende die große Mehrzahl der preußischen naturwissenschaftlichen Universitätsinstitute auf dem neuesten Stand befanden. Das galt gerade auch für die kleineren

---

128 Vgl. den diesbezüglichen Schriftwechsel zwischen dem preußischen Kultusministerium und dem preußischen Finanzministerium in den Jahren 1890/91 (ZSAM, Rep. 76 V. a Sekt. 1 Tit. IV Nr. 36 Bd. I, Bl. 165 ff.).

129 Einzelheiten bei Schwarz/Strutz, Der Staatshaushalt, Bd. 2, S. 142.

130 Ebd., S. 149 f. Der Text der Allerhöchsten Kabinettsordre v. 19. 8. 1897 ebd., S. 150 f. Vgl. ergänzend Busch, Die Geschichte, S. 98–100; vom Brocke, Hochschul- und Wissenschaftspolitik, S. 63 f. Dort wird auch weitere Literatur nachgewiesen.

131 Die neuen Gehaltssätze von 1909 sind nachgewiesen in: Preußische Statistik, Bd. 223. Berlin 1910, S. 1. Vgl. ergänzend Busch, Die Geschichte, S. 98 f., und das Schreiben des preußischen Kultusministeriums an das preußische Finanzministerium v. 18. 4. 1921 (ZSAM, Rep. 76 V. a Sekt. 1 Tit. XV Nr. 18, Bl. 221 f.).

132 Vgl. oben Anm. 2.

Universitäten. Ihr Überleben hing wesentlich davon ab, daß sie wissenschaftlich nicht zu weit hinter die größeren Universitäten zurückfielen. Die preußische Kultusverwaltung war sich dessen wohl bewußt und bekannte sich immer wieder zu dem Grundsatz, „daß wir bei den kleineren Universitäten möglichst mustergültige Institute ... herbeiführen"[133]. Die zwischen den Bundesstaaten bestehende kulturpolitische Rivalität bewirkte, daß ähnlich auch außerhalb Preußens verfahren wurde.

Die Arbeit in diesen Instituten war ganz auf Person und Interessen des jeweiligen Direktors zugeschnitten, und gerade darin bestand die besondere Attraktivität des Ordinariats für experimentelle Forscher. Erst in diesem Stadium geboten sie über die personellen und apparativen Hilfsmittel für fruchtbare Arbeit. Wir wissen aus verschiedenen Autobiographien, wie sehr vor allem Ordinarien mit ausgeprägten experimentellen Interessen dies genossen[134].

Der Institutsdirektor leitete sein Institut als mehr oder minder aufgeklärter Monarch und konnte die Mitarbeiter aller Grade ohne weiteres für seine Zwecke einsetzen. Daß es dabei nicht ohne gelegentliche Mißbräuche abging, ist bekannt. Mancher Assistent fühlte sich ausgebeutet und empfand es als geistigen Diebstahl, wenn sein Chef seinen Namen in gemeinsam erarbeiteten Veröffentlichungen unterschlug, wie es die Regel war[135].

Konkurrenz hatte der Institutsdirektor nicht ernstlich zu fürchten. Doppelbesetzungen innerhalb derselben Disziplin galten lange als nicht traditionsgemäß und waren dementsprechend selten. Auch als steigende Studentenzahlen und der wissenschaftliche Differenzierungsprozeß solche Maßnahmen aktueller werden ließ, hatte ein bereits amtierender Ordinarius weiterhin die Möglichkeit, seiner Fakultät die Beantragung eines zweiten Ordinariats in seiner Disziplin auszureden. Von dieser Möglichkeit wurde so oft Gebrauch gemacht[136], daß an mittleren und kleineren Universitäten naturwissenschaftliche Doppelbesetzungen erst gegen Ende des Untersuchungszeitraums etwas häufiger wurden. Der Normalfall blieb jedoch, daß ein experimentelles Fach von einem Ordinarius vertreten wurde, der das entsprechende Institut leitete und in wechselnder Zahl Ex-

---

133 So Kultusminister Bosse im März 1894. Zit. in: ZSAM, Rep. 76 V. a Sekt. 1 Tit. VII Nr. 44 Bd. I, Bl. 241. Es gab auch kritische Stimmen (vgl. z. B. Meyer, Der Kapitalismus, S. 25 f.), doch waren sie deutlich in der Minderzahl.

134 Als ein Beispiel sei hier nur Lenard, Erinnerungen, S. 103 genannt.

135 Vgl. die diesbezügliche anonyme Beschwerde vom November 1877 an den preußischen Kultusminister (ZSAM, Rep. 76 V. a Sekt. 1 Tit. I Nr. 16, Bl. 24); Willstätter, Leben, S. 215; oben Anm. 58.

136 Waentig, Zur Reform, S. 8.

traordinarien bzw. Abteilungsvorsteher und Assistenten zur Unterstützung erhielt[137]. Dieses Verfahren war billiger als die Neugründung zusätzlicher Institute[138] und ersparte es den Institutsdirektoren, mit gleichrangigen Konkurrenten leben zu müssen. Andererseits entstanden so teilweise wahre Rieseninstitute, die das Maximum dessen darstellten, was ohne strukturelle Reformen gerade noch zu bewältigen war[139]. Wenn überhaupt Doppelbesetzungen vorkamen (meistens im Bereich der besonders rapide expandierenden Chemie), so wurde dem neu hinzukommenden Ordinarius ein Sondergebiet wie etwa die physikalische Chemie samt einem eigenen Institut zugewiesen. Kollegiale Leitung eines Instituts hingegen, wie sie bei den Juristen, Theologen oder Historikern längst üblich war, kam nicht vor[140].

Die Kompetenzen der Nichtordinarien innerhalb der Institute waren, wie oben berichtet, recht bescheiden. Diese besonders privilegierte Stellung der naturwissenschaftlichen Institutsleiter mag erklären, warum neben den Medizinern gerade sie immer wieder besonders energisch dafür eintraten, den Status quo zu erhalten: Wer nach langen Privatdozentenjahren endlich sein eigenes Institut erhalten hatte und erstmals optimale Arbeitsmöglichkeiten genoß, fühlte wenig Neigung, sich zugunsten anderer einzuschränken. Das tradierte Selbstverständnis des ordentlichen Universitätsprofessors und nicht zuletzt seine vorgesetzte Kultusbehörde bestärkten ihn darin. Je schneller die Zahl der naturwissenschaftlichen Nichtordinarien gegenüber den Ordinarien wuchs, desto mehr verhärtete sich diese Haltung[141].

Die Frage, ob die Arbeitsbedingungen in den naturwissenschaftlichen Instituten großer oder kleiner Universitäten besser seien, ist gelegentlich von zeitgenössischen Sachkennern mit Engagement diskutiert worden,

---

137 So hatte der Heidelberger Chemiker Theodor Curtius 1906 drei planmäßige Extraordinarien und 10 Assistenten (darunter 4 außerplanmäßige Extraordinarien und 2 Privatdozenten) in seinem Institut (Curtius/Rissom, Geschichte, S. 52). Emil Fischers Berliner Institut war noch größer (Hans-Werner Schütt, Zum Berufsbild des Chemikers im Wilhelminischen Zeitalter. In: Eberhard Schmauderer (Hg.), Der Chemiker im Wandel der Zeiten. Weinheim 1973, S. 295). Vgl. ergänzend Fritz Haber, The Chemical Industry 1900–1930. Oxford 1971, S. 46.

138 Dementsprechend kamen nur im Fach Mathematik, das keiner teuren Institute bedurfte, frühzeitig Doppelbesetzungen zustande.

139 Vgl. Johnson, The Chemical Reichsanstalt, S. 28, 92 und 119.

140 Ausnahmen bildeten lediglich die mathematischen Institute.

141 Vgl. dazu die oben erwähnten Umfragen des preußischen Kultusministeriums von 1913/14 und den Fall des Bonner Zoologen Borgert aus dem Jahre 1913.

ohne daß man ein klares Ergebnis erzielt hätte. Dies war insofern nicht ganz überrachend, als sich auch rückschauend keine Gleichsetzung etwa von der Art „große Universitäten – gute Arbeitsbedingungen; kleine Universitäten – schlechte Arbeitsbedingungen" vornehmen läßt. Zweifellos boten größere Universitäten größere Laboratorien, mehr Mitarbeiter, höhere Studentenzahlen und damit auch größere Einkünfte. Emil Fischer etwa, der zunächst eher zur kleinen Universität Würzburg tendiert hatte, zogen schließlich doch „das rege wissenschaftliche Leben in der Reichshauptstadt und die in Aussicht gestellten großen Mittel, die Möglichkeit, einen größeren Kreis von Schülern um mich zu versammeln", nach Berlin[142].

Andererseits hatten große Institute strukturbedingte Nachteile: Die dortigen Studentenzahlen erhöhten die Lehrbelastungen auch für den Institutsdirektor[143]. Zwar unterstand ihm reichliches Hilfspersonal, doch ließ es sein Selbstverständnis kaum zu, diesen Gehilfen andere als Randgebiete zu übertragen: Die Vertretung des Gesamtfaches betrachtete der Institutsleiter primär als *seine* Aufgabe. Zu den daraus resultierenden Lasten kam nicht selten das Bewußtsein, in einer Zeit wachsender Spezialisierung dieser selbstgestellten Aufgabe immer schlechter gewachsen zu sein. In der besonders dynamisch wachsenden Chemie konnte dieser Dauerstreß schwerste Folgen haben[144].

Obendrein zeigte es sich immer wieder, „daß die großen neu erbauten Laboratorien die Produktionsfähigkeit keineswegs gehoben haben", zumal sie meistens in den Stadtzentren lagen und zunehmend unter Immissionen der verschiedensten Art litten[145]. Überdies ergaben sich an kleinen

---

[142] Fischer, Leben, S. 141. Vgl. auch Mayer, Der Kapitalismus, S. 25 f. Umgekehrt fühlte sich der Physiker Boltzmann gerade durch Berlins preußisch-hauptstädtische Atmosphäre veranlaßt, einen Ruf dorthin abzulehnen (Emilio Segré, Die großen Physiker und ihre Entdeckung. Deutsche Ausgabe. München 1981, S. 81). Auch Einstein fühlte sich dort aus ähnlichen Gründen unwohl.

[143] Mayer, Der Kapitalismus, S. 31; Wilhelm Ostwald, Die Forderung des Tages. Leipzig 1910, S. 560–564; Emil Fischer, Eröffnungsfeier des neuen I. Chemischen Instituts der Universität Berlin am 14. 7. 1900. Berlin 1900, S. 47; Burchardt, Wissenschaft, S. 786–788; Johnson, The Chemical Reichsanstalt, S. 45 u. 114–116. Daten zur Lehrbelastung finden sich in: Preußische Statistik, Bd. 150, Berlin 1899, S. 22 f.

[144] Vgl. die bei Johnson, The Chemical Reichsanstalt, S. 150–155, genannten Beispiele aus Physik und Chemie.

[145] Mayer, Der Kapitalismus, S. 30. Dort sind auch Beispiele genannt. Vgl. ergänzend Wien, Die neuere Entwicklung, S. 10, und Willstätter, Leben, S. 233. Diese Einsicht lag auch dem Plan zugrunde, die experimentellen Institute der Berliner

Universitäten, deren Institute meistens nah beieinanderlagen, oft sehr viel engere interdisziplinäre Kontakte als in Leipzig oder Berlin. Zahlreiche Professoren gerade der experimentellen Fächer schätzten die größere Ruhe und den intensiveren Lehrer-Schüler-Kontakt an den Provinzuniversitäten. Dem steht zu einem gewissen Grad der statistische Befund entgegen, daß seit den 80er Jahren die Zahl der an kleineren Universitäten studierenden Naturwissenschaftler relativ schneller anstieg als an den größeren Universitäten[146]. Jedoch verlief dieser Prozeß wohl zu langsam, als daß er in das Bewußtsein der Institutsdirektoren eingedrungen wäre. Rechnet man hinzu, daß die Institutsbaupolitik der Kultusbehörden konsequent darauf hinzielte, gerade auch den Provinzuniversitäten „mustergültige Institute" zu geben, so wird man insgesamt wohl zum selben Ergebnis kommen wie der Würzburger Physiker Wilhelm Wien, der 1914 feststellte: „Es liegt jetzt keineswegs mehr so, daß sie [die großen Universitäten] jede ihnen geeignet erscheinende Kraft von den kleineren Universitäten gewinnen können[147]."

Entscheidender als von der Universitätsgröße wurden die Arbeitsbedingungen eines Institutsdirektors von der Dotierung seines Instituts bestimmt. Vergleichen wir die entsprechenden Daten für die deutschen Universitäten, so ergibt sich das Bild der Tabelle 10.

Universität aus der Stadt nach Dahlem zu verlegen (Burchardt, Wissenschaftspolitik, S. 17 f.).

146 Diese Aussage basiert auf einer Analyse der Variationskoeffizienten der naturwissenschaftlichen Studentenzahlen an allen deutschen Universitäten 1871–1911. Die ihr zugrundeliegenden Daten finden sich in: Preußische Statistik, Bd. 236, S. 95–99. Sie liefert (im Auszug) folgende Ergebnisse: 1871 : 128, 1881 : 113, 1891 : 93, 1901 : 79, 1911 : 71 % des jeweiligen arithmetischen Mittels. Die Streuung nahm also deutlich ab.

147 Wien, Die neuere Entwicklung, S. 10. In der preußischen Reformzeit scheint geradezu die Meinung überwogen zu haben, daß neue Universitäten zweckmäßigerweise in kleinen Städten zu gründen seien. Vgl. Helmut Schelsky, Einsamkeit und Freiheit. Reinbek 1963, S. 101 ff.

Tabelle 10: Die durchschnittliche Dotierung der deutschen naturwissenschaftlichen Universitätsinstitute in den Jahren 1893/4, 1903/4 und 1913/4[148]

	1893/4			1903/4			1913/4		
	Tsd.M.		1893/4 = 100	Tsd.M.		1893/4 = 100	Tsd.M.		1893/4 = 100
Physik	8,2	=	100	10,5	=	128	14,5	=	177
Chemie	21,0	=	100	33,5	=	160	36,8	=	175
Zoologie	11,7	=	100	15,6	=	133	12,3	=	105
Botanik	23,4	=	100	28,2	=	121	30,8	=	132
Geologie/ Mineralogie	6,2	=	100	7,4	=	119	7,8	=	126
Astronomie	7,4	=	100	11,3	=	153	7,3	=	99
Mathematik	1,0	=	100	1,1	=	110	1,3	=	130

Wie die Tabelle zeigt, entfielen die weitaus höchsten Beträge auf Botanik und Chemie. Im ersteren Fall erklären sich die hohen Werte daraus, daß üblicherweise mindestens an den mittleren und großen Universitäten seit langem große Botanische Gärten bestanden und unterhalten werden mußten. Dies galt besonders für Berlin, dessen Botanischer Garten allein oft mehr Geld erforderte, als für die Botaniker in den übrigen preußischen Universitäten insgesamt verfügbar war. Im Falle der Chemie illustrieren die weit über dem Durchschnitt der naturwissenschaftlichen Fächer liegenden Beträge nochmals die besondere Bedeutung dieses Faches im Untersuchungszeitraum. Berücksichtigt man, daß die für die Zoologie aufgewandten Kosten ähnlich wie in der Botanik großenteils zur Unterhaltung großer Sammlungen dienten – auch hier befand sich die weitaus größte in Berlin – so kommt man zu dem Ergebnis, daß Chemie und Physik die beiden am kräftigsten geförderten Disziplinen waren. Geologie, Mineralogie, Paläontologie und Astronomie lagen weiter zurück. Auffallend ist das geringe Förderungsvolumen der Mathematik, das sich aus der ganz anders gearteten Arbeitsweise dieses Faches erklärt: Die bescheidenen hierfür aufgewandten Mittel entsprachen ungefähr dem, was auf die geisteswissenschaftlichen Fächer an finanzieller Förderung zu entfallen pflegte.

Auch die Entwicklung der den einzelnen Disziplinen zukommenden Geldmittel im Zeitablauf spiegelt die besondere Lage der Chemie und in zweiter Linie der Physik wider. Während die anderen Fächer mit bescheidenen Wachstumsraten von 0 bis 1,5% pro Jahr zufrieden sein mußten,

[148] Nach den Daten in: Minerva Jahrbuch der gelehrten Welt. Jg. 3, 13 und 23. Straßburg 1894, 1904 und 1914.

wuchs das Förderungsvolumen der physikalischen und chemischen Institute um durchschnittlich fast 4% jährlich. Daß diese Entwicklung mindestens in der Chemie trotz aller offiziellen Beteuerungen letztlich denn doch eher die größeren Institute begünstigte, zeigt die zunehmende Streuung der auf die einzelnen chemischen Institute entfallenden Werte um ihr gemeinsames arithmetisches Mittel[149]. Andererseits konnten auch die kleineren chemischen Institute durchaus zufrieden sein, zumal die an Großinstituten à la Berlin zu vermutende geringere Kosteneffiziens diesen Unterschied zu einem guten Teil ausgeglichen haben dürfte.

Dies läßt auch für die Chemie die oben für die Gesamtheit der experimentellen Fächer entwickelte Annahme plausibel erscheinen, daß keineswegs Einbahnstraßen von den kleinen zu den großen Universitäten bestehen mußten. Ein Blick auf die Variationskoeffizienten mag dies verdeutlichen.

Tabelle 11: Die Streuung der auf die naturwissenschaftlichen Universitätsinstitute entfallenden Gelder um ihren arithmetischen Mittelwert (alle Angaben in Prozent des jeweiligen arithmetischen Mittels)[150]

	1893/4	1903/4	1913/3
Physik	76%	57%	76%
Chemie	46%	76%	67%
Zoologie	197%	194%	100%
Botanik	121%	165%	179%
Geologie/Mineralogie	94%	102%	60%
Astronomie	217%	159%	90%
Mathematik	103%	78%	84%

Hier finden wir neben der schon erwähnten leichten Zunahme der Streuung in der Chemie Stabilität in der Physik, deutliche Rückgänge in Zoologie, Geologie, Mineralogie, Astronomie und Mathematik. Nur in der Botanik ist eine markante Auseinanderentwicklung zu Lasten der kleinen Universitäten erkennbar. Allerdings liefern hier die Variationskoeffizienten insofern ein übermäßig dramatisches Bild, als sie stark von der Dotierung der Berliner Botanik verzerrt werden. Die Attraktivität der kleineren Universitäten blieb also auch in wissenschaftlicher Hinsicht durchaus erhalten. Dies gilt es zu bedenken, wenn wir uns nun der Frage zuwenden, warum und wie gerne naturwissenschaftliche Ordinarien den an sie ergehenden Rufen an andere Universitäten folgten.

---

[149] Vgl. dazu im einzelnen Tabelle 11.

[150] Vgl. oben Anm. 148.

Wünschenswert wäre hier eine quantitative Analyse aller im Untersuchungszeitraum an den deutschen Universitäten anfallenden Berufungen, doch würde sie einen (möglicherweise unverhältnismäßig) hohen Arbeitsaufwand erfordern. Ersatzweise wurde folgender Weg beschritten, um wenigstens einen ersten Eindruck zu gewinnen: Zunächst wurde anhand des seit 1891/2 erscheinenden Minerva-Jahrbuchs für die drei Stichjahre 1893/4, 1903/4 und 1913/4 die Besetzung sämtlicher naturwissenschaftlichen Lehrstühle ermittelt, die an allen deutschen Universitäten bestanden; nur vereinzelt auftauchende Fächer wurden übergangen. Als nächster Schritt wurde für jedes Fach und jede Universität die Zahl der Professoren festgestellt, die bei allen drei oder mindestens bei zwei Zählungen auftauchten, die also mindestens 20 bzw. 10 Jahre an derselben Universität wirkten. Eine Verweildauer von mindestens 10 Jahren wurde mit dem Faktor 1, eine Verweildauer von mindestens 20 Jahren mit dem Faktor 2 gewichtet. Die so entstehende Matrix von Verweilpunkten pro Fach und Universität wurden nun mit der jeweils theoretisch bei maximaler Seßhaftigkeit denkbaren Punktzahl verglichen. Die Division beider Größen lieferte einen Koeffizienten der Seßhaftigkeit nach Fächern und Universitäten. Er beträgt 0, wenn sämtliche Ordinarien eines Faches an einer Universität weniger als 10 Jahre auf ihrem Lehrstuhl verblieben bzw. 1, wenn alle ihren Lehrstuhl mindestens 20 Jahre hielten. So kam die Koeffizientenmatrix der Tabelle 12 zustande.

Das vorstehend geschilderte Verfahren ist nicht ohne Schwächen[151] und liefert vorerst natürlich nur approximative Ergebnisse, doch läßt es immerhin schon einige charakteristische Merkmale im Verhalten der naturwissenschaftlichen Ordinarien hervortreten.

Zunächst einmal fällt auf, daß keineswegs die Seßhaftigkeit der an große Universitäten berufenen Naturwissenschaftler automatisch größer war als die ihrer Kollegen an kleinen und mittleren Universitäten. Gruppieren wir die Universitäten in solche mit überdurchschnittlichen, unterdurchschnittlichen und durchschnittlichen Werten[152], so erhalten wir drei etwa

---

[151] Vor allem geht das Verfahren notgedrungen davon aus, daß alle Professoren mindestens gelegentlich einen Ruf erhielten, also im Lauf des betrachteten Zeitraums auch tatsächlich Gelegenheit zum Wechseln hatten. Der immerhin denkbare Fall, daß ein Professor – aus welchen Gründen auch immer – nur *einen* Ruf bekam, konnte mangels diesbezüglicher umfassender Informationen nicht berücksichtigt werden.

[152] Als durchschnittlich galt ein Wert, der um maximal ± 5% vom Tabellenmittel (0,61) abwich. Die beiden anderen Gruppen ergaben sich dementsprechend.

Tabelle 12: Seßhaftigkeitskoeffizienten für die deutschen naturwissenschaftlichen Ordinarien 1893/4–1913/4[153]

	Mathematik	Physik	Chemie	Mineralogie	Geologie	Zoologie	Botanik	Ø
Berlin	0,67	0,60	0,75	1,00	0,50	1,00	0,33	0,69
Bonn	0,00	0,50	0,50	0,50	0,50	1,00	0,50	0,50
Breslau	0,75	0,50	0,50	1,00	1,00	0,50	0,67	0,70
Erlangen	0,75	1,00	1.00	0,50	0,50	0,50	0,50	0,68
Freiburg	0,67	0,50	0,50	0,50	0,50	0,50	1,00	0,60
Gießen	0,50	0,00	1,00	0,00	0,00	1,00	1,00	0,50
Göttingen	0,60	1,00	1,00	0,50	1,00	1,00	1,00	0,87
Greifswald	0,25	0,00	0,00	0,50	0,50	0,50	0,50	0,32
Halle	1,00	1,00	0,50	0,50	0,50	1,00	0,00	0,64
Heidelberg	1,00	0,50	0,50	0,50	1,00	1,00	0,50	0,71
Jena	0,67	0,50	1,00	0,50	0,50	0,50	1,00	0,67
Kiel	0,50	0,33	0,50	0,50	0,50	1,00	1,00	0,62
Königsberg	0,50	0,50	0,50	0,00	0,00	1,00	0,50	0,43
Leipzig	0,50	0,50	0,40	0,50	0,00	0,50	1,00	0,49
Marburg	0,50	0,50	0,50	1,00	1,00	1,00	1,00	0,79
München	0,60	0,50	1,00	1,00	0,50	1,00	1,00	0,80
Münster	1,00	1,00	1,00	0,50	0,50	0,50	0,00	0,64
Rostock	1,00	0,50	1,00	1,00	0,00	0,00	1,00	0,64
Straßburg	0,25	0,50	0,50	1,00	0,50	1,00	0,50	0,61
Tübingen	0,75	0,50	0,50	0,00	0,00	0,50	1,00	0,46
Würzburg	0,50	0,50	0,00	0,50	0,50	1,00	0,50	0,50
Durchschnitt	0,52	0,64	0,63	0,57	0,48	0,76	0,69	0,61

gleichstarke Gruppen, die in sich jedoch recht heterogen sind: Wir finden große, mittlere und kleine Universitäten in der über- wie in der unterdurchschnittlichen Gruppe, mittlere und kleine Universitäten in der Mittelgruppe. Berlin und München erreichten hohe, Leipzig hingegen nur einen der niedrigsten Werte; Erlangen und Breslau – sonst eher als unattraktiv geltend – rangierten in der Spitzengruppe, während die ähnlich einzustufenden Universitäten Greifswald und Königsberg offenbar unter Naturwissenschaftlern eher als Durchgangsstationen galten, Rostock einen durchschnittlichen Wert erreichte. Bemerkenswert sind auch die Unterschiede zwischen den Nachbaruniversitäten Gießen und Marburg: Während Gießen nur eine unterdurchschnittliche Verweildauer aufzuwei-

[153] Die Daten entstammen dem Minerva Jahrbuch der gelehrten Welt, Jg. 1893/4, 1903/4 und 1913/4. Das Berechnungsverfahren wird im Text beschrieben.

sen hatte, blieb die eine Hälfte der Naturwissenschaftlichen Abteilung der Marburger Philosophischen Fakultät mindestens 20, die andere mindestens 10 Jahre der renommierteren Philipps-Universität treu. Einen besonders hohen Wert erhalten wir für Göttingen. Dies erklärt sich unschwer daraus, daß Göttingen neben Berlin vom preußischen Kultusministerium als naturwissenschaftlicher Schwerpunkt betrachtet und entsprechend großzügig gefördert wurde, Berlin aber die größere Ruhe und manch anderen Vorzug einer mittleren Universität voraus hatte.
Insgesamt erhalten wir also ein recht buntes Bild von der unterschiedlichsten Attraktivität der deutschen Universitäten für naturwissenschaftliche Ordinarien. Offenbar setzte sie sich aus mehreren Komponenten zusammen. Mit den prestigereichen großen Universitäten konkurrierten durchaus erfolgreich manche traditionsreichen kleineren Universitäten, die moderne Institute, angenehme Arbeitsbedingungen und eine reizvolle Landschaft bieten konnten. Lagen allerdings die Universitäten allzuweit an der Peripherie wie Greifswald oder Königsberg und konnten sie nur schwer das Image eines „Universitätsdorfs" überwinden wie Tübingen[154] und/oder boten sie ungenügende Arbeitsbedingungen, so waren kürzere Verweilzeiten zu erwarten[155]. Daß gelegentlich offenbar die Verweildauer auch noch von anderen Faktoren negativ beeinflußt wurde, zeigt das Beispiel Leipzig. Vermutlich ist hier u. a. etwa an Gehaltsfragen zu denken. Nicht übersehen werden sollte schließlich, daß neben den genannten Sachargumenten auch sehr konkrete individuell-biographische Momente eine Rolle spielen konnten, man denke etwa an Lenards Flucht von Kiel nach Heidelberg, an Victor Meyers (und später Emil Fischers) Selbstmord, an den krankheitsbedingt frühen Tod von Heinrich Hertz in Bonn oder umgekehrt an Ordinarien, die sich wie Adolf von Baeyer selbst im hohen Alter noch weigerten, ihren Lehrstuhl zu räumen.
Eine spaltenweise Auswertung von Tabelle 12 nach Fächern, die hier freilich nur sehr umrißhaft erfolgen kann, liefert durchschnittliche Werte für Mathematik, Chemie und Mineralogie. Über dem Durchschnitt rangieren die Botanik und vor allem die Zoologie, darunter Physik und Geologie. Die einzelnen Werte liegen bei den Fächern dichter nebeneinander als

---

[154] Vgl. etwa die nur unwesentlich älteren „Culturbilder aus Württemberg" ([4]Leipzig 1886), in denen Tübingen besonders scharf unter diesem Aspekt kritisiert wurde.

[155] So bewirkten z. B. die langezeit schlechten Verhältnisse im Heidelberger Chemischen Institut zeitweise einen häufigen Wechsel (Riese, Die Hochschule, S. 219).

bei den Universitäten[156]; offenbar spielten also bei der Entscheidung über Annahme oder Ablehnung eines Rufs fächerspezifische Verhaltensweisen eine geringere Rolle als die Attraktivität der jeweils zur Wahl stehenden Universitäten unter wissenschaftlichen und anderen Gesichtspunkten. Gleichwohl sind auch bei der spaltenweisen Auswertung Unterschiede von Fach zu Fach erkennbar. Sie zu erklären fällt freilich noch schwerer als im Fall der Auswertung nach Universitäten. Ein denkbarer Ansatz wäre die Frage, ob es einen fachspezifischen Professorentyp gab: Waren der Physiker oder der Geologe als solche weniger seßhaft als etwa der Zoologe oder der Botaniker? Diese Frage wird sich – wenn überhaupt – allenfalls auf der Basis umfangreicher biographischer Einzelstudien beantworten lassen, wie sie im vorliegenden Rahmen nicht geleistet werden können. Denkbar wäre auch ein Erklärungsversuch über die Arbeitsbedingungen. Es erscheint immerhin plausibel, daß in expandierenden Fächern wie Physik oder Chemie die horizontale Mobilität größer war als in eher stabilen Disziplinen wie der Zoologie, weil für den Physiker oder Chemiker ein Ruf die günstigste Gelegenheit bedeutete, seine Arbeitsbedingungen dem Fortschreiten seines Faches anzugleichen. Ob sich damit allerdings die zwischen Zoologie und Botanik oder Geologie und Mineralogie bestehenden Unterschiede werden befriedigend erklären lassen, erscheint zweifelhaft. Vermutlich wird man vielmehr hier wie bei der Betrachtung der einzelnen Universitäten auch individuelle Gegebenheiten berücksichtigen müssen, die den statistischen Befund verzerren.

6. VERBINDUNG ZU ANDEREN ELITEN

Das Verhältnis der naturwissenschaftlichen Professoren zur Wirtschaft läßt sich kaum global beschreiben, sondern schwankte von Fach zu Fach. Vertreter von Disziplinen ohne nennenswerten Praxisbezug wie Botanik, Zoologie, Astronomie oder Paläonthologie unterhielten Kontakte zur Wirtschaft nur in Einzelfällen. Was an solchen Querverbindungen bestand, war häufig mäzenatischen Ursprungs. Friedrich Alfred Krupp etwa interessierte sich lebhaft für meeresbiologische Fragen und besaß entsprechende Kontakte zu Fachleuten. Sein Schwiegersohn folgte ihm auf diesem Weg – wenn nicht aus Neigung, so doch aus Pflichtgefühl[157]. Ernst Abbe

[156] Der Variationskoeffizient beträgt für die einzelnen Fächer knapp 16, für die einzelnen Universitäten dagegen über 22% des arithmetischen Mittels.

[157] Vgl. etwa die Zweckbindung der von ihm getätigten Spenden für die Kaiser-Wilhelm-Gesellschaft (Burchardt, Wissenschaftspolitik, S. 60).

und Carl Zeiss förderten an der Universität Jena Mathematik und Astronomie; der Chemieunternehmer Henry-Theodor Böttinger war der Gründer und langjährige Motor der Göttinger Vereinigung für Angewandte Physik und Mathematik[158]. Aus solchen Förderungsmaßnahmen pflegte eine Fülle personeller Beziehungen zu resultieren, von denen hier stellvertretend nur das zwischen Böttinger und dem Göttinger Mathematikprofessor Felix Klein bestehende enge Verhältnis genannt sei.

Solche und ähnliche Kontakte entsprangen nicht primär industriellem Interesse an der Nutzung wissenschaftlicher Forschungsergebnisse, sondern gingen überwiegend auf mäzenatische Aktivitäten einzelner Unternehmer zurück. Anders sah es dort aus, wo ein fachliches Interesse der Wirtschaft bestand. Dieses Interesse galt vor allem zwei naturwissenschaftlichen Fächern, nämlich der Physik und der Chemie.

Im Bereich der Physik verdienen vor allem drei Beispiele kurzer Erwähnung: Werner von Siemens trug entscheidend zur Projektierung und Finanzierung der Physikalisch-Technischen Reichsanstalt bei, weil er sich davon wirtschaftlichen Nutzen versprach. Er und der erste Präsident der Reichsanstalt, Helmholtz, standen nicht nur in verwandtschaftlichen Beziehungen zueinander, sondern unterhielten auch einen regen fachlichen Gedankenaustausch[159]. Der schon genannte Abbe stiftete der Universität u. a. auch einen Lehrstuhl für Technische Physik, von dem er einen Nutzen für sein Unternehmen erwartete. Ähnlich traten verschiedene Unternehmer der Göttinger Vereinigung bei, um von deren Arbeit auf dem Gebiet der angewandten Mathematik und Physik zu profitieren[160].

Dies waren freilich eher Einzelfälle. Sehr viel intensiver lief die Zusammenarbeit zwischen den Hochschulchemikern und der chemischen Industrie, besonders den Farben- und Pharma-Herstellern ab. Ihre Erscheinungsformen sind bekannt und brauchen hier nicht nochmals beschrieben zu werden[161]. Vielmehr genügt der Hinweis, daß die genannten Industriezweige mehr als andere der Zufuhr wissenschaftlicher Informationen bedurften und daß seit Beginn des Untersuchungszeitraums mehrere Verbände existierten, die nach Kräften die Zusammenarbeit zwischen Hoch-

[158] Näheres neuerdings zusammenfassend in: Burchardt, Die Förderung, S. 18–21.

[159] Zur Physikalisch-Technischen Reichsanstalt vgl. David Cahan, The Physikalisch-Technische Reichsanstalt. Baltimore 1980. Dort ist die gesamte ältere Literatur aufgearbeitet.

[160] Zum Vorstehenden vgl. Burchardt, Die Förderung, S. 18–20.

[161] Vgl. Lothar Burchardt, Die Zusammenarbeit zwischen chemischer Industrie, Hochschulchemie und chemischen Verbänden im Wilhelminischen Deutschland. In: Technikgeschichte 46 (1979), S. 192–211.

schul- und Industriechemie förderten. Im einzelnen erstreckte sie sich nicht nur auf den Transfer wissenschaftlicher Informationen, sondern auch auf die Gestaltung des chemischen Lehr- und Prüfungsbetriebs. Darüber hinaus machte sich die Industrie stark für den Aufbau hochschulferner Forschungskapazitäten, die auf ihren Bedarf an Ergebnissen der Grundlagenforschung zugeschnitten sein sollten. Da die chemische Professorenschaft in den 80er Jahren etwa drei Viertel, seit der Jahrhundertwende rund 90 Prozent ihrer Schüler in die chemische Industrie entließ[162], an der Vermarktung ihrer Patente interessiert war und die Aussicht auf die Schaffung zusätzlicher Forschungskapazitäten begrüßte, zeigte sie der Industrie gegenüber durchaus eine gewisse Aufgeschlossenheit.

Allerdings konnte auch innerhalb des Faches Chemie das Verhältnis zur Industrie sehr unterschiedliche Formen annehmen. Während der Anorganiker selten mit industrierelevanten Arbeitsergebnissen aufwarten konnte, produzierten die Organiker solche Ergebnisse in großer Zahl und erfreuten sich lebhaften Interesses bei den Farben- und Pharma-Herstellern. Nicht immer erwiderten sie dieses Interesse. Manche Chemieprofessoren kümmerten sich nur wenig um die praktische Nutzung ihrer Entdeckungen, verkauften ihre Patente nur zögernd und gaben sich allgemein eher industriescheu[163]. Andere wie Fritz Haber fanden aus gegebenem Anlaß den Weg zur Industrie und hielten diesen Kontakt seitdem. Noch weiter gingen Chemiker, die wie August Wilhelm Hofmann und Emil Fischer jahrzehntelang eng mit der Industrie bzw. mit einzelnen Firmen kooperierten. Sie stimmten sich in Fragen der Lehrinhalte, der Prüfungspraxis, der Forschungsförderung und der Forschungsinhalte mit einzelnen Firmen oder ganzen Verbänden ab, entsandten ihre Assistenten in reizvolle Industrieposten oder arbeiteten gelegentlich selbst in Werkslabors[164]; auch dauerhafte Wechsel von Universitätsprofessoren in die Industrie kamen dort vor, wo ausgeprägte chemisch-technische Interessen bestanden[165]. Auftragsarbeiten waren häufig. Der Berliner Chemiker Tiemann hielt sich geradezu einiges darauf zugute, zeitweilig ganze Firmen durch seine For-

---

[162] Johnson, The Chemical Reichsanstalt, S. 80 f.

[163] Dies gilt z. B. für Adolf von Baeyer. Vgl. Eduard Farber (Hg.), Great Chemists. New York 1961, S. 737.

[164] Willstätter, Leben, S. 58, 96, 99 und 213; Johnson, The Chemical Reichsanstalt, S. 79.

[165] Vgl. das Schreiben des bei Bayer angestellten ehemaligen Tübinger Pharmakologen Dreser an Althoff v. 23. 10. 1898 (ZSAM, Rep. 92 Althoff A I Nr. 102, Bl. 46).

schungsergebnisse mit Aufträgen versorgt zu haben[166]. Mit noch größerer Berechtigung kann man dies von Fritz Haber behaupten, dessen Verfahren zur Ammoniaksynthese den Aufbau eines ganzen Industriezweiges auslöste.

Keine der verschiedenen Verhaltensweisen gegenüber der chemischen Industrie resultierte zwingend aus etwaigen Besonderheiten des Faches oder einer Teildisziplin. Vielmehr spielten hier auch individuelle Momente eine wesentliche Rolle. Zwei Extreme sind die schon genannten Organiker Adolf von Baeyer und Emil Fischer: Baeyer war es gewohnt, mit bescheidenen Mitteln allein zu forschen, Fischer war ein Großforscher, der mit erheblichem personellen und apparativen Aufwand arbeitete. Zu einem gewissen Grad mag dies eine Generationsfrage gewesen sein[167], doch spielten die Hauptrolle wohl eher verschiedene Auffassungen von der effektivsten Arbeitsweise des Chemikers.

Insgesamt besaß die Mehrzahl der Organikordinarien gute Kontakte zur chemischen Industrie. Damit ist die Frage aufgeworfen, ob sich aus solchen Beziehungen neben für beide Seiten vorteilhaften Resultaten nicht auch einseitige Abhängigkeiten ergeben konnten. Für die wilhelminische Sozialdemokratie lag die Angelegenheit klar: Sie erblickte hier eine unheilige Allianz von Hochschule und Kapital, in der sich die Unternehmer einer nur zu willigen Professorenschaft zur Förderung ihrer eigenen Zwekke bedienten[168]. Diese Interpretation mag überzogen sein, ist aber doch nicht ganz von der Hand zu weisen.

Schon zu Beginn des Untersuchungszeitraums fehlte es nicht an Fällen enger Zusammenarbeit, die übrigens nicht immer die Grenzen des Erlaubten einhielt[169]. Aus dem Untersuchungszeitraum selbst kennen wir zahlreiche Beispiele dafür, daß prominente Chemieprofessoren bei Werken

---

[166] Vor allem handelte es sich um die Synthese von Vanillin, Cumarin, Piperonal und anderen Aromastoffen. Vgl. Tiemanns Bericht v. 20. 12. 1889 (ZSAM, Rep. 76 V. a Sekt. 1 Tit. VII Nr. 44 Bd. I, Bl. 103–118).

[167] Dies vermutet Willstätter, Leben, S. 130 f. Dagegen spricht unter anderem, daß schon August Wilhelm Hofmann einen Forschungsstil praktizierte, der dem Fischerschen sehr viel ähnlicher war als dem Baeyerschen.

[168] Vgl. Liebknechts Ausführungen im preußischen Landtag am 15. 3. 1911 (Verhandlungen des preußischen Hauses der Abgeordneten, 15. 3. 1911, Sp. 4150–4152).

[169] Einige Beispiele nennt Otto Krätz, Der Chemiker in den Gründerjahren. In: Eberhard Schmauderer (Hg.), Der Chemiker im Wandel der Zeiten. Weinheim 1973, S. 276–283.

der chemischen Industrie als Berater unter Vertrag standen[170]. Hier handelte es sich deutlich um zweiseitige Nutzenerwartung: bestimmte Unternehmer zahlten Honorare an bestimmte Professoren und bekamen dafür Forschungsergebnisse geliefert, die sie produktiv nutzten.
Komplizierter lagen die Dinge dort, wo einzelne Betriebe oder ganze Industriezweige Großprojekte bzw. Institutionen finanzierten, die primär der Grundlagenforschung dienen sollten. Gewiß wurden viele derartige Vorhaben von der Wirtschaft aus rein mäzenatischen Gründen gefördert. Häufig hegten die Geldgeber aber auch Erfolgserwartungen. Das Projekt der Chemischen Reichsanstalt oder das Mühlheimer Kohleforschungsinstitut der Kaiser-Wilhelm-Gesellschaft etwa waren nicht Ergebnisse mäzenatischen Denkens, sondern bedeuteten für die beteiligten Firmen letztlich Akte der Forschungsinvestition, für die mindestens langfristig eine Rendite erwartet wurde.
Dementsprechend waren die Geldgeber keineswegs gesonnen, solche Forschungsinstitutionen sich selbst zu überlassen. Vielmehr sorgten sie dafür, daß sie in deren Lenkungsgremien mit Mehrheiten präsent waren, die notfalls Interventionen erlaubten. Hier entstanden mindestens potentielle Abhängigkeitsverhältnisse, die das traditionelle Maß überschritten. Dies konstatierten auch sachkundige Zeitgenossen, die dem Sozialismus durchaus fernstanden. Besonders prägnant formulierte Adolf Harnack, der Gründungspräsident der Kaiser-Wilhelm-Gesellschaft, diese Besorgnis, wenn er intern die Gefahr einer Herrschaft von „Clique und Kapital" im praxisnahen Wissenschaftsbetrieb heraufbeschwor[171]. Offiziell galt freilich weiterhin das traditionelle Postulat der Zweckfreiheit, wie es beispielsweise August Wilhelm Hofmann 1880 in seiner Berliner Rektoratsrede formuliert hatte: „Die Philosophische ist die Fakultät der freien, in keinem Dienst stehenden Wissenschaft. Ihre Bestrebungen sind zunächst auf die Lehre der Wissenschaft ihrer selbst wegen gerichtet[172]."
Hier wie bei anderen Gelegenheiten (meistens handelte es sich um Rektorats-, Jubiläums- oder sonstige Festreden) übernahmen also auch naturwissenschaftliche Professoren ohne weiteres die neuhumanistische Rhetorik ihrer geisteswissenschaftlichen Kollegen. Dabei blieb die Frage unbeantwortet, ja üblicherweise ungestellt, ob denn Konstruktionen wie die oben beschriebenen wirklich Zweckfreiheit in den praxisnahen Diszipli-

[170] Eine (unvollständige) Liste gibt Burchardt, Professionalisierung, S. 329.

[171] Schreiben Harnacks an den preußischen Kultusminister v. 22. 1. 1910 (50 Jahre Kaiser-Wilhelm-Gesellschaft und Max-Planck-Gesellschaft zur Förderung der Wissenschaften 1911–1961. Göttingen 1961, S. 95).

[172] Hofmann, Zur Frage, S. 5.

nen oder Teildisziplinen überhaupt noch zuließen: Dies berührte die Geisteswissenschaften und die nicht-industrierelevanten naturwissenschaftlichen Fächer nur in zweiter Linie, für die Chemiker und teilweise auch für die Physiker aber waren das Fragen von zentraler Bedeutung. Sie wurden jedoch übergangen, weil sich Jubelrhetorik und wissenschaftliche Praxis auf zwei verschiedenen Ebenen abspielten, die miteinander allenfalls in loser Verbindung standen. Im Zeichen dieser weitgehenden Trennung von Sein und Schein konnte es geschehen, daß Hofmann einerseits sein oben zitiertes Bekenntnis zur Zweckfreiheit ablegte, zugleich aber seine Patente recht konsequent und mit guten Gewinn an die Industrie verkaufte. Harnack, dessen Warnung vor „Clique und Kapital" oben zitiert wurde, ging in seiner Denkschrift zur Gründung der Kaiser-Wilhelm-Gesellschaft so weit, dieses Projekt geradezu als Fortführung Humboldtscher Ideen zu kennzeichnen[173]. Alle Anzeichen sprechen dafür, daß die an den Gründungsvorarbeiten beteiligten Naturwissenschaftler, unter ihnen an erster Stelle Emil Fischer, an dieser doppelseitigen Argumentation nichts auszusetzen hatten[174].

7. POLITISCHE BETÄTIGUNG

Während also die Naturwissenschaftler in der Übernahme neuhumanistischer Rhetorik ihren geisteswissenschaftlichen Kollegen bedenkenlos folgten, hielten sie sich auf einem anderen Gebiet sehr viel mehr zurück: bei der Benutzung ihres Professorenamtes zum Aufbau einer politischen Karriere. In ihrer ganz großen Mehrheit sahen sie ihr Karriereziel mit dem Ordinariat erreicht, waren mit dem sozio-politischen Status quo einverstanden und wollten nichts anderes, als die ihnen als Institutsleitern offenstehenden Arbeitsmöglichkeiten optimal nutzen[175]. Es gab vereinzelte Ausnahmen wie etwa Wilhelm Ostwald, der sich vom Physiko-Chemiker zum populärphilosophischen Schriftsteller und monistischen Sonntagsprediger entwickelte. Jedoch können solch krasse Sonderfälle in keiner Weise als typisch gelten.

---

[173] Die Denkschrift ist abgedruckt in: 50 Jahre Kaiser-Wilhelm-Gesellschaft, S. 80–94.

[174] Nur Außenseiter übten vereinzelt Kritik an diesem Zustand. Vgl. z. B. Seiling, Professorentum, S. 101.

[175] Auf diesen Punkt wird hier nicht näher eingegangen. Vgl. dazu den Beitrag von Bernhard vom Brocke im vorliegenden Band.

Sehr viel wichtiger wurde für manche naturwissenschaftlichen Ordinarien der Bereich des Wissenschaftsmanagements. Mit dem Aufkommen personal- und kapitalintensiver Großforschung, deren Anfänge wir im Untersuchungszeitraum beobachten können, und mit der Projektierung entsprechender Forschungsstätten außerhalb der Universitäten entstand ein bis dahin unbekannter Bedarf an Fachleuten, die diesen Prozeß planen und koordinieren konnten: Hier war nicht bloße Administration schon bestehender Einrichtungen, sondern die erstmalige Entwicklung neuartiger Organisations- und Arbeitsformen gefragt.

Drei Namen seien stellvertretend für diese Personengruppe genannt: Felix Klein, Philipp Lenard und Emil Fischer. Felix Klein konzipierte gemeinsam mit Böttinger die schon genannte Göttinger Vereinigung und wurde in einer Vielzahl von Naturwissenschaft und Technik betreffenden organisatorischen Fragen aktiv[176]. Lenard übernahm bald nach seiner Auszeichnung mit dem Nobel-Preis von Althoff den Auftrag, ein physikalisches Forschungsinstitut großen Ausmaßes zu konzipieren. Indem er sich dieser Aufgabe entledigte, leistete er einen wesentlichen Beitrag wenn nicht zur Gründung dieses Instituts (es blieb Projekt), so doch zur Ausgestaltung der Althoffschen „Pläne für Dahlem", die in der Vorgeschichte der Kaiser-Wilhelm-Gesellschaft eine so entscheidende Rolle spielen sollten[177]. Emil Fischer schließlich wurde von Althoff und seinen Nachfolgern in einer Vielzahl von Fällen konsultiert. Besonders im Vorfeld der Gründung der Kaiser-Wilhelm-Gesellschaft leistete er entscheidende Beiträge zur Entwicklung der Konzeption selbst wie auch zur wissenschaftlichen Ausrichtung der dort entstehenden Institute. Das Kaiser-Wilhelm-Institut für Chemie und vor allem das Institut für Kohleforschung der Kaiser-Wilhelm-Gesellschaft trugen noch Jahre nach ihrer Gründung deutliche Züge von Fischers Handschrift[178].

Im Laufe des Ersten Weltkriegs entwickelte sich eine ähnlich intensive Kooperation auf wehrtechnischem Gebiet. Sie erstreckte sich zunächst und in erster Linie auf den Bereich des Gaskampfs, für den die Armee keine eigenen Fachleute besaß. Willstätter und besonders Haber übernahmen es, Kampfstoffe und Schutzmittel zu entwickeln[179]. Diese Tendenz

[176] Vgl. dazu ausführlich Karl-Heinz Manegold, Universität, Technische Hochschule und Industrie. Berlin 1970, S. 103–248.

[177] Vgl. dazu Burchardt, Wissenschaftspolitik, S. 22–24.

[178] Ebd., S. 25 und 107; neuerdings auch: Manfred Rasch, Vorgeschichte und Gründung des Kaiser-Wilhelm-Instituts für Kohleforschung in Mülheim an der Ruhr. Hagen 1987, S. 31 ff.

[179] Willstätter, Leben, S. 238; Burchardt, Die Förderung, S. 34.

zur Zusammenarbeit in wehrtechnischen Fragen verstärkte sich noch, als Ende 1916 die Vorarbeiten für die Gründung einer Kaiser-Wilhelm-Stiftung für Kriegstechnische Wissenschaften anliefen. Ihre Fachausschüsse, die jeweils der Koordination aller in Bereichen wie Gaskampf, Physik, Chemie, der Munitionserzeugung und der Betriebsstoffe laufenden Forschungs- und Entwicklungsarbeit dienen sollten, wurden zur Hälfte TH-Technikern, zur Hälfte naturwissenschaftlichen Universitätsprofessoren unterstellt[180].

Hier fand die Zusammenarbeit führender Naturwissenschaftler mit dem Staat ihre konsequente Fortsetzung. Im Vorfeld der Projektierung bzw. Gründung von Chemischer Reichsanstalt und Kaiser-Wilhelm-Gesellschaft hatte sich die Kooperation eher akzidentiell ergeben. Nun wurden die führenden Physiker, Chemiker und Physiko-Chemiker staatlicherseits planmäßig herangezogen, um neben ihrem eigentlichen Beruf kriegsbedingte Entwicklungs- und Koordinationsaufgaben zu übernehmen, für die es innerhalb von Bürokratie und Offizierkorps keine geeigneten Kräfte gab.

8. SELBSTVERSTÄNDNIS

Ehe wir uns dem Selbstverständnis der naturwissenschaftlichen Professorenschaft zuwenden, soll wenigstens kurz von ihrem Prestige in der Öffentlichkeit die Rede sein. Der Naturwissenschaftler des frühen 19. Jahrhunderts, mochte er Professor sein oder nicht, hatte sich keiner allzu großen Achtung erfreut[181]. Hundert Jahre später hatte sich das Bild längst gewandelt. Besonders die Chemieprofessoren genossen nun ein viel höheres Prestige. Ihre Tätigkeit in den Juries verschiedener Weltausstellungen[182], der rapide Aufstieg der deutschen chemischen Industrie, die imponierende Zahl der von deutschen Chemikern errungenen Nobel-Preise — alle diese Faktoren ließen den Chemieprofessor in der allgemeinen Achtung steigen. Eine stattliche Zahl von Denkmälern großer Chemiker dokumentierte dies eindrücklich[183].

Andererseits läßt sich kaum bestreiten, daß der durchschnittliche Ordinarius eines experimentellen Faches von der Öffentlichkeit nicht ohne weiteres gleich geachtet wurde wie der Jurist, der Mediziner oder der Histori-

---

[180] Ebd., S. 34 f.

[181] Krätz, Der Chemiker, S. 271.

[182] Ebd., S. 276 ff.

[183] Eine Liste gibt Wolfgang Ruske, 100 Jahre Deutsche Chemische Gesellschaft. Weinheim 1967, S. 112.

ker. Das wilhelminische Bildungsbürgertum tat sich recht schwer damit, die Naturwissenschaften als den tradierten Bildungsinhalten gleichwertiges Bildungsgut zu akzeptieren. Gewiß betrachtete sie nicht jeder so verständnislos wie Nietzsches Schwager Bernhard Förster, der Wöhler, den Entdecker der Harnstoffsynthese, und die ihn promovierende Fakultät folgendermaßen charakterisierte: „Man beobachte das Vorhandensein der Philosophischen Fakultät und man frage sich, ob eine gelehrte Körperschaft, welche allen scheinbaren Ernstes einen zweiundzwanzigjährigen Jungen, dem es durch allerhand Experimente gelang, ein tierisches Ausscheidungsprodukt in einer bis dahin unbekannten Weise herzustellen, zum . . . ‚Meister der Freien Künste' ernennt, ob eine solche Körperschaft den Anspruch erheben darf, ernst genommen zu werden[184]." Vielmehr bewunderte mancher Zeitgenosse Entdeckungen wie die der Röntgenstrahlen umso mehr, als er sie nicht wirklich verstand[185].
In ihrer Mehrzahl scheinen jedoch die wilhelminischen Bürger den naturwissenschaftlichen Ordinarius primär nicht als Naturwissenschaftler, sondern als Universitätsprofessor geachtet zu haben. Als solcher hatte er Teil am seit der Reformzeit steigenden Prestige der Universitäten, während das Ansehen des von ihm vertretenen Wissenschaftstyps sehr viel langsamer wuchs. Im übrigen war dieses Ansehen ungleich verteilt: Der renommierte Organiker mochte immerhin als Mitbegründer der beherrschenden Stellung der deutschen chemischen Industrie gelten; von dem in Fachkreisen vielleicht nicht minder hochgeschätzten theoretischen Physiker oder Mathematiker wurde weniger Notiz genommen. Noch nach Jahrzehnten hatte Willstätter die Enttäuschung darüber nicht ganz verwunden, daß sich der Kaiser zwar gelegentlich von Geisteswissenschaftlern und Technikern, nie aber von ihm, dem Naturwissenschaftler, hatte vortragen lassen[186]. Von den Geisteswissenschaftlern, die Lenards Habilitation erschwerten und in Emil Fischers Fakultät das große Wort führten, war bereits die Rede. Um wieviel verbreiteter mußten ähnliche Denk- und Verhaltensweisen in einer Bildungsschicht sein, die sich seit Jahrzehnten daran gewöhnt hatte, unkritisch in neuhumanistischen Wertvorstellungen zu denken! So wird man insgesamt wohl festzuhalten haben, daß der naturwissenschaftliche Ordinarius im Untersuchungszeitraum zwar sicherlich die Distanz verkürzte, die ihn von den Angehörigen der älteren Fakultäten trennte, daß er aber noch nicht völlig gleichziehen konnte.

[184] Zitiert bei Seiling, Das Professorentum, S. 30.
[185] Beispiele dafür lieferten nicht zuletzt verschiedene regierende Monarchen.
[186] Willstätter, Leben, S. 204.

Das Selbstverständnis des in einem experimentellen Fach tätigen Ordinarius basierte primär auf seiner Stellung als Institutsdirektor. Vom Staat mit einem „nur ganz allgemein gehaltenen Lehrauftrag für sein Fach“[187] und mit sich von Jahrzehnt zu Jahrzehnt verbessernden Arbeitsbedingungen ausgestattet, war er in seiner Autorität fast unbeschränkt. Formell änderte sich an diesem Zustand während des Untersuchungszeitraums wenig; realiter vollzog sich insofern eine gewisse Änderung, als mindestens an großen Instituten der Direktor durch die Expansion des Betriebes zunehmend gezwungen wurde, Kompetenzen an „nichtordentliche“ Kräfte zu delegieren. Umso energischer war er bestrebt, „Herr im Haus“ zu bleiben und seine Mitarbeiter nicht aus ihrer dienenden Funktion zu entlassen.

Die Institutsleiter waren und blieben sich einig darin, daß die an den Universitäten erzielten wissenschaftlichen Leistungen „ganz von den Persönlichkeiten abhängig [seien], die die einzelnen Fächer vertreten“, und daß nur sie, die Institutsdirektoren, diese Vertreter sein können. Im Labor konnte also nicht nur aus formalen, sondern auch aus wissenschaftsimmanenten Gründen immer nur einer leiten, eben der Institutsdirektor[188]. Wenn Beteuerungen dieses Typs gegen Ende des Untersuchungszeitraums eher zu- als abnahmen, so deutet dies zwar einerseits darauf hin, daß die Institutsdirektoren angesichts der erstarkenden Nicht-Ordinarienbewegung und des relativ wohlwollenden Echos der Öffentlichkeit auf sie allmählich unter einen gewissen Rechtfertigungsdruck gerieten, daß sie aber andererseits in ungebrochenem Selbstbewußtsein auf ihrer Position beharrten und darin (mit unbedeutenden Einschränkungen) vom Staat bestärkt wurden[189].

Eine zweite Säule hatte das Selbstverständnis der naturwissenschaftlichen Ordinarien in deren Weltbild. Sie waren mit sich und der Welt im reinen und verfügten meistens über einen ungebrochenen Fortschritts- und Wissenschaftsglauben[190]. Ernsthafte Zweifel an der Wünschbarkeit ihres Tuns kannten sie nicht. Allenfalls während des Ersten Weltkrieges

---

187 So Friedrich Paulsen in: Wilhelm Lexis, Die deutschen Universitäten, Bd. 1. Berlin 1893, S. 47.

188 Aus der Fülle der Belege seien hier nur genannt: Wien, Die neuere Entwicklung, S. 8, und Willstätter, Leben, S. 78; Sondervotum des Bonner Zoologen Ludwig v. 15. 6. 1913 (ZSAM, Rep. 76 V. a Sekt. 1 Tit. IV Nr. 34 Bd. II, Bl. 261).

189 Vgl. z. B. Riese, Die Universität, S. 150 ff.

190 Dies geht nicht zuletzt daraus hervor, daß sich unter den zahlreichen Autoren hochschulreformerischer Schriften, die während des Untersuchungszeitraums erschienen, sehr viel weniger Naturwissenschaftler als Angehörige anderer Fakultäten befanden.

begannen sich hier und da erste Skepsis gegenüber dem bisher unbestrittenen Postulat zu regen, daß die Erzeugung wissenschaftlichen Fortschritts per se gut und richtig sei[191].
Eine dritte Säule bildete das Gefühl, als Ordinarius im allgemeinen, als Naturwissenschaftler im besonderen Sachwalter eines übergeordneten Gesamtinteresses zu sein. Gewiß erreichte dieses Gefühl nicht überall die Intensität, mit der die Ingenieure immer wieder ihre Bedeutung für die Gesamtgesellschaft betonten[192]. Aber mindestens die Vertreter der Chemie standen den Technikern darin kaum nach. Das Aufkommen der deutschen chemischen Industrie bestärkte sie in der Auffassung, daß das Gedeihen dieses zunehmend wichtigen Industriezweiges entscheidend von ihrer wissenschaftlichen Produktivität abhinge. Nicht untypisch waren etwa die Ausführungen, die der Straßburger Chemiker Fittig 1895 in seiner Rektoratsrede machte: „Ohne jede nationale Übertreibung können wir behaupten, . . . , daß an der Erweiterung, welche in den letzten 50 Jahren die Kenntnis der chemischen Vorgänge genommen hat, unserem kleinen Vaterlande ein größerer Anteil zusteht, als der ganzen übrigen Welt zusammengenommen . . . Die praktische Verwendung der Ergebnisse chemischer Forschung hat aber auch wesentlich dazu beigetragen, unseren Nationalwohlstand zu heben[193]." Daß die chemische Industrie gleicher Meinung war, erhellt etwa aus der Entschiedenheit, mit der sie sich in den späten 1890er Jahren dafür einsetzte, daß Emil Fischer endlich das ihm zugesagte neue Großinstitut erhielt[194]. Als sich einige Jahre danach Hochschul- und Industriechemiker in der Projektierung einer Chemischen Reichsanstalt vereinigten, stellten sie gemeinsam fest, hier stehe „nicht nur ein rein wissenschaftliches, sondern auch ein national-wirtschaftliches Interesse ersten Ranges in Frage"[195].

---

191 Hier ist vor allem an Einstein zu erinnern; doch läßt sich möglicherweise auch Habers Bitte an die preußische Kultusverwaltung vom 18. 9. 1917, ihn von seinen Arbeiten an Kampfstoffen zu entbinden und wieder für die Grundlagenforschung freizugeben (ZSAM, 2.2.1 Nr. 21302, Bl. 129–136), mindestens teilweise so interpretieren.

192 Vgl. z. B. Karl-Heinz Ludwig (Hg.), Technik, Ingenieure und Gesellschaft. Düsseldorf 1981, S. 133 ff. u. 235 ff.; Lothar Burchardt, Technischer Fortschritt und sozialer Wandel. In: Wilhelm Treue (Hg.), Deutsche Technikgeschichte. Göttingen 1977, S. 70 ff.

193 Zit. in Krätz, Der Chemiker, S. 259.

194 Fischer, Eröffnungsfeier, S. 37 u. 50.

195 Denkschrift über die Gründung einer Chemischen Reichsanstalt. Erweiterte Form der 1. Fassung, als Manuskript gedruckt Berlin 1906, S. 32.

Gewiß konnten der Zoologe oder der Astronom solche Behauptungen nicht mit gleicher Entschiedenheit aufstellen. Auch sie aber sahen voll Stolz auf das internationale Renommée gerade der in Deutschland betriebenen naturwissenschaftlichen Forschung und teilten die Auffassung, daß auch ihre Disziplinen letztlich einen wichtigen Beitrag zum Wohlergehen des Deutschen Reiches leisteten. Adolf Harnack sprach auch in ihrem Namen, wenn er in seiner Denkschrift zur Gründung der Kaiser-Wilhelm-Gesellschaft den Satz aufnahm, „die Wehrkraft und die Wissenschaft sind die beiden starken Pfeiler der Größe Deutschlands"[196].

Nicht selten schlugen Selbstsicherheit und berechtigter Stolz freilich in Arroganz und Eitelkeit um. Von August Wilhelm Hofmann wird berichtet, er habe sich 1870 anläßlich seines 60. Geburtstags nicht nur überschwenglich feiern lassen, sondern anschließend persönlich einen hymnischen Bericht über die Feier für die Berichte der Deutschen Chemischen Gesellschaft verfaßt[197]. Lenard erlebte bei Gelegenheit seines ersten Kongreßvortrags hautnah die Arroganz und Neuerungsfeindlichkeit seiner älteren, bereits etablierten Fachgenossen; diese Erfahrung hinderte ihn freilich später nicht, in seinen Lebenserinnerungen seinerseits zu bemangeln, daß sein Beitrag zur Entdeckung der Röntgenstrahlen nicht genügend gewürdigt werde[198]. Ladenburg in Breslau verteidigte gegenüber Willstätter jahrelang aus verletzter Eitelkeit „Stellungen, die nicht mehr zu halten waren", und bei anderen Gelegenheiten geriet Willstätter mit den „Primadonnen" seiner Fakultät in Konflikt. Selbst ein Emil Fischer übte seine Vorlesungen zu Hause laut ein, um seine Hörer möglichst tief zu beeindrucken[199].

Obwohl sich die Zahl solcher Beispiele leicht vermehren ließe, handelt es sich hier keineswegs um ein Monopol oder auch nur eine besondere Eigenart der Naturwissenschaftler. Wie die Wilhelminische Ära insgesamt, so zeigte auch die damalige Professorenschaft eine ausgeprägte Neigung zum Pathos. Von der bombastischen Charakterisierung des Berliner Universitätsprofessors durch den Physiologen Du Bois Reymond 1870 über zahllose Rektorats- und Festreden bis hin zu den nicht minder pathetischen Reden deutscher Professoren im Ersten Weltkrieg zieht sich eine

---

196 Zum Vorstehenden vgl. Wien, Die neuere Entwicklung, S. 17; 50 Jahre Kaiser-Wilhelm-Gesellschaft, S. 89.

197 Seiling, Das Professorentum, S. 6–8.

198 Lenard, Erinnerungen, S. 51, 59 f. u. 76 ff.

199 Willstätter, Leben, S. 73, 77 und 80.

lange Kette ähnlicher Stellungnahmen[200]. Ihre Autoren stammten aus sämtlichen Fakultäten, und die Naturwissenschaftler waren unter ihnen eher unter- als überproportional vertreten.

Wie schon aus den oben zitierten Bekenntnissen deutlich geworden sein mag, stand der Universitätsprofessor der Wilhelminischen Zeit fest auf dem Boden der bestehenden Verhältnisse. Er hatte mehr als je zuvor die Freiheit zu forschen, zu lehren und zu veröffentlichen, was er wollte[201]; Grenzen waren ihm nur dort gezogen, wo er eines der Herrscherhäuser angriff oder sich allzu sehr der Sozialdemokratie näherte[202]. Wo es inhaltliche Auseinandersetzungen gab, wurden sie nicht vom Staat, sondern von Kollegen begonnen und vorangetrieben.

Gerade weil er keinen Anlaß sah, an den bestehenden Verhältnissen zu rütteln, und weil er sich obendrein in politicis nicht für sachkundig erachten mochte, hielt sich der Naturwissenschaftler politisch weit mehr zurück als ein Angehöriger jener Disziplinen, die der Tagespolitik näher standen: Wo Staatsrechtler, Nationalökonomen, Historiker, Philosophen oder Theologen fachlich unmittelbar angesprochen waren, sah der Naturwissenschaftler keine direkten Bezüge zu seiner Tätigkeit[203]. Daß er in vielen Fällen zeitlich stärker belastet war als seine geisteswissenschaftlichen Kollegen (oder sich jedenfalls stärker belastet fühlte) kam erschwerend hinzu[204].

---

200 Für Du Bois vgl. seine „Rede über den deutschen Krieg" von 1870 mit den Worten, „Wir, deren Leben der Wahrheit, der Freiheit, dem Ewigen im Wandelbaren gehört, die die Lüge, die Tyrannei, das Gaukelspiel mit allem Hohen und Heiligen verabscheuen . . ." (zit. bei Seiling, Das Professorentum, S. 2). Weitere Beispiele finden sich ebd., S. 2–4, und bei Hofmann, Die Frage, S. 5. Eine umfassende Auswertung der Rektorats- und Festreden fehlt noch. Einen ersten Versuch enthält Konrad Jarausch, Students, Society, and Politics in Imperial Germany. Princeton 1982, S. 174–189. Für die Jahre des 1. Weltkriegs vgl. Klaus Schwabe, Wissenschaft und Kriegsmoral. Göttingen 1969.

201 Rudolf Virchow, Die Freiheit der Wissenschaft im modernen Staat. Berlin 1877, S. 6 f.; Paulsen in: Lexis, Die deutschen Universitäten, S. 47.

202 Die Fälle Dühring und Arons illustrieren dies deutlich genug. Vgl. ergänzend Karl Liebknechts Stellungnahme im preußischen Landtag (oben Anm. 168).

203 Dementsprechend finden wir zwar zahlreiche Geisteswissenschaftler und Ökonomen, aber so gut wie keine Naturwissenschaftler unter den aktiven Mitgliedern des Flottenverbandes, des Alldeutschen Verbandes oder der Freien Vereinigung für Flottenvorträge. Vgl. z. B. die Fächerzugehörigkeit der einzelnen Verfasser in der Aufsatzsammlung „Handels- und Machtpolitik", hg. von Gustav Schmoller u. a., 2 Bde. Stuttgart 1900.

204 Willstätter, Leben, S. 76 f. Vgl. auch oben Anm. 18.

Dementsprechend selten finden wir denn auch politische Nonkonformisten im Kreise der wilhelminischen Naturwissenschaftler. Im Grunde beschränkte sich ihre Zahl auf die Monisten Ernst Haeckel und Wilhelm Ostwald und auf die wenigen Anhänger, die sie in Kollegenkreisen finden mochten. Da sie das politische System als solches nicht infrage stellten, blieben sie weithin unbehelligt[205]. Selbst der 1910 gegründete „Verband für Internationale Verständigung", der keineswegs als politisch radikal eingestuft werden kann, fand zwar einige Resonnanz unter liberalen Geisteswissenschaftlern und Ökonomen, zählte aber in seinen Reihen außer Ernst Haeckel so gut wie keine Naturwissenschaftler[206].

Diese entschieden unpolitische Haltung der naturwissenschaftlichen Professorenschaft setzte sich im Ersten Weltkrieg fort. Zahlreiche Theologen, Philosophen, Ökonomen und Historiker suchten ihren Beitrag zur Vaterlandsverteidigung durch die Publikation immer neuer patriotisch-politischer Traktate von geringer Qualität zu leisten, in denen sie sich zur Kriegsschuldfrage, zu den Kriegszielen und sämtlichen anderen aktuellen Fragen äußerten. Die Naturwissenschaftler hingegen wagten sich nach Klaus Schwabe deshalb nicht auf die Bühne der politischen Publizistik, weil sie sich dort inkompetent fühlten[207].

Der statistische Befund bestätigt Schwabes Einschätzung: Schwabe führt in seiner Bibliographie 121 Professoren-Autoren mit insgesamt 336 Veröffentlichungen des genannten Typs auf. Nur vier von ihnen waren Naturwissenschaftler, und unter ihnen waren die beiden emeritierten Außenseiter Haeckel und Ostwald. Nur 1,7% der Verfasser waren also amtierende naturwissenschaftliche Ordinarien, und aus ihrer Feder stammten ganze 0,6% der einschlägigen Veröffentlichungen – dagegen fast 99% von ihren historischen, ökonomischen, juristischen oder theologischen Kollegen[208]. Daß diese von den Naturwissenschaftlern geübte Zurückhaltung klug war, wird jeder heutige Leser der zahllosen „Kriegsreden" etc. gern bestätigen.

---

205 Das hätte nicht für den Fall gegolten, daß ein Naturwissenschaftler sozialdemokratische Neigungen entwickelte – vgl. etwa den Fall Arons; doch kam dergleichen in der Ordinarienschaft nicht vor.

206 Roger Chickering, Imperial Germany and a World without War. Princeton 1975, S. 151–162.

207 Schwabe, Wissenschaft, S. 187.

208 Daß deren politische Haltung im 1. Weltkrieg mit dieser knappen Andeutung nicht zureichend charakterisiert ist, versteht sich von selbst. Schwabes genannte Untersuchung behandelt diesen Punkt gründlich.

Damit ist nichts über die politische Gedankenwelt der Naturwissenschaftler gesagt. Vielmehr gibt es Anzeichen dafür, daß selbst die Einsichtigen unter ihnen dem nationalistischen Gedankengut der Kriegsjahre keineswegs fern standen[209]. Mancher Naturwissenschaftlername unter den Aufrufen und Eingaben Deutscher Gelehrter während der Kriegsjahre bestätigt dies[210]. Auch fällt die überaus geringe Resonanz auf, die der unter Einsteins führender Mitwirkung 1914 gegründete pazifistische „Bund Neues Vaterland" und dessen Nachfolgeorganisation, die „Vereinigung Gleichgesinnter" in geistes- wie in naturwissenschaftlichen Kreisen fand[211].

Die Erklärung liegt vielmehr, wie schon angedeutet, in einer Mischung von Zufriedenheit mit den herrschenden Verhältnissen, Mangel an politischem Sendungsbewußtsein und Zeitknappheit: Der Naturwissenschaftler der Kaiserzeit sah keinen Anlaß und hatte keine Zeit, sich für politische Reformen stark zu machen; wo es galt Bekenntnisse zum Status quo abzulegen, wußte er diese Aufgabe bei seinen Kollegen aus den übrigen Fakultäten in guten Händen. Noch mehr als diese verstand er sich also als ein unpolitischer Diener seiner Wissenschaft und des Staates. Sein Selbstverständnis war nicht das eines politische oder gesellschaftliche Führungsaufgaben wahrnehmenden oder auch nur beanspruchenden Angehörigen einer sozio-politischen Elite; vielmehr sah er sich als ein fern vom öffentlichen Getriebe in wissenschaftlich-zweckfreier Askese tätiger Experte höchster Qualität, der Spitzenleistungen produzierte, die auf Umwegen letztlich der Allgemeinheit zugute kamen. An der Übernahme von Führungsaufgaben außerhalb der überkommenen akademischen Selbstverwaltung war er, wenn man die wenigen großen Wissenschaftsorganisatoren wie Klein oder Fischer einmal außer Betracht läßt, kaum interessiert.

Andererseits steht auch außer Frage, daß die naturwissenschaftlichen Ordinarien unter die „Inhaber gesellschaftlicher Schlüsselpositionen" im Sin-

---

209 Vgl. z. B. Max Plancks Ansprache vor der Berliner Akademie der Wissenschaften am 25. 1. 1917 (Sitzungsberichte der Königlich Preußischen Akademie der Wissenschaften, Jg. 1917, S. 35–40).

210 Vgl. z. B. die Angaben in: Die Berliner Akademie der Wissenschaften in der Zeit des Imperialismus. Bd. 1. Berlin (Ost) 1975, S. 175–79. Unter den 217 Universitätsprofessoren, die zu den Erstunterzeichnern der sogenannten Intellektuelleneingabe von 1915 gehörten, waren kaum 14% Naturwissenschaftler. Der naturwissenschaftliche Anteil an der gesamten Ordinarienschaft lag dagegen bei fast 20%.

211 Ebd., S. 178 f.; Friedrich Meinecke, Erlebtes 1862–1901. Leipzig 1941, S. 280.

ne Hans-Gerd Schumanns zu rechnen sind[212]: Ihr sozialer Status stand nicht oder kaum hinter dem anderer Führungsgruppen wie etwa des Offizierkorps oder der hohen Bürokratie zurück. Zwar war ihre materielle Verfügungsgewalt meistens begrenzter als die eines gleichrangigen Verwaltungsbeamten oder Offiziers, doch konnte sie gleichwohl erheblich sein – man denke etwa an die großen chemischen Universitätsinstitute der Kaiserzeit. Auch besaßen sie im gewissen Sinne durchaus die Kompetenz, „anderen sozialen Klassen den Platz in der Gesellschaftsordnung ... zuzuweisen": Studium und Studienabschluß gehörten zu den wichtigsten Weichenstellungen im Leben eines wilhelminischen Bürgers und entschieden über sozialen Aufstieg oder Niedergang. Zwar konnte der Professor das Studium seiner Studenten nicht beliebig beeinflussen, Studienabschlüsse nicht nach Belieben erteilen oder vorenthalten, doch waren sie umgekehrt auch ohne seine Mitwirkung nicht zu erlangen. Dies galt für die experimentellen Fächer mit ihrem hohen apparativen Aufwand und ihrer streng hierarchischen Institutsstruktur noch mehr als für die Buchwissenschaften mit ihrer lockeren Arbeitsform.

Der naturwissenschaftliche Ordinarius der Kaiserzeit muß also ganz offensichtlich zu den Mitgliedern einer sozialen Elite gerechnet werden, mochte er sich dessen im einzelnen bewußt sein oder nicht. Sein Selbstverständnis mochte ganz anders aussehen, sein gesellschaftliches Prestige, sein vom Staat verliehener Rang und die ihm zugewiesenen Funktionen lassen keinen anderen Schluß zu.

---

[212] Hans-Gerd Schumann, Führungsschicht und Führungsgruppen heute. Anmerkungen zum Methodologie-Problem der deutschen „Elitologie". In: Hanns Hubert Hofmann und Günther Franz (Hg.), Deutsche Führungsschichten in der Neuzeit. Eine Zwischenbilanz (= Büdinger Forschungen zur Sozialgeschichte, Bd. 12). Boppard 1980, S. 212 f.

Die deutschen Hochschullehrer in der Zeit der Weimarer Republik

VON KURT SONTHEIMER

Zweifellos gehörten die Hochschullehrer in der Weimarer Republik, wie zu jeder Zeit, zur Elite der deutschen Gesellschaft. Davon kann man so selbstverständlich ausgehen, daß es keiner besonderen Begründung bedarf. Erstens handelte es sich nur um einige Tausend, zweitens galten sie auch in der Sicht der Öffentlichkeit als Elite, nämlich als sozial Herausgehobene, was sie aufgrund ihres Lebensstils und ihres Einkommens tatsächlich waren, und schließlich empfanden sie sich selbst als Elite. Das haben Professoren zwar immer getan – vielleicht heute etwas weniger als früher – aber in der Weimarer Republik waren die Ordinarien von einem starken elitären Selbstbewußtsein geprägt und bestimmt. Jedenfalls liegt hier eine nahtlose Anknüpfung an das elitäre Bewußtsein vor, das sich auch im Kaiserreich unter den Ordinarien zeigte. Schließlich erwuchs das Bewußtsein, der Elite anzugehören, aus dem nicht zu vernachlässigenden Faktor, daß diese Professoren die Ausbilder aller übrigen Eliten waren. Die Überzeugung, als Hochschullehrer die funktionalen Eliten auszubilden, die die Gesellschaft immer brauchen würde – ob als Juristen, Theologen oder Mediziner usw. –, und die Überzeugung, verantwortlich zu sein für die geistige Entwicklung der Eliten in der Gesellschaft, bestimmte die höchste Form des elitären Bewußtseins der Hochschullehrer. Dieser pädagogische Gesichtspunkt, die Elite der Eliten zu sein, weil man die Eliten auszubilden hatte, scheint mir eine ganz besonders wichtige Ergänzung zu dem Elitegedanken im Zusammenhang mit den Hochschullehrern zu sein. Damit will ich die These verbinden und begründen, daß die Hochschullehrer keine *politische* Elite darstellten.

Ihnen fehlte dazu in der Weimarer Zeit – und dies galt in etwa auch für die Zeit davor – eine einheitliche, bewußt politisch ausgerichtete Organisation, die die Absicht gehabt hätte, politischen Einfluß auszuüben. Es gab allenfalls ständische Organisationen mit konkreten berufsständischen Interessen.

Zur politischen Elite fehlte ihnen des weiteren ein politisches Verständnis ihrer Funktion. Dieser Aspekt soll im folgenden näher ausgeführt werden. Hochschullehrer verstanden und verstehen sich in erster Linie als Diener der Wissenschaft. Zwar mochten sie glauben, daß sie, indem sie der Wissenschaft dienten, auch dem Ganzen, der Nation, dem Staat dienten; aber sie faßten dies als eine soziale und geistige Funktion auf, nicht aber als eine im engeren Sinne politische. Jedenfalls empfanden sie sich aus diesem Verständnis heraus nicht als einer politisch relevanten Institution zugehörig.

Das politische Verständnis ihrer Funktion fehlte ihnen auch deshalb, weil sie sich als Beamte wußten und empfanden, als Beamte mit besonderen Privilegien, wie sie Hochschullehrer in herkömmlicher Weise besaßen. Dieses Verständnis, Beamter zu sein, war für sie zwar eine Verpflichtung gegenüber der Gesamtheit, aber zugleich gebunden an das Interesse, das Amt ganz im Sinne der Wissenschaft ausüben zu können. In ihrer Eigenschaft als Mitglieder von Organen der Selbstverwaltung – die Fakultäten waren ja auch in der Weimarer Zeit die großen zentralen Schaltstellen der deutschen Universität – machten die Professoren selbstverständlich Politik, jedoch eine Politik, die für die Staatspolitik nicht relevant war; denn die Ziele der Fakultäten waren nicht politischer, sondern wissenschaftlicher oder organisatorischer Art und leiteten sich aus der Aufgabe der Universität und aus Forschung und Lehre insgesamt ab. So blieb das politische Verständnis auch bei den Professoren der Weimarer Zeit allein bezogen auf ihr Verständnis als Staatsbürger in einer konkreten Gesellschaft. Je nach Einschätzung ihrer Rolle machten sie davon Gebrauch, indem sie ihre politischen Auffassungen in der ihnen opportun erscheinenden Weise zu erkennen gaben, sei es im Hörsaal oder außerhalb des Hörsaals, sei es im privaten Gespräch. Es gibt jedoch keine Rechtfertigung, die Hochschullehrer Deutschlands in der Weimarer Zeit als eine organisierte oder einheitliche politische Elite zu bezeichnen.

Untersucht man die Rolle der Professoren in bezug auf die Politik näher, das heißt ihr Staatsbürgerverhältnis zur Politik von ihrer professoralen Position her, so ergibt sich eine Unterscheidung von mehreren Untergruppen. Zunächst gab es die „Unpolitischen", die Politik und Wissenschaft nicht miteinander vermengen wollten. Ihre Einstellung basierte auf dem in der deutschen Professorenschaft sehr verbreiteten Mißverständnis, daß man nicht erkannte, daß auch in aller geistigen Betätigung Politisches mitschwingt. Thomas Mann faßte diesen Grundgedanken in die schöne Formel: „In allem Geistigen ist das Politische latent." Der deutsche Professor tendierte aber eher dazu, das Geistige vom Politischen getrennt zu sehen, wenn er nicht ausdrücklich das Politische zum Inhalt des Geistigen machte, doch dies war nicht die Regel. Die Eigenheit und Besonderheit der deutschen „Mandarine" – um den Ausdruck von Fritz Ringer zu übernehmen – lag darin, daß sie die geistige Funktion, die sie selbst wahrnahmen, in ihrer politischen Relevanz nicht genügend klar sahen und einschätzten.

Neben dieser Gruppe der „Unpolitischen", die Politik allenfalls an der Wahlurne praktizierten, jedoch nicht davon sprachen, gab es als zweite Gruppe – ohne daß dies genau zu quantifizieren wäre – diejenigen, die sich als politisch empfanden im Sinne einer allgemeinen Verantwortung für das Staatsganze, das Allgemeinwohl. Dieses Verantwortungsgefühl fand sich insbesondere bei den wissenschaftlichen Vertretern, die sich in ihrer Arbeit mit politischen Problemen und Themen befaßten. Sehr ausgeprägt war dieses Verständnis immer bei den Historikern und den Staatsrechtlern, das heißt bei Persönlichkeiten, die von ihrem Fach her sehr nahe an das Politische herankamen. Bei vielen von ihnen fand sich ein kritischer Affekt gegenüber dem Parteiwesen und den durch es bewirkten Trennungen in der Politik und in der Gesellschaft. Man war gegen die Partei, aber für das Vaterland. An dritter Stelle sind die wenigen – oft auch die schwarzen Schafe in der deutschen Professorenschaft – zu nennen, die sich ganz offen für parteipolitische Zielsetzungen einspannen ließen und im öffentlichen Meinungsstreit direkt Partei ergriffen. Durch ihre Zugehörigkeit zu politischen und kulturellen Organisationen mit parteipolitischer Orientierung bewiesen sie, daß sie in der Auseinandersetzung des konkreten politischen Lebens selber Partei ergreifen wollten. Sie machten sich darum mehr oder weniger gemein mit den „Niederungen" der Politik, die von der mehr unpolitischen Seite als etwas Negatives und Unangenehmes empfunden wurden. In der Gesamtschau dieser drei Gruppen kann meiner Ansicht nach davon ausgegangen werden, daß tendenziell die Mehrheit der deutschen Professoren in der Weimarer Zeit zur ersten Gruppe der Unpolitischen gerechnet werden kann. Spekulativ geschätzt verstand etwa ein gutes Drittel Politik im Sinne einer allgemeinen Verantwortung für das Ganze, und allenfalls 10–15% waren bereit, sich konkret politisch, auch parteipolitisch, zu engagieren.

Die These, daß die Hochschullehrer der Weimarer Zeit keine politische Elite im engeren Sinne darstellten, läßt sich auch durch die Tatsache belegen, daß es keine feste Verbindung gab zwischen den Professoren als Elite und den herrschenden Funktionseliten im sozialen und politischen System der Republik. Dies ist auch heute kaum der Fall und erklärt sich aus der Besonderheit des Hochschullehrerberufs. Auf persönlicher Ebene existierten solche Querverbindungen häufig, etwa, indem einzelne Hochschullehrer für bestimmte Gruppen in den anderen funktionalen Eliten des Systems als Berater oder Mitwirkende an bestimmten Aktionen wichtig wurden. Doch handelte es sich hier immer nur um die Initiative eines einzelnen Hochschullehrers, die auf diesen selbst beschränkt blieb, so daß von einer gruppenmäßigen Organisation der Hochschullehrerschaft mit anderen funktionalen Herrschaftseliten in der Gesellschaft nicht gesprochen werden kann. Professoren waren zuständig als Informanten oder Gesprächspartner von Eliteträgern auch in den höchsten Positionen; außerdem wurden sie zu bestimmten Sachfragen in vielen Bereichen gehört, die für die Politik von Belang waren. Sie waren zuständig für „den Geist" schlechthin, und man lud immer wieder Professoren ein, wenn es um das Feiern oder Bedenken bestimmter Zeitumstände ging. Der Übergang in die praktische Politik war in der Weimarer Zeit sehr viel eher eine Ausnahme, als dies in der Bundesrepublik später der Fall wurde. Eine der wenigen bedeutenden Ausnahmen war Gustav Radbruch, der eine Zeit lang das Amt des Justizministers bekleidete und später wieder Professor für Strafrecht und Rechtsphilosophie in Heidelberg wurde. Das Überwechseln in politische oder hohe Beamtenfunktionen war in den Augen der Professoren aber kein besonders etabliertes und geschätztes Karrieremuster, sondern wurde eher negativ beurteilt.

Als Fazit dieser Vorbemerkungen kann festgehalten werden, daß die Professorenschaft in der Weimarer Zeit unbestreitbar eine Elite darstellte, jedoch in einem besonderen Sinne. Sie war als Wissenschaftselite nicht spezifisch politisch orientiert, sondern allein der Wissenschaft verpflichtet. Sie war als Elite des Geistes politisch in dem höheren Sinne der geistigen Verantwortung für die Allgemeinheit, und sie war als Elite der nationalen Pädagogik von besonderer Bedeutung, weil sie die Eliten erziehen mußte.

Es stellt sich die Frage, ob es eine Kontinuität oder eine Diskontinuität in bezug auf die vorausgegangene Zeit gab. Meiner Meinung nach kann ganz generell davon ausgegangen werden, daß die Hochschullehrer der Weimarer Republik in der Kontinuität deutscher Universitätstradition des 19. Jahrhunderts standen. Dies war insofern ganz natürlich, als gerade zu dieser Zeit die deutsche Universität ihre größte Bedeutung, Entfaltung und auch Leistungskraft zeigte. Die neuen politischen Rahmenbedingungen, die durch die Weimarer Republik und ihre Verfassung gesetzt wurden, veränderten das Selbstverständnis der deutschen Hochschullehrer und ihrer Verantwortung gegenüber der Wissenschaft und dem Ganzen nicht wesentlich. Die Institutionen der Wissenschaft und der Lehre wurden in der Weimarer Zeit nicht grundsätzlich reformiert. Es gab zwar gewisse Reformbewegungen im Bereich der Pädagogischen Hochschule, jedoch nicht innerhalb der Universität. Die personelle Kontinuität blieb weitgehend erhalten. Insgesamt ergibt sich demnach für die Elite der Hochschullehrer eine weitgehende Kontinuität aus der Kaiserzeit in die nachfolgende demokratische Ära. Innerhalb dieses Rahmens war die politische Wirkung eines Hochschullehrers weitgehend an seine Person gebunden. Sie war keinesfalls institutionalisiert, und gerade die Kontinuität des Hochschulsystems und des Hochschulwesens insgesamt bewirkte eine gewisse Diskontinuität im Verhältnis zum neuen Staat. Indem das Hochschulwesen, die Universitätstradition, weitgehend wirksam blieben und die politischen Veränderungen im Bereich der Universität zu keinen wesentlichen Veränderungen führten, mußte natürlich gerade die Hochschule in der Weimarer Zeit eine gewisse tendenzielle Frontstellung gegenüber dem politischen System entwickeln; denn sie war ja in ihrer geistigen Tradition und ihren Formen weitgehend noch eine Institution aus der Zeit des Kaiserreichs, die nun in die neue politische Form der Republik hineingestellt wurde.

Diese Diskontinuität zeigte sich erstens in dem Bemühen der Hochschulen, alle Versuche abzuwehren, die durch politisch motivierte Berufungen oder andere Maßnahmen die Hochschulen in eine bessere Übereinstimmung mit dem neuen demokratischen Staat bringen sollten. Zweitens war es in der geistigen Situation der Zeit durchaus normal und fast die Regel, daß auch innerhalb des akademischen Bereichs Mißfallenskundgebungen gegen die neue politische Ordnung vorgetragen wurden. Und schließlich gab es vor allem in den späteren Jahren der Republik eine weitgehende Toleranz und teilweise auch eine Unterstützung der studentischen und sonstigen Opposition gegen das politische System der Weimarer Republik seitens der Hochschullehrer. Zwar ist dies nicht für alle Hochschulen zu generalisieren, aber prinzipiell verhielt es sich so, daß die Professoren die sehr kritische Grundhaltung der studentischen Jugend gegenüber dem demokratisch-politischen System der neuen Zeit begrüßten. Sie begünstigten diese Tendenz, da sie in ihr die Hoffnung für eine Restauration bzw. eine politische Veränderung im Sinne ihrer Ziele sahen. Nicht zuletzt empfand man sich in der Universität als Sachwalter eines Geistes und einer Tradition, die durchaus im Gegensatz standen zu den zum Teil schwierigen und auch krampfhaften Bemühungen des neuen demokratischen Staates, sich in der Bevölkerung und im allgemeinen Bewußtsein der Nation besser zu verankern. Von daher erklären sich die schon erwähnten Bemühungen der Universitäten, durch Einrichtung besonderer

Gedenktage ihrer politischen Auffassung Ausdruck zu geben: Langemarck-Gedächtnisfeiern, Sedan-Gedächtnisfeiern und insbesondere die Feiern zum Tag der Reichsgründung am 18. Januar. Hinzu kam, daß man relativ weitgehend die Erwartung der staatlichen Stellen mißachtete, den Verfassungstag zu begehen. Kurz gesagt, war die Pflege eines spezifischen Geistes der Tradition in der deutschen Universität in ihrer Tendenz gegen die Wünsche und Erwartungen der politischen Stellen der Demokratie gerichtet und insofern antidemokratisch gegenüber der bestehenden Republik.

Als Beleg für diese Tendenz sollen im folgenden einige Beispiele aus deutschen Universitätsreden zum 18. Januar gegeben werden. Üblicherweise wurden solche Kollegen gebeten, eine Rede am Reichsgründungstag zu halten, die für eine gute deutschnationale Gesinnung bürgten. Von Friedrich Meinecke ist überliefert, er habe einmal geschrieben, daß man sich denken könne, wie es wirke, wenn man – wie es zuweilen geschehe – nur rechtsstehende Kollegen zur Studentenschaft sprechen lasse[1]. In der Tat spiegelten die meisten dieser Reden, soweit sie veröffentlicht wurden, eine deutschnationale Gesinnung wider. Sie sind charakteristische Dokumente einer antiweimarischen Staatsgesinnung und durchaus repräsentativ für den politischen Geist an deutschen Universitäten. Am häufigsten kamen bei diesen Ansprachen die Historiker zu Wort; aber auch Vertreter anderer Disziplinen leisteten immer wieder den vaterländischen Dienst an der Idee des Bismarckreiches: Juristen, Theologen, Philologen, in einem Fall sogar ein Mathematiker, sprachen bei solchen Anlässen. Das Beispiel Berlin 1924 macht die Tendenz dieser Reichsgründungsfeiern gut deutlich: Die Festrede hielt Werner Jaeger zum Thema „Die kritische Staatsethik im Zeitalter des Platon", danach sprach ein Vertreter der Studentenschaft und am Ende Gustav Roethe, der Rektor der Universität. Jaegers Rede war im besten Sinne des Wortes akademisch. Sie sollte der Nation, wie er sagte, an ihrem Ehrentage durch Vermittlung wissenschaftlicher Erkenntnis den schuldigen Tribut der Universität darbringen[2]. Den Gegenwartsbezug stellte Jaeger durch das Argument her, die tiefe Not des Vaterlandes habe ihren letzten Grund in unserer Staatsnot. Es sei darum angemessen, sich den Grundlagen aller Staatlichkeit im

---

[1] Die deutschen Universitäten und der Staat, Referate erstattet auf der Weimarer Tagung deutscher Hochschullehrer am 23. und 24. April 1926, von Wilhelm Kahl, Friedrich Meinecke, Gustav Radbruch (= Recht und Staat 44). Tübingen 1926, S. 25.

[2] Separatum: Reichsgründungsfeier der Friedrich-Wilhelms-Universität zu Berlin, gehalten in der neuen Aula am 18. Januar 1924. Berlin 1924, S. 12.

Griechentum zuzuwenden. Jaegers Rede gipfelte in einem Bekenntnis zum nationalen Machtstaat, in dem Staatsmacht und Staatsethos miteinander in Einklang stehen. Der Studentenvertreter, der spätere nationalsozialistische Historiker Werner Frauendienst, wollte seine Kommilitonen, wie er sagte, „zu Herolden der Einheit deutscher Volksgemeinschaft" machen[3]. Er forderte die großdeutsche Vereinigung, die Begradigung alles Trennenden und Gegensätzlichen innerhalb der Universität und der Volksgemeinschaft und fuhr wörtlich fort: „Über allem aber, was sein Inhalt geworden ist, über alle Stämme hinweg halten wir an unserem Staate fest, dem Staat der deutschen Gesamtheit, am Reichsgedanken über allen Rechten des Einzelnen und der Gruppen. Dazu mahnt uns unsere Geschichte. Dies Erbe gilt es zu hüten." Nach Frauendienst sprach Gustav Roethe. Er erinnerte an die französischen Gerichtsurteile im Ruhrkampf und sagte, er tue dies nicht, um zu protestieren, sondern „um uns die Seele zu panzern"[4]. Er warnte vor dem verhängnisvollen Irrtum, der Geist einer Nation könne sich „ohne Wehr und Ehr und staatliche Macht" entfalten. Den Blick abschätzig auf die Weimarer Republik richtend, sagte er wörtlich: „Eine Politik weichlicher Duldung, schwächlicher Kompromisse hilft uns nichts, sondern nur die Einheit des eisernen nationalen Willens." Die Macht, von der er sprach, sollte „aus dem Geiste" geboren sein; doch was war das für ein Geist, der ihn am Ende seiner Rede auf den Vers eines alten Burschenliedes „Das Haus mag zerfallen, was hat's denn für Not?" antworten ließ: „Burschen heraus, wir bauen es wieder zurecht!"? Hier handelte es sich um politische Propaganda zugunsten einer Wiederherstellung des Verlorengegangenen.

Bei aller Verschiedenheit der Einzelthematik stößt man in den Festreden zum 18. Januar – und auch bei anderen politischen Anlässen wie den Langemarck-Gedächtnisfeiern – auf ganz bestimmte Topoi: Am häufigsten ist der Vergleich der ruhmreichen Vergangenheit des Reiches mit der traurigen Gegenwart, in der das Reich sich präsentiere. Licht umglänzt das Kaiserreich, Finsternis deckt die demokratische Republik: „Dankbar richten sich unsere Blicke zurück auf den Tag, an dem vor 53 Jahren das neue Deutsche Reich durch die geniale Kraft Bismarcks und die Waffentaten unserer siegreichen Heere begründet worden ist. Es war eine stolze, lichte Zeit, und eine stolze und lichte Zeit folgte, als das junge Staatsgebilde sich machtvoll und groß nach außen und innen entwickelte. Und heute? Unser Herz krampft sich zusammen, auf Schritt und Tritt fühlen wir

[3] Hier und im folgenden: ebd. S. 14.

[4] Hier und im folgenden: ebd. S. 15.

die Ohnmacht des deutschen Reiches, unsagbares Elend und Finsternis herrschen in unserem Vaterlande"[5].

Aus diesem ersten Topos des Vergleichs zwischen Gegenwart und Vergangenheit ergab sich folgerichtig als zweiter der Wunsch nach Wiederherstellung der alten Größe und Herrlichkeit des Reiches. In einer Hallenser Ansprache von Hermann Stieve aus dem Jahre 1929 hieß es: „Der Jugend erflehen wir, daß sie dereinst Deutschland in gleicher Größe erleben möge wie wir in unserer Kindheit, daß sie frei werde, wie wir selbst es waren"[6]. In der demokratischen Republik des Jahres 1929 bat also ein Hochschullehrer darum, daß die Jugend frei werde, wie die Deutschen es im kaiserlichen Obrigkeitsstaat gewesen seien. Aber es war wohl nur die äußere Freiheit gemeint.

Ein dritter Topos war der Appell an die studentische Jugend, das Verlorene wiederzuerringen. Ein Geograph beendete seine Rede über „das Erdinnere", mit den Worten: „Kommilitonen! Ihr habt Euer Leben noch vor Euch, in Euren Händen liegt die deutsche Zukunft . . . Sorget Ihr dafür, daß Deutschland seinen Platz an der Sonne wiedererhalte"[7]. Fast alle diese Reden zum 18. Januar sind also Zeugnisse eines ungebrochenen, gefühlsstarken Patriotismus und nur selten Ausdruck einer akademischen (im Sinne von wissenschaftlichen) Geisteshaltung, obwohl gerade dieser akademische Geist — der Geist, dem die Wissenschaft verpflichtet ist, — immer wieder angerufen wurde, weil er der Geist sei, der auf unbestechliche Wahrheit und auf radikalen Erkenntniswillen gerichtet sei.

Eine mehr anekdotische Begebenheit, die die hohen Instanzen des Reiches betraf, schildert eine Tagebuchnotiz von Harry Graf Kessler vom 15. 11. 1922[8]: Die Germanisten der Universität Berlin hatten zu einer Feier zu Ehren von Gerhart Hauptmann eingeladen. Als Reichspräsident Friedrich Ebert und Reichstagspräsident Paul Löbe ihr Erscheinen ankündigten, wandte sich der Germanist Petersen an Samuel Fischer, den Verleger von Gerhart Hauptmann, mit der Bitte, er möchte sich doch darum kümmern, den Reichspräsidenten Ebert wieder auszuladen, „da es der Universität nicht angenehm sei, wenn das republikanische Staatsoberhaupt bei ihr erscheine". Als Fischer dies ablehnen mußte, bat ihn Petersen, wenigstens Paul Löbe, den sozialdemokratischen Reichstagspräsidenten, auszuladen,

---

[5] Julius von Gierke, Die erste Reform des Freiherrn vom Stein, Rede zum 18. 1. 1924. In: Hallische Universitätsreden 21 (1924).

[6] Hermann Stieve, in: Hallische Universitätsreden 40 (1929), S. 6.

[7] Ferdinand von Wolff, in: Hallische Universitätsreden 50 (1931), S. 23.

[8] Vgl. im folgenden: Harry Graf Kessler, Tagebücher 1918—1937. Frankfurt 1961, S. 347.

denn zwei Sozialdemokraten auf einmal, das sei nun doch zuviel. Auch dies fruchtete nichts, sie kamen dann beide. Das war die Wirklichkeit dieser Republik!

Ein letztes Beispiel soll wenigstens zeigen, daß sich nicht alle am 18. Januar gehaltenen Reden an den genannten nationalistischen Topoi orientierten: Der bedeutende Romanist Karl Vossler arbeitete in seiner Ansprache am Reichsgründungstag 1927 in München die Problematik einer radikalen geistigen und politischen Einstellung sehr deutlich heraus. Er begann mit den ironischen Worten, daß eine solche Feier so akademisch nicht sein solle, daß man sich nur in glanzvolle Erinnerungen versenke und sich von der weniger ruhmreichen Gegenwart abkehre. Die Gegenwart war in seinen Augen „immer in neuen Verpuppungen die alte Unvernunft, ein metaphysisches, spekulatives, romantisches, fanatisches, abstraktes, rationalistisches und mystisches Politisieren ... An zahllosen Bier- und Cafétischen kann man seufzen hören, wie schmutzig, wie unheilbar unsauber doch alle politischen Geschäfte seien, wie unwahr die Presse, wie falsch die Kabinette, wie gemein die Parlamente usw. Man dünkt sich, indem man also jammert, zu hoch, zu geistig für die Politik. In Wahrheit ist man kleinmütig, bequem, unlustig und unfähig zum Helfen und Dienen am eigenen Volk. Wenn man noch nicht einmal zum Mitläufer taugt, dann freilich ist es schön, sich einzubilden, daß man über den Parteien steht“[9].

Mit dieser Bemerkung verband Karl Vossler meiner Ansicht nach eine deutliche Kritik an der Mehrheit der Ordinarien, aber auch der übrigen Hochschullehrerschaft, die in der Weimarer Zeit überwiegend in einem kritischen und skeptischen Verhältnis zur Weimarer Republik stand. Die sogenannten „Vernunftrepublikaner“ zeigten zwar eine ehrenwerte Haltung, indem sie sich zu den bestehenden Verhältnissen in einem positiven Sinne bekannten, aber sie brachten das Herz nicht auf, mehr zu tun, als sich dem Spruch der Vernunft zu unterwerfen. Insgesamt kann man sagen, daß die deutschen Hochschullehrer in der Weimarer Zeit, wenn sie politisch wirkten – wobei sie nicht als Organisation oder festgefügte politische Elite zu gelten haben –, im Sinne einer eher antidemokratischen Gegenelite tätig waren. Sie haben sich jedenfalls sehr darum bemüht, die heranwachsenden Eliten bewußt oder unbewußt gegen die neuen Verhältnisse, das heißt gegen den neuen Staat, einzunehmen. Ein wichtiger Teil ihrer politischen Funktion ist daher in der pädagogischen Wirkung zu sehen, die sie direkt oder indirekt durch die Art des Umgangs und durch

[9] Karl Vossler, Politik und Geistesleben. In: Münchener Universitätsreden 8 (1927), S. 4 f.

die Art, die Probleme zu sehen und zu besprechen, auf die jüngere Generation nahm. Es überrascht dann nicht, daß es durchaus eine Kontinuität der Weimarer Hochschullehrerelite in die Zeit nach 1933 gegeben hat, wenn man die jüdischen und einige andere durch die Nazis vertriebene Kollegen ausnimmt. Die Verantwortung der deutschen Hochschullehrerschaft für den Weg in das Dritte Reich sollte daher aus unseren Überlegungen nicht ausgespart werden.

Das zeigt einmal mehr, daß bei dieser Elite – und eine Elite war sie unter allen Gesichtspunkten, wenn auch keine politische im Sinne einer festen Organisation und klaren Struktur – eine fragwürdige, problematische politische Einstellung vorherrschte und daß es schwierig ist, in der Hochschullehrerelite der Weimarer Zeit Vorbilder für die Wissenschaft in einer Demokratie zu finden. Hier muß man gewiß nach Persönlichkeiten differenzieren. Wenn man jedoch zu generalisieren hat, wird man nicht sagen können, die deutsche Hochschullehrerelite der Weimarer Republik sei eine politisch vorbildliche Elite gewesen. Vorbilder waren nur einzelne. Aber diese einzelnen sind trotz allem wichtig, weil sie das Bild einer völlig einheitlichen deutschen Hochschullehrerschaft, die auf dem Weg der Wissenschaft stracks in Hitlers Drittes Reich gegangen wäre, mit Recht infrage stellen.

Die Historiker und die „Massengesellschaft" der Weimarer Republik

VON BERND FAULENBACH

Die Professoren für Geschichte bilden nur eine Teilgruppe der – als Kulturelite zu begreifenden – Hochschullehrerschaft der Weimarer Zeit. Geschichte gehört in den Kernbereich der geisteswissenschaftlichen Disziplinen und vieles, was für die Historiker gilt, läßt sich in analoger Weise auch für die anderen Geisteswissenschaftler feststellen. Doch haben die Historiker abweichend von diesen stets – wenn auch in den verschiedenen Epochen in unterschiedlicher Weise – eine besondere, teils mittelbar, teils unmittelbar politische Rolle gespielt. Idealtypisch übten die Historiker bis weit in das 20. Jahrhundert hinein eine „wechselseitig verschränkte Doppelfunktion" aus: auf der einen Seite arbeiteten sie als Fachwissenschaftler, auf der anderen Seite suchten sie das Orientierungsbedürfnis der Gesellschaft zu befriedigen, indem sie – um einen Begriff von Jenö Kurucz[1] aufzugreifen – „öffentliche Weltauslegung" in historisch-politischer Hinsicht betrieben und damit für die politische „Deutungskultur" der Gesellschaft eine wichtige Rolle spielten[2].

Eine besondere Stellung haben die Historiker im Kaiserreich eingenommen. Wenn die Hochschullehrer – mit Friedrich Paulsens Worten formuliert – beanspruchten, die universale, von materiellen Interessen freie „Wahrheit" im Hinblick auf die Kultur zur Geltung zu bringen und das „öffentliche Gewissen des Volkes in Absicht auf Gut und Böse in der Politik"

[1] Jenö Kurucz, Struktur und Funktion der Intelligenz während der Weimarer Republik, Köln 1967, S. 9 f.

[2] Zur begrifflichen Unterscheidung von politischer Soziokultur und politischer Deutungskultur siehe Karl Rohe, Regionalkultur, regionale Identität und Regionalismus im Ruhrgebiet. Empirische Sachverhalte und theoretische Überlegungen. In: Wolfgang Zipp (Hg.), Industriegesellschaft und Regionalkultur, München 1984.

zu verkörpern[3], so galt dies auch für die Historiker, und vieles spricht dafür, daß eine staatsorientierte gebildete Öffentlichkeit diesen Anspruch gerade im Hinblick auf die Historiker akzeptierte. Geschichte war nicht nur als Bestandteil des Bildungswissens, als „Bildungsmacht", unbestritten, Geschichtswissenschaft wurde auch aufgrund ihrer spezifischen Rolle im Prozeß der deutschen Nationalstaatsbildung eine nationalpolitische und nationalpädagogische Funktion – mochte diese auch zunehmend Fiktion sein – beigemessen: Absicherung eines Fundamentalkonsenses, nationale Identitätsversicherung und Standortbestimmung sowie Begründung der deutschen Rolle in der Weltpolitik[4]. Besonders aktualisierte sich diese Funktion in Krisenzeiten, zuletzt im Ersten Weltkrieg, den zahlreiche Historiker zusammen mit anderen Professoren als Kulturkrieg begriffen[5].

Mit dem Ersten Weltkrieg, mehr noch mit dem Zusammenbruch des Kaiserreichs und der Revolution hat sich die Stellung der Universitäten und Hochschulen im allgemeinen, der Historiker, der Geschichtswissenschaft und der Geschichte im besonderen grundlegend verändert. Die Hochschullehrer sahen sich einer Gesellschaft gegenüber, in der mit dem Sturz der alten Autoritäten auch die – teilweise mit diesen im Kaiserreich eng verknüpfte – Autorität der Hochschullehrer fraglich geworden war, ihr elitärer Anspruch bestritten wurde bzw. sich hinsichtlich der Politik unter den Bedingungen egalitärer Konkurrenzdemokratie zu behaupten hatte. Die staatsorientierte – gesellschaftlich durch das Bildungsbürgertum abgestützte – gebildete Öffentlichkeit, die im Kaiserreich als Medium der Artikulation politischer Meinungen der Professoren gedient hatte[6], löste sich teilweise auf oder verlor doch angesichts des durch das neue Regierungssystem bedingten Geltungsverlustes des überparteilichen Staates

[3] Klaus Schwabe, Wissenschaft und Kriegsmoral. Die deutschen Hochschullehrer und die politischen Grundfragen des Ersten Weltkrieges. Göttingen 1969, S. 12.

[4] Vgl. Bernd Faulenbach, Die These vom deutschen Sonderweg und die historische Legitimation politischer Orndnung in Deutschland. In: Karl-Ernst Jeismann (Hg.): Geschichte als Legitimation? Internationale Schulbuchrevision unter den Ansprüchen von Politik, Geschichtswissenschaft und Geschichtsbedürfnis. Braunschweig 1984, S. 99–177, hier S. 101 ff.

[5] Sie dazu Schwabe, Wissenschaft und Kriegsmoral; Klaus Böhme (Hg.), Aufrufe und Reden deutscher Professoren im Ersten Weltkrieg. Stuttgart 1975; Hermann Lübbe, Politische Philosophie in Deutschland. Studien zu ihrer Geschichte. Basel und Stuttgart 1964.

[6] Siehe dazu Rüdiger vom Bruch, Wissenschaft, Politik und öffentliche Meinung. Gelehrtenpolitik im wilhelminischen Deutschland (1880–1914). Husum 1980.

und des tiefgreifenden Wandels der öffentlichen Meinung, wie er durch den Aufschwung der Tageszeitungen und die Installierung des Rundfunks signalisiert wurde, an Gewicht, so daß die traditionellen Formen politischer Meinungsäußerungen der Professoren obsolet wurden. Hinzu kam, daß die Historiker die eigene Rolle nicht mehr in Beziehung zum monarchisch-konstitutionellen Staat als der Verkörperung des Ganzen definieren konnten.

Welche gesellschaftliche Position nahmen die Historiker in dieser veränderten Gesellschaft ein, inwieweit hielten sie an ihrem nationalpolitischen und -pädagogischen Deutungsanspruch fest, und von welchen Ideen und Interessen ließen sie sich leiten?

In der folgenden groben Skizze sollen die gesellschaftliche Stellung der Historiker und ihre subjektive Verarbeitung angesichts der veränderten Lage dargestellt werden. Es wird gefragt nach Struktur und Profil der Gruppe der Historiker und ihren gesellschaftlichen Bezügen, nach ihrem Selbstverständnis und ihrer Gesellschaftskritik, ihrem politisch-gesellschaftlichen Handeln sowie der Interdepedenz zwischen diesen Bereichen[7].

1. SOZIALPROFIL, REKRUTIERUNG UND GRUPPENKOHÄRENZ

Zusammenbruch und Revolution 1918/19 haben die personelle Kontinuität der Hochschullehrerschaft und damit auch der Historikerschaft nicht tangiert, und auch die Versuche der Universitätsreform, etwa die Aufnahme der Extraordinarien in die Fakultäten[8], haben die Historiker-Zunft nicht nennenswert verändert. Allerdings trat durch die Neubesetzung von Lehrstühlen ein gewisser Generationenschub ein; auf mehr als ein Drittel der Lehrstühle erfolgten Neuberufungen.

Trotz der Entwicklung der Geschichte zu einem Massenfach blieben die Universitätshistoriker eine überschaubare Gruppe. 1910 lehrten 185 Historiker an deutschen Hochschulen, davon hatten 85 ein Ordinariat inne;

[7] Das Interesse dieser Skizze richtet sich mithin nicht auf die Disziplingeschichte der Geschichtswissenschaft in der Epoche der Weimarer Republik. Vgl. dazu Hans Schleier, Die bürgerliche deutsche Geschichtsschreibung in der Weimarer Republik. Köln 1975; Bernd Faulenbach, Ideologie des deutschen Weges. Die deutsche Geschichte in der Historiographie zwischen Kaiserreich und Nationalsozialismus. München 1980.

[8] Vgl. Hans-Werner Prahl, Sozialgeschichte des Hochschulwesens. München 1978, S. 300.

1920 waren es 206, davon 90 Ordinarien, 1931 238, davon 91 Ordinarien, und 1938 238, davon 81 Ordinarien[9]. Die Zahl der Nicht-Ordinarien hat die der Ordinarien im 20. Jahrhundert immer weit überwogen, eine wesentliche Voraussetzung für die innerfachliche Hierarchie.

Sicher verstanden sich die Historiker wie die Hochschullehrer insgesamt als durch wissenschaftliche Qualifikation herausgehobene Leistungselite. Doch ist – gerade im Hinblick auf die gesellschaftlichen Bezüge der Gruppe – zu fragen, aus welchen Sozialschichten sich die Historiker rekrutierten – inwieweit sich bestimmte „Muttergruppen" feststellen lassen[10] – und welche Faktoren tatsächlich die Rekrutierungs- und Selektionsmechanismen bestimmt haben. Auch ist zu fragen, wie sich diese auf das Gruppenprofil – in seiner objektiven und seiner subjektiven Dimension – ausgewirkt haben.

Für den Zugang zum akademischen Bereich war zweifellos die soziale Herkunft von einiger Relevanz; sie war zugleich auch für das Gruppenprofil bedeutsam. Die Analyse der Väter-Berufe der Historiker der Weimarer Zeit läßt die Historiker als eine von ihrer Herkunft her bemerkenswert homogene Gruppe erscheinen. Weit mehr als die Hälfte der Väter waren Akademiker, der Anteil der Akademiker-Väter war damit deutlich höher als unter den Hochschullehrern der Weimarer Zeit insgesamt.[11] Unverkennbar erleichterte im späten 19. und frühen 20. Jahrhundert die Herkunft aus dem akademischen Milieu eine Professoren-Karriere im Bereich der Geschichtswissenschaft.

Unter den Akademiker-Berufen der Väter dominieren höhere Verwaltungsbeamte und Juristen im Staatsdienst. Söhne von Vätern dieser Berufsgruppe waren zum Beispiel Hans Delbrück, Fritz Hartung und Fritz Kern. Eine andere auffällige Herkunftsgruppe waren Söhne von Gymnasiallehrern – wie Albert Brackmann, Karl Brandi oder auch Robert Holtzmann – oder von Pfarrern – wie Johannes Haller, dessen Vater Superintendent war, und Gerhard Ritter, der aus einem hessischen Pfarrhaus stammte. Einige waren Söhne von Professoren – so Siegfried Kaehler, Arnold Oskar Meyer, Wilhelm Busch oder Wolfgang Windelband. Es

---

9 Nach Christian von Ferber, Die Entwicklung des Lehrkörpers der deutschen Universitäten und Hochschulen 1864–1954. Göttingen 1956.

10 Hans-Gerd Schumann, Führungsschicht und Führungsgruppen heute. Anmerkungen zu Methodologie-Problemen der deutschen „Elitologie". In: Deutsche Führungsschichten in der Neuzeit. Eine Zwischenbilanz, hg. von Hanns Hubert Hofmann und Günther Franz (= Büdinger Forschungen zur Sozialgeschichte, Bd. 12). Boppard 1980, S. 203–17, hier S. 216 f.

kann[11] von einer beachtlichen Selbstrekrutierungsrate gesprochen werden[12]. Die große Mehrheit der Historiker, die man wie die anderen Hoch-

---

[11] Vgl. die folgende Tabelle:

Beruf des Vaters	Geschichtsprofessoren 1928 v. H.[a]	Hochschullehrer 1931 v. H.[b]
Höhere Beamte (einschl. Richter, Gymnasiallehrer, Professoren u. Pfarrer)	48	34
Freie Berufe	8	9
Offiziere		2
Großgrundbesitzer		1
Kaufleute/Unternehmer	30[c]	12
Obere Mittelschicht	88	58
Selbst. Handwerker/Einzelhändler u. Gastwirte	2[c]	17
Landwirte		4
Mittl. Beamte (einschl. Lehrer)	2	11
Angestellte		1
Untere Mittelschicht	4	33
Arbeiter u. unselbst. Handwerker		1
Unterschicht		1
Sonstige Berufe u. keine Angaben	10	8
Insgesamt	100	100
Zahl der Fälle	51	4258

a Berücksichtigt wurden nur ordentliche Professoren der mittelalterlichen und neueren Geschichte.

b Quelle: Dietmar Petzina, Werner Abelshauser und Anselm Faust, Sozialgeschichtliches Arbeitsbuch, Bd. 3, München 1978, S. 127 f.

c Eine klare Abgrenzung zwischen beiden Gruppen – wohlhabenden Kaufleuten und kleineren Händlern – ist häufig nicht präzise möglich, da die Bezeichnung „Kaufmann" vieldeutig ist.

[12] Robert Michels gelangte für die Zeit vor dem Ersten Weltkrieg zu dem Ergebnis, daß die intellektuelle Oberschicht sich zur Hälfte aus sich selbst rekrutiere, zu einem Drittel oder Viertel aus der wirtschaftlichen Oberschicht, während der Rest dem Mittelstand oder den unteren Klassen entstammte. Siehe Robert Michels, Umschichtungen in den herrschenen Klassen nach dem Kriege. Stuttgart—Berlin 1934, S. 78.

schullehrer als Kern des deutschen Bildungsbürgertums begreifen kann, rekrutierte sich aus dem protestantischen Bildungsbürgertum. Zu den wenigen Katholiken gehören, neben den Inhabern der katholischen Geschichtsprofessuren, die liberalen Franz Schnabel und Karl Brandi.

Soweit die Historiker nicht aus Akademiker-Elternhäusern stammten, waren sie ganz überwiegend – zwischen einem Viertel und einem Drittel der Gesamtzahl – Söhne von nicht-akademisch gebildeten Kaufleuten, so zum Beispiel Friedrich Luckwaldt, Johannes Ziekursch und Willy Andreas. Von seiner Herkunft her war Dietrich Schäfer, dessen Vater Hafenarbeiter gewesen war, ebenso ein „Exot" wie der Osteuropa-Historiker Otto Hoetzsch, dessen Vater den Beruf eines Klempnermeisters ausübte. Es war praktisch nicht möglich, in zwei Generationen aus der Unterschicht, möglich, doch schwierig, aus der unteren Mittelschicht in diesen Teil der akademischen Elite vorzudringen.

Das ausgesprochen bürgerliche Herkunftsprofil erklärt sich zum Teil auch dadurch, daß bis 1918 die vielfach lange Privatdozentenmöglichkeit ohne einen wohlhabenden bürgerlichen Hintergrund nur schwer zu überstehen war[13]. Doch auch ein bestimmter Bildungshintergrund, die Sozialisation in einem bestimmten soziokulturellen Milieu bildete eine fast notwendige objektive und subjektive Voraussetzung für den Zugang zu einer akademischen Karriere in diesem Fach.

Die überwiegende Herkunft aus dem staatsorientierten bildungsbürgerlichen Milieu und das lebenslange Verbleiben in diesem Milieu – verbunden mit der fortdauernden partiellen Abtrennung gegenüber den anderen ihrerseits relativ abgeschlossenen gesellschaftlichen Milieus – können als Faktoren betrachtet werden, die mit erklären – auch wenn von der sozialen Herkunft nicht monokausal auf das Bewußtsein geschlossen werden kann –, warum es den Historikern so schwer fiel, sich auf die ökonomisch-gesellschaftlichen Wandlungsprozesse einzustellen und diese zum Gegenstand wissenschaftlicher Forschung und Geschichtsschreibung zu machen[14]. Eine konkretere Anschauung von Wirtschaft und Industrie, auch von der Erfahrungswelt der Arbeiterschaft, hatte nahezu kein Historiker der Weimarer Zeit; letzteres gilt auch für die um eine Integration der

[13] Siehe Theodor Geiger, Aufgaben und Stellungen der Intelligenz in der Gesellschaft. Stuttgart 1949, S. 105; Herbert Döring, Der Weimarer Kreis: Studien zum politischen Bewußtsein verfassungstreuer Hochschullehrer in der Weimarer Republik. Meisenheim 1975, S. 201 f.

[14] Vgl. Eckart Kehrs Kritik der Neueren deutschen Geschichtsschreibung (1933). In: ders., Der Primat der Innenpolitik, Berlin 1965, S. 254–267.

Arbeiterschaft in den Staat bemühten Historiker[15]. Die ausgesprochene Wirtschafts- und – wenn man so will – Gesellschaftsferne und die Identifikation mit dem Staat und der Nation als Ganzer, die von Fritz Ringer als Kennzeichen der deutschen Gelehrtenmentalität herausgearbeitet worden sind[16] und wohl als Kennzeichen der akademischen Intelligenz in Deutschland insgesamt bezeichnet werden können, sind bei der Gruppe der Historiker – in ihrer Arbeit wie in ihrem Selbstverständnis, wie noch zu zeigen sein wird – besonders deutlich. Diese Ferne, die sich mit einem spezifischen politisch-kulturellen Bewußtsein verband, wurde zweifellos auch durch die Schulbildung gestützt; die meisten Historiker der Weimarer Zeit hatten ein – dem Ziel der Elitebildung verpflichtetes – humanistisches Gymnasium besucht. In die gleiche Richtung wirkten auch die im Studium neben Geschichte gewählten Studienfächer: klassische Philologie, Philosophie und Germanistik – seltener Nationalökonomie.

Die Historiker hatten in der Regel an zwei oder drei Universitäten studiert und ihr Studium nach ca. 4–5 Jahren mit der Promotion abgeschlossen. Der eigentliche Karriereaufstieg, von der Promotion über die Habilitation bis zur Berufung auf einen Lehrstuhl nahm mit häufig 15–25 Jahren eine beträchtliche Zeit in Anspruch[17]. Hatten sich viele schon im Alter von 28–30 Jahren habilitiert, so erhielten sie doch ein Ordinariat erst im Alter von ca. 40 Jahren[18]. Nach der Promotion hat ein Teil bei größeren Editionsprojekten, etwa den „Monumenta Germaniae Historica", mitgearbeitet – gegen eine „bescheidene Remuneration" als „Fronsklaven des Publikationsinstituts", wie Meinecke retrospektiv gemeint hat[19]. Andere waren zunächst im Archivdienst tätig und kehrten dann – eventuell mit einiger Mühe – an die Universität zurück[20].

---

15 Vgl. Gustav Mayer, Erinnerungen. Vom Journalisten zum Historiker der deutschen Arbeiterbewegung. München 1949, S. 334.

16 Fritz K. Ringer, Die Gelehrten. Der Niedergang der deutschen Mandarine 1890–1933. Stuttgart 1983.

17 Habilitationsalter:

unter 30	30–34	35–39	40–44	Zahl der untersuchten Fälle
24	17	5	2	48

18 Für das Alter bei der Berufung als ordentlicher Professor ergab die Auswertung von 52 Karrieren von Geschichtsprofessoren der Weimarer Zeit:

unter 30	30–34	35–39	40–44	45–49	50 u. mehr	Zahl der untersuchten Fälle
2	7	20	15	4	4	52

19 Friedrich Meinecke, Autobiographische Schriften. Stuttgart 1969, S. 90 f.

20 Zur Tätigkeit der Historiker im Archivdienst siehe ebd., S. 81 ff., 179 ff., 159.

Für die eigentliche akademische Karriere waren gewiß Promotions- und Habilitationsleistungen und weitere – teilweise auf asketischer Arbeit beruhende – Forschungen relevant. Daneben aber war die Förderung durch herausragende Gelehrte bedeutsam – beim Zugang zu den Archiven ebenso wie bei der Ermöglichung von Veröffentlichungen, vor allem auch bei Berufungen. Friedrich Meinecke, um ein Beispiel zu nennen, dachte in seinen Lebenserinnerungen mit Dankbarkeit an die Hilfe seines Lehrers Reinhold Koser bei seiner akademischen Karriere[21]. Daß sich die Zugehörigkeit zur Schule eines einflußreichen akademischen Lehrers – in der Weimarer Zeit waren Erich Marcks und Friedrich Meinecke als solche zu betrachten – karrierefördernd auswirken konnte, bedarf keiner näheren Erläuterung, ist gleichwohl im Einzelfall schwer nachweisbar. Diskussionsbedürftig erscheint indes, ob man – wie dies jüngst geschehen ist[22] – die Besetzung der Lehrstühle und damit auch ein wesentliches Stück Wissenschaftsgeschichte als „Prozeß des Machterwerbs, der Machterhaltung und der Machterweiterung wissenschaftlicher Schulen" hinreichend beschreiben kann und ob von hier aus das Vorherrschen bestimmter Grundüberzeugungen unter den Historikern hinreichend zu erklären ist, zumal die Schulen teils relativ kleine, teils in sich differenzierte Einheiten waren.

Auf eine gewisse soziale Abgeschlossenheit der Historikerschaft deutet auch die Frage des Konnubiums hin. Die Historiker heirateten vielfach Töchter aus dem Bildungsbürgertum, befestigten mithin auch von hierher ihre Bezogenheit auf das akademische Milieu. Eine Reihe von Historikern hat sogar Töchter von Lehrstuhlinhabern geheiratet, so war Walter Goetz der Schwiegersohn von Moritz Ritter, Willy Andreas, der von Erich Marcks, dem er auch auf dem Heidelberger Lehrstuhl folgte, der Rechtshistoriker Hans Erich Feine, der Schwiegersohn von Ulrich Stutz, was die Intensität des gesellschaftlichen Verkehrs innerhalb der überschaubaren Gruppe der Historiker, insbesondere zwischen den Lehrern und ihren Schülern, erkennen läßt.

Wiederholt ist in jüngster Zeit – so von Hans Rosenberg und Hans-Ul-

---

21 Siehe ebd.

22 So Wolfgang Weber auf dem Historikertag zu Münster 1982 (siehe Wolfgang Weber, Kollektive Biographie und historische Wissenschaftssoziologie: Studien zur Geschichte der deutschen Geschichtswissenschaft. In: Bericht über die 34. Versammlung deutscher Historiker in Münster/Westf. 6. bis 10. Oktober 1982, Stuttgart 1984, S. 62–64). Vgl. die in diesem Bande auf S. 24, Anm. 40, zitierte Dissertation von W. Weber.

rich Wehler – der Korpsgeist der Historikerschaft betont worden[23]. Trotz aller Unterschiede zwischen den einzelnen Historikern habe es einen Komment gesellschaftlich-politischer, philosophisch-ideeller und wissenschaftlich-methodolologischer Art gegeben. Mag diese These auch zuweilen überdehnt worden sein, so ist doch nicht zu übersehen, daß – trotz aller politischer Differenzen – bestimmte fachlich-wissenschaftliche Konventionen und historisch-politische Grundauffassungen dominierten. Sich außerhalb des dadurch gezogenen Rahmens zu stellen, konnte für die Karriere bittere Folgen haben, wie etwa das Beispiel Veit Valentins zeigt[24]. Kein Zweifel – diese Konventionen und Auffassungen waren traditional vermittelt und durch die Interessenstruktur der „Zeitkultur" geprägt. Sie waren aber auch Ausdruck einer Gruppenmentalität, die durch eine relativ große Einheitlichkeit in Herkunft, Schulausbildung, Studienrichtung mitbedingt war und durch individuelles Identifikationsstreben, Anpassungsmechanismen und Konformitätsdruck – man denke an die langen von Unsicherheit geprägten Aufstiegszeiten – gestützt wurde. Auch die intensive durch die Überschaubarkeit der Gruppe erleichterte, durch Historikertage und ähnliche Einrichtungen geförderte Kommunikation unter den Historikern befestigte diese Mentalität.

Resümierend lassen sich die Geschichtsprofessoren als eine – der Kulturelite zuzurechnende – Teilgruppe der Hochschullehrerschaft auffassen, die ihre – durch ihr Ordinariat an den Universitäten herausgehobenen – Mitglieder nach wissenschaftlichen Qualifikationen rekrutierte bzw. kooptierte. Dabei konnten außerwissenschaftliche und politische Momente – zumindest mittelbar – eine Rolle spielen, abgesehen davon, daß das Hauptrekrutierungsfeld auf die obere Mittelschicht – als ihre „Muttergruppe" – eingeschränkt war, wodurch die Historikerschaft von vornherein eine gewisse soziale Homogenität aufwies. Gleichwohl konnten sich ihre Mitglieder angesichts der Risiken und Opfer, die mit akademischen Karrieren verbunden waren, als Leistungselite empfinden. Das Bewußtsein der Historiker war indes vor allem durch die Tatsache geprägt, daß man sich als Gruppe mit einem spezifischen Auftrag sah.

---

[23] Hans Rosenberg, Politische Denkströmungen im deutschen Vormärz, Göttingen 1972, S. 11 f.; Hans-Ulrich Wehler, Eckart Kehr. In: ders. (Hg.), Deutsche Historiker, Bd. 1, Göttingen 1971, S. 100 ff.

[24] Zu Valentin vgl. Elisabeth Fehrenbach, Veit Valentin. In: Hans-Ulrich Wehler (Hg.), Deutsche Historiker. Bd. 1, Göttingen 1971, S. 69–85.

2. SELBSTVERSTÄNDNIS, FÜHRUNGS- UND DEUTUNGSANSPRUCH DER HISTORIKER

Eine Fülle von Äußerungen der Historiker läßt erkennen, daß diese auch in der Weimarer Zeit noch von einem Selbstbewußtsein geleitet wurden, in dem sich elitäres Bewußtsein, professorales Rollenverständnis und ein spezifisches Verständnis von der Aufgabe des Historikers verbanden. Sicher sahen die Historiker ihre Hauptaufgabe in der akademischen Lehr- und Forschungstätigkeit, die die Rekonstruktion von Vergangenheit mittels hochentwickelter Instrumentarien der Quellenkritik und -interpretation zum Gegenstand hatte. Doch begriffen viele, insbesondere diejenigen, die sich mit neuerer Geschichte beschäftigten, ihre Professur als ein öffentliches, in einem spezifischen Sinne politisches oder doch semi-politisches nationalpädagogisches Amt, das über die Vermittlung von Geschichte als nationaler Bildungsmacht hinausgehend den Anspruch adäquater politischer Gegenwartsinterpretation vor dem Horizont der Geschichte einschloß[25].

Unverkennbar wurde am gelehrtenpolitischen Selbstverständnis der Zeit vor dem Ersten Weltkrieg, wie es etwa von Friedrich Paulsen formuliert worden war, in der Weimarer Republik unter den Historikern durchaus noch festgehalten, indem man sich als unabhängige überparteilich-interessenfreie Interpreten des staatlichen und nationalen Gesamtwohls begriff. Friedrich Meinecke formulierte auf der Weimarer Tagung der Hochschullehrer 1926 – bezugnehmend auf den Kongreß für Sozialpolitik als den Wegbahner der Sozialreform der 70er Jahre des 19. Jahrhunderts – das traditionelle gelehrtenpolitische Selbstverständis mit den Worten: „In unserem öffentlichen Leben überschreien sich die Stimmen derer, die irgendein partikulares Interesse vertreten, und selbst die großen politischen Parteien stehen unter ihrem Druck. Wir fühlen uns frei von diesem Drukke und sollten deshalb den Versuch nicht scheuen, mit den Mitteln einer freieren und sachlichen Erkenntnis und Einsicht, die wir haben sollten, die allgemeinen Notwendigkeiten der Nation auszusprechen."[26]

Der politisch-moralische Führungs- und Deutungsanspruch wurde freilich nicht nur mit Position und Rollenverständnis der Professoren, sondern auch mit der besonderen Kompetenz im Hinblick auf die Geschichte und deren Relevanz für die Gegenwartsorientierung begründet. Nur über die

---

[25] Siehe Faulenbach, Ideologie des deutschen Weges, S. 303 ff. – Auf Einzelbelege muß im Rahmen dieser Skizze weitgehend verzichtet werden.

[26] Friedrich Meinecke, Politische Schriften und Reden. Darmstadt 1957, S. 413.

Geschichte könne – so meinte man – das deutsche Kontinuitäts- und Identitätsbewußtsein sichergestellt werden, das insbesondere angesichts des Bruchs von 1918 bedroht erschien: „... zu höchster Bedeutung" – so formulierte Hermann Oncken in seinem Werk über die Vorgeschichte des Weltkrieges (1933) – „werden immer diejenigen Völker inmitten der anderen gelangen, die der ihnen angeborenen Kontinuität des Besitzes – der häufig ein tragischer Besitz von schmerzlich-süßer Allgegenwart ist – sich wesenhaft bewußt sind, die aus ihr sich zu deuten und zu bestimmen die Kraft haben[27]." Die Historiker betrachteten es als ihre Aufgabe, die besondere deutsche Entwicklung im Hinblick auf die Gegenwart bewußt zu machen und damit nationales Identitätsbewußtsein zu fördern; sie sahen sich als berufene Interpreten deutscher Identität.

Der Geschichte wurde eine nationale Integrationsaufgabe zugeschrieben und von hier aus auch die nationale Aufgabe der Geschichtswissenschaft definiert. So sprach Karl Brandi auf dem Göttinger Historikertag 1932 von der Aufgabe der „Erweckung gegründeter Gesinnung" und davon, daß das „letzte Ziel" wissenschaftlicher Betätigung „in der Schaffung einer Gesamtstimmung und eines Gesamtwillens" liege[28]. Angesichts der tiefgreifenden politisch-gesellschaftlichen Gegensätze der Zeit, vor allem auch der frühen 30er Jahre, wurde dieser Funktion von Geschichte von den Historikern besondere Bedeutung beigemessen und häufig durch eine Betonung des Primats der Außenpolitik konkretisiert.

Nicht wenige Historiker glaubten, teilweise an der historischen Rolle der Geschichtsschreibung in der Epoche der Reichsgründung orientiert, eine besondere politische Kompetenz und Aufgabe zu besitzen, Aussagen über die nur in der Geschichte erfahrbare Natur und Entwicklungstendenz des deutschen Staates und der deutschen Nation sowie über die Spezifika der gegenwärtigen politischen Konstellation machen zu können. Gerhard Ritter bezeichnete hegelianisch formulierend die Historie als „geistige Erscheinungsform des deutschen Staates", womit er die hohe Identifikation der Historie mit dem Staat ausdrückte[29]. Zwar könne der Historiker – so glaubte man – den „Instinkt des großen Staatsmanns" nicht ersetzen, wohl aber den Standort bestimmen, auf dem man stehe[30], etwa im Hin-

---

27 Hermann Oncken, Das Deutsche Reich und die Vorgeschichte des Weltkrieges. Leipzig und München 1933, Bd. 2, S. 824 f.

28 Zitiert nach dem Kurzprotokoll: Bericht über die 18. Versammlung Deutscher Historiker in Göttingen, 2.–5. August 1932. München 1933, S. 9 f.

29 Gerhard Ritter, Die Idee der Staatsräson. In: Neue Jahrbücher für Wissenschaft und Jugendbildung 1 (1925), S. 101–114, hier S. 101 f.

30 Gerhard Ritter, Gneisenau und die deutsche Freiheitsidee. Tübingen 1932, S. 3.

blick auf die Lösung zentraler politischer Probleme, zu denen man die deutsche Lage nach dem Versailler Frieden und dessen Revision, die nationale Frage, die sich in den Problemen des Grenz- und Auslandsdeutschtums (und der Anschlußfrage) konkretisierte, sowie grundlegende Fragen der Verfassungsordnung rechnete[31]. Zahlreiche Historiker nahmen zu diesen Problemen mit dem Bewußtsein und Anspruch Stellung, von höherer – historischer – Warte aus zu urteilen und Geschichte als Orientierungsinstanz in der Formulierung von Perspektiven und Problemlösungen für diese nationalen Fragen einsetzen zu können, wobei sich das wissenschaftliche Objektivitätspostulat und der traditionelle Anspruch überparteilicher Interpretation des staatlichen und nationalen Gesamtwohls verbanden.

Doch wie stand es mit der Akzeptanz dieses Anspruchs angesichts der veränderten politisch-gesellschaftlichen Situation? Seine forcierte Betonung legt die Frage nahe, ob er vielleicht deshalb so stark akzentuiert wurde, weil er fraglich geworden war.

3. DIE HISTORIKER UND DIE GESELLSCHAFTLICHE REALITÄT DER WEIMARER REPUBLIK

Unverkennbar hatte ein beträchtlicher Teil der an den Universitäten lehrenden Historiker Schwierigkeiten mit der gesellschaftlichen Realität der Weimarer Republik und mit der eigenen Position in ihr; Ausdruck dieser Schwierigkeiten waren vielfältige kulturpessimistische und gesellschaftskritische Äußerungen. Die Historiker sahen sich einer Gesellschaft gegenüber, in der geistige Führung, die der Gesellschaft einen ideellen Sinn vermittelte, angesichts des Kampfes der Interessen um materielle Vorteile immer weniger akzeptiert schien. So klagte etwa Fritz Kern 1921 über das „geschichtslose Vordergrundsgefühl heutiger Großstadtdeutscher“: „Sie wissen nicht mehr, daß von Luther und Schiller unsere Zukunft abhängt, sie denken, der Export nach Amerika und Rußland wird es schon machen“[32]. Und der Kulturhistoriker Georg Steinhausen schrieb 1931: „Jetzt, nach dem Krieg, unter dem Zeichen der Zerrüttung aller Verhältnisse ...

---

[31] Siehe Faulenbach, Ideologie des deutschen Weges, insbes. S. 76 ff., S. 248 ff. Vgl. zur Auseinandersetzung mit Versailles jetzt: Wolfgang Jäger, Historische Forschung und politische Kultur in Deutschland. Die Debatte 1914–1980 über den Ausbruch des Ersten Weltkrieges. Göttingen 1984, S. 68 ff.

[32] Fritz Kern, Die unbußfertige Nation. In: Die Grenzboten 80 (1921), 4. Vierteljahr, S. 193–196, hier S. 194 f.

zeigt sich klar und deutlich, daß . . . trotz allem Geschrei, daß uns allein der Geist retten könne, sich alles mehr als je um die Wirtschaft dreht, daß das Geistige, für das sich kein wirkliches Bedürfnis als vorhanden erweist, verkümmert . . ."[33]. Zugleich konstatierte man eine allgemeine Vermassung des deutschen Volkes mit der Folge der Senkung des Persönlichkeitsniveaus. Gewiß waren kulturpessimistische Strömungen schon in der Vorkriegszeit entstanden; sie verschärften sich aber in der Weimarer Zeit. Es stellt sich mithin die Frage, inwieweit sie auf eine veränderte gesellschaftliche Position bzw. deren Perzeption verweisen.

Ein Teil der Historiker blieb nicht dabei stehen, bestimmte Zeitphänomene – wie etwa den materialistischen Zeitgeist – zu beklagen. Sah man teilweise auch die Ursache des Bedeutungsverlusts von Kultur im Zusammenhang der alten Ordnung, so kam doch auch bei einigen der mit der Industrialisierung zusammenhängende soziale Wandel in den Blick. So bejahte Friedrich Meinecke die generelle These konservativer Kulturkritiker, „daß der mäßig industrialisierte Agrarstaat mit aristokratischer Struktur der Gesellschaft günstigere Bedingungen für die Lebendigerhaltung geistiger Kultur geboten hatte als der großkapitalistische und demokratische Industriestaat"[34]. Und Meinecke war bewußt, daß mit diesem Wandel auch die Position des akademisch gebildeten Bürgertums gefährdet war, das „einst in der Offensive gegen die alten herrschenden Schichten, dann zu einer gewissen Mitherrschaft mit ihnen vereinigt und verschmolzen", sich nunmehr in Defensive gedrängt sehe „gegenüber allen denjenigen Schichten, die durch den Übergang vom Agrarstaat zum Industriestaat entstanden sind – den breiten Massen der Arbeiter und Angestellten"[35]. Sichtbar ist die Furcht, daß die kulturtragende Bildungsschicht „durch die organisierten Blöcke von Kapital und Arbeit"[36] verdrängt werde, eine Schicht, „die das kostbare Erbe der Vergangenheit hege"[37], die als „unentbehrlich" galt, „um die erste Voraussetzung aller Kultur, die Tradition, zu erhalten"[38]. Kein Zweifel – man sah nicht nur eine von den eigenen geistesaristokratischen Idealen sich weiter entfernende Realität, man regi-

[33] Georg Steinhausen, Deutsche Geistes- und Kulturgeschichte von 1870 bis zur Gegenwart. Halle 1931, S. 116.

[34] Friedrich Meinecke, Die Idee der Staatsräson in der neueren Geschichte. [3]Darmstadt 1963, S. 482 ff., Zitat S. 491.

[35] Meinecke, Politische Schriften und Reden, S. 388.

[36] Formulierung von Herbert Döring, Der Weimarer Kreis, S. 189.

[37] Fritz Hartung, Der Geist der deutschen Studentenschaft. In: Die Grenzboten 79 (1920), 4. Vierteljahr, S. 2 ff., Zitat S. 4.

[38] Meinecke, Politische Schriften und Reden, S. 387.

strierte auch den Bedeutungsverlust der gebildeten Öffentlichkeit und des eigenen soziokulturellen Umfeldes, des Bildungsbürgertums, das in der Tat in der Weimarer Republik, nicht zuletzt auch durch die Inflation, seine bisherige gesellschaftliche Position teilweise einbüßte[39]. Insofern tangierte dieser gesellschaftliche Wandel auch die eigene Position und die eigenen Ansprüche auf geistige Führung.
Verbunden mit dem gesellschaftlichen Wandel wurde der politische gesehen, hatte die kulturtragende Schicht sich doch bislang zumindest teilweise durch ihre Beziehung zum Staat definiert. Nicht wenige Historiker – wie große Teile der Akademikerschaft – konnten sich nur schwer damit abfinden, daß die politische Führung nicht mehr in der Hand von „Standespersonen", sondern teilweise auch von einfachen Leuten mit Elementarschulbildung lag[40]. Die Möglichkeit, sich gleichsam als Teil der politisch führenden Schicht zu begreifen, war damit im Grunde obsolet, die Kommunikation mit einer staatstragenden gebildeten Öffentlichkeit angesichts einer politischen Struktur, in der Parteien und Interessengruppen bestimmend waren, nur noch bedingt möglich. Es war charakteristisch, daß in manchen politischen Vorschlägen von Historikern die Verteidigung des Beamtentums als einer positiven Errungenschaft der besonderen deutschen Entwicklung eine zentrale Rolle spielte, hatte doch das Beamtentum im Kaiserreich teilweise als politische Bezugsgruppe fungiert[41]. Im Leitbild der Erhaltung bzw. Wiederherstellung eines überparteilichen Staates, das im Grunde auch – wie das Beispiel Meinecke zeigt – für die um einen Ausgleich zwischen Bürgertum und sozialdemokratischer Arbeiterbewegung bemühten Historiker die ganze Weimarer Zeit über maßgeblich blieb, war die Wiederherstellung einer politischen Struktur angezielt, die u. a. durch die Stärkung der Rolle des Reichspräsidenten und des Beamtenapparats das Parlament und die – sich zunehmend gegenseitig blockierenden -- Parteien zurückdrängen, die Massen entpolitisieren und

[39] Die Sozialgeschichte des Bildungsbürgertums in der Weimarer Republik ist noch nicht hinreichend erforscht; Ansätze bei Fritz K. Ringer, Die Gelehrten; Michael Kater, Studentenschaft und Rechtsradikalismus in Deutschland 1918–1933. Hamburg 1975.

[40] Rosenberg, Politische Denkströmungen, S. 11. – Schon während der Novemberrevolution fürchtete Delbrück, daß die Staatsgewalt nun in die „Hände der Halbbildung" gerate (Politische Korrespondenz, in: Preußische Jahrbücher 174 (1918), S. 441 f.).

[41] Vgl. Faulenbach, Ideologie des deutschen Weges, S. 265 ff. – Zur Epoche vor dem Ersten Weltkrieg vgl. Rüdiger vom Bruch, Wissenschaft, Politik und öffentliche Meinung.

eine an den Gesetzen der Staatsräson orientierte Politik ermöglichen sollte. Es liegt auf der Hand, daß man sich in einer solchen Struktur wiederfinden konnte. Zweifellos hielt man an der Vorstellung fest, daß es Aufgabe der Intelligenz sei, die Masse geistig zu führen und zu beherrschen[42].
Als das entscheidende Gegenwartsproblem sah man, vor allem in den frühen 30er Jahren, das wachsende Gewicht der amorphen und potentiell pathologischen Massen an – ähnlich wie dies auch Gelehrte anderer Disziplinen taten, etwa Carl Heinrich Becker[43], der preußische Kultusminister, Alexander Rüstow[44] oder auch Karl Jaspers, aus dessen Sicht in „Massendasein" und „Massenordnung" kein Raum für existentielle Verantwortung war[45]. Die Massen und Massenbewegungen schienen ebenso die Kultur wie jede Autoritätsbildung zu gefährden. Gerhard Ritter sprach 1931 in einem Brief an Walter Goetz von einer „unheimlich schnell banausisch werdenden Welt", in der die „Fristung nackter Lebensmöglichkeiten der Massen alle anderen Regungen zu verschlingen scheine"[46]. Im Schlußwort der Stein-Biographie des gleichen Historikers heißt es: „Am Ende des 1789 begonnenen ungeheuren Prozesses einer langsamen Zerrüttung aller historisch überlieferten, natürlich gewachsenen Autoritäten angekommen, ringen wir schwerer als alle früheren Geschlechter mit dem Zentralproblem aller modernen Demokratie: mit der zuweilen fast unlösbaren Aufgabe, neue starke, unbezweifelte Autoritäten aus dem Chaos der öffentlichen Meinung herauszubilden"[47]. Wie diese Autorität aussehen sollte, darüber gingen die Meinungen im einzelnen auseinander; „temporäre Vertrauensdiktatur" des Reichspräsidenten war ein Modell[48]. Verbreitet war die Hoffnung, daß durch Stärkung der Staatlichkeit und staatlichen Handelns Egalitarismus, Anarchie und Kulturverfall eindämmen zu können. Außer auf die Stärkung staatlicher Gewalt zielten die

---

[42] Vgl. Herbert Döring, Der Weimarer Kreis, S. 184 ff.

[43] Siehe Carl Heinrich Becker, Das Problem der Bildung in der Kulturkrise der Gegenwart. Leipzig 1930, S. 29 ff.

[44] Zu Alexander Rüstow siehe Claus-Dieter Krohn, Wirtschaftstheorien als politische Interessen. Die akademische Nationalökonomie in Deutschland 1918–1933. Frankfurt–New York 1981, S. 172 f.

[45] Siehe Karl Jaspers, Die geistige Situation der Zeit. Berlin 1931, insbes. S. 34 ff., 65 ff.

[46] So Ritter in seinem Brief vom 7. 10. 31 an Walter Goetz, zitiert nach Herbert Döring, Der Weimarer Kreis, S. 133.

[47] Gerhard Ritter, Stein. Eine politische Biographie. Stuttgart 1931. Bd. 2, S. 336.

[48] Vgl. Faulenbach, Ideologie des deutschen Weges, S. 270 ff.

Vorstellungen häufig auf eine „Gestaltung und Gliederung“[49] und damit auch Entpolitisierung der Massen. Korporativistische und andere neokonservative Vorstellungen gewannen auf diesem Hintergrund Attraktivität[50].

Elitäre Angst vor dem „Aufstand der Massen“[51] und Furcht vor einer „Deklassierung des Geistes“[52] angesichts gesellschaftlicher Antagonismen und Massenbewegungen führten bei den Historikern tendenziell zu einer Stärkung des Leitbildes des starken Staates und zu einer Verteidigung des aristokratischen Bildungsideals, kaum aber zu einer Demokratisierung des Bildungsbegriffs[53] und nur teilweise zur Bereitschaft, sich auf den „politischen Massenmarkt“ einzulassen. War die Distanz zu den Massenbewegungen[54] augenfällig, so war doch ein Teil der Historiker bereit, Mandate und Funktionen für bürgerliche Parteien zu übernehmen.

4. POLITISCHER UND GESELLSCHAFTLICHER EINFLUSS DER HISTORIKER

Der politische und gesellschaftliche Einfluß der Historiker läßt sich nur schwer bestimmen. Über den Lehrbetrieb erreichten die Professoren Tausende von Studenten; Geschichte war in der Weimarer Zeit schon ein Massenfach (im WS 1930/1 studierten 8500 Studenten Geschichte, davon 4900 im Hauptfach und 3600 im Nebenfach)[55]. Über den Bereich ihrer Fachwissenschaft hinaus wirkten die Historiker insofern stärker als die meisten ihrer Kollegen in die akademische – z. T. auch in die allgemeine

---

49 Formulierung von Carl Heinrich Becker, Das Problem der Bildung in der Kulturkrise der Gegenwart, S. 29.

50 Vgl. Faulenbach, Ideologie des deutschen Weges, S. 284 ff.

51 Christian Graf Krockow, Scheiterhaufen. Größe und Elend des deutschen Geistes. Berlin 1983, S. 88.

52 Döring, Der Weimarer Kreis, S. 205.

53 Versuche, das Bildungswesen zu demokratisieren, die höhere Bildung breiteren Schichten zugänglich zu machen, stießen wegen der angeblichen Gefahr der Verflachung der Kultur auf dezidierte Ablehnung.

54 Dies gilt für die Zeit vor 1933 auch hinsichtlich der NS-Bewegung. Zur Haltung der Historiker 1933 vgl. Bernd Faulenbach, Die „nationale Revolution“ und die deutsche Geschichte. Zum zeitgenössischen Urteil der Historiker. In: Wolfgang Michalka (Hg.), Die nationalsozialistische Machtergreifung. Paderborn 1984, S. 357–371.

55 Deutsche Hochschulstatistik, Bd. 6, Winterhalbjahr 1930/31. Berlin 1931, S. 22 f.

– Öffentlichkeit hinein, als sie besonders häufig Fest- und Gedenkreden zum 18. Januar, zu Versailles, Langemarck oder auch zum 18. August (Verfassungstag) hielten. Zwar konnten die Historiker die Etablierung der Soziologie als akademischer Disziplin nicht verhindern, doch behauptete die Historie zum Teil noch die Kompetenz für Grundfragen der Politik und der politischen Bildung.

Waren auch von Historikern verfaßte „Bestseller" selten, so gab es doch Veröffentlichungen wie Johannes Hallers „Epochen deutscher Geschichte", die durchaus politische Leitvorstellungen transportierten und hohe Auflagen erzielten[56]. Und eine ganze Reihe von Arbeiten, wie Johannes Ziekurschs – in ihrer Interpretationslinie indes für die Zunft atypische – „Politische Geschichte des neuen deutschen Kaiserreichs", fanden in der öffentlichen Meinung erhebliche Beachtung[57]. Gleichwohl war die Zunft durch das Aufkommen der historischen Belletristik, in der man ein Symptom der Massenkultur sah, sehr beunruhigt.

Ein beträchtlicher Teil der Historiker hat, das politisch-publizistische Engagement der Professoren während des Weltkrieges partiell fortsetzend, versucht, publizistisch Einfluß zu nehmen. Man schrieb vor allem für politisch-literarische Zeitschriften wie die „Preußischen Jahrbücher", die „Deutsche Rundschau", "Deutschlands Erneuerung" oder auch die „Süddeutschen Monatshefte", Zeitschriften, die vorrangig das gebildete bürgerliche Publikum erreichten. Man versuchte, zeithistorische oder – gleichsam von hoher historischer Warte – politische Themen zu behandeln. Einige Historiker schrieben mehr oder weniger regelmäßig für Tageszeitungen, und zwar vornehmlich für bürgerliche Blätter, so etwa Friedrich Meinecke, Otto Hoetzsch oder Fritz Kern. Nimmt man hinzu, daß einige auch Rundfunkvorträge hielten[58], so muß man feststellen, daß es doch auch unter den Historikern Versuche gab, sich den neuen Strukturen der öffentlichen Meinung anzupassen. Doch blieb man insgesamt gesehen überwiegend in der bildungsbürgerlichen Welt. Man näherte sich der Politik – wie Heinz Gollwitzer formuliert hat – „ohne sich ins Getümmel zu stürzen und den gehegten Bezirk der Bildung ernstlich verlas-

---

[56] Johannes Haller, Die Epochen der deutschen Geschichte. Stuttgart und Berlin 1923.

[57] Vgl. Faulenbach, Ideologie des deutschen Weges, S. 219 ff.

[58] Siehe z. B. Erich Marcks, Auf- und Niedergang im deutschen Schicksal. 5 Rundfunkbeiträge vor dem Deutschlandsender. In: Archiv für Politik und Geschichte 8 (1927), S. 1–29.

sen zu wollen"[59]. Selbst die Beziehung zu anderen bürgerlichen Schichten ist schwer zu bestimmen. Nimmt man die Historiker zum Maßstab, so deutet vieles darauf hin, daß die Kluft zwischen Bildungselite und Wirtschaftselite in der Weimarer Zeit erhalten blieb – auch wenn Historiker vereinzelt auf Veranstaltungen von Verbänden referierten, wie Johannes Haller, der 1926 vor dem Verein deutscher Eisenhüttenleute einen Vortrag über „Gesellschaft und Staatsform" hielt.

Es entsprach dem skizzierten Selbstverständnis der Historiker, daß man sich für überparteiliche nationale Zusammenhänge engagierte, für den Verein für das Deutschtum im Ausland, für den Arbeitsausschuß Deutscher Verbände oder für den Verein für die Erneuerung des Reiches. Auch das Engagement der Historiker für die Wiederwahl Hindenburgs 1932 – einen entsprechenden Aufruf unterschrieben 74 Historiker – paßt in diesen Zusammenhang. Die Mehrzahl scheute offensichtlich ein direktes parteipolitisches Engagement. Und auch das der Minderheit trug überwiegend ambivalente Züge. Diese Historiker hatten nicht nur häufig ein spannungsreiches Verhältnis zu „ihrer" Partei, sie pflegten auch die Zugehörigkeit vor sich und anderen zu relativieren, wie etwa Friedrich Meinecke, der 1925 auf einer Veranstaltung des demokratischen Studentenbundes erklärte: „Nicht für eine Partei, sondern für das Vaterland will ich sprechen, und für eine Partei nur soweit, als sie mir ein brauchbares Mittel für diesen höchsten Zweck zu sein scheint. Heute kann diese, morgen jene Partei dem Leitsterne des übergeordneten Staats- und Nationalinteresses nahe kommen . . .[60]." Ziel des parteipolitischen Engagements konnte geradezu die Eindämmung der Rolle der Parteien sein[61]; die Absicht, die Parteipolitik zurückzudrängen, führte freilich unter den Bedingungen der Weimarer Republik fast notwendig zur Parteipolitik. Der „Weimarer Kreis" der Hochschullehrer, dem eine Reihe von Historikern angehörten, war insofern charakteristisch für die Formen politischen Engagements, als man auch da, wo man die Republik zu stützen suchte, die Überparteilichkeit zu wahren suchte und eine fest Organisationsform ablehnte[62].

---

[59] Formulierung von Heinz Gollwitzer im Hinblick auf Karl Alexander von Müller (Heinz Gollwitzer, Karl Alexander von Müller 1882–1964. Ein Nachruf. In: Historische Zeitschrift 205 (1967), S. 295–322, Zitat S. 300).

[60] Meinecke, Politische Schriften und Reden. S. 369.

[61] Vgl. die Verteidigung des überparteilichen Staatsideals durch den deutschnationalen Georg von Below gegen den Sozialdemokraten Otto Landsberg (in: Die Gesellschaft 4 (1927), S. 281–286).

[62] Vgl. dazu die Arbeit von Döring über den Weimarer Kreis (s. Anm. 13).

Immerhin haben sich eine Reihe von Historikern überwiegend publizistisch oder durch Vorträge parteipolitisch engagiert, ein Teil für die DNVP (Georg von Below, Dietrich Schäfer, Otto Hoetzsch und Eduard Meyer), für die DVP Karl Brandi, der diese lange in Göttingen repräsentierte, und Paul Wentzcke, für die DDP – mit Einschränkungen – Friedrich Meinekke oder Walter Goetz, der das politisch-ethische Rollenverständnis dieser Partei hervorhob: die DDP sei keine Klassenpartei, stelle vielmehr Weltanschauung und Staat über alles Wirtschaftliche und den Klassengedanken[63]. Engagement für die Sozialdemokratie war höchst selten. Gustav Mayer, der ein Extraordinariat innehatte, wurde ihr zugerechnet, einige jüngere nicht etablierte Historiker standen ihr nahe[64]. Der Rückzug der Professoren aus den gesamtstaatlichen Parlamenten, der schon vor der Jahrhundertwende mit der zunehmenden Professionalisierung der Politik vollzogen worden war, wurde in der Weimarer Zeit nicht rückgängig gemacht[65].

Allerdings gab es doch einige Historiker, die Parlamentsmandate übernahmen und damit teilweise in die politische Elite vorstießen. Mitglieder der Weimarer Nationalversammlung waren Ludwig Quidde, der mit seinem pazifistischen Engagement – er war 1915–1929 Leiter der Deutschen Friedensgesellschaft und wurde 1927 mit dem Friedensnobelpreis ausgezeichnet – unter den Historikern eine Ausnahmeerscheinung war, sowie der vergleichsweise unbekannte Posener Historiker A. Hermann, der wie Quidde der DDP angehörte. Reichstagsabgeordnete waren Martin Spahn – zunächst wie sein Vater Zentrumsmitglied[66], vertrat er seit 1924 die DNVP im Reichstag, – Otto Hoetzsch, ebenfalls DNVP-Reichstagsabgeordneter, der sich freilich 1930 mit den Volkskonservativen von den Deutschnationalen trennte[67], und Walter Goetz, der 1920–28 Reichstagsabgeordneter der DDP war, gleichzeitig aber auch seine Professur in Leipzig ausübte, was nur angesichts der relativ geringen räumlichen Entfernung von Berlin möglich war[68]. Auch die Nicht-Ordinarien Ludwig Bergsträßer und Arthur Rosenberg gehörten 1924 bis 1928 dem Reichstag an,

---

63 Vgl. Walter Goetz, Die demokratischen Fraktionen im Reich und in den Ländern. In: Anton Erkelenz (Hg.), Zehn Jahre deutsche Republik. Ein Handbuch für republikanische Politik. Berlin 1928, S. 149 f.

64 Linken demokratisch-sozialistischen Positionen standen Eckart Kehr und Wolfgang Hallgarten nahe.

65 Siehe Bernhard vom Brockes Beitrag in diesem Bande.

66 Spahn war 1910–1912 Zentrumsabgeordneter im Reichstag.

67 Hoetzsch war 1920–30 Reichstagsabgeordneter.

68 Siehe Walter Goetz, Historiker in meiner Zeit. Köln und Graz 1957, S. 60 f.

Bergsträßer als Mitglied der DDP-, Rosenberg als Mitglied der KPD-Fraktion; beide haben übrigens dem 4. Unterausschuß des Parlamentarischen Untersuchungsausschusses angehört, der die Ursachen des deutschen Zusammenbruchs im Jahre 1918 zu untersuchen hatte, und dabei ihr historisches Handwerkszeug einbringen können. Der Weg dieser Historiker läßt freilich erkennen, daß sie nur sehr bedingt im Sinne der Parteiapparate, Parteilinie oder Parteiräson funktionierten bzw. zu funktionieren willens waren. – Zu den Historiker-Politikern gehörte auch der der DVP angehörende Hermann Reincke-Bloch, der 1920/21 Ministerpräsident und 1921/22 Kultusminister von Mecklenburg-Schwerin war. Eine einflußreiche Position in der Hochschulpolitik nahm – um ein letztes Beispiel zu nennen – Wolfgang Windelband ein, der als Personalreferent für die Universitäten im preußischen Kultusministerium fungierte.

Gegenüber der Vorkriegszeit in der Weimarer Zeit eher verringert hatte sich für die Historiker, wie für die Professoren insgesamt, die Möglichkeit politischer Einflußnahme über die höhere Verwaltung. Eine informelle politische Einflußchance behielten die Berliner Historiker, die zum Teil mit den politischen und bürokratischen Führungsgruppen, über gesellige Gesprächszirkel, persönliche Kontakte – die im einzelnen noch zu untersuchen sind – in mittelbar politischen Kommunikationszusammenhängen standen[69]. Bemerkenswert ist auch der Anfang der 30er Jahre von Fritz Kern zusammen mit dem Nationalökonomen Herbert von Beckerath unternommene Versuch, in enger Fühlung mit einem leitenden Beamten des Auswärtigen Amtes das Konzept einer engen deutsch-französischen Zusammenarbeit zu entwickeln und zu propagieren[70].

Überblickt man das politische Engagement der Historiker, so wirkten in ihm – sowohl in den Formen als auch in den Inhalten – trotz aller Unterschiede im einzelnen die Leitbilder der Gelehrtenpolitik des Kaiserreichs nach, die freilich angesichts der veränderten politisch-gesellschaftlichen Rahmenbedingungen obsolet geworden waren.

*

Zusammenfassend gesehen stellen die Geschichtsprofessoren der Weimarer Zeit eine überwiegend aus dem Bildungsbürgertum rekrutierte Teilgruppe der Hochschullehrerschaft und der Kulturelite dar, die durch einen engen wissenschaftlichen – aber auch darüber hinausgehenden ge-

---

[69] Vgl. Meinecke, Autobiographische Schriften, S. 232 ff.; Döring, Der Weimarer Kreis, S. 70 ff.

[70] Siehe Hans Hallmann, Fritz Kern 1884–1950. In: Bonner Gelehrte. Beiträge zur Geschichte der Wissenschaften in Bonn. Bonn 1968, S. 366 ff.

sellschaftlichen – Kommunikationszusammenhang geprägt war. Von diesem gestützt besaßen die Historiker trotz aller politischen Meinungsunterschiede und Generationsdifferenzen ein traditional vermitteltes – gleichsam auf die vorindustrielle und vorkapitalistische Gesellschaft bezogenes – elitäres Selbstbewußtsein, in dem sich fachwissenschaftliche Leistungen, das Bewußtsein, das Erbe der Vergangenheit zu verwalten, und der Anspruch nationalpolitischer Orientierungskompetenz verbanden. Wenn die Historiker überwiegend die politisch-gesellschaftliche Realität der Weimarer Republik sehr kritisch sahen, so war dies Ausdruck ihres Selbstverständnisses, Hüter geistiger, nationaler politischer Werte zu sein; sie fühlten sich als „Wertelite"[71]. Doch unverkennbar war diese kritische Haltung mitbestimmt durch die Furcht vor einer „Deklassierung des Geistigen"[72], durch den Geltungsverlust geisteswissenschaftlicher Bildung, den – durch die Inflation beschleunigten – Abstieg der kulturtragenden Schichten[73], auch durch die mangelnde Akzeptanz der eigenen Sinndeutungen angesichts der durch tiefgreifende gesellschaftliche Gegensätze und Konflikte geprägten politisch-kulturell fragmentierten Weimarer Republik. In dieser Konstellation tendierten die Historiker dazu, ihre Identifikation mit dem Ganzen der Nation und ihrer besonderen Geschichte sehr stark zu akzentuieren[74] und dabei die traditionellen Politikleitbilder zu konservieren und der Gegenwart entgegenzuhalten, wobei der Wunsch, den Einfluß der Massen in Politik und Gesellschaft zurückzudrängen, und das Ziel, den elitären Anspruch zu realisieren, miteinander verknüpft waren. 1933 war es die Hoffnung, den nationalen Wiederaufstieg vorantreiben und die Vorkriegsverhältnisse wiederherstellen zu können, gesteigert durch die Stimmung des „nationalen Aufbruchs", die die

[71] Vgl. zum Begriff „Wertelite": Kurt Lenk, „Elite" – Begriff oder Phänomen? In: Aus Politik und Zeitgeschichte B 42/82, 23. Okt. 1982, S. 27–37, hier S. 34 f.

[72] Lothar Albertin, Liberalismus und Demokratie am Anfang der Weimarer Republik. Eine vergleichende Analyse der Deutschen Demokratischen Partei und der Deutschen Volkspartei. Düsseldorf 1977, S. 134 f.

[73] Theodor Geiger konstatierte in seiner Untersuchung „Die soziale Schichtung des deutschen Volkes" (Stuttgart 1932, S. 99 ff.) „ganz deutliche Symptome der Auflösung am so genannten ‚Stand der Akademiker', der lange Zeit hindurch eine sehr fest abgegrenzte Kernmasse innerhalb der ‚Gebildeten' darstellte . . ." Er brachte diese Auflösung auf der einen Seite mit abnehmendem Prestige akademisch-theoretischer Bildung, auf der anderen mit dem Ausweichen junger Akademiker in untergeordnete, nicht-akademische Stellungen in Verbindung.

[74] Man mag in dieser Tendenz eine Parallele zur Haltung des Mittelstandes sehen. Vgl. M. Rainer Lepsius, Extremer Nationalismus. Strukturbedingungen vor der nationalsozialistischen Machtergreifung. Stuttgart 1966, S. 9 ff.

Historiker nicht nur die bis dahin vorherrschende Distanz zum Nationalsozialismus aufgeben, sondern sich mehrheitlich bejahend auf den Boden der neuen politischen Verhältnisse stellen ließ[75] – ohne daß der eigene geistige Führungsanspruch in der neuen Wirklichkeit einlösbar war. Wenn für irgendeine Zeit, so gilt für die 20er und 30er Jahre Gustav Radbruchs auf der Weimarer Tagung verfassungstreuer Hochschullehrer geäußertes Dictum: die Professoren seien immer mit den „Gesten der Führerschaft" aufgetreten, aber vielfach „Geführte", wo nicht „Angeführte des Zeitgeistes" gewesen[76].

---

[75] Vgl. Bernd Faulenbach, Die „nationale Revolution" und die deutsche Geschichte. Zum zeitgenössischen Urteil der Historiker, und: Hans Mommsen, Der Mythos des nationalen Aufbruchs und die Haltung der deutschen intellektuellen und funktionalen Eliten. In: 1933 in Gesellschaft und Wissenschaft, hg. v. der Pressestelle der Universität Hamburg. Hamburg 1983, S. 127–141.

[76] Gustav Radbruch, in: Die deutschen Universitäten und der heutige Staat. Referate, erstattet auf der Weimarer Tagung deutscher Hochschullehrer am 23. und 24. April 1926 von Wilhelm Kahl, Friedrich Meinecke und Gustav Radbruch. Tübingen 1926, S. 33.

Die Hochschullehrerschaft im Dritten Reich

VON HELLMUT SEIER

Der Weg der Hochschulen im Dritten Reich war zwiespältig und ist mit einer einfachen Formel nicht zu fassen. Weder ist eindeutig, ob sie, um mit Ernst Nolte zu sprechen, „essentiell oder nur akzidentiell“[1] am Nationalsozialismus Anteil hatten, ob sie mehr eine seiner Quellen und Wurzeln oder mehr Werkzeug und Beute oder gar eher Opfer und heimliche Gegner gewesen sind, noch darf als hinreichend geklärt erachtet werden, was es im einzelnen auf sich hatte mit dem von Karl Dietrich Bracher beschriebenen Sachverhalt, daß mit ihrer „äußeren Unterwerfung nicht auch die volle innere Gleichschaltung gelang“[2]. Formulierungen der 60er Jahre, aus denen die Schwierigkeit spricht, einem widersprüchlichen Befund gerecht zu werden: einer Wissenschaft, die der politischen Herrschaft strekkenweise dienstbar war, ohne in ihr aufzugehen, und einer Hochschulpolitik, die die partielle Fungibilität erzwang, zur theoretischen und organisatorischen Neukonstituierung aber nicht imstande war. Seither hat die Forschung eine Vielzahl weiterer Symptome dafür zusammengebracht. Die Komplexität der Problematik ist dadurch aber nur noch spürbarer geworden. An der Konstatierung fundamentaler Ambivalenzen hat sich nichts geändert[3].

---

[1] Ernst Nolte, Die deutsche Universität und der Nationalsozialismus. In: Neue politische Literatur 12 (1967), S. 236–239, hier 236.

[2] Karl Dietrich Bracher, Die Gleichschaltung der deutschen Universität. In: Nationalsozialismus (wie Anm. 10), S. 126–142, hier 140.

[3] Zum Forschungsstand zuletzt: Manfred Funke, Universität und Zeitgeist im Dritten Reich. In: Aus Politik und Zeitgeschichte 36 (1986), B 12, S. 3–14; Peter Lundgreen (Hg.), Wissenschaft im Dritten Reich. Frankfurt 1985; Jörg Tröger (Hg.), Hochschule und Wissenschaft im Dritten Reich. Frankfurt 1984; Manfred Heinemann (Hg.), Erziehung und Schulung im Dritten Reich. Teil 2: Hochschule, Erwachsenenbildung, Stuttgart 1980; Herbert Mehrtens u. Steffen Richter (Hg.), Naturwissenschaft, Technik und NS-Ideologie. Frankfurt/M. 1980; Michael H. Kater, Professoren und Studenten im Dritten Reich. In: Archiv für Kulturgeschichte 67 (1985), S. 465–487. Hellmut Seier, Universität und Hoch-

Das gilt auch für den Personenkreis, von dem im folgenden allein die Rede ist: von der Hochschullehrerschaft, speziell den ordentlichen Professoren und dem Teil des akademischen Nachwuchses, der Lehrstühle erstrebte. Struktur, Funktion und Mentalität dieser universitären Führungsschicht sind nicht auf einen schlichten Nenner zu bringen. Freilich hat die zeitgeschichtliche Erkundung sie bisher auch kaum genauer ins Auge gefaßt; ja wenn, was die Universitäten des Dritten Reiches im allgemeinen betrifft, die Forschung generell im Rückstand ist, so steckt der gruppenspezifische Ansatz vollends erst in den Anfängen. In der ersten Zeit nach 1945 gab es Annäherungen mit Erinnerungseinschlag und leicht apologetischem Unterton[4]. Es folgten Gruppierungsversuche anhand ideologiekritischer und kollektivmoralistischer Typologien, wobei der Blick überwiegend auf den Anfangsjahren und auf den Geisteswissenschaften lag[5]. Die erste aktengestützte Gesamtanalyse ging mehr vom Anteil der Partei an der Personalpolitik als vom Objekt derselben aus und ist obendrein ungedruckt[6], und von Helmut Heiber, dem mutmaßlich besten Kenner der Materie und ihrer archivalischen Spur, liegt nach wie vor nichts als ein gedankenreiches, aber verengend betiteltes, tausendseitiges Sittenbild mit ausufernder Detailtreue vor[7]. Erst Arbeiten aus jüngster Zeit, noch kaum zur Buchform ausgereift, durchbrechen die individualpsychologisch rechtende, am Ausnahmecharakter des Dritten Reiches haftende Deutung und streben statt dessen der Einordnung in langwellige, überepisodische, soziokulturelle Entwicklungen zu, wozu der seit der Jahrhundertwende erkennbare Ausbau der Universität zum finanzintensiven Großbetrieb, die

schulpolitik im nationalsozialistischen Staat. In: Klaus Malettke (Hg.), Der Nationalsozialismus an der Macht. Göttingen 1984, S. 143–165.

[4] Vgl. etwa Gerhard Ritter, Der deutsche Professor im ‚Dritten Reich'. In: Gegenwart 1 (1945/46), S. 23–26; Joachim Werner, Zur Lage der Geisteswissenschaften in Hitler-Deutschland. In: Schweizerische Hochschulzeitung 19 (1945/46), S. 71–81.

[5] Beeindruckend nach wie vor Ernst Nolte, Zur Typologie des Verhaltens der Hochschullehrer im Dritten Reich. In: Aus Politik und Zeitgeschichte 15 (1965), B 46, S. 3–14 (Neudruck in: Ders., Marxismus, Faschismus, Kalter Krieg. Stuttgart 1977, S. 136–152); Wolfgang Kunkel, Der Professor im Dritten Reich. In: Universität (wie Anm. 10), S. 103–133.

[6] Reece Conn Kelly, National Socialism and German University Teachers. Phil. Diss. Univ. of Washington 1973.

[7] Helmut Heiber, Walter Frank und sein Reichsinstitut für Geschichte des neuen Deutschlands. Stuttgart 1966. – Heiber arbeitet seit langem und auf breiter archivalischer Basis an einer Gesamtdarstellung über „Hochschulen und Hochschulpolitik im Dritten Reich".

Determinanten und Vorgaben wirtschaftsproduktiver Forschung, überepochale Trends in der geistespolitischen Frontbildung, schließlich die Bindungen zumal der Naturwissenschaften an Rüstungs- und Kriegserfordernisse die Stichwörter gaben[8]. Auch von den noch immer vereinzelten Monographien über bestimmte Fächer, Ämter und Hochschulen fiel Licht auf den Berufsstand als ganzen[9]. Die Integration aller dieser Beobachtungen in das berufsspezifische Verhaltensprofil steht gleichwohl noch aus, wie

---

[8] Vgl. bes. Herbert Mehrtens, Das ‚Dritte Reich' in der Naturwissenschaftsgeschichte: Literaturbericht und Problemskizze. In: Mehrtens/Richter, Naturwissenschaft, S. 15–87; Ders., Die Naturwissenschaften im Nationalsozialismus. In: R. Rürup (Hg.), Wissenschaft und Gesellschaft. Berlin 1979, Bd. 1, S. 427–443; ergiebig für längerfristige Entwicklungszusammenhänge und Trends vor allem in der Lehre auch Konrad H. Jarausch, Deutsche Studenten 1800–1970. Frankfurt 1984; unergiebig dagegen Thomas Ellwein, Die deutsche Universität vom Mittelalter bis zur Gegenwart. Königstein 1985.

[9] Herausragend: Alan D. Beyerchen, Wissenschaftler unter Hitler. Physiker im Dritten Reich. Köln 1980; Karl-Heinz Ludwig, Technik und Ingenieure im Dritten Reich. Düsseldorf 1974; Volker Losemann, Nationalsozialismus und Antike. Studien zur Entwicklung des Faches Alte Geschichte 1933–1945. Hamburg 1977; Reinhard Bollmus, Das Amt Rosenberg und seine Gegner. Stuttgart 1970; Michael H. Kater, Das ‚Ahnenerbe' der SS 1935–1945. Stuttgart 1974; Uwe Dietrich Adam, Hochschule und Nationalsozialismus. Die Universität Tübingen im Dritten Reich. Tübingen 1977. – In den letzten Jahren hat sich das Interesse der Forschung ersichtlich von der Hochschulpolitik zur Wissenschaftsgeschichte hingewendet. Davon zeugen zahlreiche Einzelstudien und Aufsätze über die Forschungs-, Wissenschafts- und Ideologieentwicklung einzelner Fächer. Hervorzuheben sind die Spezialbeiträge in den Sammelbänden von Lundgreen (v. a. Geisteswissenschaften), Mehrtens/Richter (v. a. Naturwissenschaften) und Ernst-Wolfgang Böckenförde (Hg.), Staatsrecht und Staatsrechtslehre im Dritten Reich. Heidelberg 1985; einseitiger dagegen Rainer Brämer (Hg.), Naturwissenschaft im NS-Staat. Marburg 1983. Weiterführend ferner einige Einzeluntersuchungen: Ruth Römer, Sprachwissenschaft und Rassenideologie in Deutschland. München 1985; Robert P. Erickson, Theologians under Hitler. New Haven 1985; Michael H. Kater, Medizinische Fakultäten und Medizinstudenten. In: F. Kudlien (Hg.), Ärzte im Nationalsozialismus. Köln 1985, S. 35–54. – In den meisten dieser fachorientierten Studien zeichnet sich eine vom Nationalsozialismus im engeren Sinne deutlich unterscheidbare Kontinuität nicht- und vornationalsozialistischer Methoden, Forschungsziele und Lehrmeinungen ab, die freilich vielfach einen ausgeprägt konservativen oder nationalen Zuschnitt hatten oder durch Bezüge zu biologistischem, autarkistischem und wehrideologischem Denken in das Umfeld hineinragten, aus dem die NS-Ideologie mit erwuchs. Zusammenfassend hierzu Lundgreen, S. 21 ff.

denn eine moderne Gesamtdarstellung sowohl der NS-Hochschulpolitik als auch der von ihr mitgeprägten Wissenschaftsgeschichte bis heute Desiderat geblieben ist[10].

Unsere Fragestellung mustert den solcherart steinigen, nie gleichmäßig tiefgepflügten, nur parzellenhaft bestellten Forschungsacker unter dem Gesichtspunkt, inwieweit die Hochschullehrerschaft der NS-Zeit gesellschaftlich und politisch, wissenschaftsformend und durch kulturelle Normensetzung eine Führungselite war und damit in Kontinuität zu ihren Vorgängergenerationen stand, inwieweit und mit welchen Folgen sie als solche agierte, anerkannt wurde und sich selbst begriff, inwieweit sie systemkonform war, zur Machtteilhabe gelangte und mit anderen Eliten in Verbindung stand. Den Elitenbegriff[11] verwenden wir, wie hieraus ersichtlich, in doppeltem Sinne: einerseits bezogen auf die professorale *Funktions*elite, die durch Systemnähe politisch relevante Amtsgewalt innerhalb und außerhalb der Universität erlangte, andererseits mit dem Blick auf den Berufsstand als ganzen, auf jene nur noch als Summe überschaubare, gut zehntausend[12] Namen umfassende, dabei jedoch höchst heterogene Zunft der Fachgelehrten, die als *Wert*elite systemloyal überdauerte, indem sie mit äußerlicher Verfügbarkeit, Stufen der Anpassung, punktueller und zeitweiliger Systemsympathie zugleich auch Vorbehalte, partielle Nichtanpassung, zuweilen getarnte oder verschwiegene Gegnerschaft verband und nichtsdestoweniger an der Ausbildung von elitärem Nachwuchs und an der Bereitstellung von führungswichtigem Wissen beteiligt blieb[13]. Die Rollen-Varianten sind Legion und keineswegs reinlich

---

[10] Veraltet und nur über die Anfänge: Edward Y. Hartshorne, The German Universities and National Socialism. London 1937. – Veraltet, zeitgebunden in der Problemstellung, aber teilweise materialreich auch die Vorlesungsreihen der 60er Jahre: Andreas Flitner (Hg.), Deutsches Geistesleben und Nationalsozialismus. Tübingen 1965; Die deutsche Universität im Dritten Reich. München 1966 (zit.: Universität); Nationalsozialismus und die deutsche Universität. Berlin 1966 (zit.: Nationalsozialismus). – Einseitig und mehr mit Blick auf die Nachkriegszeit: Rolf Seeliger (Hg.), Braune Universität, H. 1–6. München 1964–68.

[11] Zur Unterscheidung von Funktions- und Werteliten vgl. Kurt Lenk, ‚Elite' – Begriff oder Phänomen? In: Aus Politik und Zeitgeschichte 32 (1982), B 42, S. 27–37, hier 34, 36.

[12] Grobe Schätzung, die sich aus dem Vergleich von Stellenplänen und Personalfluktuation ergibt; vgl. unten Anm. 21 und 30.

[13] Vgl. die „Stufen der ‚Nicht-Gleichschaltung'" bei Hans Rothfels, Die deutsche Opposition gegen Hitler. Frankfurt 1958, S. 31 ff. – Die subsumierende terminologische Definition von Gesinnungs- und Verhaltensformen zwischen Kollaboration und Widerstand ist nach wie vor unsicher. Bevorzugt werden derzeit

zu scheiden. Die Aufgabe besteht vielmehr darin, sie zueinander in Beziehung zu setzen und nach Berührungen zu fragen. Wir verfahren gemäß dem vorgegebenen Raster[14], das heißt wir beginnen mit berufsstrukturellen Kriterien (1), blicken sodann auf Funktion und Machtteilhabe (2) und schließen mit dem, was als mentaler Reflex der Elitenrolle und ihres Wandels auszumachen ist (3). Edierte Quellen intimerer Art, besonders zu letzterem, sind nach wie vor spärlich[15]. Wir ziehen daher stellenweise und subsidiär auch zeitgenössische Publizistik und ungedrucktes Material[16] heran.

Begriffe wie Resistenz (so Broszat), Renitenz und Dissidenz sowie ihre einschränkenden Ableitungen („partielle Resistenz"). Nicht mehr strittig ist dagegen, daß mit allen Formen von „Teilkritik" (Hans Mommsen) und nichtoffener Gegnerschaft, vielfach aber auch mit Widerstand im engeren Sinne, zugleich situationsbedingte und temporär schwankende Gleichschaltungsphänomene verbunden waren. Davon ist auch die Hochschullehrerschaft nicht auszunehmen. – Zum Forschungsstand allgemein zuletzt Martin Broszat, Zur Sozialgeschichte des deutschen Widerstands. In: Vierteljahrshefte für Zeitgeschichte 34 (1986), S. 293–309, hier 300 ff.; Hans Mommsen, Der Widerstand gegen Hitler und die deutsche Gesellschaft. In: Historische Zeitschrift 241 (1985), S. 81–104, hier 95.

14 Es empfahl namentlich die Herausarbeitung von Gruppentypologien und die Unterscheidung von objektiven und subjektiven Elitekriterien.

15 Das gilt namentlich für zuverlässig edierte Briefe, Akten und Protokolle. Aufschlußreich in diesem Sinne neben den Brief- und Protokolleditionen von Aland, Scholder und Dehio und Classen (s. u. Anm. 65, 119, 156) jetzt vor allem die mustergültig edierten Briefe des Freiburger Historikers Gerhard Ritter (Gerhard Ritter. Ein politischer Historiker in seinen Briefen. Hg. v. Klaus Schwabe und Rolf Reichardt. Unter Mitwirkung von Reinhard Hauf. Boppard 1984). – Einseitiger und editorisch unzulänglich die Auswahl von Léon Poliakov u. Josef Wulf (Hg.), Das Dritte Reich und seine Denker. Berlin 1959.

16 Es entstammt dem Document Center Berlin (= DCB), dem Geheimen Staatsarchiv Berlin (= GStB), dem Bundesarchiv Koblenz (= BAK) und dem Staatsarchiv Marburg (= StAM). Die Archivstudien wurden teilweise schon in den 50er und 60er Jahren vorgenommen. – Weitere Abkürzungen: REM = Reichsministerium für Wissenschaft, Erziehung und Volksbildung; SD = Sicherheitsdienst; SHA = Reichssicherheitshauptamt; OKW = Oberkommando der Wehrmacht; OKH = Oberkommando des Heeres; NSDDozB = Nationalsozialistischer Deutscher Dozentenbund; NSDStB = Nationalsozialistischer Deutscher Studentenbund; DAZ = Deutsche Allgemeine Zeitung.

1. BERUFSSTRUKTURELLE KRITERIEN

Den tiefsten Einschnitt in die Struktur des Berufsstandes setzte der Personalschub, mit dem die NS-Herrschaft in den Hochschulen begann. Er vollzog sich überwiegend formallegal, war aber von Basisterror flankiert. Am Anfang stand, von landespolitischen Vorgriffen abgesehen, das Gesetz zur Wiederherstellung des Berufsbeamtentums vom 7. April 1933[17]. Es verdrängte politische Gegner und „Nichtarier", vornehmlich Juden, ohne den Arierbegriff unmißverständlich zu definieren. Auch ließ es im Hinblick auf Altbeamte, Frontkämpfer und Weltkriegsopfer in relativ breiter Fächerung Ausnahmeregelungen zu (§ 3, Abs. 2). Verblieb hier eine teilweise dehnend genutzte Grauzone[18], so wurden damit andererseits Angriffsflächen für Provokation und Hörsaaldruck geschaffen. Verschärfende Zusätze[19] schränkten den Spielraum in den folgenden Jahren überdies derart ein, daß „Arisierung" und personelle Entdemokratisierung spätestens 1938/39 auch im Hochschulbereich als abgeschlossen gelten konnten.

Dies um so mehr, als schon die Verdrängungaktion von 1933/34 sich nicht nur gegen beamtete Hochschullehrer gerichtet hatte. Von ihr waren 1684 Wissenschaftler betroffen worden, darunter 313 ordentliche, 109 außerordentliche und 284 nichtbeamtete außerordentliche Professoren, ferner 75 Honorarprofessoren, 322 Privatdozenten, 232 Assistenten, der Rest Lektoren, Kustoden, Bibliothekare und Mitarbeiter. Bis 1934 haben fast 15 % des amtierenden Lehrkörpers und 11 % der Ordinarien ihre Lehrtätigkeit ein-

---

[17] Druck: Reichsgesetzblatt 1933, Bd. 1, S. 175; Teildruck: Gerd Rühle, Das Dritte Reich. Berlin 1933, Bd. 1, S. 112 f. – Allgemein: Hans Mommsen, Beamtentum im Dritten Reich. Stuttgart 1966, S. 39 ff.

[18] So konnten in Heidelberg aufgrund der Ausnahmeregelungen über die Hälfte der ‚Nichtarier' (23 von 43 unter insgesamt 214 Lehrkräften) zunächst im Amt bleiben; vgl. Birgit Vezina, ‚Die Gleichschaltung' der Universität Heidelberg im Zuge der nationalsozialistischen Machtergreifung. Heidelberg 1982, S. 49, 105, 171. – Zur Anzahl der Juden in den Lehrkörpern und zum Problem ihrer proportionalen Überrepräsentanz vor allem in der medizinischen und juristischen Fakultät zuletzt Michael H. Kater, Die nationalsozialistische Machtergreifung an den deutschen Hochschulen. In: H. J. Vogel u. a. (Hg.), Die Freiheit des Anderen. Festschrift Martin Hirsch. Baden-Baden 1981, S. 49–75, hier S. 51 (mit Lit.). – Zum Hörsaaldruck am Beispiel der TU Berlin Rudolf Schottlaender, Antisemitische Hochschulpolitik. In: Rürup, Bd. 1, S. 445–453, hier S. 447.

[19] Sechs Änderungsgesetze, zusammengestellt bei Vezina, S. 33, Anm. 59, sowie Blutschutz- und Reichsbürgergesetz.

stellen müssen[20]. Je nach beamtenrechtlicher Stellung, Dienstalter und Art der Betroffenheit durch das Gesetz schwankte die Form der Verdrängung zwischen vorzeitiger Pensionierung, Ruhestandsversetzung mit gekürzten Bezügen und entschädigungsloser Entlassung.

Zu wesentlich höheren Zahlen gelangt die Verlustbilanz, wenn sie die Folgezeit und die Emigration mit einbezieht. Nach den Berechnungen von Ferbers schied bis 1938 mehr als ein Drittel der deutschen Hochschullehrerschaft (39% des Lehrkörpers, darunter 28% der Ordinarien und 37% der habilitierten Nichtordinarien) aus. Über dreitausend Wissenschaftler, darunter 756 Ordinarien und planmäßige außerordentliche Professoren, haben Deutschland verlassen. Der Aderlaß traf prozentual mehr die Universitäten, namentlich einige Großstadtuniversitäten, als die Technischen Hochschulen, unter den Fächergruppen am meisten die Wirtschafts- und Sozialwissenschaften (41% der Ordinarien), die Mathematiker und Geographen (39%) und die Rechtswissenschaften (36%), und unter den Verdrängungsmotiven überwog das rassistische bei weitem[21]. Durch diesen

[20] Zahlen nach Hartshorne, S. 93, und Bracher, Gleichschaltung, S. 135. Die bei den Prozentberechnungen zugrundegelegten Gesamtzahlen weichen von den Angaben von Ferbers (s. u. Anm. 21, 30) leicht ab.

[21] Zahlen nach Christian von Ferber, Die Entwicklung des Lehrkörpers der deutschen Universitäten und Hochschulen 1864–1954. Göttingen 1956, S. 145. Die Berechnungen leiden an nicht unerheblichen statistischen Unsicherheitsfaktoren (z. B. Bezugszahlen 1931, Problem der natürlichen Abgänge), dazu ebd. S. 143 f. Vgl. ferner Helge Pross, Die geistige Enthauptung Deutschlands: Verluste durch Emigration. In: Nationalsozialismus, S. 143–155, hier S. 144; Emil J. Gumbel (Hg.), Freie Wissenschaft. Strasbourg 1938, S. 9; Bracher, Gleichschaltung, S. 135. – Das Reichserziehungsministerium bezifferte 1939 das Ausmaß des Personalschubs an den Hochschulen mit „45% aller beamteten wissenschaftlichen Stellen", womit alle anderen Verwaltungsbereiche übertroffen seien (Hans Huber, Der Aufbau des deutschen Hochschulwesens. Gräfenhainichen 1939, S. 7). Hierbei waren natürliche Emeritierungen und Stellenveränderungen ohne politischen Einschlag aber wohl mitgezählt. – Eine andere Berechnung, der das Biographische Handbuch der deutschsprachigen Emigration nach 1933 (hg. v. Institut für Zeitgeschichte München und der Research Foundation for Jewish Immigration, New York, 3 Bde., Münster/New York 1980–1983) zugrundeliegt, beziffert die Wissenschaftler-Emigration aus Deutschland auf 2400 bis 2500 Gelehrte, darunter in der „Mehrzahl" Ordinarien und Extraordinarien. Dabei sind Emeritierte jedoch offenbar eingeschlossen; vgl. Horst Möller, Exodus der Kultur. München 1984, S. 38, 40. – Den ersten Versuch einer Namens-Auflistung unternimmt Peter Kröner, Vor fünfzig Jahren. Die Emigration deutschsprachiger Wissenschaftler 1933–1939. Münster 1983. Seine Liste (S. 19–88) gibt Aufschluß über Namen, Daten, Herkunftshochschulen und Aus-

Exodus erlitt der Berufsstand eine nicht exakt zu messende, jedoch herbe und niemals überwundene Qualitätseinbuße, am sichtbarsten in den Naturwissenschaften, wo fünfzehn Nobelpreisträger[22], darunter elf Physiker, ins Ausland gingen, ablesbar aber auch am Rückgang der Promotionen, am nachlassenden Forschungsecho und an jahrelangen Lehrstuhlvakanzen[23]. Nicht viel weniger bedeutsam, weil nämlich psychologisch prädisponierend, war andererseits die Antwort derer, die die Verdrängung nicht betraf und die in Deutschland blieben. Sie billigten, so scheint es, den drastischen Eingriff mehrheitlich nicht oder nicht uneingeschränkt, jedenfalls nicht seine Form und sein Ausmaß, aber ihre legalistische, bis auf Einzelproteste[24] passive, von Halbzustimmung, unterschwelligem Antisemitismus, Furcht, Hoffnung auf Zeitgewinn, Uneinigkeit im Taktischen bestimmte Reaktion[25] sicherte ihnen die fachwissenschaftliche Wirkungsstätte und umschrieb damit eine Verhaltensfigur, die für die Expertenelite im Diktaturstaat fortan kennzeichnend blieb.

Diesem Verhalten sind nun freilich auch objektive Momente entgegengekommen. So tief der Einschnitt in die Zusammensetzung der Berufsgruppe war: ihr soziales Profil, ihre interne Gliederung, ihr Berufsbild wurden nur peripher davon berührt. Natürlich rückten in die freigewordenen Stellen meistenteils Jüngere nach – weniger ausgewiesen in ihrem Fach, ob

---

wanderungsländer. Sie nennt 1 522 Namen. Darunter sind indessen auch zahlreiche Wissenschaftler, die nicht Hochschullehrer waren. Die Zahl der Professoren oder der Habilitierten ist aus der Aufstellung nicht zu entnehmen.

22 Andere Berechnungen nennen 24 emigrierte Nobelpreisträger, darunter vor allem Physiker und Chemiker, herausragend etwa Einstein, Frank, Schrödinger, Born, Bethe, Haber, Debye, v. Hevesy (vgl. Möller, S. 70 f.). Dabei sind Gelehrte, die den Nobelpreis in der Emigration erhielten, allerdings eingeschlossen.

23 Vgl. Alan Beyerchen, Der Kampf um die Besetzung der Lehrstühle für Physik im NS-Staat. In: Heinemann, Erziehung, Bd. 2, S. 77–86, bes. S. 81, 84.

24 Am bekanntesten ist der Einsatz Max Plancks für Fritz Haber, vgl. Max Planck, Mein Besuch bei Adolf Hitler. In: Physikalische Blätter 3 (1947), H. 5, S. 143; vgl. Armin Hermann, Wie die Wissenschaft ihre Unschuld verlor. Stuttgart 1982, S. 135 f.

25 Vgl. für Heidelberg Vezina, S. 26 ff., bes. S. 44 f.; zum „unterschwelligen Antisemitismus" Kunkel, S. 109; zu den mentalen Voraussetzungen Fritz K. Ringer, Die Gelehrten. Der Niedergang der deutschen Mandarine 1890–1933. Stuttgart 1983, S. 126 ff.; vereinfachend Hans Peter Bleuel, Deutschlands Bekenner. Bern 1968, S. 220 ff. – Daß professoraler Antisemitismus vor 1933 und vor 1918 nicht mehrheitsbestimmend, zumindest bei Berufungen nicht ausschlaggebend gewesen sein kann, scheinen die hohen Verdrängungs- und Emigrationszahlen nach 1933 (s. o. Anm. 21) anzudeuten.

vorerst oder auf Dauer; dafür der Partei genehm. Sonst aber änderte sich nicht viel am gesellschaftlichen Habitus des Standes, gemessen an Herkunft und Laufbahn, am Planstellenkegel und an der formalen Qualifikation. Zur Frage der Herkunft fehlt es an Arbeiten. Was vorliegt, deutet jedoch nicht auf größere Diskontinuitäten hin. Auch nach 1933 entstammten rund drei Viertel aller Neuhabilitierten entweder einem akademisch-künstlerischen, meist der höheren Beamtenschaft zuzuzählenden (44% gegenüber 47,8% vor 1933) oder einem besitzbürgerlichen Milieu, das der Oberschicht oder der wirtschaftlich selbständigen Mittelschicht entsprach (30,7% gegenüber 35,8% vor 1933) und damit jedenfalls mehr dem der traditionalen Eliten als dem des „Alten Kämpfers" glich. Zwar nahm der Anteil derer, die aus wirtschaftlich unselbständigen und abhängigen Familien (Lehrer, Angestellte, mittlere und untere Beamte, Werkmeister, Arbeiter) kamen, stetig zu (25,3% gegenüber 16,4% vor 1933); aber dieser Trend bestand schon seit den Gründerjahren, wie er sich denn auch nach 1945 abgeschwächt fortsetzte[26]. Die übliche Laufbahn blieb insofern gewahrt, als auch nach 1933 die in Ordinariate Berufenen in der Regel und bis auf Ausnahmen promoviert und habilitiert gewesen sind[27] — sogar mit wachsender durchschnittlicher Zeitdifferenz zwischen beiden Qualifikationen (7,7 Jahre gegenüber 7,0 vor 1931) und ansteigendem Habilitationsalter (34

---

[26] Zahlen nach von Ferber, S. 177 (Durchschnitt der Habilitationsjahrgänge 1933–44 bzw. 1920–33). Zu den akademischen und künstlerischen Berufen rechnet von Ferber neben den Hochschullehrern als der weiterhin stärksten Herkunftsteilgruppe u. a. Richter, höhere Beamte, Rechtsanwälte und Ärzte. Zu den wirtschaftlich Selbständigen zählt er u. a. die Fabrikanten, Kaufleute, leitenden Angestellten, Offiziere und Landwirte. — Eine überraschende Kontinuität des Sozialprofils der Ordinarien ergab sich auch aus der Herkunftsanalyse von 532 deutschen Lehrstuhlinhabern der Geschichtswissenschaft zwischen 1800 und 1960 (Wolfgang Weber, Priester der Klio. Frankfurt 1984). Über alle Umbrüche hinweg entstammte danach die Mehrheit der deutschen Historiker der preußisch-protestantischen Ober- und oberen Mittelschicht. Etwa die Hälfte hatte akademisch gebildete Väter (S. 183).

[27] Daß bei der Neubesetzung freigewordener Lehrstühle nach 1933 „weitgehend [...] nicht nach dem Maßstab wissenschaftlicher Qualität" verfahren wurde und „viele der neu in den Lehrkörper Aufgenommenen Parteifunktionäre ortsansässiger NS-Organisationen" waren (so ohne Belege Möller, S. 41 f.), wurde so unterstrichen durch die Forschung bisher nicht bestätigt. Häufiger dürfte die politisch gefärbte Aufstiegsselektion unter Gleichqualifizierten gewesen sein; vgl. unten Anm. 55.

Jahre gegenüber 33,3 vor 1931)[28] – und bis zum Ruf größerenteils Extraordinariate oder außerplanmäßige Stellen innehatten. Versetzungen wurden möglich und dienten politischer Disziplinierung, kamen aber relativ selten vor, und wenn die Emeritierung nunmehr „Entpflichtung" hieß, zugleich das Entpflichtungsalter gesenkt und den Entpflichteten die Lehr- und Prüfungsbefugnis entzogen wurde, so führten fiskalische Sorgen, Nachwuchsmangel und die generelle Wiederverwendung der Ruheständler im Kriege bald zur Durchlöcherung dieser Vorschriften[29].

Etwas größeren Schwankungen unterlag die Stellenentwicklung, zumal der Rückgang der Studentenzahlen auf sie einwirkte. Die Verminderung des gesamten Personalbestandes, wodurch die Zahl aller Hochschullehrer (einschließlich der Lektoren, Lehrbeauftragten und Lehrer an Fachhochschulen) von 7 984 (1931) auf 7 265 (1938) sank und die der Ordinarien (ohne Emeriti und planmäßige außerordentliche Professoren) von 2 384 (1931) auf 2 164 (1938) zurückging, schlug besonders bei den Juristen (Rückgang bei Ordinarien von 200 auf 156), Geisteswissenschaftlern (von 462 auf 393) und evangelischen Theologen (von 126 auf 109) zu Buche, während der Abbau schon bei den Naturwissenschaftlern geringer war (von 560 auf 523) und die Mediziner (von 401 auf 398) oder Techniker (von 297 auf 294) ihn kaum spürten[30]. In begrenztem Umfang fanden Umwidmungen zugunsten ideologie- und kriegsbezogener Lehrstühle statt, namentlich in den Bereichen der Wehrwissenschaft, Rassenbiologie, Genetik, Volkskunde und Vorgeschichte, und entsprechende Anpassungen wirkten sich eher mehr noch auch bei den Honorarprofessuren und Lehraufträgen aus[31].

---

[28] Ebd., S. 149 f. (Durchschnitt der Habilitationsjahrgänge 1931–45 bzw. 1910–30).

[29] Einschlägige Bestimmungen gedruckt bei Gerhard Kasper u. a. (Hg.), Die deutsche Hochschulverwaltung, Berlin 1943, Bd. 2, S. 7 ff.; zur Praxis: Aharon F. Kleinberger, Gab es eine nationalsozialistische Hochschulpolitik? In: Heinemann, Bd. 2, S. 9–30, hier S. 12; Vezina, S. 89 f.

[30] Zahlen nach von Ferber, S. 195 ff. und 210 ff.

[31] Vgl. Vezina, S. 166 ff.; Hans Huber, S. 8; Hans Maier, Nationalsozialistische Hochschulpolitik. In: Universität, S. 71-102, hier S. 92 f. – Die Rückwirkung der Umwidmungen auf Fächerstruktur, Curricula, Mittelvergabe und Prüfungsordnungen wurde bisher kaum untersucht. Ansätze dazu gibt es in bezug auf die Medizin. Hier zeigte sich, daß „Wehrmedizin" und „Rassenhygiene" zwar frühzeitig zu teilweise prüfungsrelevanten Lehrstoffen wurden, die Umstrukturierung im ganzen sich aber in Grenzen hielt. Etatisierte Ordinarien-Planstellen für Rassenhygiene wurden bis Januar 1939 nur in Berlin, München, Frankfurt, Königsberg und Jena errichtet (Kater, Medizinische Fakultäten, S. 85). Auch war die erste außerordentliche Professur für Rassenhygiene bereits 1923 entstanden

Aber an der üblichen Karrierestufung und am Autoritätsgefälle in den Kliniken und Instituten wandelte sich durch alle diese Umschichtungen fast nichts. Die Ordinarien nahmen als Fakultätsmitglieder und Institutsdirektoren weiterhin die Spitzenfunktionen in Lehre und Forschung wahr. Außenseiter gab es, sie blieben jedoch der seltene, meist mit Argwohn betrachtete Sonderfall.

Ein solcher Außenseiter und Sonderfall war der Pädagoge Ernst Krieck (1882–1947), ein aus dem Südbadischen stammender Kleinbauernsohn und Volksschullehrer, der es als Autodidakt und Dr. h.c. ohne Studium und unhabilitiert schon 1930 zum Professor an einer Lehrerakademie und nach der Machtergreifung zum Ordinarius und Rektor erst in Frankfurt, dann in Heidelberg brachte. Der in den Umbruchjahren einflußreiche, eifernde, dabei eigenwillige Reformer, der seit 1932 der NSDAP angehörte und in ihr der Richtung Gregor Strassers nahestand, interessiert in unserem Zusammenhang zugleich deshalb, weil er einer der wenigen unter den NS-Theoretikern war, die über ein hochschulpolitisches Konzept verfügten, und weil dieses Konzept auf einen grundlegenden Wandel der Hochschulstruktur und Hochschulelite hinauslief. In seiner Jugend Anhänger von Natorps neukantischem Sozialidealismus, später Verfechter einer antinormativen, antiintellektuellen und antibürgerlichen Erziehungstheorie, ließ sich Krieck in seiner Wissenschaftspolitik von einem extremen Voluntarismus, Wertpessimismus und Antiszientismus leiten, in welchem überdies das Ressentiment des Unstudierten gegen das herkömmliche Gelehrtentum, zumal in den Geisteswissenschaften, sich äußerte. In der Universität, wie er sie sich dachte, sollte das „reaktionäre" Regiment der Ordinarien entthront sein, sollte dem organisierten Mittel-

---

(Peter Weingart, Eugenik. In: Lundgreen, Wissenschaft, S. 314–349, hier 328). – Strittig ist, inwieweit NS-spezifischen Neugründungen Wissenschaftscharakter zuzuerkennen sei. Dies wurde kürzlich sogar für die Politikwissenschaft bejaht, und zwar mit Blick auf die auslandswissenschaftliche Fakultät der Universität Berlin seit 1940 (Johannes Weyer, Politikwissenschaft im Faschismus. In: Politische Vierteljahrsschrift 26 (1985), S. 423–437, hier 434 f.). Diese Einschätzung stieß freilich alsbald auf Widerspruch (Kurt Lenk, Über die Geburt der ‚Politikwissenschaft' aus dem Geiste des ‚unübertrefflichen' Wilhelm Heinrich Riehl. In: Politische Vierteljahrsschrift 27 (1986), S. 252–258). Uneindeutig ist das Gesamtbild auch bei Volkskunde und Vorgeschichte. Beide Fächer wurden nach 1945 weiter ausgebaut. – NS-Interesse an empirischer sozialwissenschaftlicher Forschung: Jerry Z. Müller, Enttäuschung und Zweideutigkeit. Zur Geschichte rechter Sozialwissenschaftler im „Dritten Reich". In: Geschichte und Gesellschaft 12 (1986), S. 289–316, hier 294.

bau der Dozenten und Assistenten vorantreibender Gremieneinfluß gewährt und auch der Studentenschaft ein Mitspracherecht (sogar bei Berufungen, in der Lehre und bei Prüfungs- und Auslesefragen) eingeräumt werden. Das Ziel war eine Gesamtuniversität ohne die alten Fakultäten, dafür mit Fachbereichen unter Einschluß der technischen Fächer und mit stark betontem Angelpunkt in der Lehrerbildung, alles weniger spezialisiert, weniger forschungsorientiert, weniger wissenschaftsgläubig als ehedem, dafür mit neuer Sinnmitte in der „völkisch-politischen Anthropologie", praktisch in der NS-Erziehung, und mit der Aufgabe, eine neue Planungselite heranzuziehen und unbürgerliche Schichten in sie einzubringen[32]. Abgesehen vom Ideologieprimat, der freilich im Mittelpunkt stand und auch Krieck selbst am wichtigsten war, springt die Anknüpfung an Modernisierungsbestrebungen bereits der 20er Jahre ins Auge, teilweise an solche, die, modifiziert und anders gemeint, inzwischen verwirklicht sind.

Vollends die Resonanz des Krieckschen Konzepts bedarf der atmosphärischen Einbettung in jene den Berufsstand aufsplitternde Unzufriedenheit, die zu Beginn der 30er Jahre zumal im Hochschullehrernachwuchs verbreitet war und sich an den traditionalen Strukturen stieß. Den Jüngeren war vielfach fraglich geworden, ob die Humboldtsche Bildungsidee für die Massenuniversität noch tauge. Dabei stimmten, anders als Krieck, keineswegs alle den SA-Studenten zu, die 1934 nach der zweiten Revolution, einer umfassenden, antibürgerlichen, kulturrevolutionären Neuerung riefen. Die Gemäßigteren wollten es bei einer staatsbezogenen Politisierung belassen, bestenfalls verankert in einigen neu zu schaffenden Institutionen, einer „politischen Fakultät" etwa, die die Berufungen steuern und ein obligatorisches politisches Grundstudium organisieren sollte[33]. Selbst Krieck ist es stets mehr um die Neuformung, kaum um die gänzliche Abschaffung der Universität gegangen. Wenn die SA-Studenten nicht bloß den „Tod der Fakultäten", sondern die Entbehrlichkeit aller Wissenschaft,

---

[32] Vgl. Ernst Krieck, Nationalpolitische Erziehung. Leipzig 1932, passim, bes. S. 172; ferner zahlreiche Aufsätze in seiner Zeitschrift „Volk im Werden", bes. Bd. 1 (1933), H. 4, S. 24 ff.; H. 5, S. 50 ff.; Bd. 2 (1934), S. 159 ff., 220 ff., 250 ff.; Bd. 3 (1935), S. 1 ff., 198 ff., 240 ff. – Weitere Nachweise und (leicht apologetische) Interpretationen bei Gerhard Müller, Ernst Krieck und die nationalsozialistische Wissenschaftsreform. Weinheim 1978, S. 47 f., 86, 112, 201, 376 ff., 384 ff., 393 f.; vgl. dazu meine Rezension in: Historische Zeitschrift 231 (1980), S. 246 ff.

[33] Als Beispiele u. a. Adolf Rein, Die Idee der politischen Universität. Hamburg 1933, S. 36 f.; Hans Freyer, Das politische Semester. Jena 1933, S. 21 f.

ihre Ersetzung einerseits durch NS-Führerschulen, andererseits durch Fach- und Berufshochschulen proklamieren wollten, dann widersprach sogar er. An der Einheit von Forschung und Lehre wollte auch er zumindest im Prinzip nicht rütteln[34].

Indes: von alledem, ob mehr oder minder neuerungsfreudig, ist wenig verwirklicht worden. Mit der Entmachtung der SA in der Röhm-Affäre setzte auch in der Hochschulpolitik die Stabilisierungstendenz sich durch, eine Tendenz, der die Gleichschaltung der Universität einstweilen genügte und der es vorrangig darauf ankam, die Funktionsfähigkeit der Wissenschaft und den Einfluß des Staates auf sie zu sichern[35]. Wie weit dies faktisch der strukturellen und personellen Kontinuität in der Hochschullehrerschaft zugute kam, mußte sich zuerst am Modus der Nachwuchsauslese und am Effekt der Lehrkörperergänzung zeigen.

Die Ausbildung von qualifiziertem und dabei parteitreuem Hochschullehrernachwuchs wurde in den letzten Jahren vor dem Kriege von Lenkungsinstanzen aller Art als ungelöste Aufgabe angesehen. Teilweise wurde erkannt, daß das Problem Kernfragen der Zukunft und Selbstbehauptung des NS-Systems berührte. So stellte Heydrichs Sicherheitshauptamt in seinem geheimen Jahreslagebericht für 1938 einen geradezu „katastrophalen Nachwuchsmangel" fest. In „fast allen geistes- und naturwissenschaftlichen Disziplinen fehlt nationalsozialistischer Nachwuchs in einem Ausmaße, daß ein beachtlicher Prozentsatz der gesamten deutschen Lehrstühle unbesetzt oder nur kommissarisch besetzt ist"[36]. Als Ursache wurde die Abwanderung in die Wirtschaft vermutet, deren Forschungsinstitute höher dotiert und besser ausgestattet seien[37]. Spielte dies sicherlich eine Rol-

---

34 Vgl. Ernst Krieck, Die neue Universität. In: Volk im Werden 3 (1935), S. 1–5; ders., Der Lehrberuf. In: ebd., S. 240–244. – Immerhin hat auch Krieck die Auflösung von Universitäten erwogen. Unter dem Eindruck des Nachwuchsmangels empfahl er 1936 die „radikale und rücksichtslose Aufhebung etwa eines Drittels der bestehenden Hochschulen" (ders., Der Nachwuchs der Hochschullehrer. In: ebd. 4, 1936, S. 111 f., hier S. 112); vgl. auch Maier, S. 85. – Standpunkt der SA-Studenten etwa bei Herbert Barnim, Tod der Fakultäten. In: Der deutsche Student 1 (1933), Dezemberheft, S. 38–41.

35 Vgl. Maier, S. 87 ff.; Beyerchen, Wissenschaftler, S. 208; Kelly, National Socialism, S. 459 ff.; Mehrtens, Naturwissenschaften, S. 435.

36 Document Center Berlin, Sicherheitshauptamt (zit.: DCB-SHA), Jahreslagebericht 1938 des Sicherheitshauptamtes, Bd. 2, fol. 3 f. – Ende 1934 waren 17% der Physik-Professuren, darunter fast 19% der Institutsleitungen, unbesetzt (Beyerchen, Kampf, S. 81).

37 DCB-SHA, Jahreslagebericht 1938. Bd. 2, fol. 7. Auch Wehrmacht, Verwaltung

le, so war es doch nicht der einzige, wohl nicht einmal der wichtigste Grund. Schließlich hatte sich seit 1937 die Lage der Nachwuchskräfte auch in den Hochschulen verbessert. Bis 1939 wurden die meisten Dozenten und Assistenten Beamte auf Widerruf. Ihre Nettobezüge erhöhten sich, bisweilen um über 50%[38]. Der Gruppenstatus profitierte davon, daß das Gewicht der Dozentenführer und parteiorientierten Nichtordinarien in Senats- und Fakultätsausschüssen erheblich stieg, gelegentlich bis zur faktischen Entscheidungsdominanz[39]. Offensichtlich lag das Problem nicht so sehr im Materiellen als vielmehr darin, daß erschwerte Aufstiegsbedingungen, zunehmende Politisierung und sinkendes Berufsprestige abschreckend wirkten. Die Partei, insbesondere der 1935 gegründete Dozentenbund (NSDDozB), begünstigte die engagierte oder opportunistische Minderheit, die ihre Gesinnung zur Schau stellte, benachteiligte dagegen die, deren Qualifikation dem Maßstab der Ordinarienmehrheit entsprach. Das verärgerte viele. Selbst das Protokoll der Rektorenkonferenz vom Dezember 1937 verzeichnete „Beifall", als bei der Debatte über die Nachwuchsförderung der Marburger Rektor Leopold Zimmerl mit merklicher Bitterkeit ausrief, es verhalte sich „tatsächlich häufig" so, „daß sich um den Dozentenbundsführer eine Reihe von jungen Assistenten und Dozenten schart, die vielleicht ihren Mangel an Fähigkeit durch besonderen Eifer gegenüber dem Dozentenbundsführer wettmachen wollen und nun eine Oppositionsgruppe innerhalb der Hochschule darstellen"[40]. Noch nachteiliger wirkten sich, wie ein Sprecher des Reichserziehungsministeriums 1939 in aller Öffentlichkeit durchblicken ließ, die verbreitete „Minderbewertung der akademischen Berufe" und die „unfruchtbare Kritik" der Par-

---

und Partei zogen Nachwuchs an. Die Hauptursachen, ‚Arisierung' und Emigration, wurden in dem Lagebericht nicht erwähnt.

[38] Vgl. Gesetz über die besonderen Rechtsverhältnisse der beamteten Lehrer an den wissenschaftlichen Hochschulen vom 9. 4. 1938 (Druck: Kasper, Bd. 2, S. 7 ff.); Gesetz über die Besoldung der Hochschullehrer vom 17. 2. 1939 (Druck: ebd. S. 42 ff.); Hans Huber, S. 36 f.; DCB-SHA, Vierteljahreslagebericht 1939/1, Bd. 2, fol. 5 f. – Es gab seitdem erstmals eine reichseinheitliche Hochschullehrerbesoldung. Ordentliche Professoren verdienten zwischen 7 550 und 13 600 RM jährlich (Grundgehalt). Die Dozenten- und Assistentenbesoldung schwankte zwischen 3 400 und 7 500 RM jährlich (zuzüglich Vorlesungsgebühren).

[39] So etwa in Heidelberg bis 1937; vgl. Vezina, S. 79 ff.

[40] Geheimes Staatsarchiv Berlin (zit.: GStB), Rep. 76, Bd. 789, fol. 128 (Prot. d. Rektorenkonferenz in Marburg am 15. 12. 1937, S. 10). Die Anwendung des Oppositionsbegriffs auf NS-Dozenten kennzeichnet die Mehrheitsverhältnisse.

tei an den Hochschulen aus. „Kommt zu der materiellen Sicherung", so sein Stoßseufzer, „noch die Stärkung und Steigerung des Ansehens von Beruf und Aufgabe des Hochschullehrers im Dritten Reich, dann werden wir der Nachwuchsschwierigkeiten, die wir heute haben, in der Zukunft enthoben sein."[41]

In den ersten Jahren nach ihrem Machtantritt unternahm die Partei beträchtliche Anstrengungen, um einen neuen Dozententyp hervorzubringen. Der „Führer und Erzieher" war gefragt, der jugendlich wirkende, ohne Manuskript und mit weltanschaulicher Ausstrahlung lehrende Kathederheld, soldatisch straff, rüstig beim Marsch, durch Lagerleben abgehärtet, nicht der bloße „Dozierer", Stubengelehrte und Büchernarr[42]. Um diesen Professor von morgen aufzufinden und auszubilden, wurden in aller Eile geeignete Schulungsstätten errichtet, halb Lager, halb Akademien, und der Verrechtlichung der neuen Ausleseformen diente die Reichshabilitationsordnung vom Dezember 1934[43], die erstmals zwischen der Habilitation und der Erteilung der Lehrbefugnis unterschied. Die Zulassung zur Dozentur wurde an zusätzliche Bedingungen geknüpft: Teilnahme an einem Dozentenlager, positive politische Beurteilung, öffentliche, nicht selten auswärtige Probevorlesung. Als Reichshabilitationslager fungierte von 1936 bis 1938 ein einstiges Jagdschlößchen in Thüringen, das „Lager Tännich", dessen ständiger Leiter ein SA-Stabsführer („im Zivilleben ein arbeitsloser Gerbergeselle"[44]) war und wo die Neuhabilitierten in Einheitskleidung teils Frühsport und Lagerdienst trieben, teils Schulungsprogram-

---

[41] Hans Huber, S. 34, 38.

[42] Zum NS-Hochschullehrerideal vgl. etwa Ernst Anrich, Universitäten als geistige Grenzfestungen. Stuttgart 1936, S. 10, 17, 21; Andreas Feickert, Studenten greifen an. Hamburg 1934, S. 10 f., 15; H.F.O. Haberland, Nationalsozialismus und Hochschule. In: Volk im Werden 1 (1933), H. 1, S. 35–40; Werner Rudolph, Die Dozentenakademie, ihre Aufgabe und Gestaltung, ebd. 2 (1934), S. 460–463; Wilhelm Spengler, Wissenschaftslage und Grundtugenden des Hochschullehrers im nationalsozialistischen Staat, ebd., S. 463–468; Fritz Bran, Junge Wissenschaft, ebd., S. 391–400. – Eine andere Nuance in einigen Beiträgen der Zeitschrift „Der deutsche Student" Anfang 1934, wo vom künftigen Hochschullehrer überdies gefordert wurde, daß er „arbeitertümlich" sei (Pallmann, ebd., S. 262), „mit Hacke und Spaten" umgehen könne (Lohmann, ebd., S. 507) und bereits „harte körperliche Arbeit am deutschen Boden" geleistet habe (Rudolph, ebd., S. 89).

[43] Druck: Kasper, Bd. 2, S. 18 (Fassung 1939); vgl. Volker Losemann, Zur Konzeption der NS-Dozentenlager. In: Heinemann, Bd. 2, S. 87–109, hier S. 89.

[44] Otto Scherzer, Physik im totalitären Staat. In: Flitner, Geistesleben, S. 47–58, hier S. 50; vgl. Losemann, Konzeption, S. 94.

me mit hochschuldidaktischer Unterweisung absolvierten, wobei auch Probevorlesungen (ein Tag Vorbereitung, keine wissenschaftlichen Hilfsmittel, freier Vortrag) zu halten waren. Das abschließende Gutachten beurteilte die „weltanschauliche Haltung" und die Lehrbegabung, aber auch den Charakter (z. B. Männlichkeit, Härte, Führungseigenschaften), und benotete das Fazit[45]. In diesen Jahren ist mit wenigen Ausnahmen niemand Hochschullehrer geworden, der sich dem nicht unterzog. Welche Bedeutung es freilich hatte, wieviel Gewicht das Reichserziehungsministerium, dessen Entscheidung am Ende den Ausschlag gab, dem Lagererfolg und dem politischen Leumund im Vergleich zur unverändert forschungsintensiven Habilitationsschrift[46] und zur universitären Lehrprobe tatsächlich beimaß, steht dahin. Die vorliegenden Zeugnisse sind spärlich und nicht ohne Widerspruch, und das Experiment war kurz; es wurde schon vor dem Kriege wesentlich abgewandelt. Was bisher bekannt ist, deutet lediglich darauf hin, daß ein hoher Prozentsatz der Neuhabilitierten nicht zur Dozentur gelangte[47], ob nun deshalb, weil er abgelehnt wurde, oder ob aus freien Stücken. Gerade Bestqualifizierte, zumal in naturwissenschaftlichen und technischen Fächern, aber auch Juristen mit der Befähigung zum Richteramt zogen dem Lagerleben und einem Charaktertest mit möglicherweise rufschädigendem Ausgang nicht selten den Wechsel in ein industrielles Forschungslabor oder eine Staatsstellung vor. Die Fakultäten hatten dies kommen sehen und teilweise früh, auch mit bemerkenswertem Freimut, davor gewarnt[48]. Andererseits begrüßten sie, daß sich die Institution der Privatdozentur und die Fakultätskompetenz im Habilitationsverfahren, beide nicht unbedroht[49], im Grundsatz hatten bewahren lassen. Durch die Abtrennung der Dozenturzulassung wurde der

[45] Zum Arbeitsstil im Lager, das andererseits interfakultative Kontakte vermittelte und das manche Absolventen deshalb in durchaus guter Erinnerung behielten, und zu den Benotungsnormen abgewogen ebd., S. 98 ff.; vgl. auch Werner, Lage, S. 77; Kelly, National Socialism, S. 318 ff.

[46] Zum Niveau der Habilitationsschriften am Beispiel der Alten Geschichte vgl. Losemann, Nationalsozialismus, S. 84.

[47] Vgl. Losemann, Konzeption, S. 104; Aland (wie Anm. 65) S. 149.

[48] Belege bei Losemann, Konzeption, S. 91.

[49] Daß die Bewahrung des Habilitationsrechts den Fakultäten im Herbst 1933 kaum weniger wichtig war als die Rettung der Rektoratsverfassung, zeigt eine diesbezügliche Initiative der Universität Marburg vom 11. 10. 1933, vgl. Hellmut Seier, Wahl und Amt des Rektors der Universität Marburg 1918–1935. In: H. Bannasch u. H.-P. Lachmann (Hg.), Aus Geschichte und ihren Hilfswissenschaften. Festschrift Walter Heinemeyer. Marburg 1979, S. 757–779, hier S. 773, 778.

fachwissenschaftliche Akzent der Habilitation sogar eher noch verstärkt.

Ähnlich verhielt es sich mit dem Gewohnheitsrecht der Kooptation. Denn auch die Befugnis zur Mitwirkung bei Berufungen, in der Regel durch Vorschlagsliste mit drei Namen, konnten die Fakultäten behaupten, wie denaturiert dieses Vorrecht binnen kurzem auch war und wie wenig es im spektakulären Einzelfall nutzte. Systematische und aktengestützte Untersuchungen gibt es auch hierzu erst für wenige Fächer[50]. Wie daraus ersichtlich, dürften informelles Vorgehen, taktisches Kalkül und politische Frühabsicherung im Normalfall schon bei der inneruniversitären Meinungsbildung zwischen Fakultät, Dekan, Rektor, andererseits der örtlichen Dozenten- und teils auch Studentenführung das übliche gewesen sein[51]. Im weiteren Verlauf konkurrierten zahlreiche Parteiinstanzen um den ausschlaggebenden Vorrang bei der politischen Begutachtung: vor allem der Stellvertreter des Führers und seine Hochschulkommission, später der von dem Münchener SA-Arzt Walter Schultze geleitete NS-Dozentenbund, der zwar als nicht besonders einflußreich galt, 1935 aber das Privileg des politischen Erstgutachtens erlangte[52], schließlich eine Vielzahl weiterer Organisationen und Dienststellen, von Alfred Rosenberg, dem Beauftragten des Führers für die weltanschauliche Schulung, über Himmler und seine Forschungsinstitution „Ahnenerbe" bis zu Studentenbund (NSDStB), Lehrerbund (NSLB), später die Parteikanzlei und einzelne Gauleitungen. Wie bei der Zulassung zur Dozentur hatte das letzte Wort indes auch hier das Reichserziehungsministerium. Es hatte die Partei anzuhören, dann aber eigenverantwortlich zu entscheiden[53]. Alles hing davon ab, inwieweit es bereit und imstande war, im Konflikt mit der Partei fachwissenschaftliche Gesichtspunkte durchzusetzen.

Das Ergebnis, so will es nach der derzeitigen Lage der Forschung scheinen, war vieldeutig und voller Widerspruch. Mehrfach gingen Lehrstühle von herausragender Wichtigkeit nach oft jahrelangem Tauziehen unter Zustimmung des Reichserziehungsministeriums an zweitrangige Wissenschaftler mit deutlichem NS-Rückhalt. Das bekannteste Beispiel war der

---

50 So für die Alte Geschichte und teilweise die Physik, vgl. Losemann, Nationalsozialismus, S. 46 ff.; Beyerchen, Kampf, S. 81 ff.

51 Vgl. Losemann, Nationalsozialismus, S. 60, 78; Kater, ‚Ahnenerbe', S. 435; Vezina, S. 124.

52 Kelly, National Socialism, S. 329.

53 Zu vergeblichen Versuchen des NS-Dozentenbundes, dem Reichserziehungsministerium die Dominanz in der Personalpolitik streitig zu machen, ebd., S. 315 ff., 323 f., 350 f.

Lehrstuhl für theoretische Physik an der Universität München (Sommerfeld-Nachfolge), um dessen Wiederbesetzung durch den Nobelpreisträger und Sommerfeldschüler Werner Heisenberg ein viereinhalbjähriger Machtkampf (1935–39) entbrannte, bis das Reichserziehungsministerium den anfangs auch von ihm unterstützten, von Fakultät und Rektor auf Berufungslisten zweimal erstplazierten Verfechter einer modernen theoretischen Physik fallenließ und mit Wilhelm Müller einem vom NS-Dozentenbund protegierten, für die Aufgabe ungeeigneten Aerodynamiker den Vorzug gab[54]. War dagegen, anders als hier, der Widerstand der Parteiideologen weniger heftig, so hat das Reichserziehungsministerium nicht selten, letztlich wohl weit häufiger, den nur äußerlich angepaßten Experten auch gegen NS-Konkurrenz gestützt. Jedenfalls hat sich eine ausschließlich oder vorwiegend politische Stellenbesetzung als Regelfall bisher nicht erweisen lassen[55]. Bei der Parteiführung entstand im Gegenteil zeitweilig der Eindruck, NS-Engagement wirke sich bei Berufungen geradezu als Handicap aus[56]. Zehn Jahre nach der Machtergreifung war denn auch, falls die bisher spärlichen Quantifizierungsversuche eine Hochrechnung zulassen, die Professorenschaft zwar hochgradig, aber nicht eindeutig überwiegend mit Nationalsozialisten durchsetzt. Selbst an der Universität Berlin, deren Lehrkörper in besonders hohem Maße vom Personalschub betroffen war, gehörten im Winter 1942/43 von den im Vorlesungsverzeichnis genannten 256 ordentlichen, außerordentlichen und entpflichteten Professoren insgesamt 142 (55,7%) der NSDAP nicht an. Die Parteimitglieder überwogen nur bei den außerordentlichen Professoren (27 zu 12), während sie bei den Ordinarien (77 zu 86) und den Emeriti (10

[54] Vgl. Beyerchen, Wissenschaftler, S. 207 ff.; Arnim Hermann, Werner Heisenberg in Selbstzeugnissen und Bilddokumenten. Reinbek 1976, S. 56 ff.; Elisabeth Heisenberg, Das politische Leben eines Unpolitischen. München 1980, S. 63 ff.

[55] Vgl. Kelly, National Socialism, S. 324, 351, 364 ff., 376; Losemann, Nationalsozialismus, S. 86. – Das gilt z. T. offenbar selbst für ideologisch exponierte Ordinariate. Nach Günther Franz, Das Geschichtsbild des Nationalsozialismus und die deutsche Geschichtswissenschaft. In: Oswald Hauser (Hg.), Geschichte und Geschichtsbewußtsein. Göttingen 1981, S. 91–111, hier 107, waren mehrere nach 1933 berufene Lehrstuhlinhaber für Mittlere und Neuere Geschichte an der Universität Berlin nicht Mitglieder der NSDAP. Die Angaben sind allerdings ungenau.

[56] So Heß an Hitler, 8. 8. 1935; Schultze an Rosenberg, 27. 10. 1941 (Kelly, National Socialism, S. 392; ders., Die gescheiterte nationalsozialistische Personalpolitik und die mißlungene Entwicklung der nationalsozialistischen Hochschulen. In: Heinemann, Bd. 2, S. 61–77, hier 70).

zu 44) die Minderheit bildeten. Bis auf 16 (14%) hatten überdies alle das Parteiabzeichen erst im Frühjahr 1933 oder noch später erworben[57]. Mochten viele der Nichtparteigenossen sich dafür durch Mitgliedschaft in einer NS-Organisation, zumindest im NS-Dozentenbund, abgesichert haben[58] – gerade dies dürfte, ähnlich wie ein später Parteieintritt, vielfach im Sinne formaler Anpassung und nicht als echte Bekehrung zu deuten gewesen sein. Sonst wäre die Partei nicht während der ganzen Dauer ihrer Herrschaft mit dem politischen Verhalten der Hochschullehrerschaft derart unzufrieden gewesen. „Fast an allen Universitäten", so resümierte das Sicherheitshauptamt im letzten Vorkriegsjahr, „wird über die passive Haltung der Dozenten geklagt, die jede über den engen Rahmen ihrer Facharbeit hinausgehende politische und weltanschauliche Arbeit ablehnen. Nur bei einem zahlenmäßig geringen Teil besonders der jüngeren Dozentenschaft kann von einer offenen und klaren Einsatzbereitschaft für den Nationalsozialismus gesprochen werden"[59].

Kein Zweifel: die große Mehrheit der Hochschullehrer war gleichgeschaltet[60], aber nicht umerzogen, staatsloyal, aber nicht gewonnen, fachlich,

---

57 Zwei Parteieintritte erfolgten vor 1930, vierzehn 1930–32, 46 im Frühjahr 1933, drei 1934–36, 42 am 1. 5. 1937, zwei 1938–40, fünf 1941/42. Die Quote der Parteimitglieder bei den Ordinarien (ohne Emeriti) betrug in den Fakultäten: Med. 28%, Agr. 35,5%, Phil. 39,5%, Math.-Nat. 50%, Jur. 60%, Med. Vet. 69,2%, Auslandswiss. 70% und Ev. Theol. 71,4%. (Die Angaben stützen sich auf eine Erhebung im Document Center Berlin, die der Verf. im Jahre 1958 zusammen mit Dr. Friedrich Zipfel im Rahmen eines Forschungsprojekts über Widerstand in Berlin vorgenommen hat).

58 Von 463 in den Jahren 1937 und 1938 auf Lehrstühle des Altreichs Berufenen gehörten 213 der NSDAP (davon 34 schon vor 1933) und 51 einer ihrer Gliederungen SS, SA und NSKK (davon keiner vor 1933) an. Die Zahl der NS-Dozentenbund-Mitglieder ist nicht bekannt. Angaben nach Kelly, National Socialism, S. 375. Die entsprechenden Angaben bei Kleinberger, S. 16, sind ungenau.

59 DCB-SHA, Jahreslagebericht 1938, Bd. 2, fol. 6. – Noch negativer ein SD-Bericht vom März 1944 über die Mediziner: „Die Typen unseres derzeitigen Nachwuchses, die heutzutage rein wissenschaftlich auf einer gewissen Höhe stehen, haben von den nationalsozialistischen Problemen nur das eine gelernt, daß sie nämlich in der Partei sein müssen, um wenigstens damit nach außen hin zu bekunden, daß sie mit ihrer Zeit mitzugehen verstehen" (zit. n. Marlies G. Steinert, Hitlers Krieg und die Deutschen. Düsseldorf 1970, S. 441; vgl. Kater, Medizinische Fakultäten, S. 86).

60 Der neuerdings vielfach bevorzugte Begriff der „Selbstgleichschaltung" (so differenziert bereits Karl Dietrich Bracher, Die deutsche Diktatur. Köln ²1969, S. 270; stark vergröbert und moralisierend verwandt bei Bruno W. Reimann,

aber nicht politisch engagiert. Trotz ideologisch schattierter, vor allem antijüdischer Personalpolitik überwogen in Struktur, Gliederung, Laufbahn, beruflichem Alltag und standesspezifischem Habitus die Merkmale der Kontinuität. Nur eine kleine, meist jüngere, nicht exakt quantifizierbare Minderheit, vermutlich weit unter zehn oder gar fünf Prozent, ragte durch NS-Engagement in die herrschende Funktionselite hinein[61]. Sehen wir zu, wie sich dies in der Teilhabe an Macht, im interelitären Beziehungsgefüge und in der politisch-ideologischen Systemprägung niederschlug.

2. FUNKTION UND MACHTTEILHABE

Den engagierten NS-Professoren wuchsen institutionalisierte Machtanteile vor allem dadurch zu, daß das Führerprinzip auf die Wissenschaft angewandt wurde und vorrangig ihnen zugute kam. Dies geschah durch Erlasse der Länder und des Reiches, die den Senaten und Fakultäten das Wahlrecht und die Beschlußkompetenz entzogen und alle Rechte auf Rektor und Dekane übertrugen. „Führer der Hochschule ist der Rektor. Er untersteht dem Reichswissenschaftsminister unmittelbar und ist ihm allein verantwortlich[62]." Die klassischen Selbstverwaltungsgremien blieben also bestehen, hatten aber nur noch Beratungsfunktion. Daraus erwuchsen Spannungen, durch die die Machtteilhabe der inneruniversitären Funktionselite zunehmend ins Zwielicht geriet.

Die Konflikte setzten damit ein, daß die nach dem Führerprinzip umgestaltete Hochschulordnung den gesamten Lehrkörper in den Dienst zu nehmen und unter Druck zu setzen suchte, ohne gewillt oder befähigt zu

---

Die Selbst-Gleichschaltung der Universitäten 1933. In: Tröger, Hochschule, S. 38–52; als „Selbstindienstnahme" aber auch bei Lundgreen, Wissenschaft, S. 25 f.) unterschätzt den massiven politischen Gesinnungsdruck des NS-Systems. Die Annahme, es habe sich „die Anbiederung der Universitäten an den Nationalsozialismus ohne greifbaren äußeren Druck" vollzogen (Reimann, S. 42), ist naiv.

[61] Alle Quantifizierungsversuche bleiben unsicher, vgl. Kater, Machtergreifung, S. 65; Anselm Faust, Professoren für die NSDAP. In: Heinemann, Bd. 2, S. 31–49, hier 42.

[62] Richtlinien zur Vereinheitlichung der Hochschulverwaltung vom 1. 4. 1935 (Druck: Kasper, Bd. 1, S. 34). – Zu vorangegangenen Ländererlassen vgl. Vezina, S. 58 ff., 71; Hellmut Seier, Der Rektor als Führer. Zur Hochschulpolitik des Reichserziehungsministeriums 1934–1945. In: Vierteljahrshefte für Zeitgeschichte 12 (1964), S. 105–146, hier 105.

sein, seine berufliche Aufgabe wissenschaftstheoretisch umzudeuten und inhaltlich neu zu bestimmen. Die Professoren wurden in ein Kontrollsystem politischer Über- und Unterordnung eingefügt, das weder mit der berufsfunktionalen Einflußstufung noch mit dem herkömmlichen Begriff von Wissenschaft harmonierte. Fortan bildeten sämtliche Lehrkräfte und Assistenten kraft Amtes gemeinsam die „Dozentenschaft". Diese, nicht zu verwechseln mit dem NS-Dozentenbund, war zwar im Unterschied zu ihm keine Gliederung der Partei, aber da der örtliche Dozentenbundsführer, vielfach ein Nichtordinarius, in der Regel zugleich Dozentenschaftsleiter war[63], als solcher dem Rektor als Führer der Partei unterstand und in beiderlei Eigenschaft bemüht war, Parteibefehle durchzusetzen, wurde so im Kollegenkreis und im beruflichen Alltag die Schulung und Überwachung installiert. Der Führer-Rektor sollte das System mittragen und zugleich verantworten, es verwaltungsförmlich handhaben und von Staats wegen bremsen, es parteikonform und mit Amtsautorität nach außen hin darstellen und im Inneren verfechten; dabei präzisierte niemand, wie Führung in der Wissenschaft theoretisch zu begründen und praktisch auszugestalten sei[64]. Im Grunde war die Dysfunktionalität der Konstruktion von Anfang an unverkennbar. Sie wurde denn auch bald als bloßer Kompromiß und Übergang, ja als grotesk empfunden.

Nicht, daß das Führerprinzip an sich bei der Hochschullehrerschaft von vornherein als inadäquat und standesfremd gegolten hätte. Auch als Aufoktroyierung einer fachfernen, zweitrangig qualifizierten, die Berufsausübung erschwerenden Funktionärsherrschaft wurde es nicht sogleich oder nur von wenigen aufgefaßt. Etwas Reform, schrieb der rechtsgerichtete, aber durchaus nichtnationalsozialistische Berliner Kirchengeschichtler Hans Lietzmann im Mai 1933 in einem privaten Brief, könne schließlich nichts schaden, der „Universitätsparlamentarismus" habe in kritischen Tagen bloß „Waschlappigkeit" erzeugt. „Die Hauptsache ist ja doch immer beim Führerprinzip, *wer* der Führer ist[65]." Auch der Marburger Chemiker

---

63 Vgl. Kelly, National Socialism, S. 317; Hans Huber, S. 19.

64 Widersprüchliche Ansätze dazu vgl. ebd., S. 18; Erich Seidl, Entwurf einer Hochschulreform. In: Nationalsozialistische Erziehung 2 (1933), S. 325–327, hier S. 326; Friedrich Neumann, Das politische Rektorat. In: Der deutsche Student 1 (1933), Augustheft, S. 14–21, bes. S. 20; Gustav Adolf Walz, Der Rektor als Führer der Universität. In: Deutsches Recht 5 (1935), S. 6–8; Otto Mangold, Praktische Fragen der Universitätsführung und der Universitätsgestaltung. Freiburg 1938, S. 23 f. – Weitere Stimmen bei Seier, Rektor, S. 109 ff.

65 Kurt Aland (Hg.), Glanz und Niedergang der deutschen Universität. 50 Jahre deutscher Wissenschaftsgeschichte in Briefen an und von Hans Lietzmann

Alfred Thiel, damals Prorektor, aber ebenfalls kaum NS-konform, vertrat die Meinung, „daß eine maßvolle Durchführung des Führerprinzips keinesfalls zu schaden“ brauche, nur müßten „wirksame Sicherungen gegen die Folgen menschlich-allzumenschlicher Unvollkommenheiten eingebaut werden“, und es gebe „natürlich kein Zurückweichen in der grundsätzlichen Frage, daß nur derjenige Rektor werden kann, dem das Vertrauen der Kollegenschaft bekundet worden ist“[66]. Äußerungen, die zeigen, wie die in der Zeitatmosphäre angelegte partielle NS-Affinität einer neuartigen Elitebildung entgegenkam. Allerdings sollte sich die neue Elite in die alte Personalstruktur einpassen oder aus ihr entwickeln. Der Teil der Professorenschaft, der einen modus vivendi suchte, wahrscheinlich die große Mehrheit, ließ sich von der Hoffnung leiten, daß die Führer mit der Zeit aus den eigenen Reihen kommen würden: dem Gruppeninteresse zugänglich, durch den Berufsstand geprägt und durch ausgedehnte Kompetenzen befähigt, gegenüber dem NS-Regime und der Studentenschaft gleichsam Schutz und Schirm der Wissenschaften zu sein. So wenig die Rechnung aufging – einiges spricht dafür, daß sie sich, auf lange Sicht gesehen, dennoch nicht als völlige Fehlrechnung erwies.

Wohl ging die universitäre Willensbildung schon im Verlauf des Jahres 1933 praktisch überall in nationalsozialistische Hände über. Rektoren und Dekane wurden ausgewechselt, Abweichungsansätze, soweit sie sich überhaupt regten[67], im Keim erstickt. Neben oder in den alten Selbstverwaltungsgremien bildeten sich informelle Beratergruppen (Führerräte, Führerstäbe, Vertrauensmännerausschüsse), in denen auch Privatdozenten, Assistenten, Studentenführer, sogar Universitätsfremde (NSDAP-Kreisleiter, NS-Ärzte) vertreten waren[68]. Auf sie gestützt und durch sie gebunden, lösten sich die Führer-Rektoren vom früheren Kollegenkreis. Bei diesen inoffiziellen Zirkeln lag in den Übergangsjahren vielfach der Entscheidungsschwerpunkt, gerade auch in personellen Dingen.

(1892–1942). Berlin 1979, S. 740 (Lietzmann an K. Müller, 16. 5. 1933; Hervorhebung im Original).

[66] Staatsarchiv Marburg (zit.: StAM), Bestand 305a, Nr. 64, fol. 136 (Thiel an H. Stieve, 5. 9. 1933); vgl. Seier, Wahl, S. 772; Ders., Radikalisierung und Reform als Probleme der Universität Marburg 1918–1933. In: W. Heinemeyer u. a. (Hg.), Academia Marburgensis. Marburg 1977, Bd. 1, S. 303–352, hier S. 323.

[67] Vgl. Adam, S. 47 ff.; Vezina, S. 63 f., 76; Seier, Wahl, S. 771 ff.; E. K[rieck], Von den Hochschulen. In: Volk im Werden 1 (1933), H. 3, S. 62–64 (gegen Rektorenkonferenz und Hochschulverband).

[68] Vgl. Adam, S. 52; Vezina, S. 79, 81, 84 f.

Bald indes, spätestens seit 1935, zeigte sich, daß dies keine Zukunftslösung war. Denn es gefährdete die Effizienz und Qualität der Wissenschaft, vertrug sich nicht mit der beibehaltenen Berufsstruktur und Aufgabenstellung und gab der professoralen Hochschulführung eine funktionale Doppeldeutigkeit, in der zugleich der Gegensatz zwischen Partei und Staat zum Ausdruck kam. Denn der Führer-Rektor, wie parteiengagiert auch immer, blieb Professor, in der Regel Ordinarius, und seinem Fach verbunden. Versuche, das Rektorat universitätsfremd zu besetzen, gelangten nicht zum Ziel[69]. Ebenso blieb das befristete, zwei- oder dreijährige Rektorat jedenfalls die Regel, sooft die Praxis, zumal im Kriege, aus Mangel an im NS-Sinne rektorablen Wissenschaftlern auch dagegen verstieß[70]. Selbst der von seinen Kollegen bevorzugte und halbwegs gedeckte Rektor, nicht förmlich gewählt, aber mehrheitlich vorgeschlagen, gehörte nicht der Vergangenheit an. Am 15. Februar 1935 fand überall in Deutschland eine Rektorennominierung statt – die erste und einzige der deutschen Universitätsgeschichte, an sämtlichen Hochschulen zur gleichen Zeit und nach demselben, bis ins kleinste geregelten Verfahren –, wobei der gesamte Lehrkörper zur Stimmabgabe verpflichtet war und das Ergebnis stellenweise einem wahlähnlichen Votum (mehrere Kandidaten, viele Stimmenthaltungen, Minderheitsrolle von NS-Protagonisten) nahekam, obwohl die Vertraulichkeit der Stimmabgabe ungesichert und die Minister-Entscheidung nicht an den Ausgang gebunden war[71]. Wurde die Wiederholung der Prozedur klüglich vermieden, so begegneten Symptome einer wahlähnlichen Nominierung auch später hier und da, besonders auffällig 1943 in Wien[72].
Vollends in der praktischen Arbeit, im Dauergerangel mit der Partei, schimmerte schon nach wenigen Jahren hinter der Führerfassade die alte Tradition des primus inter pares wieder durch. Die Senate tagten wieder öfter[73], die Führerstäbe verloren an Gewicht. Nach Informationen des SD wurde auf der Berliner Rektorenkonferenz im März 1939 deutlich, daß „die Stimmung weiter Rektorenkreise sich entschieden gegen jede Ver-

---

69 Vgl. Seier, Rektor, S. 123, Anm. 82.

70 Ebd., S. 128 ff.

71 Vgl. ebd. S. 123 ff.; ders., Wahl, S. 773 f.; Hartshorne, S. 52, Anm. 2; Adam, S. 64 ff.; Vezina, S. 95 f.; Wolfgang Schumann, Die Universität Jena in der Zeit des deutschen Faschismus (1933–1945). In: Geschichte der Universität Jena 1548/58–1958. Jena 1958. Bd. 1, S. 621.

72 Belege bei Kater, ‚Ahnenerbe', S. 274; Seier, Rektor, S. 125 ff.

73 So jedenfalls in Heidelberg (Vezina, S. 163, 166), anders z. B. in Tübingen (Adam, S. 66).

stärkung der Partei, besonders ihrer derzeitigen Träger im NS-Dozentenbund und NS-Studentenbund, richtete"[74]. Schon auf der Marburger Rektorenkonferenz im Dezember 1937 hatte sich gezeigt, wie „untragbar [...] die an manchen Hochschulen eingerissene Doppelherrschaft"[75] zwischen dem Rektor und dem Dozentenbundsführer den Magnifizenzen erschien, wenn ihnen, was subjektiv offenbar durchaus nicht selten der Fall war, am Niveau der Wissenschaften lag[76]. Dasselbe gilt für die Dekane. Auch sie blieben, obwohl ebenfalls „Führer", gleichfalls ungewählt und ebensowenig an Mehrheitsbeschlüsse gebunden, dennoch vielfach ihren Fächern und Kollegen verpflichtet. Eher mehr noch als den Rektoren war ihrem Ermessen anheimgestellt, auf wieviele und welche Fakultätsmitglieder sie sich bei Entscheidungen stützten[77]. Gewiß begünstigten auch sie, namentlich anfangs, gern jüngere Partei-Aktivisten. Es mangelt jedoch auch in bezug auf die Arbeitswirklichkeit der Fakultäten nicht an Belegen dafür, daß sich, zumal bei Habilitationen, oft auch bei Berufungen, die Tendenz zur breiter fundierten, quasimehrheitlichen Konsensbildung inoffiziell erhielt[78]. Kompetenz und Prestige fachlicher Koryphäen wurden nicht leicht übergangen. Gering wie eh und je blieb zudem der faktische Einfluß auf Inhalt und Form von Lehrveranstaltungen, ausgenommen höchstens die Lehraufträge und das propagandistisch verwendbare Themenangebot. Nicht selten haben NS-Rektoren und NS-Dekane politische Abweichler unter den Kollegen nach außen hin gestützt, sofern die Abweichung nicht die Grenzen partieller Resistenz überschritt[79].

---

[74] DCB-SHA, Vierteljahrslagebericht 1939/1, Bd. 2, fol. 4.

[75] GStB, Rep. 76, Bd. 789, fol. 139 (Prot. d. Rektorenkonferenz in Marburg am 15. 12. 1937, S. 9, Äußerung von Rektor Zimmerl).

[76] Vgl. Kelly, Personalpolitik, S. 63, 68; ders., National Socialism, S. 263, 290 f., 337, 349 f., 355, 361, 391 ff., 459; Seier, Rektor, S. 145 f.

[77] Zur Arbeitsweise der Dekane und Fakultäten vgl. ebd. 143 ff.; Vezina, S. 82 ff., 124, 132 ff., 144 ff.; Ritter, S. 24 f.; Losemann, Nationalsozialismus, S. 74 ff., bes. 77, 79 f.; Paul Egon Hübinger, Thomas Mann, die Universität Bonn und die Zeitgeschichte. München 1974, S. 105 ff., bes. S. 107.

[78] Vgl. etwa Vezina, S. 130, 144; Aland, S. 153. – Daß es möglich war, die Willensbildung der Fakultät auf (informelle) Mehrheitsbeschlüsse zu stützen, bestätigte auch der einstige Dekan der Berliner philosophischen Fakultät (1940), Prof. Franz Koch, in einem Brief an den Verf. vom 1. 11. 1964.

[79] Gerhard Ritter in Freiburg fand wiederholt die Stützung seiner Universität, sogar noch nach seiner Inhaftierung wegen seiner Verwicklung in die Goerdeler-Verschwörung von 1944 (vgl. Schwabe u. Reichardt, S. 10 f., 80, 269 f., 284, 302). – Ob es zutrifft, daß „in Süddeutschland ganz allgemein Universitätsrektoren und Kultusbeamte den Nazis den Zugriff erschwerten" (so Funke, S. 13), bedarf

Der Nationalsozialistische Deutsche Dozentenbund hat diese konservative Rückbindung der inneruniversitären Funktionselite relativ früh durchschaut und ihr zu begegnen versucht. So wollte er die Nachwuchsförderung an sich ziehen[80]. Er strebte auch Personalunionen zwischen den Rektorämtern und den örtlichen Dozentenbundsführungen an. Immer wieder wurden die unteren Instanzen zu mehr Aktivität und größerer Kontrollintensität ermahnt. Der Erfolg befriedigte dennoch nicht. Die Besetzung der Assistentenstellen, das letzte Wort bei der Vergabe von Begünstigungen, die im Regelfall maßgebliche Steuerung der Lehrkörperergänzung wollten der Staat und die Ordinarien sich nicht nehmen lassen. Bei den Spitzenämtern wurde die Personalunion zwar häufiger, doch war sie bis 1938 „noch nicht überall"[81] hergestellt, sie wurde nie zur Norm und wirkte obendrein doppeldeutig. Denn viele Dozentenbundsfunktionäre wuchsen in den Gruppengeist ihrer Kollegien hinein[82], kaum daß sie selbst Ordinarien waren, letzteres ein Ziel, das allen vorschwebte und das ihre fachlichen Anstrengungen hob. Die Rückbesinnung auf die Wissenschaft nahm dann im Kriege, soweit er überhaupt Raum dafür ließ, eher noch zu. Je länger er dauerte, desto ineffektiver wurde auf vielen Gebieten der Parteieinfluß in den Hochschulen[83].
Das alles wäre nicht denkbar gewesen, hätten sich nicht unter den Führungseliten des Herrschaftssystems machttragende Faktoren befunden, die den Universitäten, besonders der Forschung, teils auch der Lehre und Selbstverwaltung, den Rücken zu stärken suchten: Beamte der Ministerialbürokratie, Generale der Wehrmacht, Spitzenmanager der Wirtschaft und der Rüstung, aber auch nichttraditionale Führungskräfte, namentlich in der SS. Die Motive, soweit sie sich bisher erhellen ließen (die Akten

noch der Prüfung. 1933 jedenfalls ging die badische Hochschulgleichschaltung der preußischen voran. Heidelberg stand zeitweilig im Rufe besonderer Radikalität.

80 Vgl. Kelly, National Socialism, S. 266, 271 ff., 280.

81 DCB-SHA, Jahreslagebericht 1938, Bd. 2, fol. 4.

82 Darunter litt die Effizienz ihrer Kontrollfunktion, vgl. Kelly, Personalpolitik, S. 69 f.; ders., National Socialism, S. 297, 306 f., 312, 329, 348 ff., 379 f., 384 f., 404 ff., 427, 442, 461 f.

83 Zum Scheitern der Personalpolitik des NSDDozB ebd. 315 ff., 371 ff., 442, 463 f.; ders., Personalpolitik, S. 73 („Personalpolitik fast wie vor 1933"). – Hochschulpolitik und Wissenschaftsentwicklung der Kriegszeit wurden bisher am wenigsten untersucht. Ansätze dazu finden sich vor allem in den Arbeiten von Beyerchen, Kater, Losemann und Ludwig sowie bei Seier, Niveaukritik (s. u. Anm. 101).

spiegeln nur den Vordergrund), dürften kompliziert und vielschichtig gewesen sein; in der Tiefenzone entziehen sie sich der exakten Rekonstruktion. Eine große Rolle spielte sicherlich die Ämterrivalität, die hochschulpolitische Version jener „Polykratie der Ressorts", von der die Verfassungswirklichkeit des Führerstaats in so hohem Grade geprägt war[84]. Freilich äußerte sich mitunter als Zank um Kompetenzen, was, dadurch verdeckt, zugleich oder mehr noch ein Streit um Konzeptionen war[85]. Starke Motive erwuchsen aus der Vorbereitung und Führung des Krieges, aus der Sorge um die Weltgeltung des Reiches, aus der Einsicht in den Sachzwang zur technologischen Spitzenleistung. Dies konnte aber gleichfalls der ideologiegerechte Ausdruck des generelleren Unbehagens sein, das der Qualität vollpolitisierter Kliniken und Labors mißtraute[86].

Der zweifellos engste interelitäre Kontakt verband die Führer-Rektoren und NS-Dekane mit der Beamtenschaft des Reichserziehungsministeriums. Hochschulspitzen und Wissenschaftsbürokratie kooperierten vielfach in der Abwehr wissenschaftsfremder Machtgelüste und Zumutungen. Ein Kleinkrieg, der mehr punktuell als umfassend war, sich weniger öffentlich als amtsintern abspielte, den prinzipiellen Austrag mied, den fachtaktischen suchte und sich oft genug in jene Niederungen der Personalpolitik verlor, die gerade bei aktennaher Spiegelung für den romanhaft-grellfarbigen Vordergrund sorgen[87]. Unnötig zu sagen, daß nahezu sämtliche Akteure, die Magnifizenzen und Ministerialräte wie ihre Gegenspieler um Rosenberg, Heß und Schultze, Nationalsozialisten waren, nicht selten „Alte Kämpfer" (gerade auch im Reichserziehungsministerium), und daß sie sich selbst durchaus als solche betrachteten. Unbeschadet dessen ist das Ministerium zunehmend zum Anwalt von Wissenschaftsinteressen geworden[88].

---

[84] Dazu grundlegend Martin Broszat, Der Staat Hitlers. München 1969, S. 363 ff., 423 ff.; in bezug auf die Hochschulpolitik Bollmus, Amt Rosenberg, S. 242 ff.; ders., Zum Projekt einer nationalsozialistischen Alternativ-Universität: Alfred Rosenbergs ‚Hohe Schule'. In: Heinemann, Bd. 2, S. 125–152, hier S. 127 ff.

[85] Vgl. ebd., S. 128.

[86] Die auf die moralische Auseinandersetzung vor allem mit den Naturwissenschaftlern fixierte jüngste Literatur (dafür typisch zuletzt Rainer Brämer, Heimliche Komplizen? Zur Rolle der Naturwissenschaften im Dritten Reich. In: Aus Politik und Zeitgeschichte 36 (1986), B 12, S. 15–30) vermag dies gewöhnlich nicht nachzuvollziehen.

[87] Vgl. Heiber, passim.

[88] Vgl. Kelly, Personalpolitik, S. 64 f., 70, 74; ders., National Socialism, S. 294 f.,

Die Gründe sind noch nicht eindeutig, eine Monographie über das Ministerium fehlt[89]. Schwerlich gingen die maßgeblichen Anstöße vom Minister selbst oder seinem Staatssekretär aus. Bernhard Rust, vormals Studienrat, zugleich Gauleiter in Hannover–Braunschweig, ein intellektuell unprofilierter, frühzeitig kranker, in wichtigen Lagen unschlüssiger Mann, der aber bis zuletzt die Dankbarkeit Hitlers genoß, gab der Hochschulpolitik keine eigenwillige Handschrift, so wenig wie Staatssekretär Werner Zschintzsch, Verwaltungsjurist mit Ministerialerfahrung seit den 20er Jahren, der als Göringscher Vertrauensmann vor allem den Behördenapparat zu ordnen suchte[90]. Beide deckten aber die wechselnden Chefs ihres Amtes Wissenschaft – den einstigen Greifswalder Mathematiker und Ordinarius (seit 1911) Theodor Vahlen (bis 1937), den früheren Architekturstudenten, Dr. phil., Schriftleiter und badischen Kultusminister Otto Wacker (1937–39) und den habilitierten Wehrchemiker Rudolf Mentzel (1939–45) – sowie auch deren Referenten. Auffällig ist, daß unter den natonangebenden Ministerialbeamten viele Naturwissenschaftler waren, natürlich auch Juristen, hingegen relativ wenig Geisteswissenschaftler; Heinrich Harmjanz, Volkskundler und späterer Chef des Ministeramtes, dürfte noch der einflußreichste unter ihnen gewesen sein[91]. Auch in der Motivierung setzten sie den Akzent nicht immer ganz gleich. Doch ob sie nun, wie angeblich Rust, im stillen Hochachtung, ja „Angst" vor „jedem Professor" hatten[92] oder, wie wohl kennzeichnend für Wacker, im „Ämterdarwinismus"[93] einfach die Oberhand behalten wollten, oder ob ihnen, wie zweifellos Mentzel, daran gelegen war, den Theoremen der Rosenbergianer nicht die wehrtechnische Forschungseffizienz zu opfern[94], – ih-

---

322 ff., 330, 356, 367, 370, 396, 459 ff.; Losemann, Nationalsozialismus, S. 79, 85; Heiber, S. 821; Beyerchen, Wissenschaftler, S. 195, 207 f.; Seier, Rektor, S. 137.

[89] Unergiebig: Otto Graf zu Rantzau, Das Reichsministerium für Wissenschaft, Erziehung und Volksbildung. Berlin 1939.

[90] Über Rust zusammenfassend Georg Kotowski, Nationalsozialistische Wissenschaftspolitik. In: Nationalsozialismus, S. 209–223, hier S. 213 ff.; über Zschintzsch: Heiber, S. 123, 240, 655.

[91] Vgl. Losemann, Nationalsozialismus, S. 53; über Harmjanz: Heiber, S. 648 ff.

[92] Vgl. ebd. S. 642.

[93] Begriff bei Bollmus, Amt Rosenberg, S. 245; über Wacker: Kelly, National Socialism, S. 283, 294, 299, 344, 356, 367; Heiber, S. 643.

[94] Vgl. Beyerchen, Wissenschaftler, S. 212 f., 255, 257; anders nuanciert auch Kelly, National Socialism, S. 325, 344, 396; Heiber, S. 821; wesentlich negativer Friedrich Glum, Zwischen Wissenschaft, Wirtschaft und Politik. Bonn 1964,

re Abgrenzung gegen die expansive Machtkonkurrenz der Parteiideologen blieb über die Jahre hinweg ein dominanter Zug. Dabei spielten sie, mal stichwortempfangend, mal stichwortgebend, auch mit den konservativeren Tendenzen in der Professorenschaft zusammen. So selbst Rust, als er 1936 verhindern half, daß die Kaiser-Wilhelm-Gesellschaft der „arischen Physik" in die Hände fiel[95], und so Mentzel, auf dessen Anregung im gleichen Jahre die sogenannte Heisenberg-Denkschrift zurückging, eine Ehrenrettung der Relativitäts- und Quantentheorien, die die Unterschriften von 75 führenden Physikern, darunter berühmtesten Lehrstuhlinhabern, trug[96]. Die Strategie lief stets darauf hinaus, die Machtansprüche der Partei möglichst lautlos, unter Umgehung offener Konfrontation, wenigstens einzudämmen und fachlich akzentuierte Niveauinteressen der Professorenschaft unter der Hand zu fördern.

Dieser vorsichtige, halb unentschiedene, im ganzen aber nicht wirkungslose Defensivkurs des Reichserziehungsministeriums ist indessen nicht nur von Teilen der universitären Funktionselite mitinspiriert und mitverfochten worden. Sie allein hätte vermutlich wenig bewirkt. Auch der Umstand, daß unter den Reichserziehungsministeriums Referenten selbst Hochschullehrer, sogar einstige Rektoren[97] waren, war hilfreich, aber nicht ausschlaggebend. Ungleich wichtiger war die Schützenhilfe, die von zentralen Faktoren der politischen und militärischen Führung und aus anderen Reichsministerien kam. Da war, immer zweideutig und doch allem voran, das „Zweckbündnis" mit Himmler und der SS. Deren ständig wachsende Macht, ihre sprichwörtliche Rosenbergfeindschaft, ihr sorgsam infiltrierter Einfluß im Reichserziehungsministerium, auf der Chefebene zur Geltung gebracht durch Wacker, Mentzel und Harmjanz[98], nicht zuletzt ihre – bei höchstens polizeilicher Zuständigkeit – hochambitionierte und mißtrauische Zuwendung zu allen die Wissenschaftspraxis und Elitebildung betreffenden Fragen gaben der Allianz mit ihr Gewicht, mochte anderes – so ihr obskuranter Forschungsehrgeiz („Ahnenerbe") oder ihr undurchsichtiges Zukunftsziel – auch zur Vorsicht mahnen und die politische Linie nicht immer berechenbar sein. Tatsächlich hat die Interven-

---

S. 451 f.; Kurt Zierold, Forschungsförderung in drei Epochen. Wiesbaden 1968, S. 191 ff.

95 Beyerchen, Wissenschaftler, S. 202 (Rust an Hitler, 3. 2. 1936).

96 Ebd., S. 204 ff.

97 Wilhelm Groh und Paul Ritterbusch.

98 Vgl. Heiber, S. 124, 641 ff., 1131; Losemann, Nationalsozialismus, S. 53 f. (abschwächend); Kater, ‚Ahnenerbe', S. 130 ff., 136, 140; zur SS-Hochschulpolitik im Kriege ebd. 273 ff., bes. 280 f.

tion Himmlers der ministeriellen Wissenschaftsstützung mitunter Rückhalt geboten, bisweilen, so etwa im Falle Heisenbergs, den das „Schwarze Korps“ attackiert hatte, sogar nach SS-internen Differenzen und unter Einschaltung privater Verbindungen[99]. Da war sodann zweitens die Wehrmacht, speziell ihr Heereswaffenamt, dem wiederum die Rüstungsindustrie und Rüstungsforschung assistierten. Hier boten sich Arbeitsnischen für Habilitierte, die die Hochschulen verlassen mußten oder wollten. Die Wehrmacht und die Rüstungslenkung drängten im Forschungsrat, in den Ministerien, bei der Mittelvergabe für Großprojekte auf die Priorität seriöser Vorhaben[100]. Und als 1939/40 die Reichskanzlei, hingewiesen auf den Niveaurückgang in den Hochschulen, zahlreiche Reichsministerien und Spitzenbehörden um gutachtliche Stellungnahmen bat, gehörten OKW und OKH zu denjenigen, die ungeschminkte Schilderungen schickten[101]. Und da war endlich drittens die Ministerialbürokratie zumal der Fachressorts, vorrangig die der beiden Finanzminister Popitz und Schwerin-Krosigk, die durch entsprechende Voten, mehr noch durch geschickt lancierte Finanzargumente, Parteiinitiativen zu stoppen wußten und im Verein mit Reichserziehungsministeriums-Referenten und Professoren soviel wie möglich an herkömmlicher Wissenschaft retten halfen. Besonders Popitz, selbst Hochschullehrer, seit 1938 einer der führenden Köpfe des bürgerlichen Widerstandes, gleichwohl verblieben in seiner „als Mitarbeit verschleierten Opposition“[102], hatte immer ein offenes Ohr, wenn Gelehrte sich hilfesuchend an ihn wandten[103].

---

99 Beyerchen, Wissenschaftler, S. 214 ff., 223 (Himmler an Heisenberg, 21. 7. 1938); Hermann, Heisenberg, S. 62 f.

100 Beyerchen, Wissenschaftler, S. 213, 235, 246, 251 f., 255; zum Verhältnis von Wehrmacht, Rüstung und Wissenschaft ferner Hans Ebert, Hermann-J. Rupieper, Technische Wissenschaft und nationalsozialistische Rüstungspolitik: Die Wehrtechnische Fakultät der TH Berlin 1933–1945. In: Rürup, Bd. 1, S. 469–491, bes. 481 f.; sowie Ludwig, passim. – Jüngster Forschungsstand bei Brämer, Komplizen, S. 24 ff.

101 Bundesarchiv Koblenz (zit.: BAK), Reichskanzlei, R 43 II/940b (OKW an Reichskanzlei, 3. 5. 1940 mit Anlagen; OKH an Reichskanzlei, 23. 5. 1940). Zum Hintergrund: Hellmut Seier, Niveaukritik und partielle Opposition. Zur Lage an den deutschen Hochschulen 1939/40. In: Archiv für Kulturgeschichte 58 (1976), S. 227–246, hier 231 ff.; s. auch u. Anm. 130 u. 131.

102 Hans Herzfeld, Johannes Popitz. In: ders., Ausgewählte Aufsätze. Berlin 1962, S. 139–162, hier 144. – Popitz war Jurist und Finanzwissenschaftler. Seit 1922 war er Honorarprofessor in Berlin.

103 Viele Belege bei Aland, bes. S. 784, 845, 849, 868 f., 897, 939; vgl. ferner die Stellungnahme von Popitz zur Umfrage der Reichskanzlei wegen des sinkenden

Das Bild wäre unvollständig, fiele der Blick nicht auch auf die Gegenseite – denn auch sie, an der Spitze Alfred Rosenberg, hatte, wenn auch in ungleich kleinerer Zahl, professorale Mitdenker und Informanten. In diesen Zirkeln, wo die Ablehnung des Christentums, das subjektiv-voluntaristische Geschichtsbild und die extreme Wissenschaftsrelativierung des „Mythos"-Verfassers angenommen und ausgebaut wurden, gab man sich über den konservativen Grundzug des amtierenden Lehrkörpers und die weitgehende Wirkungslosigkeit aller Umerziehungsversuche schon 1936 keiner Täuschung mehr hin. Alle Erwartungen richteten sich desto mehr auf die nächste Generation. In diesem Sinne wurde der von Krieck und anderen begonnene Versuch, den rechtsgerichteten, dem Nationalsozialismus vergleichsweise zugänglichen Teil der Hochschullehrerschaft in Dozentenakademien zu schulen, ab 1938 dahingehend modifiziert, daß die Kaderbildung sich ganz auf den Nachwuchs konzentrierte[104]. Noch eindeutiger gegen die bestehenden Universitäten und die in ihnen weiterlebende Lehrtradition wandte sich das Konzept der „Hohen Schule". Ursprünglich von Ley entwickelt, der die Führerauslese der Adolf-Hitler-Schulen und Ordensburgen in einer hochschulähnlichen Endstufe gipfeln lassen wollte, nahm der Plan weit kühnere Ausmaße an, als (etwa seit 1936/37) Rosenberg sich seiner bemächtigte. Nunmehr wurde eine echte Alternative zum Universitätssystem angestrebt, eine Parteihochschule, die, halb Gegenuniversität, halb gigantisch dimensioniertes Forschungsinstitut, eine „oberste Stätte für nationalsozialistische Forschung, Lehre und Erziehung" werden und damit die „Voraussetzung aller Hochschulreform" schaffen sollte[105]. Die Gründung ist trotz prinzipieller Billigung durch Hitler über Anfänge nicht hinausgelangt und im Umriß undeutlich geblieben; aber daß an einen Neubeginn von außen her gedacht war, an eine Kehrtwendung in der Elitenbildung, nunmehr mit offener Front gegen nahezu die ganze Professorenschaft und mit dem Zielbild einer akademischen Überelite wertelitären und dennoch antiintellektuellen Zuschnitts, ja daß die Fundamente eines radikal veränderten, auf die Epoche nach dem erwarteten Weltkriegssieg bezogenen Wissenschaftssystems damit Gestalt annahmen, darauf deutete in den Planungsakten jedenfalls mancherlei

---

Leistungsniveaus an den Universitäten (BAK, R 43 II/940b, Popitz an Reichskanzlei, 31. 5. 1940) sowie Losemann, Schloßplan (s. u. Anm. 108) S. 371 f., 377 f., 397 f.

[104] Vgl. Kelly, National Socialism, S. 400 ff.; Müller, Krieck, S. 389 ff.; Rudolph, Dozentenakademie, S. 460 ff.; zur Skepsis gegenüber Umerziehung: Kleinberger, S. 11.

[105] Bollmus, Projekt, S. 125 (Rosenberg an Rust, 12. 8. 1940).

hin[106]. Auch hieran waren Hochschullehrer beteiligt. Viel von seinen Zielvorstellungen brachte vor allem der Berliner Pädagoge Alfred Baeumler darin unter, Nietzscheaner und an Sparta orientierter Wiederentdecker der heroischen Männerbünde, der in der Dienststelle Rosenbergs Leiter des Wissenschaftsamtes war und bei der Planung der „Hohen Schule" die Feder führte[107]. In mehr oder minder lockerer Form, bisweilen mit durchaus anderen Zielen, haben auch seriösere Gelehrte daran mitgewirkt. Andererseits suchte Rosenberg seinen Einfluß auf die Wissenschaft auch dadurch zu mehren, daß er Institute der „Hohen Schule" an bestehende Universitäten anschloß (so in Halle) und seine Mitarbeiter in deren Lehrkörper einschleuste[108].

Mustern wir das funktionselitäre Beziehungsgeflecht und ziehen wir die Summe, so erhärtet sich, wie minimal der Machtanteil und wie begrenzt der Machtzugang der Hochschullehrerschaft war, wie beträchtlich dafür aber der Vorteil, den die Tendenz zur Kontinuität aus den Ämterrivalitäten und dem latenten Antagonismus von Partei und Ministerien zog. Über die Mitlenkung der Wissenschaftspolitik, selbst dies in eher subsidiärer Stellung, ging die Machtteilhabe der Funktionselite nicht hinaus. Vollends im engeren Führungszirkel der Diktatur fand sich niemand, der der Hochschullehrerschaft zuzuzählen gewesen wäre — so weit reichte auch der Arm eines Popitz, die Stimme eines Haushofer nicht[109]. Hitler duldete kein professorales Mitregieren. Sein Machtinstinkt ließ die Herrschaftspartizipation der führenden Bildungsschicht noch weit unter den Pegelstand des späten 19. Jahrhunderts sinken.

Damit ist nicht gesagt, daß die intellektuelle Prägekraft des Berufsstands, und zwar die normative wie die technisch-pragmatische, nicht herr-

---

106 Ebd., S. 143 ff.

107 Zur Rolle Baeumlers ebd. S. 144 ff.; Nolte, Typologie, S. 8.

108 Bollmus, Projekt, S. 138 ff.; Volker Losemann, Der Marburger Schloßplan 1927—1945. In: Heinemeyer u. a. (Hg.), Academia Marburgensis. Marburg 1977, Bd. 1, S. 353—405, hier S. 401.

109 Über Haushofer (Geograph und Japanologe, seit 1921 Honorarprofessor, später ordentlicher Professor in München) in diesem Sinne zuletzt Dan Diner, ‚Grundbuch des Planeten'. Zur Geopolitik Karl Haushofers. In: Vierteljahrshefte für Zeitgeschichte 32 (1984), S. 1—28, hier S. 15, 24, 26. Haushofers Bedeutung als „imperialistischer Erzieher" (ebd. S. 26), Raumideologe und Berater von Heß soll damit nicht verkleinert werden; vgl. auch Hans-Adolf Jacobsen, Karl Haushofer. Boppard 1979, Bd. 1, S. 389, passim. — Zu Popitz s. o. Anm. 102 und Gerhard Ritter, Carl Goerdeler und die deutsche Widerstandsbewegung. [3]Stuttgart 1956, S. 315 f., 360 ff., 424 ff.

schaftsrelevant gewesen sei. Alle Fakultäten haben an der ideologischen Formung und machttechnischen Stärkung des Führerstaats auf ihre Weise teilgenommen. In allen Fachrichtungen, selbst bei den Theologen, gab es Lehrstuhlinhaber und Institutsdirektoren, die der wissenschaftlichen Lehre eine spezifisch nationalsozialistische Begründung und Zuspitzung zu geben oder die Forschung auf praktische Zwecke der Systemstützung und Kriegführung hinzulenken suchten[110]. In einigen Fällen hatten einzelne Hochschullehrer überdies Anteil an Experimentalexzessen, die den Verbalbereich der Ideologie verließen und in die Täterkriminalität mündeten[111]. Typisch waren solche Grenzüberschreitungen indessen nicht, sowenig wie andererseits die Einordnung in den Widerstand, wozu sich gleichermaßen, jedenfalls zur eindeutigen Form der konspirativen Umsturzplanung oder Agitation, nur wenige durchrangen[112]. Als typisch sind wohl nicht einmal die zweifellos breiteren Grauzonen einerseits der par-

---

[110] Zahlreiche, teils aber einseitig ausgewählte Belege bei Poliakov/Wulf, Denker, passim; ähnlich Seeliger, Braune Universität, passim.

[111] Am bekanntesten ist der Fall des Straßburger Anatomen August Hirt (1898–1945), dem zur Last gelegt wird, am Tod von KZ-Häftlingen mitschuldig zu sein; auf ähnlicher Ebene liegen die Fälle der Mediziner W. Heyde (Euthanasie), E. G. Schenck (KZ-Versuche) und J. P. Kremer (Auschwitz-Selektion); vgl. Kater, ‚Ahnenerbe', S. 245 ff.; ders., Medizinische Fakultäten, S. 94; Eugen Kogon u. a. (Hg.), Nationalsozialistische Massentötungen durch Giftgas. Frankfurt 1983, S. 30, 33, 213 ff., passim. Weitere Fälle (v. a. Euthanasie) bei Alexander Mitscherlich u. Fred Mielke (Hg.), Medizin ohne Menschlichkeit. Frankfurt 1962, passim; und Ernst Klee, ‚Euthanasie' im NS-Staat. Frankfurt [3]1983, passim (s. Register). Eine namentliche Auflistung der in NS-Gewaltverbrechen verwikkelten Ärzte bei Kudlien, S. 305 ff. Bei den meisten der dort Genannten (z. T. Titularprofessoren) handelt es sich jedoch um Nichthochschullehrer. – Eine spezielle Untersuchung über den Anteil der Universitäten an diesen Vorgängen und über deren Rückwirkung auf sie fehlt.

[112] Hingerichtet wurden wegen Zugehörigkeit zur „Weißen Rose" der Münchener Musikwissenschaftler Kurt Huber, wegen Teilnahme am Umsturzversuch des 20. 7. 1944 der Berliner Geograph Albrecht Haushofer, der Berliner Nationalökonom Jens Jessen, der Berliner Luftfahrtjurist und Ministerialrat Rüdiger Schleicher und der zum Kreisauer Kreis gehörende Pädagoge und frühere Hallenser Akademieprofessor Adolf Reichwein. Wegen Beihilfe zum Hochverrat („Rote Kapelle") zum Tode verurteilt wurde der Marburger Romanist Werner Krauss; vgl. Eberhard Zeller, Geist der Freiheit. [2]München 1954, S. 43 f., 63 ff., 371. – Unbefriedigend: Fritz Leist, Möglichkeiten und Grenzen des Widerstandes an der Universität. In: Universität, S. 175–213. – Auch zu Widerstand, Opposition und Resistenz an den Universitäten vermißt man eine Gesamtdarstellung.

tiellen Opposition, andererseits der aktiven Kollaboration anzusehen: auf der einen Seite die mehr oder minder lockere Gruppenbildung mit gegnerischer Tendenz, von der Beteiligung an der Bekennenden Kirche und am katholischen Glaubenskampf bis zur Berliner Mittwochsgesellschaft oder dem Freiburger Kreis[113], auf der anderen jene nachdrücklich betätigte und dennoch selbstkritisch kalkulierte Systemunterstützung, die über das Mindestmaß des zur Lehrstuhlbewahrung Erforderlichen eindeutig hinausging und gleichwohl als Forschung oder Lehre den Rahmen des fachwissenschaftlichen Methodenstandards nicht sprengte. Beides Verhaltensformen mit Vorbildeffekt und (unterschiedlich intensiver) Ausstrahlung, deren Wirkung auf die schweigende Mehrheit und auf den akademischen Alltag indes in der Schwebe blieb. Es ist aufschlußreich, daß das NS-Regime selbst die Resonanz gerade traditionaler Methoden und Positionen – unterhalb der offenen Gegnerschaft und ungeachtet aller Anpassungskollaboration – in bezug auf die Gesamtheit des Berufsstandes und wegen der enormen Breite des Phänomens im Grunde als das Bedenklichste ansah.

Entsprechende Einschätzungen durchzogen jedenfalls die geheimen Vorkriegslageberichte des Sicherheitshauptamtes, die den nach fünfjähriger Anlaufzeit erreichten Stand ohne den Rechtfertigungsdruck der hochschulpolitischen Lenkungsinstanzen kritisch, ja pessimistisch spiegelten. Danach war in den Universitäten weder die gruppenbildende Gegnerschaft ganz ausgeschaltet noch die sogenannte „liberalistische", das heißt nichtnationalsozialistische, traditionale, skeptische Einstellung der Hochschullehrermehrheit bezwungen: „Die Ausschaltung der restlichen gegne-

[113] Verstreute Angaben bei: Klaus Scholder, Die Kirchen und das Dritte Reich. Bd. 2, Berlin 1985; Friedrich Zipfel, Kirchenkampf in Deutschland 1933–1945. Berlin 1965; Heinz Liebing, Die Marburger Theologen und der Arierparagraph in der Kirche. Marburg 1977; Aland, S. 126 ff., passim; Klaus Scholder (Hg.), Die Mittwochs-Gesellschaft. Berlin 1982; Christine Blumenberg-Lampe, Das wirtschaftspolitische Programm der ‚Freiburger Kreise'. Berlin 1973; Helmut Thielikke (Einleitung), In der Stunde Null. Die Denkschrift des Freiburger Bonhoeffer-Kreises. Tübingen 1979. – Die ungekürzte Erstfassung dieser von Gerhard Ritter und anderen Freiburger Professoren formulierten Denkschrift, bei der es sich wohl um den wichtigsten, auf der Gruppenbildung von Professoren fußenden universitären Planungsbeitrag zur Opposition und zur Vorbereitung auf die Nachkriegszeit handelt, ist jetzt ediert bei Schwabe u. Reichardt, S. 635–774, dort auch weiteres Material. – Die Grenzen zwischen Widerstand und Opposition waren fließend. Dasselbe gilt freilich auch für die Grenzen zur Kollaboration. Der Mittwochs-Gesellschaft insbesondere gehörten „Anhänger und Gegner Hitlers" an (Scholder, Mittwochs-Gesellschaft, S. 7, 13).

rischen Kräfte in der Wissenschaft ist 1938 nicht überall gelungen. Vor allem die konfessionellen Gruppen hielten ihren Einfluß aufrecht und konnten ihn teilweise noch verstärken." Schlimmer noch die unorganisierte, mentale, dabei haltungsbestimmende und zunehmend jugendwirksame „Liberalität": „Die Bedeutung des Liberalismus liegt nicht in den Organisationsformen, sondern in der inneren Haltung der einzelnen Träger liberalistischen Gedankengutes. In den intellektuellen Kreisen von Wissenschaft und Hochschule herrscht heute noch die liberalistische Einstellung vor und sucht in der akademischen Jugend den nötigen Nachwuchs zu gewinnen."[114] Im einzelnen unterschied der SD dabei zwischen den Natur- und den Geisteswissenschaften, wobei jedoch in keiner der beiden Fächergruppen der Gesamtzustand aus NS-Sicht befriedigte. Die Naturwissenschaften schienen zwar „fast völlig für die Durchführung des Vier-Jahresplans eingesetzt", gaben aber dennoch Anlaß zur Rüge: „Zwangsläufig erhielten dadurch die Industrie, insbesondere die großen Konzerne wie IG.-Farben, außerordentlich starken Einfluß auf die wissenschaftliche Aufgabensetzung und die Personalgestaltung. Die Grundlagenforschung wurde zugunsten der Zweckforschung vorschoben. Da die gegenwärtigen Ergebnisse des Vier-Jahresplans aufgebaut sind auf den Früchten der wissenschaftlichen Grundlagenforschung der früheren Jahre, zeichnet sich für die Zukunft die Sorge ab, daß durch die Zurückdrängung der Grundlagenforschung Deutschland durch die übrigen europäischen Staaten und Amerika in der naturwissenschaftlichen Forschung insbesondere auf dem Gebiet der Physik und der Chemie überholt werden kann, wodurch in späteren Jahren empfindliche wirtschaftliche Auswirkungen unvermeidlich wären[115]." Ein in Wirklichkeit bereits gegebener Rückstand, dessen Aufweis sich bei aller Distanz zur Industrie („Am stärksten treten liberalistische Einflüsse in der Wirtschaft auf"[116]) unausgesprochen gegen die vollideologisierten Richtungen in den wichtigsten Fächern („arische Physik") richtete! Indes weit mehr noch beunruhigte den SD die Lage in den Geisteswissenschaften. Sie sei, so lautete, beschönigend umschrieben, das Fazit, „weniger günstig": unzureichende Behördenkooperation und „mangelnde einheitliche Sachplanung" hätten dazu geführt, „daß die in den Geisteswissenschaften tätigen Personen nach wie vor ziemlich sich selbst überlassen sind", wodurch „zum Teil ausgeprägte gegensätzliche Gruppenbildungen" entstanden seien. Die schlechtesten Zensuren bekamen

[114] DCB-SHA, Jahreslagebericht 1938, Bd. 1, fol. 105, und Bd. 2, fol. 6.
[115] Ebd., Bd. 2, fol. 2 f.
[116] Ebd., Bd. 1, fol. 107.

die Fachvertreter der Philosophie („[...] enthielten sich weltanschaulicher Äußerungen entweder vollständig oder sie zogen sich in scharfer Abgrenzung auf die religiösen Probleme zurück") und die der Alten und Mittelalterlichen Geschichte („[...] keinerlei Vorstöße im Sinne eines nationalsozialistischen Geschichtsbildes")[117], etwas bessere die meisten übrigen Fächer, doch nach Applaus klang nicht einmal das Urteil über die Germanisten: „Die Zeit der Programme und der Konjunktur ist vorüber, aber die versprochenen Leistungen und grundsätzlichen Neuerungen sind bisher zum großen Teil ausgeblieben[118]."

Daraus geht hervor, wieviel Zweideutiges sich unter der Tarnfarbe der Gleichschaltung erhalten hatte, wie unkonsolidiert die NS-Herrschaft an den Hochschulen im letzten Vorkriegsjahr war und wie schonungslos die für die innere Sicherheit verantwortliche Behörde sich darüber Rechenschaft gab. Sie mißtraute den Professoren, und das Mißtrauen schloß ohne Zweifel jene Mehrheit innerhalb des Berufsstandes ein, die sich äußerlich angepaßt hatte, keine betätigte Gegnerschaft erkennen ließ und ihrer Beamtenpflicht formal genügte. Es war der Funktionselite offensichtlich nicht gelungen, die Fachwissenschaften methodisch und inhaltlich umzugestalten und zugleich ihr Standardniveau und ihre Konkurrenzfähigkeit

---

[117] Ebd., Bd. 2, fol. 3, 8, 12.

[118] Ebd., Vierteljahrslagebericht 1939/1, Bd. 2, fol. 10. – Diese Kritik läßt die tiefgehenden Affinitäten und Teilübereinstimmungen außer acht, die in den meisten Geisteswissenschaften zwischen konservativ-nationalen und NS-Auffassungen bestanden. Sie zeigt aber deutlich, daß dem radikalen Nationalsozialismus die bloße Kontinuität der Tradition unzulänglich, ja gefährlich erschien, während die Hochschulverwaltung wie in den Naturwissenschaften um eine gewisse Niveauwahrung und Pluralitätsduldung bemüht war. Dieser Gesichtspunkt scheint mir bei Lundgreen, Wissenschaft, S. 21 ff., zu kurz zu kommen. Die in den dort versammelten Einzelbeiträgen (zu Rechtswissenschaft, Psychologie, Kunstpädagogik, Deutschlehrerausbildung, Literaturwissenschaft, Geschichte, Soziologie, Eugenik und Osteuropaforschung) gesichteten Sachverhalte bestätigen im übrigen nicht nur die Dominanz tradierter, wenn auch teilweise radikalisierter und instrumentalisierter Methoden und Motive aus der Zeit vor 1933 und nicht nur die relative Schwäche der spezifischen NS-Wissenschaft, sondern auch ein gewisses Affinitätsgefälle zwischen den Fächern. Der vergleichsweise deutliche Abstand der etablierten Geschichtswissenschaft von NS-Außenseitern und der offenbar geringere etwa der Germanistik wird dabei wiederum spürbar. – Vgl. zur Germanistik jetzt auch Ruth Römer (Anm. 9), zur Geschichtswissenschaft neben den Arbeiten von Losemann und Franz (Anm. 9, 55) die ältere Studie von Karl Ferdinand Werner, Das NS-Geschichtsbild und die deutsche Geschichtswissenschaft. Stuttgart 1967, bes. S. 97.

zu bewahren. Der Staat, repräsentiert durch seine Hochschulverwaltung, legte in Abgrenzung sowohl von der Partei als auch in der Partei und unter dem aktuellen Sachzwang der wirtschaftlichen und geistigen Kriegsvorbereitung und Kriegsführung zumindest kurzfristig mehr Wert auf eine funktionierende als auf eine herausragend gesinnungstüchtige Wissenschaft, immer vorausgesetzt, daß ein Minimum an Systemloyalität nicht unterschritten werde. Dieser Sachverhalt unterschied sich grundlegend von den Zielvorstellungen der Machtergreifungszeit. Er konnte nicht ohne Rückwirkung auf das Selbstverständnis der Professorenschaft sein.

3. ELITÄRES SELBSTVERSTÄNDNIS IM WANDEL

Damit sind wir beim letzten, dem subjektiven Aspekt, und die Beschreibung der Elitenrolle darf ihn nicht aussparen, so sehr es gerade hierzu an Vorarbeiten mangelt und so selten die Quellen sich explizit dazu äußern. Wir befragen sie danach, wie die Professorenschaft auf das Fiasko der Programme, den Unmut der Partei und die faktische Priorität intakter und damit rüstungsadäquater Labors und Institute reagierte. Wie definierte sich eine Funktionselite, deren Anspruch auf Wissenschaftsformung der Partei zu zahm, dem Staat zu dysfunktional, den Kollegen zu anmaßend und zu leistungsgefährdend erschien? Und worauf stützte sich die wertelitäre Selbstzuordnung der Professorenschaft insgesamt, die trotz Niveauverlust, sinkendem Berufsprestige, peinlichem Absicherungstribut, trotz partieller Distanz zum Regime und verschlechterten politischen und praktischen Arbeitsbedingungen im Lande und am Schreibtisch ausharrte und sich zur Anpassungskollaboration bereitfand?

Die engagiert nationalsozialistischen Professoren leiteten aus ihrer Kompetenz als Gelehrte in der Regel keine allgemeinpolitischen Ambitionen her. Insofern respektierten sie die parteioffizielle Tugendhierarchie, in der die „Tat" über dem „Wissen" rangierte. Dafür verlangten sie die Anerkennung des Führerrangs, den sie der Lehre als Erziehung, dem fachspezifischen Schulungsauftrag und der Ausübung von Amtsgewalt bei der organisatorischen Gleichschaltung zusprachen. Da sich der Führungsanspruch somit in erster Linie an die im weiteren Sinne politischen Bereiche der Wissenschaftsideologie, Hochschulorganisation und akademischen Menschenführung knüpfte, blieb das elitäre Selbstbewußtsein doch auf die

Wissenschaft fixiert[119]. Es war, wie ablesbar am Verhalten der Rektoren, aber auch der als Dozentenbundsfunktionäre tätigen Nichtordinarien, mitbeeinflußt von der erreichten oder erstrebten Laufbahnstufe. Daraus erwuchs eine am Anfang euphorische, schon nach wenigen Jahren aber, im Grunde seit dem Herbst 1934, mit dem Tageserfolg schwankende, allmählich mehr und mehr resignative Stimmungslage.

In der ersten Zeit nach 1933 legte die prononciert nationalsozialistische Funktionselite ein von Idealismus und Fanatismus stimuliertes, mit Drohungen unterstrichenes und auf Einschüchterung berechnetes Macht- und Überlegenheitsgebaren an den Tag. Es stützte sich auf die Annahme, daß der von großen Teilen der Gesamtbevölkerung akzeptierten NS-Ideologie innovative Impulse zur Umdefinition des Wissenschaftsbegriffs oder zur politisch-dezisionistischen Neubestimmung der Lehr- und Forschungsziele entnehmbar seien[120]. Praktisch aber kamen die Bemühungen in dieser Richtung über vage Allgemeinheiten, Grundsatz- und Absichtserklärungen, Heideggerschen Heroismus und undeutliche Grenzziehungen zwischen Beschränkung und begrenzter Duldung der Wissenschaftsfreiheit nicht hinaus[121]. Schon Mitte der 30er Jahre war der Minderheitscha-

---

119 Vgl. Haberland, S. 37 („Wer Lehrer ist, ist zugleich auch Führer"); Ernst Krieck, Führertum und Hochschulreform. In: Volk im Werden 5 (1937), S. 57–63. Zur Wissenschaftsorientierung von NS-Professoren, die zugleich anerkannte Gelehrte waren, vgl. Aland, S. 127 ff. (Emanuel Hirsch), und Scholder, Mittwochs-Gesellschaft, S. 21 f. (Eugen Fischer).

120 Vgl. dazu das Konzept Ernst Kriecks (Anm. 32). – Es sollte nachgerade möglich sein, den hochambivalenten, mit Vergangenheitsrückgriffen vermischten, gleichwohl revolutionären Modernisierungsimpuls, der die nationalsozialistische Gesellschaftspolitik zumal in ihren Anfängen kennzeichnete (vgl. Martin Broszat, Soziale Motivation und Führer-Bindung des Nationalsozialismus. In: Vierteljahrshefte für Zeitgeschichte 18 [1970], S. 392–409, hier 393, 395; ähnlich bereits Ralf Dahrendorf, Gesellschaft und Demokratie in Deutschland. München 1965), auch in der Hochschul- und Wissenschaftspolitik wahrzunehmen. Ihr Scheitern darf daran nicht hindern. Durch Festschreibung und normative Rückblendung eines späteren, gleichsam über- und außergeschichtlichen Wissenschaftsideals ist ihr schwerlich gerecht zu werden; vgl. dazu zuletzt Johannes Weyer, Replik auf Kurt Lenk. In: Politische Vierteljahrsschrift 27 (1986), S. 259–264, hier 261.

121 Rust definierte sie 1937 als Methodenpluralismus bei weltanschaulich gebundenem Ziel („[...] wird der Grundsatz der freien Forschung nicht angetastet, da die Freiheit der Forschung nicht in der Willkür der Aufgabenstellung, sondern in der Selbständigkeit ihres Verfahrens begründet ist"), vgl. Zierold, S. 215. – Zu Heidegger: Martin Heidegger, Die Selbstbehauptung der deutschen Universität.

rakter, der Einschlag von Dogmatismus, Dilettantismus und Sektierertum, der diesen Bestrebungen anhaftete, derart eindeutig, daß nicht bloß die Mehrheit der Lehrkörper, sondern auch Hochschulführungen, Feuilletonredaktionen, Teile der Verwaltung, sogar Dienststellen der Partei davon abzurücken begannen. Intern wurde ausgesprochen, in wie hohem Grade die Dogmatisierung einzelner NS-Aussagen im Wissenschaftsbereich hemmende, steril und träge machende, Innovation erschwerende Folgen zeitige[122]. Soweit die Funktionselite sich mit diesem Dogmatismus identifizierte, geriet sie damit auch subjektiv in eine Defensivsituation, aus der sich umso schwerer ein Ausweg fand, als daraus mehr und mehr eine Verteidigung nach zwei verschiedenen Seiten hin wurde.

Zum einen zeichnete sich seit dem Herbst 1934 die Weiterexistenz der nur äußerlich angepaßten Wissenschaftstradition ab. So schroff die prononcierte NS-Richtung dagegen polemisierte[123], sie mußte hinnehmen, daß das ehemals konservativ-liberale Expertentum, sofern es die Arisierungsschübe überdauert und ein Anpassungsminimum zugestanden hatte, sich mitsamt seiner nachwachsenden Schülerschaft auf vielen wissenschaftsrelevanten Ebenen nicht bloß Refugien, sondern den Effekt und Einfluß einer faktischen Mehrheit zu sichern vermochte: nicht bloß in Lehrmeinungen und Forschungserträgen, in den wissenschaftlichen Zeitschriften und im gleichgeschalteten bürgerlichen Presseecho, sondern teilweise, wenn auch begrenzter, sogar an den Schaltstellen der Personal-

---

Breslau 1934, bes. S. 13 f.; zur Auseinandersetzung mit und um Heidegger zuletzt Hugo Ott, Martin Heidegger und die Universität Freiburg nach 1945. In: Historisches Jahrbuch 105 (1985), S. 95–128.

[122] So drang nach Beobachtungen des SD in „einsichtigen nationalsozialistischen Kreisen mehr und mehr" die „Überzeugung durch", daß „im Hinblick auf eine aktive Weiterentwicklung innerhalb der einzelnen Wissensbereiche [...] eine unfruchtbare Dogmatisierung und Festlegung der Partei auf irgendwelche Lehrmeinungen abzulehnen" sei (DCB-SHA, Jahreslagebericht 1838, Bd. 1, fol. 3). – Als Beispiel für eine öffentlich geäußerte, ähnlich geartete Abgrenzung vgl. etwa die spöttisch-ironische Distanzierung der „Deutschen Allgemeinen Zeitung" von Ernst Krieck (DAZ Nr. 49 v. 30. 1. 1935, S. 7, Sp. 1).

[123] So z. B. Hans Reischauer, ‚Kameradschaft'. In: Volk im Werden 2 (1934), S. 319–321 („Herrschaften, schreibt doch in einem gleichgeschalteten Intelligenzblättchen und versaut uns nicht unsere Arbeit!", S. 320). Vgl. auch die Kritik von Krieck an Heidegger, Litt, Rothacker, Freyer, Spranger, Spann, René König, Oncken, Meinecke u. a. (z. B. ebd. 2 [1934] S. 247 ff. und 3 [1935] S. 47 ff., 64, 184, 186 ff., 322 ff.); ferner Gerhard Krüger, Wo steht die Wissenschaft? München 1937, bes. S. 23 ff.

politik und der Mittelvergabe[124]. Aus Äußerungen der Funktionselite über diese nach wie vor lehrende, bisweilen mit dem Hakenkreuz getarnte[125], von der „Frankfurter Zeitung“ bis zur Berliner „DAZ“ bei passender Gelegenheit geflissentlich hochgelobte „professorale Reaktion“[126] sprach immer wieder jene Mischung aus Ungeduld, Enttäuschung, Komplexen und verhaltener Aggression, in der die labile Selbsteinschätzung dieser gläubig-ehrgeizigen, auf die Zukunft vertrösteten Ideologen sich offenbarte. Konnten sie sich doch nicht einmal das Wertprädikat der Jugend überall und unbesehen zulegen. Die „arische Physik“ stand unter der Schirmherrschaft zweier Senioren und tradierte den Wissensstand des 19. Jahrhunderts[127].

Weit schwerer indes traf die NS-Professoren zum anderen, daß ihr elitärer Anspruch auch in der Partei selbst nur schwächlichen Widerhall fand. Gereichte ihnen in ihrer Eigenschaft als Gelehrte die braune Uniform eher zum Nachteil, so krankten ihre Parteikarrieren umgekehrt an der anhaltenden Mißgunst, die sich in den Führungsrängen der NSDAP schon seit der „Kampfzeit“ dem Gelehrtentum insgesamt gegenüber angesammelt hatte. Früh und nachdrücklich hat sich besonders Ernst Krieck darüber beklagt. Der Anlaß war ebenso nichtig wie bezeichnend: Der Heidelberger Rektor hatte im April 1937 keine Extraeinladung zum Karlsruher Gaupar-

---

124 Dagegen blieben die Verfechter spezifischer NS-Positionen zumeist Außenseiter. Die sogenannte „arische Physik“ gewann nie mehr als 5–10% der einschlägigen Lehrstühle (Beyerchen, Wissenschaftler, S. 197, 232 f., 239). Die wenigen „Ahnenerbe“-Mitarbeiter, denen die Habilitation glückte, fanden nur mit Mühe Professuren (Kater, ‚Ahnenerbe‘, S. 287, 290). Zur Personalpolitik s. o. Anm. 55, zur Mittelvergabe vgl. Zierold, passim.

125 So E. K[rieck], Nationalsozialistische Philosophie? In: Volk im Werden 2 (1934), S. 311 f., hier S. 312.

126 Die „deutsche Großpresse“, hinter der sich die „Männer der professoralen Reaktion sammeln“, lasse „fast täglich“ die „stille Hoffnung“ erkennen, daß sich vom „Problemgebiet ‚Hochschule und Wissenschaft‘“ aus die Reaktion wieder erheben und das „Ganze zurückerobern“ werde, behauptete Ernst Krieck, Lage und Aufgabe im Gebiet ‚Hochschule und Wissenschaft‘. In: ebd. 5 (1937), S. 3–11, hier S. 4. Das war natürlich übertrieben; vgl. aber immerhin die journalistische Herausstellung NS-kritischer oder unabhängiger Vortragsmeinungen (Sauerbruch, Oncken, Planck), die Kommentare zum Fall Saller und zum Oncken-Skandal und die Interpretation der Rust-Rede beim Heidelberger Universitätsjubiläum („Frankfurter Zeitung“ vom 27. 1. und 16. 2. 1935; „Deutsche Allgemeine Zeitung“ vom 24. 6. 1934; 11. 1., 31. 1. u. 11. 2. 1935; 22. 2., 30. 6. u. 8. 8. 1936).

127 Vgl. Steffen Richter, Die ‚Deutsche Physik‘. In: Mehrtens/Richter, S. 116–141, hier S. 128 f. (Ph. Lenard war Jg. 1862, J. Stark war Jg. 1874).

teitag bekommen, man hatte ihm zugemutet, wie ein einfacher Amtswalter in einer „Säule politischer Leiter" an der Ehrentribüne vorbeizumarschieren. Darin sah er, nicht zu Unrecht, ein Symptom für das sinkende Renommee der Wissenschaft im NS-Staat, und er beschwerte sich bei Rust. Es sei schon „fast beleidigend", schrieb er, wie die Universitäten bei öffentlichen Veranstaltungen zumal der Partei übergangen und übersehen würden. „So wird unsere Arbeit für die Bewegung um ihre Stoßkraft und Geltung gebracht, wenn ihr das Ansehen versagt wird. Dann kann die nationalsozialistische Wissenschaft und Hochschule auch dem Ausland gegenüber nicht durchdringen. Wir können die gegen uns errichtete Wand von Lügen, Verleumdungen und Mißverständnissen nicht beseitigen, wenn man uns in Deutschland selbst fortwährend die kalte Schulter zeigt oder unsere Arbeit in der Presse entwertet."[128] Daß der Beschwerde trotz ihres persönlichen Einschlags Bedeutung beigemessen wurde, ist aus der Umsicht zu schließen, mit der das Rust-Ministerium reagierte. Es unterrichtete alle Universitätsrektoren, Hochschulverwaltungen und den Stellvertreter des Führers von dem Vorfall und bat darum, zu bewirken, daß künftig „auch nach außen hin das Bild der engen Verbundenheit der wissenschaftlichen Hochschulen mit den Parteidienststellen geboten" werde[129].

Genutzt hat der Appell nicht viel. Wie frostig das Verhältnis zwischen NS-Professoren und NSDAP im Gegenteil auch in der Folgezeit blieb und wie sehr das Selbstgefühl der Funktionselite darunter litt, lehrt eine Denkschrift mit dem Titel „Schweigen hieße Verrat"[130], die im November 1939 von parteiorientierten Professoren der Berliner Universität verfaßt und im Mai 1940 von Generaloberst Keitel, Chef des Oberkommandos der Wehrmacht, der Reichskanzlei zugespielt wurde. Die Verfasser der Denkschrift, vermutlich der Germanist Franz Koch, einer der Hauptverfechter der NS-Ideologie in seinem Fach, Autor eines Buches über „Goethe und die Juden" (Hamburg 1937), und der politisch doppeldeutigere Wehrgeograph Oskar Ritter von Niedermayer räumten unumwunden ein, die Universität komme „ihren Aufgaben nicht mehr nach". Denn sie sorge nicht hinreichend für „Geistesbildung im Dienste des nationalsozialistischen Staates". Das „Leistungsniveau" sinke, der Student lerne nicht mehr „wirklich das geistige Arbeiten" und „der Professor, der zum Einpauker geworden ist",

[128] GStB, Rep. 76, Bd. 789, fol. 101 (Krieck an Rust, 22. 4. 1937).

[129] Ebd., fol. 105 (Rundschreiben des Reichserziehungsministeriums, 8. 7. 1937). — Krieck legte 1938 das Heidelberger Rektorat und alle Parteiämter nieder und erklärte seinen Austritt aus der SS (Müller, S. 139).

[130] BAK, Reichskanzlei, R 43 II / 940b.

habe für Forschung und Publikationen keine Zeit. Auf der Suche nach den Gründen hielten sich die Autoren nicht lange bei Äußerlichkeiten wie Studienzeitverkürzung, Trimesterjahr und übermäßigen Parteianforderungen auf, sie kamen vielmehr schnell zum Kern. Ausgehend von einer Äußerung Julius Streichers, des extrem antisemitischen Gauleiters von Franken, der im Wintersemester 1938/39 bei einem Vortrag in der Berliner Universität die Frage aufgeworden hatte, was schwerer wiege, die „Gehirne sämtlicher Universitätsprofessoren" oder das „Gehirn des Führers", zeichneten die Verfasser von der Stellung des Berufsstandes im öffentlichen Urteil ein düsteres Bild. Der Professor erscheine faktisch nicht mehr im öffentlichen Leben. Er werde „von allen Gelegenheiten, wo Deutschland repräsentativ in Erscheinung tritt, so gut wie ausgeschlossen". Er werde beschimpft, angegriffen, „mit Abgunst und Mißtrauen betrachtet", werde „allzu selten geschützt und verteidigt" und „niemals anerkannt". „Die Autorität der Universität, im weiteren Sinne der Wissenschaft, ist zerstört, der Wissenschaftler, der Professor gilt, indem man ihn einfach zum ‚Intellektuellen' stempelt, geradezu als grundsätzlich anfechtbare Erscheinung." Dies, so ließen die Verfasser indirekt durchblicken, sei der eigentliche Grund des Niedergangs. Zwar werde der Technik und den Naturwissenschaften „notgedrungen" noch eine gewisse Geltung zugestanden. Die Geisteswissenschaften aber seien schwer gefährdet. „Man übersieht, daß das deutsche Volk einem hoffnungslosen Amerikanismus verfallen müßte, wenn die Geisteswissenschaften zugrunde gingen."[131]

Drastischer ließ die Enttäuschung der NS-Professoren sich kaum ausdrükken. Es ging ihnen, so will es scheinen, schon nicht mehr in erster Linie um die Führungsrolle und den Elitenstatus. Gegenstand ihrer Sorge war mittlerweile die bloße Existenz der Universität geworden, die Einheit von Forschung und Lehre, ja die Bewahrung des Berufsstands überhaupt, der doch „keinen geringeren Idealismus als irgendein anderer Volksgenosse"[132] habe. Nicht mehr Vorrang wurde damit eingeklagt, sondern Abbau von Diskriminierung. Diese pessimistische Grundhaltung setzte sich im Verlauf des Krieges immer weiter durch, auch in seiner dem Scheine nach erfolgreichen Anfangsphase, in der sich das Augenmerk auf die in unmittelbarer Zukunft erwartete Nachkriegszeit richtete. Zuletzt mahnte selbst Alfred Baeumler eine Kursänderung an, indem er davor warnte, eine „parteiamtliche Wissenschaft" anzustreben und die Professorenmehrheit da-

131 Ebd., Denkschrift „Schweigen hieße Verrat", S. 1 f., 4 f., 7 f. Zu Entstehung und Verfassern vgl. Seier, Niveaukritik, S. 239 ff.

132 BAK, R 43 II / 940b (Denkschrift „Schweigen hieße Verrat", S. 4).

mit an der produktiven Forschung zu hindern: „Die Forschung kann nur in der Luft der Freiheit wirkliche Fortschritte machen; jedes andere Prinzip führt zu einem scholastischen Betrieb, der immer wieder die gleichen Formeln wiederholt[133]." Das war, obgleich NS-immanent und nicht etwa liberal gemeint, eine Bankrotterklärung.

Die schwierigere Frage ist, inwieweit die Professorenmehrheit – mit oder ohne Parteiabzeichen, aber ohne Parteiamt, Sprachregelungsteilhabe und universitäre Führungsvollmacht – ihre standesspezifische Selbsteinschätzung bewahrte und worauf sie sie stützte. Natürlich wurde auch ihr bewußt, wie wenig das Regime den Wissenschaften traute und längerfristig mit ihnen im Sinne hatte, und es blieb ihr ebensowenig verborgen, wie doppelsinnig der politische Neuanfang, wie ungewiß die Zukunft war. Doch welche Schlußfolgerungen diese Mehrheit daraus zog, ob, wann und wie sie sie änderte, inwieweit Ängste, Ehrgeiz, Hoffnungen, Täuschungen in sie eingeflossen sind, wie dies wieder mit Fachrichtung, Lebensalter, Laufbahnstand zusammenhing und dementsprechend die Selbsteinordnung färbte – das ist nach Lage der Forschung und bei der Spärlichkeit privater Quellen noch immer schwer zu erkennen. Wagen wir gleichwohl die Typisierung, so kann sie jedenfalls nur auf eine vordergründige Rahmensetzung zielen, die breiten Raum für Rollenvarianten läßt[134].

Sicher ist, daß die elitäre Selbstzuordnung auch der Professorenmehrheit sich nicht auf politische Sachkompetenz stützte und stützen konnte. Hob sich doch die Hochschullehrerschaft weder durch ihr überkommenes Weltbild noch durch politischen Kenntnisstand und Informationszugang vom Bildungsbürgertum im allgemeinen ab. Wie bei diesem überwog wohl meist eine partiell sympathisierende, vom Volksgemeinschaftsmythos beeindruckte, gleichwohl durch Teilkritik und oft auch prinzipielle Vorbehalte in Frage gestellte Systemloyalität, die sich inhaltlich zunehmend mehr aus der Außen- als aus der Innenpolitik speiste, immer schwankend blieb und spätestens seit 1940/41 generell abnahm. Der Krieg war nicht erstrebt worden, wurde dann aber mitgetragen; die Rüstung wurde befürwortet und mitermöglicht, manch Anfangs- oder Scheinerfolg, auch in der Gesellschafts- und Verfassungspolitik, gewürdigt und überschätzt, dagegen der kriminelle und inhumane Zug des Re-

---

[133] Poliakov u. Wulf, S. 99 (Aktennotiz Baeumlers für Rosenberg, 3. 4. 1944); dazu kritisch Bollmus, Projekt, S. 146 f.

[134] Das Folgende faßt das Querschnittsbild zusammen, das sich aus der in Anm. 3, 5, 9 und 10 zitierten Literatur und aus den Editionen von Schwabe u. Reichardt und Aland ergibt.

gimes mehr geahnt als erkannt und der Ausgang erst spät antizipiert[135]. Soweit auf ihn gerichtete kritische Überlegungen schriftlich festgehalten wurden, fällt – wie bei der bürgerlich-militärischen Opposition – der Rückgriff auf ältere, halb konservative, halb altliberale Traditionen auf, erklärlich aus der Distanz zum parlamentarischen Parteienstaat zumal Weimarer Prägung[136]. Äußerten sich Hochschullehrer zu Gegenwartsfragen öffentlich und riskierten sie dabei eine gewisse Selbständigkeit, so gaben sie sich als Experten oder nahmen historisch-philosophische Kompetenz für sich in Anspruch, keine politische oder weltanschaulich-aktuelle, ausgenommen allenfalls im Kirchenkampf.

Doch da die Politik-Abstinenz ohnehin zur geistigen Grundausstattung gehört hatte, so schon in der Wilhelminischen und so in der Weimarer Zeit, störte ihre Wiederkehr das elitäre Selbstverständnis nicht. Im Gegensteil, die Nichtkonformisten, nicht selten auch die „Mitläufer" spielten ihre unpolitisch-apolitisch-„transpolitische"[137] Selbstdefinition oft geradezu betontermaßen aus. Was immer letztlich dafür ausschlaggebend war, ob Spezialistenstolz oder Einsicht in die Grenzen politischer Sachkompetenz oder Rücksicht auf das Gelehrten-Naturell (so wie es der Physiker Max von Laue in seinem Verteidigungsbrief an Albert Einstein umschrieb: „Der politische Kampf fordert andere Methoden und andere Naturen als die wissenschaftliche Forschung. Der Gelehrte kommt in ihm in der Regel unter die Räder"[138]); ob konkrete Gefahr oder mehr jene privatere Umsicht

---

135 Daß in bezug auf die NS-Zeit bereits „nach kurzer Zeit abzusehen war, wie sie enden würde" (so Ruth Römer, S. 180), ist eine post-festum-Weisheit; vgl. dagegen Funke, S. 8 f.

136 So bei Gerhard Ritter in seiner oben (Anm. 113) genannten Denkschrift, vgl. Schwabe u. Reichardt, S. 91, 702 ff. Zu analogen Vorstellungen der nationalkonservativen Oppostion zuletzt H. Mommsen, Widerstand, S. 90 f.

137 Dazu mit Bezug auf Spätwilhelminismus und Weimarer Zeit Ringer, S. 113, 133, 200 f.; Kurt Sontheimer, Die Haltung der deutschen Universitäten zur Weimarer Republik. In: Nationalsozialismus, S. 24–42, hier 34 („transpolitisch"); Wolfgang Abendroth, Das Unpolitische als Wesensmerkmal der deutschen Universität. In: ebd. S. 189–208.

138 Zit. n. Hermann, Wissenschaft, S. 131 (Max v. Laue an Albert Einstein, 14. 5. 1933). Einsteins Antwort: „Deine Ansicht, daß der wissenschaftliche Mensch in den politischen, d. h. menschlichen Angelegenheiten im weiteren Sinne, schweigen soll, teile ich nicht. Du siehst ja gerade an den Verhältnissen in Deutschland, wohin solche Selbstbeschränkung führt. Es bedeutet, die Führung den Blinden und Verantwortungslosen widerstandslos [zu] überlassen. Steckt nicht Mangel an Verantwortungsgefühl dahinter? Wo stünden wir, wenn Leute

und Vorsicht, zu welcher Schaffenslust, Kräfte-Ökonomie, familiäre Sorgepflicht, Selbstbindung an ein erstrebtes Werk beitragen konnten, ebenso wie freilich auch der unwägbare Faktor, den Gerhard Ritter die „Feigheit"[139], Alfred Heuß die „Eitelkeit"[140] der Professoren nannte – es bewirkte, wohl meist im Verbund miteinander, ein politisches Schweigen, das sich mit elitärem Selbstverständnis vertrug, weil es Spielraum zur wissenschaftlichen Arbeit ließ, ja schuf.

Zudem einen Spielraum, in dessen Dunkelzonen der Zwischenton regierte: die Mitte zwischen Resistenz und Kollaboration. Es kennzeichnet den Berufsstand, daß er nicht zu verstummen vermochte, es weder wollte noch konnte. Alle Hochschullehrer des Dritten Reiches haben gelesen, geprüft, gegutachtet, haben publiziert, rezensiert, experimentiert, haben Forschung organisiert, Patente angemeldet oder Bücher und Aufsätze vorgelegt. Dazu bedurfte es stets gewisser, zumindest beiläufiger, oft schon durch die Wortwahl bewirkbarer zeittributärer Signale, einer gleichsam semantischen Mimikry, die eine weltanschauliche, rüstungsnützliche, volkshygienische oder sonstwie geschneiderte Wichtigkeit vorwies und damit Studenten, Amtswalter, Zensoren, Verleger, Herausgeber warb. Dem einen fiel sie leicht, weil das Signal nicht zu weit ab von seiner eigenen Überzeugung war, dem anderen fiel sie schwerer. Aber für ihn war sie dann der Schlüssel, der ihm den Freiraum der Andeutung, die Assoziationsbezirke „zwischen den Zeilen" öffnete. Es gab, wie jeder Blick in die Bücher, selbst die Zeitungen der 30er Jahre lehrt, in der Tat jene „einzigartige Mischung aus doktrinärem Ausnahmezustand und traditioneller Lebenskultur", die man als „totalitären Pluralismus" bezeichnet hat[141]. Solange sie bestand, bestand die Hoffnung, Forschungsergebnisse zur Geltung zu bringen. Von dieser Hoffnung nährte sich die Überlebensstrategie der Professorenschicht und damit auch der elitäre Anspruch.

Anfangs unterschätzte man vermutlich die Gefahr. Viele Professoren dürften im Mai 1933 geurteilt haben wie Hans Lietzmann, der den aufkeimenden Zweifel in sich selbst zu unterdrücken suchte: „Wie es an den Universitäten werden wird, läßt sich noch gar nicht sagen. Die großen Schlagworte lassen mich im allgemeinen kalt, und für Deklamationen über den neuen Wissenschaftsbegriff habe ich ein nur mäßig entwickeltes Organ.

---

wie Giordano Bruno, Spinoza, Voltaire, Humboldt so gedacht und gehandelt hätten?" (zit. n. ebd., Einstein an v. Laue, 26. 5. 1933).

[139] Schwabe u. Reichardt, S. 283 (G. Ritter an H. Oncken, 25. 9. 1935); ähnlich S. 277, 279 („Kollegengesindel").

[140] Alfred Heuß, Versagen und Verhängnis. Berlin 1984, S. 108.

[141] So kürzlich Funke, S. 13.

Der auf dem Ofen siedende Topf kühlt sich doch sehr schnell ab, wenn er auf dem Tisch steht."[142] Eine langandauernde und tiefgreifende Beeinträchtigung wurde zunächst nicht erwartet: „Wir sind jetzt in gärender Revolutionszeit, wo man vieles hingehen lassen muß. Kommt erst die Ruhe und die normale Arbeit, so wird auch die richtige Wertung und Kräfteverteilung eintreten. Bis dahin müssen wir ruhig in der Reserve bleiben und unsere Zeit abwarten."[143] Sogar die Einbuße an öffentlicher Anerkennung hielt der Theologe damals für episodisch: „Gewiß, der Kurs des Professors steht heute tief unter pari. Das ist aber die Wertung der agitierenden Presse und der Massen, die den wirklichen Professor nicht kennen. Wenn die Wellen abgeebbt sind, wird auch da ein richtigeres Urteil Platz greifen."[144] Ein etwas angestrengter Optimismus, den die Erfahrung von 1918 nährte, zumal der immerhin spürbare Anflug von Skepsis sich noch nicht auf die Möglichkeit richtete, daß das Niveau der Wissenschaft selbst, nicht nur seine Spiegelung im öffentlichen Ansehen, bedroht sein könne. Erst als die Professorenschaft merkte, daß der neue politische Herrschaftsstil mit der Bewahrung des fachwissenschaftlichen Leistungsstandards selbst in Kollision geriet, fing sie an, über die ihr aus ihrem wertelitären Gestus und Habitus zuwachsenden Pflichten nachzudenken.

Zu den taktischen Überlebensregeln zählte dabei, das Politische möglichst weitgehend auf die Hochschulpolitik zu beschränken. Die „Konjunkturschuster"[145] von 1933, die darüber hinausgingen, sich also mehr engagierten, als zur Arbeitsplatzsicherung nötig schien, fanden keinen Anklang, weniger noch als die NS-begeisterte Jugend. Auch den vereinzelten individuellen und kollektiven Defensiv-Vorstößen der Frühphase lagen, jedenfalls der deklarierten Legitimierung nach, stets nur berufs- und standesspezifische Sorgen zugrunde[146]. Markierte dies eine Schwäche der Position, so hatte es doch, ganz abgesehen von taktischer Tunlichkeit im Selbstschutzsinne, auch positionsstärkende Implikationen. Denn der subjektiv unideologische Wissenschaftsbegriff wandte sich, gleichsam semantisch solidarisierend[147], im Gleichklang mit mentalen Bedürfnissen

---

142 Aland, S. 738 (Lietzmann an E. Schwartz, 16. 5. 1933).

143 Ebd., S. 740 (Lietzmann an K. Müller, 16. 5. 1933).

144 Ebd., S. 741.

145 Ebd.

146 Dafür kennzeichnend etwa Sauerbruch an Hitler, 29. 4. 1935 (BAK R 43 II / 936, fol. 131 ff.).

147 Vgl. etwa die mehrdeutige Überschrift „Parole: Wissenschaft!", unter der die „Frankfurter Zeitung" zwei Rust-Reden vom Sommer und Herbst 1936 kommen-

des intellektuellen Bürgertums nicht bloß gegen das Übermaß an Ideologie, das vulgär, abstumpfend, ernüchternd wirkte, sondern bezeichnete auch die Verteidigungslinie, auf der pragmatische Kooperation zustande kam: innerhalb der Wissenschaft, bisweilen einschließlich der NS-Hochschulführungen, aber auch im Umgang mit Ministerien, Wehrmachtstellen und industriellem Management. Daß die defizitäre Niveauentwicklung trotz solcher Zweckallianzen unaufhaltsam weiterging, daß der Niedergang der Fakultäten, der Rückstand gegenüber dem Ausland, die Enge der Freiräume in Forschung und Lehre immer schmerzender ins Bewußtsein traten, das weckte dann schließlich doch ernstere Zweifel an der Richtigkeit des Kurses, und wenn 1933 hier und da die Erwägung laut geworden war, es könnten „bald Zeiten kommen, wo wir Göttinger Sieben brauchen", damals vorgebracht ohne großes Zutrauen („aber es dürfen nicht sieben bleiben") im Hinblick auf den Stand als ganzen[148], so nahm die informelle Sammlung der Gleichgesinnten nunmehr fraglos zu, zumal das Trennende von ehedem, besonders die Frontenbildung der Weimarer Zeit, in den Hintergrund trat. Es stellte, wie Friedrich Meinecke es ausdrückte, das „Gefühl" sich ein, daß „innerhalb unseres kleinen akademischen Kreises eine wachsende geistige Gemeinschaft sich ausbildet. Man schließt sich enger um eine bedrohte Fahne und wird dabei inne, daß alle früheren Gegensätze einst von uns doch oft überschätzt wurden"[149]. Zur Pflege dieser geistigen Gemeinschaft trug auch der verbliebene schmale Restbestand an Auslandsdialogen bei. Dennoch wurde die subjektive Scheidelinie zwischen Wissenschaft und Politik auch jetzt nicht aufgegeben. Eine Abkehr vom pragmatischen Weg der innerwissenschaftlichen Defensive mit dem Blick auf den Alltag und mit der Nutzung von Lenkungslücken ist bis auf Ausnahmen niemals erfolgt.

Daran hinderten freilich nicht nur Angst und Vorsicht. Daran hinderten vielmehr auch der bleibende Lehrerfolg, die fortdauernde Resonanz in der Bildungsschicht und das meist unverändert gute Verhältnis zu den Schülern. Ihnen wurden gewiß mehr Lippenbekenntnisse als den älteren abverlangt, und wenn sie sich der Partei zuwandten, um sich den Zugang zum Beruf zu öffnen oder weil sie „nun nicht mehr bloß betrachtend dabei stehen" wollten[150], oder wenn sie, was das mindeste war, mit Kriegs-

---

tierte, wobei sie den Akzent auf den von ihr verlangten „Mut zur Wissenschaft, zur freien Wissenschaft" setzte (Nr. 576 vom 10. 11. 1936).

148 Aland, S. 733 (E. Schwartz an Lietzmann, 28. 4. 1933).

149 Ebd., S. 853 (Meinecke an Lietzmann, 10. 8. 1936).

150 Ebd., S. 943 (Opitz an Lietzmann, 23. 1. 1939).

beginn als Reserveoffiziere zur Wehrmacht gingen, so wirkte ihre aktivere Systemanpassung wohl momentan blicktrübend auch auf die Lehrer ein[151]. Nie aber wurden deshalb die grundlegenden Methodenstandards und Niveauansprüche preisgegeben, hinsichtlich deren zwischen den Gelehrtengenerationen Übereinstimmung bestand. Die Ordinarien sahen sich nach zeitweiliger Unsicherheit vielmehr in der Hoffnung bestärkt, daß die „jüngeren Fachgenossen [...] im Grunde doch an dem alten Ideal wissenschaftlicher Forschung festhalten"[152]. Das kittete den Zusammenhalt; es war ein Grund mehr, auf die Zähigkeit, die Unverwüstlichkeit, den langen Atem der Wissenschaft zu bauen.
Gegründet auf die Tradierbarkeit des Methodenkanons, den ununterdrückbaren Erkenntnisbedarf, die zeitlose Sachrationalität wirklicher Forschung und das Vertrauen der Schüler, festigte sich so eine Art zukunftsoptimistischer Gelassenheit, die bewirkte, daß der Berufsstand selbst den Verfall der Fakultäten und die fortdauernde Mißgunst des Regimes mit abwartender Zurückhaltung quittierte. Das galt besonders für die Naturwissenschaftler, die frühzeitig anfingen, sich über Rüstungsbelange hinaus auf kommende Friedensverhältnisse einzustellen. Dabei hatten sie sogar noch die Genugtuung, daß die moderne theoretische Physik, einschließlich der speziellen Relativitätstheorie, 1940 parteioffiziell anerkannt, ja 1944 auf Betreiben von Speer und Goebbels mit einer Zeitschrift („Physikalische Blätter") ausgestattet wurde, in der sie sich weitgehend ideologiefrei äußern und ihre professionelle Autonomie verteidigen konnten[153]. Am Uranprojekt beteiligte sich Heisenberg nicht zuletzt in der Absicht, „die Kontrolle über das Vorhaben in der Hand zu behalten" und weil „die große technische Entwicklung, die sich im Frieden an diese Entdekkung anschließen mußte, in Deutschland einen ihrer Anfänge haben und

---

[151] Vgl. etwa ebd., S. 975 (Lietzmann an E. Schwartz, 22. 9. 1939); skeptischer schon S. 980 (Lietzmann an G. Krüger, 15. 11. 1939), wo jedoch mit dem Kriegsausgang zugleich Hoffnungen für die Wissenschaft verknüpft wurden.

[152] Ebd., S. 973 (H. Lüders an Lietzmann, 13. 8. 1939). – Daß der NS-Einfluß auf die Studentenschaft generell sich längerfristig in engen Grenzen hielt, zeigt an Hamburger Quellen jetzt auch Geoffrey J. Giles, Students and National Socialism in Germany. Princeton 1985.

[153] Vgl. Mehrtens, Das ‚Dritte Reich', S. 18, 51 f.; Beyerchen, Wissenschaftler, S. 240 f., 251 ff., 257 f.; Richter, S. 127. – Zur „Interessenpolitik der Selbsterhaltung" auch bei Mathematikern vgl. Herbert Mehrtens, Angewandte Mathematik und Anwendungen der Mathematik im nationalsozialistischen Deutschland. In: Geschichte und Gesellschaft 12 (1986), S. 317–347, hier 346.

für Deutschland Früchte tragen sollte"[154]. Aber auch die Geisteswissenschaftler entnahmen ihr Selbstvertrauen mehr und mehr der Rückbindung an Ideale und Aufgaben zeitlos-kultureller, abendländischer oder in einem höheren, regimeunabhängigen Sinne patriotischer Qualität. So half sich der Althistoriker Matthias Gelzer über den Soldatentod seines Sohnes mit der Hoffnung hinweg, „daß auch die, welche übrig bleiben . . ., alles dran setzen werden, die Fahne *der* deutschen Wissenschaft, für die *wir* leben, hochzuhalten"[155]. Und im alten Friedrich Meinecke regte sich Schaffenslust, als im März 1945 das Ende bevorstand. Schon „die bloße Möglichkeit einer geistigen Regeneration des Abendlandes erfüllt einen mit neuem Lebensmut"[156]. Aus brieflichem Freimut solcher Art, kaum noch verhüllt und von einem neu nuancierten Wir-Gefühl der Gelehrtenzunft durchdrungen, sprach ein Optimismus eigener Prägung, der die subjektive Selbstbehauptung der akademischen Wertelite noch in den Wirren des Kriegsausgangs beeindruckend bezeugte. Die Wissenschaft als das der Zeit enthoben Gültige, nie Sterbende, gleichsam Fels in der Brandung, archimedischer Punkt: mit dieser Zuversicht durchstand die Zunft den Krieg, erwartete sie die Stunde Null. Darauf beruhte ihr elitäres Selbstvertrauen.

*

Es hat sich, so ist zusammenfassend festzustellen, zeigen lassen, wie bedroht, wie reduziert, wie freilich auch mehrdeutig und im Kern unangreifbar die Elitenrolle der Hochschullehrerschaft im NS-Staat war. Ihr Beitrag zu Forschungserfolgen im Weltmaßstab nahm ab. Ihr Anteil an der Prägung nationaler Normen, deutlich im Rückgang schon seit dem Ende des Ersten Weltkriegs, verminderte sich weiter. Ihre Machtteilhabe war minimal, die öffentliche Geltung so gering wie noch nie, und wenn das davon unabhängige soziale Prestige, bezogen auf geistige Akzeptanz in der Bildungsschicht und Vorbildstatus in der Gesamtbevölkerung, unterschwellig weiterwirkte, so war es doch nicht meßbar, und seine Bedeutung war ungewiß. Gleichwohl verblieben auf allen Ebenen beträchtliche Ambivalenzen und Widersprüche. Schon das Verhalten der funktionselitären Hochschulführung erwies sich als uneinheitlich, wandelbar und viel-

---

[154] Werner Heisenberg, Über die Arbeiten zur technischen Ausbeutung der Atomenergie in Deutschland. In: Die Naturwissenschaften 33 (1946), S. 325–329, hier S. 329.

[155] Aland, S. 1027 (Gelzer an Lietzmann, 24. 7. 1941; Hervorhebung im Original).

[156] Friedrich Meinecke, Ausgewählter Briefwechsel, hg. v. L. Dehio und P. Classen. Stuttgart 1962, S. 238 (Meinecke an Dehio, 6. 3. 1945).

schichtig. Unterstand sie, wie Rektoren und Dekane, dem Reichserziehungsministerium, so konnte sie, in Grenzen und unter bestimmten Umständen, Sachwalter des ganzen Standes sein. Sie konnte dem Effekt nach, seltener vielleicht intentional, der Kontinuität in der Wissenschaft förderlich sein. Denn die ministerielle Hochschulpolitik verzichtete nach vollzogener Gleichschaltung auf einen konstruktiven Umbau, und zwar sowohl des Hochschulsystems wie auch der Standesstruktur, setzte vielmehr kurzfristig auf Fungibilität und Effizienz und hemmte die totale Politisierung. Unterstand die NS-Elite dagegen der Partei und begünstigte sie diese dort, wo sie sich mit Staat und Hochschulen im Streit befand, so hatte sie die Hochschullehrermehrheit in der Regel gegen sich. In dieser Mehrheit überlebte viel von der subjektiv unpolitischen, praxisfernen, allgemein rechtsgerichteten Grundhaltung der zwanziger Jahre. Unter der Flagge des Führerprinzips überdauerte letztlich der Ordinarius von ehedem. Aber er bewahrte und bewährte auch ein gut Teil seiner Erkenntnisziele, Denknormen und Niveaumaßstäbe, und mit ihm überlebte ein traditionaler, leistungs- und wertbezogener, standesspezifischer Eliteanspruch, der seiner selbst letztlich gewiß war, auf latente Systemkritik hinauslief und dazu beitrug, daß die Universität im Dritten Reich, nach dem Urteil von Karl Jaspers, „nie völlig zerstört“[157] werden konnte.

---

157 Karl Jaspers, Die Antwort an Sigrid Undset mit Beiträgen über die Wissenschaft im Hitlerstaat und den neuen Geist der Universität. Konstanz 1947, S. 14.

Zusammenfassung

VON WOLFGANG STUMP

Das Spannungsfeld der Thematik dieser Tagung ergab sich aus dem Wunsche, nicht unbedingt eine Gallerie einzelner Professoren zu bieten, und der Tatsache, daß Hochschulen als Institutionen ohne die in ihnen wirkenden Persönlichkeiten nicht denkbar sind, die für die Weitergabe wissenschaftlicher Erkenntnisse und deren Fortentwicklung die Verantwortung tragen und die sich in ihrer Gesamtheit im 19. Jahrhundert nach einem Wort Friedrich Paulsens als „das öffentliche Gewissen" der Nation verstanden.

Für die Büdinger Tagung 1983 stand nicht so sehr das Spannungsverhältnis Einzelpersönlichkeit – Institution im Mittelpunkt des Interesses als vielmehr das nicht weniger spannungsreiche Wechselverhältnis zwischen Hochschullehrerschaft und den jeweils vorliegenden gesellschaftlichen und politischen Gegebenheiten – das Verhältnis von Wissenschaft zu Politik, letztlich von der Theorie zur Praxis.

Der Beitrag von Charles *McClelland* mußte eingangs auf die ungünstige Forschungslage für die von ihm behandelte Thematik verweisen. Der Wandel des Universitätswesens vom 18. zum 19. Jahrhundert läßt sich dennoch in groben Zügen skizzieren – der Übergang von einer quasiständischen Elitebildung an der Universität des 18. Jahrhunderts (mit einer vielfach auf verwandtschaftlichen Beziehungen beruhenden Selbstrekrutierung der Hochschullehrer) zur Universität neuer Art, die im Zeichen individueller Professionalisierung und einer immer weiter ausgreifenden Verwissenschaftlichung aller Lebensbereiche stand.

Das Vorbild liefert Berlin, wo die wissenschaftliche Qualifikation des einzelnen das entscheidende Kriterium für die wissenschaftliche Karriere wird. Die Einflußmöglichkeiten von Professoren dieser erneuerten Universitäten lassen sich in vier Kategorien aufgliedern:

– die Lehre, auf Forschung beruhend;
– die Beratung für Staat, Kirche;

- die parlamentarische Tätigkeit für Städte, Landtage, Kirchen, Vereine, Verbände, gipfelnd 1848/49 in der Paulskirche;
- die publizistischen Aktivitäten trotz Zensur und Überwachung in einer politisch vergifteten Atmosphäre (diese Aktivitäten sind vielfach oppositionell) für Zeitungen und Zeitschriften; die beiden letzten Faktoren münden nach dem Scheitern der Revolution von 1848 vielfach in einer allgemeinen Enttäuschung.

Die öffentliche Präsenz der Hochschullehrer ist jedenfalls in der ersten Hälfte des 19. Jahrhunderts nicht zu übersehen und wird durch Ereignisse wie die Demagogenverfolgung nach den Karlsbader Beschlüssen oder den Protest der Göttinger Sieben auch einer breiteren Öffentlichkeit bewußt.
In der dem Vortrag McClellands folgenden *Diskussion* wurde zunächst auf die seit dem 18. Jahrhundert rückläufige Tendenz bei der Nobilitierung von Professoren verwiesen, die freilich durch Ordensauszeichnungen bzw. Titelverleihungen (Geheimrat) kompensiert werden konnte. Besondere Schwierigkeiten bereiten allgemeine Aussagen zur Frage des sozialen Aufstiegs von Gelehrten, d. h. der Frage, aus welchen gesellschaftlichen Schichten sich die Hochschullehrer der einzelnen Fakultäten rekrutierten: An der Spitze der Hierarchie – so lautete eine Antwort – standen jedenfalls die Juristen, eine Tatsache, die auch durch ihre Verbindung zur Staatsverwaltung und Rechtspflege bedingt war. In allen Bereichen kann man aber eine Entwicklung vom Gelehrten alter Art zum spezialisierten Fachwissenschaftler feststellen, dessen gesellschaftliches Prestige steigt. Am Beispiel Marburgs zeigte Bernhard vom Brocke die Zusammenarbeit von Professoren und Bildungsbürgertum im Museumsverein einer Kleinstadt auf, dann auch das Zusammenwirken von Professoren, Arbeitern und Studenten im örtlichen Turnverein, was offenbar ohne soziale Spannungen und Prestigeverluste möglich sein konnte.
Ausgehend von Statistiken, die vor einem Vierteljahrhundert erarbeitet wurden, bietet Fritz *Ringer* in seinem Aufsatz die Daten für die Zunahme und soziale Zusammensetzung der deutschen Hochschullehrer zwischen 1864 und 1931. In diesem Zeitraum ist das Anwachsen der Hochschulen zum wissenschaftlichen Großbetrieb zu konstatieren. Die soziale Herkunft zeigt, daß das Bildungsbürgertum gleichzeitig als Rekrutierungsbereich allmählich in einer Abnahme begriffen ist, was freilich keine soziale Durchlässigkeit ergibt oder gar auf eine „Demokratisierung“ der Hochschullehrerschaft bzw. ihrer Rekrutierung schließen läßt. Vielmehr bleibt eine Diskrepanz zwischen der Berufsstruktur der Gesamtbevölkerung und der Herkunft der Hochschullehrer erhalten, auch wenn sich im Rekrutierungsfeld durchaus bemerkenswerte Verschiebungen abzeichnen.

In der nachfolgenden *Diskussion* wurde einleitend auf die Eigenart der deutschen Hochschullehrerschaft als gesellschaftlicher Gruppe hingewiesen, die einerseits einen Vergleich etwa mit England oder Frankreich erschwert, andererseits aber auch zu weiteren Forschungen herausfordert (Werner Conze). Die Statistiken lassen Fragen nach den fakultätsspezifischen Eigenheiten offen, wenn man nur allgemein nach der sozialen Herkunft der Väter fragt, auch wenn der Zusammenhang von Herkunft und Karriere offensichtlich ist. Das fordert geradezu die Frage nach den Großvätern und anderen Familienangehörigen heraus – was sich am Beispiel von Gelehrtenfamiliendynastien (Tübingen: Gmelin, Rümelin) verdeutlichen ließe (Lothar Burchardt). Deutschland war nach Ringer jedenfalls im Vergleich zu England oder Frankreich nicht „undemokratischer", wenn man die Rekrutierung der Hochschullehrer nach sozialen Schichten untersucht, die über Bildung und Vermögen verfügten, wobei Conze vor dem mißverständlichen Begriff „Demokratisierung" als sozialgeschichtlicher Kategorie allgemein ebenso warnte wie vor dem Begriff „Fortschritt". Hingewiesen wurde dann auch auf die andersartigen Aufstiegsmöglichkeiten an den Technischen Hochschulen, nämlich eine Rekrutierung aus der „Praxis", die ein anderes Bild ergibt (Kurt Düwell). Zum Sozialprofil allgemein stellte Peter Lundgreen fest, daß die Abiturienten zu etwa ⅓ aus der Oberschicht stammten, zu etwa ⅔ aus der Mittelschicht, während bei den Hochschullehrern sich das Verhältnis umkehrt: etwa ⅔ stammten aus der sozialen Oberschicht, etwa ⅓ aus der Mittelschicht.
Dem Phänomen des Professorenpolitikers waren die Ausführungen Bernhard *vom Brockes* gewidmet. Der These vom Rückzug der Professoren aus der Politik während des Kaiserreichs trat dieser mit dem Hinweis auf die folgenden Tatsachen entgegen:

1. in den Landtagen aller Einzelstaaten ist kaum eine rückläufige Tendenz professoraler Mitwirkung an der Politik zu konstatieren;
2. es erfolgt eine Verlagerung der Aktivitäten auf Regional-, Provinzial- und Kommunalparlamente;
3. neben der erfolgreichen Wahl (Wahlsieg) ist ebenso die Kandidatur des jeweiligen Professorenpolitikers zu berücksichtigen, die mit einer Niederlage (Nichtwahl) verbunden war.

Der Wechsel vom Professor zum Berufspolitiker mit parlamentarischer Karriere (Paasche als Reichstagspräsident) bzw. eine ministerielle Laufbahn (Friedberg) blieb freilich im Kaiserreich eine Ausnahme. Als Idealtypus des Professors in der Politik während des Kaiserreichs erscheint vom Brocke der nationalliberale evangelische Jurist, der die Erfüllung seines nationalen Betätigungsdranges nach der Reichsgründung im Reichstag bei der Beratung der Justizgesetze findet (vor allem bei der langjährigen Beratung des BGB). Ein Beispiel liefert Ennecerus der für die Universitätsstadt Marburg auf allen politischen Ebenen tätig ist – im Reichstag, Landtag, Provinziallandtag, Stadtrat –, der sich aber dann aus diesen Aktivitäten in der Tagespolitik zurückzieht und Einfluß durch wissenschaftliche Tätigkeit – Kommentierung des neuen BGB – auszuüben versucht.

Am Beispiel Marburgs kann nach vom Brocke veranschaulicht werden, was eine ungewöhnlich hohe Anzahl von Professorenabgeordneten als unmittelbar gewählte Mandatsträger in Jahrzehnten für ihre Universität und die Stadt erreichen kann: staatliche Unterstützung in Form finanziellen Entgegenkommens oder die Förderung einer überragenden wissenschaftlichen Einzelpersönlichkeit: Beispiel Emil von Behring. Eine Rangskala für parlamentarische Vertretungskörperschaften ist deutlich erkennbar: die Mitgliedschaft im Preußischen Herrenhaus als Vertreter „seiner" Universität ist die Spitzenstellung, darunter stehen Reichstag und Landtag.

In der *Diskussion* wurde im Sinn des Referenten betont, daß ein Rückzug von Professoren aus der aktiven Parteipolitik nicht gleichzusetzen sei mit ihrem Rückzug aus den Parlamenten. Vielmehr sei eine Verlagerung der Aktivitäten nach Bismarcks innenpolitischer Wende (1878) erfolgt: Da die nationalpolitischen Ziele erreicht seien, seien jetzt Beratungsfunktionen stärker hervorgetreten als parlamentarische Einflußmöglichkeiten, seit der Jahrhundertwende dann stärker die Agitation für nationale Vereine zur Massenbeeinflussung. Damit habe sich ein neuer Typus des politischen Professors durchgesetzt, der sich nicht seinen Aufstieg in einer Massenpartei erkämpfen mußte (Karl Möckl), was auch einen Wandel des Politikverständnisses anzeigte (Konrad Jarausch).

Der Beitrag Rüdiger *vom Bruchs* konzentrierte sich auf Historiker und Nationalökonomen als politische Professoren und ihren Beitrag zur politischen Diskussion im Wilhelminischen Deutschland – wie etwa zur Debatte um eine Neubewertung der deutschen Nationalkultur im Zeichen der Weltgeltung der deutschen Wissenschaft. Entsprach die Universität als Institution für das kulturelle Leben noch der modernen deutschen Nation, die auf weltweite Expansion geistig ausgerichtet war? Konnte diese Universität noch ihrer Aufgabe nachkommen, während sie immer mehr bürokratisiert und staatlich gegängelt wurde (Kritik am „System Althoff"!), während Parteien, Verbände und Öffentlichkeit immer stärker bemüht waren, sie von außen her zu beeinflussen?

Das Selbstbewußtsein des deutschen Hochschullehrers jener Jahre blieb bei alledem ungebrochen. Als Beispiele der Selbstdarstellung der deutschen Hochschullehrerschaft nannte vom Bruch das Jubiläum der Berliner Universität von 1910 mit der Gründung der Kaiser-Wilhelm-Gesellschaft als „Geburtstagsgeschenk" sowie das Doppeljubiläum von 1913 (1813 und 25-jähriges Regierungsjubiläum des Kaisers), die beide auch die enge Verbindung von Macht- und Herrschaftseliten im Wilhelminischen Deutschland zur Schau stellten.

Allgemein sahen Historiker und Nationalökonomen ihre aktuelle Aufgabe darin, in Vorlesungen und öffentlichen Vorträgen das Tagesgeschehen auf dem Hintergrund der geschichtlichen Entwicklung ihrem Publikum zu deuten. Die deutsche Frage war anscheinend durch Bismarcks Reichsgründung für immer glücklich gelöst, das europäische Staatensystem hatte sich durch expansive Weltpolitik zum Weltstaatensystem erweitert. Die gegenwärtigen inneren Probleme würden sich durch Sozialpolitik lösen lassen – in der Außen- wie der Innenpolitik hatten also die Professoren nach vom Bruch eine nationalpädagogische Aufgabe zu erfüllen. Doch tritt neben die Kommentierung der Tagesereignisse, auch in Zeitungen und Zeitschriften, die langfristige Beratungstätigkeit in vielen Bereichen. Bei den Neuhistorikern dominiert die vaterländische Geschichtsbetrachtung, die (1.) allgemein auf dem Ansehen dieser Wissenschaft beruht; die (2.) eine politisch-moralische, (3.) eine protestantische, (4.) eine nationale und (5.) eine wissenschaftliche, d. h. methodisch-strenge Wissenschaft ist. Vom Bruch arbeitet vier öffentliche Funktionen der Historiker in ihrer Gegenwart als politische Professoren heraus:

1. Sie artikulierten zeitgenössische Kulturkritik und warnten vor einem möglichen Verlust nationaler Identität.
2. Sie praktizierten staatsbürgerliche Erziehung durch Vermittlung historischer Bildung.
3. Sie boten Deutungen der internationalen Politik des Mächtesystems durch historische Kategorien und Analogien.
4. Sie förderten die allgemeine Politisierung durch Verbreitung historischer Kenntnisse.

Problematisch zeigten sich diese Funktionen bei der Flottenpolitik, der Rüstungspolitik allgemein, schließlich in der vielfältigen Weltkriegspublizistik und -agitation.

In der *Diskussion* wurde das dynamische Lebensgefühl im Wilhelminischen Deutschland hervorgehoben. Man glaubte die Synthese von Weltbürgertum und Nationalstaat, von Goethe und Bismarck erreicht zu haben, was keineswegs eine Kritik an der vermeintlichen geistigen Verflachung der Gegenwart ausschließen mußte. – Gesamtdeutsche Historikertage waren selbstverständlich: 1896 Innsbruck, 1904 Salzburg, 1913 Wien

(Conze). Gleichzeitig ließ sich eine Verachtung des Parlamentarismus („Parteiengetriebe") schon im Kaiserreich wahrnehmen, aber auch Selbstzweifel an der Objektivität der weltanschaulichen Grundlagen der Wissenschaft. Dabei wurde das Spezialistentum als Gefahr gedeutet.

Die Ausbildung der Naturwissenschaftler und Techniker – das Thema Lothar *Burchardts* – wurde erst allmählich normiert, was Statusfragen aufwarf. Mit der Formalisierung der Berufungen wurde zugleich eine Standardisierung der Qualifikation erreicht. Eine Nichtberufung konnte auf mindere Qualifikation, ungenügende persönliche Beziehungen (Schule, „Seilschaft"), politische oder konfessionelle Faktoren zurückgehen. Fördernd dagegen wirkten inner- und außeruniversitäre Beziehungen (Schulzugehörigkeit, Verwandtschaft). Die materielle Versorgung wurde durch zusätzliche Einkünfte z. B. aus Patenten (Zusammenarbeit mit der Industrie zur Auswertung von Einzel- und Gemeinschaftsleistungen im Großverfahren) verbessert. Wichtig waren die Arbeitsbedingungen, die von der Größe und Ausstattung der Institute sachlich und personell wesentlich abhingen, und, neben der Dotierung, ein Standortvorteil. Gegenüber großen Universitäten waren kleine benachteiligt, was auch seinen Niederschlag im Verhältnis von Wechsel und Seßhaftigkeit finden konnte, wie einzelne Beispiele veranschaulichen. Die Großforschung des Industriezeitalters förderte auch den Typus des Großforschers, vor allem in der Chemie, was auch durch private Spenden aufgrund persönlicher Beziehungen verstärkt werden konnte. Harnack sprach nicht zu Unrecht von dem evidenten Zusammenhang von Clique und Kapital; die Kaiser-Wilhelm-Gesellschaft bot hingegen institutionelle Rahmenbedingungen, die positiv zugunsten der deutschen Wissenschaft genutzt wurden.

Allgemein stellte Burchardt für diesen Kreis von Hochschullehrern eine weitgehende politische Enthaltsamkeit fest; überzeugte Pazifisten wie Einstein bildeten die Ausnahme. Das Selbstverständnis der Naturwissenschaftler beruhte auf der Selbstsicherheit, mit der man sich als die Vorhut des allgemeinen Fortschritts verstand, der wiederum vor allem der Naturwissenschaft und der Technik zugute kam. Damit war man zugleich Sachwalter der Allgemeinheit und handelte im nationalen Interesse, man diente dem Ansehen Deutschlands in der Welt; konnte man nicht Führungsgruppe der Nation im politischen Raum sein, so war man doch Leistungselite für die Nation.

In der *Diskussion* wurde auf das ideologisch simple Weltbild dieser Hochschullehrer hingewiesen, die ihre eigene optimistische Selbstsicherheit mit dem allgemeinen Fortschritt gleichsetzten und – wenn publizistisch tätig wie Haeckel oder Ostwald – erhebliche Breitenwirkung erreichten.

Diese Selbstzufriedenheit stand im Gegensatz zur Haltung anderer Fächer wie der Geschichte oder der Rechtswissenschaft (Möckl).

Bernd *Faulenbachs* Beitrag ging vom Zusammenbruch des Kaiserreichs, dem verlorenen Weltkrieg und dem Ende deutscher „Weltpolitik" aus – grundlegende Veränderungen, in denen die Geschichtswissenschaft nicht mehr traditionsgemäß nationalpolitische Handlungsanleitungen bieten kann, da ihr bisheriges Bezugssystem fragwürdig geworden ist. Insgesamt läßt sich nach Faulenbach konstatieren, daß das Sozialprofil der Hochschulhistoriker auch in der Weimarer Republik nahezu unverändert erhalten blieb. Die Rekrutierung beruhte auf einer allgemeinen Gruppenkohärenz, die nicht durchbrochen wurde. Die Zahl der Historiker-Ordinarien bleibt 1910/1920/1930 nahezu gleich. Die Leistungselite hatte kontinuierliche Selektionsmechanismen, die auf eine homogene soziale Herkunft zurückging. Beherrschend blieb weiterhin das protestantische Bildungsbürgertum.

Das herkunftsbedingte Milieu erschwerte diesen Gelehrten eine positive Einstellung zu den sich beschleunigenden wirtschaftlichen und industriellen Wandlungen nach dem Weltkrieg; eine gewisse Wirtschafts- und Gesellschaftsferne war für die Mehrheit der Historiker kennzeichnend. Da die Identität von Staat und Staatsform, anders als im Kaiserreich, nicht mehr selbstverständlich war, wurde eine Kritik am Staatsleben gängig, dessen Auswüchse man in vielen Bereichen – Parteien, Parlamenten – diagnostizierte.

Die grundsätzlich positive Einstellung zu Staat und Nation an sich blieb von dieser Kritik unberührt; es galt weiterhin, die Kontinuität der staatlichen Überlieferung und die nationale Identität der Deutschen zu wahren und ihre historische Sonderentwicklung herauszustellen. Als ihre Aufgabe begriffen die deutschen Historiker der Weimarer Zeit dementsprechend den Kampf gegen die „Kriegsschuldlüge" von Versailles, den Einsatz für das Deutschtum im Ausland aus völkischer Solidarität und Verbundenheit, die Überwindung des „zersetzenden" Parteienstaates, allgemeiner: der Zerrissenheit der modernen Gesellschaft. Daneben artikulierten sich kulturkritische Stimmungen, die wiederum durch äußere Einwirkungen der Politik und den gesellschaftlichen Wandel ausgelöst wurden. Bestimmende Leitbilder blieben der überparteiliche Staat, das fachlich qualifizierte Berufsbeamtentum, eine „organische" Gesellschaftsgliederung. Die politische und soziale Entwicklung wurde als latente Bedrohung dieser Leitbilder empfunden.

In der *Diskussion* wurde der fehlende Konsens unter den damaligen Historikern betont. Neben die Kontinuität von Neurankeanern und des Historismus als unbestrittener methodischer Grundlage trat das Fronterlebnis einer (zahlenmäßig geringen) jüngeren Generation (Conze). Der Zusammenbruch des Kaiserreichs und die militärische Niederlage im Weltkrieg waren 1918 ein Schock, ein Bruch der Kontinuität, was verständlich macht, daß die außenpolitische Entwicklung Europas vor dem Krieg ein zentrales Forschungsanliegen wird. Dazu tritt Srbiks und Steinackers gesamtdeutsche Geschichtsauffassung, die nicht vom Staat und seiner krisenhaften Erschütterung, sondern vom Volk und seiner dauerhaften Einheit und Identität ausgeht (Düwell). Ein gesamtdeutscher Historikertag findet 1927 in Graz statt; eigenständige österreichische Historikertage gibt es erst in der zweiten Republik.

Kurt *Sontheimer* – der zweite Referent über die Weimarer Zeit – setzt bei dem elitären Selbstverständnis und Selbstbewußtsein der deutschen Hochschullehrer an, das auch nach 1918 ungebrochen erhalten geblieben sei, erfüllten sie doch nach wie vor die unbestrittene nationalpädagogische Funktion, Ausbilder aller akademischen Eliten zu sein. Dagegen stellten sie keine politische Elite dar – zu der neuen politischen Elite hielten sie bewußt Distanz. Aus dieser Distanz entwickelten sie kein Verständnis für ihre potentielle Funktion in einer demokratischen Republik, sondern fühlten sich fast ausschließlich als Diener der Wissenschaft und der Allgemeinheit in einem unpolitischen Sinn. Die Trennung zwischen Politik und Wissenschaft empfanden sie als fördernd für ein allgemeines Verantwortungsbewußtsein gegenüber dem „Ganzen", dem „Gemeinwohl". Das brauchte eine Parteinahme im konkreten Ausnahmefall ebensowenig auszuschließen wie Beratungsfunktionen; jedoch gab es keine langfristige Verbindung zwischen Hochschulelite und politischer Führungselite, zumal diese in vielen Fällen einer tieferen sozialen Schicht entstammte.

Die Kontinuität des Personenkreises bedingte auch eine Kontinuität seiner Mentalität trotz epochaler Zeitereignisse. Stärker trat eine Diskontinuität im Verhalten zum Staat hervor, die sich in – vielfältig abgestufter – Kritik an Staatsform und Verfassungsordnung und ihren Repräsentanten äußern konnte: Gedenktage (Reichsgründung, Schlachten) boten hierzu Möglichkeiten der Artikulierung. Kritik an der Republik wurde von der Studentenschaft nicht selten begeistert akklamiert. Die Vergangenheit des Kaiserreichs wurde dagegen oftmals lichtvoll-verklärend gesehen.

In der *Diskussion* wurde zunächst darauf verwiesen, daß der Weltkrieg einen tiefen Bruch in der deutschen Professorenschaft erzeugte, der sich in leidenschaftlichen Kriegszieldiskussionen enthüllte: Keine Gruppe sei in sich so zerrissen gewesen wie die Hochschullehrerschaft (vom Brocke). Die Skala der Einstellungen deutscher Hochschullehrer sei entsprechend breit gefächert gewesen: Sie reichte von der allmählichen Hinnahme der neuen Republik (Conze), von liberal-demokratischer oder sogar sozialdemokratischer Haltung bis zu einem Verharren in reaktionärer Gesinnung und zur Entwicklung neokonservativer Vorstellungen. Die „Vernunftrepublikaner“ unter ihnen bildeten freilich eine Minderheit innerhalb einer Mehrheit von „Herzensmonarchisten“ (Faulenbach).

Vor diesem Hintergrund entwickelte sich dann die Einstellung deutscher Hochschullehrer zum Dritten Reich – das Thema des letzten hier vorgelegten Beitrages. Der Autor – Hellmut *Seier* – stellt als Voraussetzung das Fehlen einer nationalsozialistischen Konzeption für den Neubau der Universität und erst recht einer irgendwie gearteten Wissenschaftstheorie fest. Dennoch griff die Führung des NS-Regimes zunächst nachhaltig in die Personalstruktur der deutschen Hochschulen ein: Das Gesetz „zur Wiederherstellung des Berufsbeamtentums“ bedeutete eine „Säuberung“ und „Arisierung“ der Hochschulen, gegen die keine kollektive Gegenwehr durch die Hochschullehrer, Rektoren, Dekane, Fakultäten, Senate erfolgte, ebensowenig wie gegen die Abschaffung der akademischen Selbstverwaltung und die Einführung des Führerprinzips. Hatten bis zur Machtergreifung die nationalsozialistisch gesinnten Professoren nur eine geringfügige Minderheit innerhalb des Lehrkörpers der Hochschulen dargestellt, so erfolgte bereits 1933 eine weitgehende Anpassung an die neuen Verhältnisse, was im Einzelfall schweigende Gegnerschaft gegen die Brutalität und Primitivität des Regimes nicht ausschloß. Bis 1938 wurde etwa ⅓ der deutschen Hochschullehrer aus ihrer Stellung verdrängt; etwa 800 Ordinarien emigrierten, darunter 20 Nobelpreisträger. Dennoch blieben die Hochschullehrer eine Expertenelite im Diktaturstaat, der aus ideologischen Gründen neue Disziplinen wie Rassenlehre, Volkskunde, Vorgeschichte und Wehrkunde förderte. Ernst Krieck erscheint als Prototyp des nationalsozialistischen Hochschullehrers, jedoch mit einer eigenständigen Konzeption, die die Universitäten zu Gesamt- und Berufshochschulen umwandeln, die Fakultäten zugunsten von Fachbereichen auflösen wollte, um damit die traditionellen Strukturen zu überwinden. Die Reichshabilitationsordnung vom Dezember 1934 vereinheitlichte das Hochschulwesen zugunsten einer politischen Beurteilung durch Dozenten- und Studentenführer, was der Denunzierung freien Lauf bot; Dozentenlager wurden eingerichtet, ein Reichsdozentenführer eingesetzt. Eine partielle, als unpolitisch verstandene begrenzte Kollaboration zwischen Hochschule und Regime gab es ohnedies, wobei Anpassung und Ablehnung des Herrschaftssystems nebeneinanderstanden. Grundsätzliche Wandlungen dieses Zustandes lassen sich auch in der Kriegszeit nicht konstatieren.

Die *Diskussion* erbrachte den Hinweis, daß der Krieg die deutsche Universität in ihrer traditionellen Struktur eigentlich „gerettet" habe, da alle weitergehenden „Reformplanungen" im Sinne der Ideologie des Regimes zurückgestellt wurden, wie denn überhaupt das Hochschulwesen für die Machthaber an Interesse verloren hatte (Bollmus). Durch den Führerstaat war die Herausforderung an bestimmte Fächer besonders groß: für die Juristen als Staats- und Verfassungsrechtler, aber auch in der Zivilrechtsdogmatik und im Strafrecht, für die Germanistik als Wissenschaft vom Deutschtum, vom deutschen Wesen in Dichtung und Literatur wie auch für die Historiker, die in Hitler und der Machtübernahme seiner nationalsozialistischen Bewegung die Erfüllung der deutschen Geschichte erblickten, besonders nach dem „Anschluß" Österreichs und des Sudentenlands (Möckl). Eine entscheidende Frage blieb, ob die Hochschulen durch ihre Funktion einen Beitrag zur Erhaltung und Stabilisierung des Unrechtssystems geleistet haben oder ob sie sich fähig zeigten, ein Gegenbild der Humanität zu entwerfen und zu realisieren. Haben sie nicht – so lautete die abschließende Frage Kurt Sontheimers – ihre Funktion, als Elite Eliten auszubilden, weiterhin nahezu perfekt erfüllt? Funktional waren sie ein unabdingbarer Bestandteil des Systems, das sich auf die Universitäten und die Hochschullehrerschaft weitgehend verlassen konnte, auch wenn die Ideologie des Nationalsozialismus wissenschaftsfeindlich, antiintellektuell und irrational war.

PERSONENREGISTER

Berufliche Angaben erscheinen nur bei Hochschullehrern. Fettgedruckte Seitenangaben verweisen auf genauere biographische Daten im Text.

C

D

H

M

N

O

T

U

V

W

Z

www.ingramcontent.com/pod-product-compliance
Lightning Source LLC
LaVergne TN
LVHW042231300926
849161LV00003B/332